阡陌之思

——寻回时代境遇的生态良知

李德臻　著

图书在版编目(CIP)数据

阡陌之思：寻回时代境遇的生态良知 / 李德臻著.
— 杭州：浙江大学出版社，2018.9
ISBN 978-7-308-18147-1

Ⅰ.①阡… Ⅱ.①李… Ⅲ.①生态学—哲学—研究
Ⅳ.①Q14—02

中国版本图书馆 CIP 数据核字(2018)第 075683 号

阡陌之思
——寻回时代境遇的生态良知
李德臻　著

责任编辑　唐妙琴
责任校对　李瑞雪　张小萍
封面设计　黄晓意
出版发行　浙江大学出版社
（杭州市天目山路 148 号　邮政编码 310007）
（网址：http://www.zjupress.com）
排　　版　杭州朝曦图文设计有限公司
印　　刷　浙江省良渚印刷厂
开　　本　710mm×1000mm　1/16
印　　张　23
字　　数　350 千
版 印 次　2018 年 9 月第 1 版　2018 年 9 月第 1 次印刷
书　　号　ISBN 978-7-308-18147-1
定　　价　65.00 元

序一

生态良知:绿色治理的价值之基

——为李德臻博士《阡陌之思:寻回时代境遇的生态良知》而作

余潇枫

“人类只有一个地球”,这对每个人来说都是常识,可如何认识我们赖以生存的“地球”却是一个跨越多个世纪的难题。以往我们把地球描绘成飞翔于太空中的“蓝色星球”,它是美丽而生机勃勃的;后来我们又把地球概述为人类居住的“地球村”,它丰饶却狭小;随之我们又把地球比喻为人类暂居的“绿色温室”,它不但狭小而且危机四伏;如今我们已经把地球视作为飘荡于太空中危在旦夕的“救生艇”,人类栖居于其中,发展于其中,挣扎于其中,如果仍缺乏生态良知,似乎难逃厄运。

良知,是人对自身生存境遇进行反思与价值提升时所具有的道德意识,生态良知则标示人类对生态环境所具有的至善境界,或者说是对地球这一“太空救生艇”所具有的普世性“善念”。安全是第一伦理,而生态安全又是诸多非传统安全领域中的“第一安全”,因为生态安全不仅具有全球性、紧迫性、首要性,而且还有代际性。当气候危机、水源危机、空气危机、森林危机、土壤危机、人口危机成为一种普遍的生态危机现象,甚至当整个生物圈结构和功能失衡失调时,它不仅会使我们以往的发展失去意义,而且会随着代际传承不断转移、拓展、延伸和恶化下去。因而,敩邈(李德臻博士)长期致力于生态良知的唤醒,这关乎全人类的命运。

生态良知是生态安全维护的重中之重,也是绿色治理的价值之基。敩邈的《阡陌之思——寻回时代境遇的生态良知》,从中国语境、中国范式、中国实践出发，探求绿色治理的“适然之境”，洞见深刻而充满启迪。敦邈围绕生态良知的寻回，从五个方面展开了深度反思：首先是从人的安身立命这一终极境界的追求中探寻“生态思绎”，其次是从中国文化艺术的追求中探查“生态敦觉”，第三是从中国休闲养生的考察中探究“生态命根”，第四是从绿色发展与治理中探讨“生态经纶”，第五是从生态情怀的阐述与提炼中探析“生态本我”。特别是作者对《易经》的生态品性的解读独具慧眼，如“尚其德”的天人观，“合其德”的君子观，“盛其德”的良知观，“孚其德”的实践观，十分精简地概括出了“天地良知”的生态品性，并使“生态良知”脱胎于“天地良知”，从“生态人文时空”与“生态德性文化”的视角来考察生态问题，从而使“生态良知”的探讨较之“天地良知”更具现代意义。

当然，生态的绿色治理有着诸多难题与困境，如生态问题的全球性与生态治理的国别性，生态问题的紧迫性与生态治理的滞后性，生态问题的严重性与生态治理能力的薄弱性，生态问题的代际性与生态认知的当下性等。尽管如此，敦邈在追寻中国生态良知的渊源与传承的同时，根据自己工作的实践，给出了以“武义方案”为蓝本的生态绿色治理的独特思考。例如，多规融合——生态文明的和合范式；浙中绿岛——新型经济发展的坐标定位；绿色产业——实施生态战略的必然选择；生态高地——培育绿色产业的目标指向；绿色新政——构筑美丽中国梦，等等。

生态良知的寻回成败关键于人类自身能否超越“人类中心主义”的价值取向，说穿了也就是人类能否以特有的“星球意识”与“绿色思维”回应生态问题对自身的挑战。2016 年 4 月 22 日，在人类又一个意义非凡的“世界地球日”到来之时，联合国会聚了 100 多个国家的代表，共同见证一份全球性的气候新协议《巴黎协定》的签署；同年 9 月 3 日，中国全国人大常委会批准中国加入《巴黎协定》，全球共同治理气候的伟大同盟的形成，表明生态良知正在越来越多的国家受到重视并得以确立。

几十年来，敦邈从学校教育到政府从政、政协参政，再回到高校任教，一直到自创办学传承国学文化，一如既往的是他深厚的生态情怀。他写了很多有独到见解并发人深省的生态文学、生态提案、生态论文、生态调查报告，主持研究过影响较大的生态文化重点课题。《寻回时代境遇的生态良知》是敦邈回望这些年的履历，自我拾捡起来的一些岁月记忆。翻开这些记忆，我们可以隐约地感触到，一条绵长的文脉通达遥远的“适然世界”——人活在上帝与牛顿之间，人与自然万物和谐相处，永续演进的大同和美世界。“适然世界”是我在十二年前发表的《人格之境》中提出的未来人类生存的社会范式，当时敦邈正师从我攻读生态哲学博士。博士毕业后，敦邈一如既往地在这段文化旅程中孜孜探索着……我相信，敦邈对生态命题的解读，会对寻回时代境遇的生态良知增添闪亮的思想之光。

是为序。

2017 年 9 月 3 日于求是园

余潇枫教授简介：

余潇枫，哲学博士，浙江大学非传统安全与和平发展研究中心主任，公共管理学院教授、博士生导师，非传统安全管理博士点负责人；哈佛大学、牛津大学访问学者；兼任中国人民外交学会理事、中共中央对外联部当代世界研究中心特约研究员、上海市公共安全专家委员会委员、内蒙古自治区突发事件应对专家委员会委员、北京大学国际战略研究协创中心成员、兰州大学中国边疆安全研究中心学术委员；塔里木大学首位“昆仑学者”，四川大学客座教授，上海政法学院特聘教授；中国—上合组织国际司法交流合作培训基地“非传统安全与能源安全”创新性团队首席专家，《中国非传统安全研究报告（蓝皮书）》主编，《国际安全研究》杂志编委；主持“中国非传统安全威胁识别、评估及应对”“中国非传统安全能力建设”等多项国家级课题。

序二

寻回生态良知　臻及适然世界

——为李德臻先生《阡陌之思:寻回时代境遇的生态良知》而作

严力蛟

我在欧洲旅途中收到并拜读了南木子先生(李德臻教授)的大作——《阡陌之思——寻回时代境遇的生态良知》,完成了南木子先生所嘱的序言。今年暑假,我离家整整22天,踏上了横跨欧亚的考察之旅:从黑龙江的佳木斯市、哈尔滨市,再到内蒙古自治区的乌兰察布市、呼和浩特市,从上海到俄罗斯的莫斯科、圣彼得堡。这22天的旅程包括学术活动、实地考察、技术指导等,旅程安排十分紧凑。我利用飞机上、晚上就寝前和赶车时的零星时间,研读和欣赏了南木子先生的心血之作,被其中的内容深深吸引和感动。借大作付梓之际,我想谈一些粗浅的感想和认识,同各位读者朋友一起切磋探讨。

我始终认为,游历是一种最好的学习过程,尤其是与学术相结合的游历。古人云"读万卷书,行万里路",这是相当有道理的。游历一是有利于身心健康,二是能学到很多在书本上和课堂上学不到的东西,三是可以陶冶人的情操。我是第二次来到俄罗斯这个神秘的国度,俄罗斯是一个集理想主义、英雄主义和浪漫主义("三个主义")于一体的优秀民族,个人非常欣赏。我也特别喜欢俄罗斯20世纪50年代前后创作的小说、歌曲和电影。人要有精神,也要有情怀,更要有责任,"三个主义"是我一生所追求和奋斗的目标和方向。人生如旅行,在于享受过程,而不在于结果;在于精神愉悦,而不在于获得多少。但真正能想明白这一点的人微乎其微。很多人在为金钱、地位、荣誉、权力而汲汲营营,但最终结果还是殊途同归——生不带来、死不带去,最后同样归于沉寂。生命本无贵贱之分，有的人虽然生命沉寂了，但其精神却不朽，一直为后继者所颂扬和追随；有的人却随着生命的沉寂，为后人所唾弃和鄙夷。这就是先贤司马迁所说的："人固有一死，或重于泰山，或轻于鸿毛……"但愿所有人都有一个崇高和远大的人生追求，有了这样的人生追求，才能成就人类文明的进步！

在俄罗斯莫斯科参观红场、克里姆林宫、二战胜利纪念馆期间，我正好研读到本书中的一篇文章《执政者应持守一份生态情怀》，印象非常深刻。其中有这样一段话："反思历史、谋划未来、着眼处理好当下发展经济与保护生态的矛盾，却是当局执政者必然面对的一个重大课题。"这一小段话中，可以映照出南木子先生的一颗赤诚之心、爱民之心和良知之心。南木子先生不光是这样写的，更是这样做的：他在武义县政协副主席任职的九年时间里，通过建言献策、报送社情民意信息、研讨讲学、著书立说等途径，为诠释、传承和创新绿色的和谐发展观而竭尽全力；他围绕"低碳经济""绿色生活""亲和自然"等主题，开展生态主题的各类讲学、讲座、报告 20 多场，完成生态课题 5 项，发表生态哲学与美学论文 30 多篇。同时，南木子先生在博士学位论文的基础上，撰写出版了 30 多万字的生态美学专著——《回乡之路：寻皈审美生存的家园意境》。

初次与南木子先生谋面是在 10 多年前的一次学术会议上。南木子先生给我最深刻的印象是其儒雅的书生气与严谨的学究味，他的骨子里似乎有一种超脱于物欲和世俗的仙人气质。一种生态缘分，让我们成了好朋友、好同事，之后一起携手为生态课题付出不少努力，也取得了较好的学术成果。更令我钦佩的是当时已年莅知命的木子兄，依然有勇气重新踏入久别的象牙塔，在学术的殿堂——浙江大学攻读哲学博士，静心做起学问，并获得了博士学位。南木子先生所做的学问是直面人类社会能否可持续发展的生态问题，他对这个课题非常执着，甚至可以说是痴迷，即使在博士论文答辩之后，他也始终没有放弃对"保护优先、和谐发展"的生态命题的探索和研究。我始终认为，做人至少必须遵循 12 字的基本原则：孝顺、敬畏、感恩、宽容、好学、爱心。

几十年来，南木子先生所从事的工作和研究的领域均与生态文化密切相关，并为之做出孜孜不倦的探索。无论是在政府工作，还是在高校任教，他都一如既往，心无旁骛地把精力和时间用在为政谏言与学术研究上，这种进取的精神，实属不易，令人钦佩。

《阡陌之思——寻回时代境遇的生态良知》是南木子先生近十多年来对生态、哲学、人生思考和探寻所得的若干篇论文集合。通览南木子先生的大作，一以贯之的理念就是“生态良知”，它从生态问题的哲学高度入手，诠释了生态建设的时代价值。阅后顿感有一阵阵清怡之气直沁心脾，予人以希望、力量和信心——只要人们守好生态良知，环境问题是可以得到解决的，人类与自然万物的共同家园是会永续和美的。

《阡陌之思——寻回时代境遇的生态良知》虽然内容庞杂、涉猎面广，但有一条主线始终指向终极理想社会——适然世界。适然世界的前提是必须有一个良好的生态环境和社会环境，融入这种良好的环境下，三大生态危机（自然生态危机、社会生态危机和人的心灵生态危机）才有可能得到圆满的解决。文集反复强调乾知坤作、诗意栖居、人文情怀、自然情趣、道法自然、天人合一、见素抱朴、致虚守静、持一守中、性命双修、安时处顺、忧国忧民的理念，人们只有寻回生态良知，将这些理念化作自觉的行动并落到实处，适然世界才有可能实现。我非常赞同六祖惠能创立的南宗禅“我心即佛，佛即我心”的禅修理念，也在不断地追求“明心见性”的人生高度。所谓禅宗的三重境界，即：“见山只是山，见水只是水”（第一境界）、“见山不是山，见水不是水”（第二境界）、“见山还是山，见水还是水”（第三境界）。诚然，我们现在很多仁人志士在追求的不就是第三境界吗？我相信，只要心诚心正，第三境界就会在生活和人生中实现！

我的人生信条是：“把工作当作一种信仰，把学习当作一种乐趣，把生活当作一种艺术。”其实这仅是我希冀达到的一种理想境界，现实的我离这样的境界还比较遥远，但我觉得南木子先生已经做到了，或即将达到这种境界。

老子的《道德经》第二十五章最后一段话写道：“人法地，地法天，天法道，道法自然。”“法”是效法、服从、尊重的意思，“道”是指规律，该段话详尽地说明了人类要服从于大地，大地要服从于上天，上天要服从于规律，规律要服从于自然，即“自然是最高境界”的道理。2003年，时任浙江省委书记的习近平同志，在浙江省“生态省建设”动员大会上说道：“不重视生态的政府是不清醒的政府；不重视生态的干部是不称职的干部；不重视生态的企业是没有希望的企业；不重视生态的公民不能算是具备现代意识的公民。”习近平同志的话与老子说的“道法自然”虽然说法有别，但具异曲同工之妙、一脉相承之趣，即人类必须顺应自然，尊重自然，保护自然，地球是人类唯一的家园，我们不能重造地球，我们一定要十分珍惜和爱护我们的地球家园！“人类属于自然，但自然并不属于人类”，如果人类依然以牺牲环境、破坏生态、大量消耗资源作为经济发展的代价，那么中国和世界的经济发展将走到尽头，每一个地球人都应该清醒地认识到这一点。当今，生态文明建设和美丽乡村建设已成为国家战略和国家行为，相信通过各级领导、专家学者、广大群众的共同努力，我们的祖国将会更强大、更富裕，我们的人民将会更快乐、更幸福！

“寻回生态良知、臻及适然世界”，这是南木子先生之愿，亦是我之愿，同时也应是千千万万拥有生态慧根人士的共同心愿。

是为序。

丁酉年大暑于莫斯科

严力蛟教授简介：

中国生态学学会常务理事，中国生态学学会旅游生态专业委员会副主任，浙江省循环经济学会副理事长；浙江大学湖州休闲农业产业研究院院长，浙江大学生态规划与景观设计研究所所长，浙江大学旅游与地产规划设计研究中心主任，浙江大学生命科学学院教授、博士；主要从事景观生态规划、美丽乡村建设、生态农业、生态旅游、休闲农业与乡村旅游等方面的教学、科研和社会服务工作。

目　录

第一章　生态之思绎

乾知坤作:遥望生态社会的人文时空

《周易·系辞上》首章曰:"乾知大始,坤作成物。"孔颖达疏解为:"'乾知大始'者,以乾是太阳之气,万物皆始于气,故云知其大始也。'坤作成物'者,坤是地阴之形,坤能造作以成物也。""乾知坤作"是人类最早的宇宙创生文化,也是中国先贤创立生态人文时空的初始觉悟。时至当下,"乾知坤作"在生态文化范畴最为直观的诠释就是生态自我范式的确立,这是一种适然主义的人生观,它既强调生物圈之间的内嵌性,承认自然万物都有自身的存在价值,都是自然界不可缺失的一分子,同时又尊重界限和承认差异。这种关系性自我概念构建了一种新型、和谐而合理的人文时空,其间人的生存范式是适然性的——人活在上帝与牛顿之间。

一、"乾知坤作"之文化渊源

从中国文化渊源上分殊,《周易》由三部分组成:一为"八卦",即由伏羲发明的没有文字的卦画;二为古经,即以周文王的卦辞和周公的爻辞为主的由六十四卦爻辞组成的《易经》,大抵流行于3000年前的西周初年;三为"十翼",即《易传》,包括孔子及其弟子撰写的《十翼》,即彖传、象传、文言、系辞传、说卦传、序卦传和杂卦传等十篇,作为注解"古经"的作品,大致成书于2300年前的战国时期。

《周易》古经六十四卦以乾卦为首卦,表明天地初开,万物始生,又以未济卦为末卦,表明一事物的终末又是另一事物的开始,周而复始,周行不止,故名《周易》。"周易"一词导明了事物演化的总规律,是中国乃至世界最古老的创生哲学思想。《周易·系辞传》是“圣人设卦观象系辞焉而明吉凶”的说明。文辞古雅，言中有秘，秘中有诀，非刻意追求，矢志参悟而不可得。有易学者认为，《周易》上升为系统完整的哲学，在很大程度上得益于《系辞传》的出现。也就是说，在很大程度上是因为《系辞传》使得《周易》上升为理论，成为中国哲学的主要源头之一。

《周易·系辞上》首章曰：“乾知大始，坤作成物。乾以易知，坤以简能。易则易知，简则易从。易知则有亲，易从则有功。有亲则可久，有功则可大。可久则贤人之德，可大则贤人之业。易简而天下之理得矣。天下之理得，而成位乎其中矣”。东晋玄学家韩康伯注解为：“天地之道，不为而善始，不劳而善成，故曰易简”。唐朝经学家孔颖达疏解为：“‘乾知大始’者，以乾是太阳之气，万物皆始在于气，故云知其大始也。‘坤作成物’者，坤是地阴之形，坤能造作以成物也。初始无形，未有营作，故但云‘知’也。已成之物，事可营为，故云‘作’也。‘乾以易知’者，‘易’谓‘易略’，无所造为，以此为知，故曰‘乾以易知’也。‘坤以简能’者，‘简’谓‘简省凝静’，不须繁劳，以此为能，故曰‘坤以简能’也。若于物艰难，则不可以知，故以易而得知也。若于事繁劳，则不可能也，必简省而后可能也。”通俗的理解是说：乾为天，代表时间，故知天地之大始；坤为地代表空间，故成自然万物之衍化。乾为天昭然运行于上而昼夜攸分，是容易让人了解的，坤为地浑然化为万物，是以简易为其功能的。容易则易于知解，简易则容易遵从。容易使人了解则有人亲附，容易遵从，则行之有功。有人亲附则可以长久，有能成功则可以创造伟大的事业。可以长久的，是贤人的德泽；可以成为伟大的，是贤人的事业。《易经》的道理如此简易，却能揭示自然万物生成和衍化的规律，则能与天地同参，成就不朽的名位。

《周易·系辞上》第六章进而曰：“夫《易》广矣大矣，以言乎远则不御，以言乎迩则静而正，以言乎天地之间则备矣。夫乾，其静也专，其动也直，是以大生焉。夫坤，其静也翕，其动也辟，是以广生焉。广大配天地，变通配四时，阴阳之义配日月，易简之善配至德。”大致是说：易道是广大的，以论说其远，则无所止息；说到其近处，则静笃而又端正地放置眼前；以谈论于天地之间，就具有一切万事万物的道理了。乾道纯阳刚健，当它静而不变之时，则专一而无他，当它动而变化之时，则直遂而不挠，所以广大的宇宙持此产生；坤道柔顺敦厚，当它静而不变之时，则收敛深藏，当它动而变化的时候，则广种普施，所以自然万物皆由是产生。易之道理广大无边，配合天地；变化通达，配合四时；阴阳之理，配合日月，易简的至善，配最高的德性。

《周易·系辞下》第一章曰："夫乾，确然示人易矣；夫坤，隤然示人简矣。爻也者，效此者也。象也者，像此者也；爻象动乎内，吉凶见乎外，功业见乎变，圣人之情见乎辞。天地之大德曰生，圣人之大宝曰位。何以守位？曰仁。何以聚人？曰财。理财正辞、禁民为非曰义。"大致是说，乾道造化自然，昭示众人非常简易的道理；坤道开物成务，昭示众人非常简单的方法。圣人便是敩法乾坤简易的理则而制作卦爻的。卦象的设立，亦是敩法乾坤简易的形迹而设立的。卦爻卦象先有变化于内，遂依象释理，吉凶之真象就表现于外了。进而裁制机宜，使功业的成就表现于聪智的变化。圣人崇德广业、仁民爱物的言行，在卦辞爻辞中记载得很清楚。天地之大德，在于使万物生生不息，圣人之大宝，在于有崇高地位。如何守着职位呢？那就要靠仁爱的道德了。如何招致人群呢？那就要靠财物。调理财务，端正言行，禁止老百姓为非作歹，就是道义所应做的。

《周易·系辞下》第六章曰："乾，阳物也；坤，阴物也。阴阳合德，而刚柔有体。以体天地之撰，以通神明之德。其称名也，杂而不越。于稽其类，其衰世之意邪？夫《易》，彰往而察来，而微显阐幽，开而当名，辨物正言断辞，则备矣。"大体意思是：乾为阳，坤为阴，阴阳的德性，相与配合，阳刚阴柔，刚柔有一定的体制，以体察天地间一切的撰作营为，以通达造化神明自然的德性。宇宙间万事万物的名义，虽繁杂但不超越事理。考察它创作的事类，大概是衰乱的时代所创的意象吧。《易经》是彰明以往的事迹，以体察未来事态的演变，而使细微的理则显著，以阐发宇宙的奥秘。

周敦颐在《通书》中，对"乾知大始，坤作成物"的诠释为：天的大智慧乃创生衍化自然万物之道，人们要自觉秉承乾道所揭示的"天行健"妙谛，以弘扬自强不息的精神；地的大作为乃涵养毓长自然万物之德，人们要主动效法坤德所内含的"地势坤"真义，以崇尚厚德载物的品行。在周敦颐的易学视域中，"乾知大始，坤作成物"与"天行健，君子以自强不息；地势坤，君子以厚德载物"同属乾坤阴阳的两个方面，一曰太极天道，一曰人极人德，并无二义。其基本范畴是"阴阳"，核心观念是"生生"，即无穷尽的生命创造与衍生。朱熹也认为，"乾阳"在生命生成中的功能是“乾知大始”。“乾”乃纯阳，它以刚健主。“知”犹主也，主导着一切生命的开始。“坤阴”在生命生成中的功能是“坤作成物”。“坤”乃纯阴，它以柔顺孕育和构成生命形体。乾坤两卦组合生成六十四卦，阴阳交互感应生成生命。中国哲学中，“万物常常在生命意义上使用”，从而构成中国哲学特有的生态人文时空。

综上所述，可以理解为：《周易》提出的“乾知大始，坤作成物”哲学命题，是一种宇宙创生文化，也是中国先贤创立生态人文时空的初始觉悟。

二、《周易》古经之生态品性

《周易》古经是中国现存最古老的一部珍贵文化典籍，在中国文化史上长期被崇奉为“群经之首，大道之源”，是一部阐发天人合一思想、展示中华先民智慧之著，也是一部归纳中国古代“生态德性文化”和揭示“生态人文时空”的发轫之作，它对于在人类文明轴心时代中国“诸子百家”文化的空前繁荣起到了导向性的重大历史作用。

（一）“尚其德”天人观

《周易》古经提出了一个重要的生态人文时空命题——“既雨既处，尚德载”。该下雨的时候就下雨，该停雨的时候就停雨，这是因为人们崇尚厚德载物而使天地万物和谐的缘故。“尚德载”是我国西周初期先贤提出的生态人文时空思想——将风调雨顺的自然现象与人类的高尚道德联系在一起。“尚德载”的生态道德观的文化背景，是我国古代农业文明时期的“天人合一”思想，它是迄今为止世界上最早以文字记载的具有完整意义的生态人文时空——不仅将人放置于宇宙时空中进行考量，而且阐明人德与天道之间的关系。

夏朝时期，“夏历”（俗称农历）问世，这是先人用天气、气象、气候指导农事的初期天文学。西周初期，“天人合一”自然观才得到了很大的发展，《周易》第一次较完整地阐述了生态人文时空的概念。如《周易》古经《乾》卦九二爻辞提出“九二：见龙在田，利见大人”，又如九五爻辞提出“九五：飞龙在天，利见大人”，十分明显地表述了生态人文时空概念。类此文句不胜枚举，可以说整部《周易》古经六十四卦全部与生态人文时空思想相关。《周易》古经认为，人们只有自觉“重德”、主动“敬天”，才能得到“天”的佑护。《周易·大有》上九爻提出

"自天佑之,吉无不利"。《周易》自觉地把人的命运与如何对待上天结合起来,认为只有从上天得到了佑护,出现"既雨既处"的风调雨顺天气,生产、生活才会吉祥而无所不利,把人的言行举止放置于宇宙文化背景中考量,从而广为推行人的尚德行为。

(二)"合其德"君子观

《周易》古经"乾"卦九五爻辞提出:"九五,飞龙在天,利见大人。"《易传・乾文言》解释说:"夫'大人'者,与天地合其德,与日月合其明,与四时合其序,与鬼神合其吉凶。先天而天弗违,后天而奉天时。天且弗违,而况于人乎?况于鬼神乎?"第一次明确揭示了"天"与"人"之间存在"合其德"的关系:与天地同德,厚德载物;与日月同辉,普照一切;与四时同律,井然有序;与鬼神同心,毫无偏私。只有具备这四种德行的人,才是真正的"大人"(君子、贤士、大丈夫)。"天人合德"四种关系,完整构建了生态人文时空的思想框架。

儒家文化继承与弘扬易学"合其德"思想,将"德"作为衡量"君子"的最高标准,而"诚"乃"德"在日常行为中的具体要求。孟子认为"天之道"与"人之道"是有诚相通、相互感动的,主张"乐天""畏天"。他说:"诚者,天之道也;思诚者,人之道也。至诚而不动者,未之有也;不诚,未有能动者也。"(《孟子・离娄上》)孟子进而把"德"通过"天人合德"的逻辑关系从个人品格修养拓展到治国理念与实践上来,以此来规范君子(大人、大丈夫)价值观和行为标准。孟子提出"大人者……惟义所在"(《孟子・离娄下》),"惟大人为能格君心之非"(《孟子・离娄上》),主张"养吾浩然之气"(《孟子・公孙丑上》)、"仁民而爱物"(《孟子・尽心上》),强调"富贵不能淫,贫贱不能移,威武不能屈,此之谓大丈夫"(《孟子・滕文公下》)。孟子站在生态人文时空的层面上提出"以大事小者,乐天者也;以小事大者,畏天者也。乐天者保天下,畏天者保其国"(《孟子・梁惠王下》)的以德治国主张,认为"仁则荣,不仁则辱""以德行仁者王……以德服人者,中心悦而诚服也"(《孟子・公孙丑上》),体现了儒家"修身齐家治国平天下"的济世情怀和构建生态人文时空的自觉性。

(三)"新其德"创生论

《周易・大畜象》提出:"日新其德。""日新"指天天更新。儒家经典《大学》也提出,"汤之盘铭曰:'苟日新,日日新,又日新。'"称"日新"是天地变化的大德。张载《正蒙·大易》提出:“富有者,大无外也;日新者,久无穷也。”认为宇宙变化更新是无穷的。王夫之进一步提出:“天地之德不易,而天地之化日新。今日之风雷非昨日之风雷,是以知今日之日月非昨日之日月也。”(王夫之《思问录·外篇》)世界万事万物都在发生新旧之间的推移。同一个日月,今日之明已非昨日之明;同一个风雷,前声并不是后声;今天的水并不是昨天的水。旧质在消逝,新质在产生,这是包含一切事物在内的不可改变的规律。“阴阳一太极之实体。唯其富有充满于虚空,故变化日新……阴阳之消长隐见不可测,而天地、人物屈伸往来之故尽如此。”(《周易外传·系辞下传》)王夫之认为,天地的本性固然不改,但天地的变化却是日新的、从不停止的。所以,他提倡“推故而别致其新”(《周易外传·系辞下传》),即人们应遵循生态人文时空的创生规律,通过扬弃旧的来创造新的,使事物注入新的、更强大的生命力。

(四)“盛其德”良知论

《易传·系辞上》曰:“日新之谓盛德,生生之谓易。”宇宙最基本的法则,就是时空的变化而促使自然万物生生不息,这里的“盛”是指广泛、丰富、兴旺。“盛其德”就是遵循自然规律,使“生生之德”广泛普及,不断衍生,永续昌盛。《易传·系辞下》继而提出“天地之大德曰生”的学说,意指苍天之“盛德”在于通过日月交替、阴阳平衡、春秋易节、五行生克等规律,促进世界上的万事万物不断涌现、生存和衍生出来,又一代一代前赴后继、生生不已、绵延千秋。王阳明将宇宙的“盛德”称为“天地良知”,将人们对“盛德”践行的过程称之为“致良知”。他认为“天地间活泼泼地,无非此理,便是吾良知的流行不息”。(王阳明《传习录下》)在王阳明看来,天地与良知实质上为一体的存在。“天地良知”的大作为是让自然万物活生生地呈现和流行不息地衍生。这才称得上“日新”,即自然更新,才是“易”的真谛。王阳明的“天地良知”观,使生态人文时空有了伦理学的品性。

(五)“孚其德”实践论

《周易·未济》卦六五爻辞说:“六五,贞吉无悔,君子之光有孚吉。”这里的“有孚”在马王堆帛书《周易》古经那里作“有复”,乃“返回本来德性”“实践诺言”“践行诚信”之义。“信近于义,言可复也。”(《论语·学而》)朱熹注释:“复,践言也。”人们只有重德讲诚信,上天才会佑护。在“孚其德”的实践中,《周易》古经把节约作为爱护自然资源、保护生态系统的重要内容。《周易·大有》卦九四爻辞讲:“匪其彭,无咎。”程颐注释:“彭,盛貌。”(《伊川易传》)“彭”指人们日常饮食、穿着、居住太奢侈,也指当政者大兴土木建造宫殿。不奢侈就不会有过失,反之就难免有咎。王夫之认为,天道与人德显现于现实世界,抽象的“道”与“德”都不脱离天地的具体实有而存在。他指出:“王道始于耕桑,君子慎于袺襘。”(王夫之《周易外传》卷一)人类社会理想的“王道”要有利于民众的生产生活,当官人要遵循天道人德而严于律已、克己奉公,只有如此,“贞吉无悔,君子之光有孚吉”才具有现实意义。王夫之将统治者的政治“王道”放置于生态背景中度衡,扩充了生态人文时空中的政治学内涵。

三、生态社会之人文时空

空间和时间的依存关系表达了事物的生存纬度和演化向度,生存纬度和演化向度的纵横交错与协同促进维系着相对稳定的生态秩序。“乾知大始,坤作成物”,揭示了中华民族古老的生态人文时空。在这一人文时空里,“时间”表达的是自然万物的生灭排列,其内涵是一个无限永续的演化向度,外延是一切事物过程长短和发生顺序的度量;“空间”表达的是自然万物的生灭范围,其内涵是无界永在的生存纬度,外延是一切事物占位大小和相对位置的度量。世界四大文明古国(古埃及、古印度、古巴比伦和古代中国),唯有中华文明延续至今,质言之,是中华民族的生态文化即生态人文时空延续至今。要使中华民族永续屹立于世界东方,中国人就需要一如既往地持守和维护好华夏生态人文时空,并责无旁贷地率先引导世界走向人类最高级的社会形态——生态社会。

构建生态社会人文时空,是一项全球化、长期性的系统工程,在人文层面上首要的是确立构成生态社会人文时空的三个观念。

(一)生境涵养系统观

太阳系是宇宙中的一个生态系统,地球是太阳系的一个子生态系统。在地球这个生物圈中存在有机生物和无机生物,有机生物系统由社会生态和自然生态系统共同构成,而作为“万物灵长”的人类活动则是这个系统中最理性也是最能破坏系统平衡的因素。人类为了实现自身利益的最大化而不顾事物发展规律,对生态环境采取了过多的人为干预,从而打破了系统的动态均衡,形成了人与自然的矛盾。

随着商品经济和现代科技的发展，人类对自然物质的占有欲越来越强烈，占有的手段越来越强暴。在推进工业化、城市化、现代化的过程中，人类往往以眼前利益最大化为目标对自然界的物质、能量、信息等进行全方位地强取豪夺，严重污染了大气、水源、土壤，极大伤害了动物、植物、微生物，从而导致生态系统紊乱，全球气候变暖，雾霾、酸雨、沙尘暴、飓风等极端天气以及洪灾、旱灾、海啸、地震等自然灾害频发并形成恶性循环，自然界生物深受其害，全球生物种类剧减。国际自然保护联盟（IUCN）2016 年发布的《全球濒危物种红色名录》表明，全球近 2.5 万种生物已经或濒临灭绝，其数据触目惊心。与此同时，人类自身的生存环境也日益恶化，在一些城市，“蓝天白云”被视为自然奢侈品，“十面霾伏”已成天气常态。

据有关媒体报道，2016 年北京空气质量达标天数为 198 天，发生重污染天数为 39 天，其中 1 天为臭氧重污染，其余 38 天全部为 PM2.5 重污染。在 38 个 PM2.5 重污染天中，有 5 级重度污染天 29 天，6 级严重污染天 9 天。2016 年 PM2.5 年均浓度为 73 微克/米^3，超过国家标准（35 微克/米^3）109%。（新京报 2017-01-04）2016 中国城市雾霾污染排行榜单，其 PM2.5 年均值指数（微克/米^3）高于 80 的城市有 28 个。（网易新闻 2017-01-06）随着雾霾问题日渐受到关注，越来越多的人在雾霾天出门时佩戴防霾口罩，防护口罩的需求量不断增大。2013—2016 年的 3 年间，全品类口罩年销量从 12 亿只剧增至 18 亿只，而主要增长源是民用防霾口罩市场的旺盛需求。（瞭望东方周刊 2017-01-19）

人类要改变生态险象，摆脱日益逼近的灭顶之灾，首先要确立生境涵养的系统观，大力倡导敬畏自然、尊重生境、珍惜生命和维护生态时空的主流意识，学会用谦卑的态度与自然和谐相处，彻底扭转人类中心主义价值观，坚决抵制以牺牲自然环境为代价的发展战略、生产行为和生活方式。

从系统观看问题，“蝴蝶效应”是客观存在的，因为事物都是普遍联系的，细小的变化在一定条件下有可能引发大问题，人类违背自然规律的行为将损坏生物的生存时空，而任何生物的绝灭都将破坏自然生态。人类在自身的演化过程中想要避免文明衰亡的命运，最起码要具备两个基本条件：一是地球为人类文明演化提供基本的生态时空条件；二是人类要永续地合理利用这个基本的生态时空条件——降低对自然掠夺的强度与速度，充分保证自然界的自我修复和再生等内在机制正常运行的条件，变掠夺型发展为可持续发展，变对抗性矛盾为和合共进关系，从而维护生境系统的相对稳定和永续涵养，实现生态时空的与时优化和人类与生物的协同演化。

（二）社会演进协同观

生态社会是人类与生物协同演化的、时空秩序相对稳定的社会，它不是古代那种以生存为目的的人类保守主义的线性发展的社会模式，更不是现代这种以谋取即时暴利为目的的人类中心主义的平面发展的社会模式，而是一个以人与自然有序演进、和合共生为终极旨归的人类协同主义的立体方程式的社会模式，在这个未来的生态社会里，宇宙时空是合一的，人类将以复归平常人的生活方式，以平常心对待事物，将以持守生境涵养的底线与自然进行平等的物质、文化交流。生态社会主要的文化特质是：人们以文化自觉、机制自律取代以往的暴力征服，社会形态向世界生态联盟式的大同社会过度，人与自然生物和合共处、协同演进。

实现生态社会是一个漫长的过程，需要几代人、十几代人乃至几十代人坚持不懈地努力。当代人皆有构建生境涵养机制的时代责任，为自然和人类社会的协同演进提供健康的人文时空。

自然生态的健康机制，是一种以宇宙系统论即机制化动态均衡的宇宙发展观为思想基础的，促进人与社会、人与自然生物“协同演化”和合共进的机制。生态系统的机制化动态均衡与和合发展规律，是宇宙发展与自然生物演化的根本规律。它包括宇宙自然生态、人类社会生态、人与自身精神生态的和谐发展规律。生态和谐是事物发展的常态，矛盾对抗是非常态，是生态系统动态均衡机制遭受破坏的结果。健康的生态人文时空要求人们承认矛盾的存在，正确的做法不是回避矛盾，而是通过疏导的方式、机制化的程序、和平的方法完善地处理矛盾，避免矛盾的激化与放大，使其处于和谐的发展状态。生态社会要求人们把人与宇宙关系看作一个统一的整体系统，追求与时俱进、人与自然万物和谐相处的发展形态。社会和自然发展要按照社会和自然生态的发展规律，维护生物圈的平衡，以保证自然和人类协同演化。在这样的生态人文时空中，宇宙将有可能在动态协调的过程中得到永续演进，系统机制化的动态均衡演进将成为宇宙自然生命、事物矛盾运动的共相和本质。

自然生态、社会生态和人的心灵生态“三大危机”,是危及全球的最大的祸患,也是造成自然灾害、国际争端、社会骚乱的祸根,即战争、恐袭、纵火、抢劫、斗殴等一切不安全、不安定境况的根源。究其实质,“三大危机”是文化信仰系统、社会系统和自然系统动态均衡机制缺失所导致的一种生态险象。也就是说,生态均衡机制缺失是当下人心极端浮躁、对抗性社会矛盾剧烈以及自然灾害频发等生态险象的根源。要从根本上消解“三大危机”,消除“生态险象”,人类唯有确立以生态和谐文化为普世价值追求的社会主流意识,保护好人与自然万物共同的生存时空,别无他路。

首先,打造以生态和谐文化理念为主导的核心价值观体系。过去,我们仅仅强调和谐社会、以人为本、依法治国等价值观,却忽略了自然生态、社会生态和人的心灵生态“三态和谐”的文化内涵和精神价值。现在,重构核心价值观已刻不容缓,生态和谐文化价值观,应该成为我们这个时代乃至未来的核心价值观。

其次,以生态和谐文化理念为指导,构建开放型、包容性、多元化的生态和谐文化发展机制系统。建设和谐的生态文化,首先要有成熟的民族文化和家族文化。民族文化是家族文化的向导,家族文化是民族文化的基础。先进的家国文化是民族文化成熟的标志,和谐的生态文化是民族文化的最高变现形态。构建健全的生态文化机制,要以健全生态文化发展内生动力机制为方针,以理顺自然生态伦理、社会经济发展和民生幸福三者关系为抓手,以实现人与自然和合发展、永续演进为终极目标。

(三)生态自我人生观

自我生存范式始终是哲学的最基本问题之一,即便是在生态人文时空中,自我生存范式也仍然是生态哲学的基本问题之一,因为它本质上不仅是如何看待自我的问题,更关涉自我与他者,即自我与社会、自我与自然的关系。现代社会所建构的自我人生观是绝对理性的、追求利益最大化的,因而是排他的,是一种在主宰意识驱动下极度自私自利的人生观。这种异化了的自我是一种“二元性”自我,它带有极端功利主义和工具主义的色彩。一方面,它将自我追求的原本可以“兼济天下”的名望、权力、财富等现世功利,当作人生追求的终极目标,从而无法摆脱物对自我的奴役;另一方面,它将自我之外的一切存在只当作实现自己目的的手段，而剥夺了被工具化了的他者的自主性。这种二元自我与世界（自然、社会、他人）的交流就是利用他者来满足自己早已算计好的私利。在二元自我者那里，他者是陌生的、冰冷的、无语的，只被作为利用价值进行考量的，而无须被关怀和尊重。二元自我观是引发人类中心主义的主要根源之一，它消除了人对自然的敬畏之感和爱护之心，造成了人与自然、人与他人的严重疏离以至紧张对立。

正是基于以现代性价值观为核心的二元自我观所存在的致命不足与缺陷，生态主义者倡导一种普遍关系性的自我——生态自我。生态自我观认为：人类是生物圈的组成部分，与诸生物有着物质、信息和精神的普遍联系。生态自我在本质上是普遍联系和相互依存的，人与他者的关系是非二元化的，自然界不仅仅是一个生物赖以生存的“食物链”，还是一个信息交流交换的“人文时空”，也即人类与周围生物界是相互联系的，这种相互联系不仅仅是物质联系，还有人文时空范畴里的认同、欣赏、关爱和维护等精神联系。

生态主义者标举一种新型的人生范式，探寻一种更好的“认识自然的密码”，提出“大我”或‘生态自我的概念’。生态自我是关系性自我的一个类型，它淡化了人类与自然万物的界线，调适了自我与他者的关系，将自我与他者置于同一生态人文时空中。当然，生态自我并非否认自我与他者之间还存在差异和张力，它反对的是人与自然的截然分离、断裂与对抗，主张生物在生态人文时空中生存权利的平等性，并提出自我与自然“协同化”的生态社会的实现路径。

生态自我范式的人生观是一种适然主义人生观，适然主义既非利己主义也非利他主义，而是打破了利己-利他的伪二分的模式。以适然人生为范式的生态自我是非极端功利主义和非强烈工具主义的自我范式，在这一自我范式中，手段与目的不是截然分开的，而是相互制约的，他者不是人类追求功利的目标，也不是从属自我目标的工具，自我应将他者的目的视为自己目标的一部分。生态自我人生观既强调生物圈之间的内嵌性，承认自然万物都是有自身的存在价值的，都是自然界不可缺失的一分子，同时又尊重界限和承认差异。这种关系性自我概念构思了一种新型、和谐而合理的人文时空，其间人的生存范式是适然性的——人活在上帝与牛顿之间。[①]

《周易·系辞上》中孚卦九二爻描绘了生态人文时空中的美妙乐章："鸣鹤在阴，其子和之：我有好爵，吾与尔靡之。"一只鹤在树下阴凉的地方鸣叫，它的好伙伴声声应和：我有好酒，想与你共同受用。这是一幅生态和谐的美景画，大树为鸣鹤提供安然栖居的处所，大自然为这对声声相应的鸣鹤提供了"好爵"……此等和谐悠闲的自然景象真令人羡慕、向往与陶醉啊。王弼《周易注》云："立诚笃至，虽在闇昧，物亦应焉，故曰'鸣鹤在阴，其子和之'也。不私权利，唯德是与，诚之至也，故曰我有好爵，与物散之。"鹤鸣相互而应，犹如人与人之间互通款曲，这是相互存信于心、以诚相待的象征，同时以鹤之"其子和之"喻人的诚信相通。诚如钟嵘《诗品》所说："气之动物，物之感人，故摇荡性情，行诸舞咏。"由于"物之感人"，所以使作者"摇荡性情"，而后"行诸""咏"，即为诗。这就是《中孚·九二》爻辞所蕴含的思想内容，实际上是作者借鸣鹤抒发自己构思的生态社会之理想。《周易·卦爻辞》解六五提出："君子维有解，吉，有孚于小人。"君子胸怀大度，一派仁人志士的气魄，即便对小人也能用诚信之心去化解矛盾，这就是儒家"以德报怨"思想的源头，就是生态自我的人格之境——物与民胞的德性。《周易》古经还主张走共同富裕、协同演进之路，以实现和谐的生态社会理想。《小畜》九五爻辞说："九五：有孚挛如，富比其邻。"这里的"挛"，即心连心、手牵手的仁爱协同之义。

当今世界生态失衡，全球危机四伏，一些有识之士将目光投向中华五千年生态文化的源头，旨在厘清现代化困境下的文化经纬方向，摆脱极端功利主义和强烈工具主义所造成的精神迷惑，寻求和维护新型生态社会的人文时空。中国古代文明智慧的奇葩——《周易》古经所阐发的"乾知坤作"创生精神和演进机制，将为世人构建和维护生态人文时空提供深厚的思想资源。

一个说明：

平日里，常有同学、同事和朋友聊及我在《回乡之路——寻皈审美生存的家园意境》后记里与他们的约定：

---

① 余潇枫、张彦：《人格之境》，浙江大学出版社 2006 年版，第 15 页。

莫问“同予者何人”——当生态还原自然，当绿色成为时尚，当人性复归和美，那时候，你和我一同漫步在老庄生态美学思想朗照下的从返璞归真到诗意栖居的回乡之路上。

期待着……

庄子曰：“人生天地之间，若白驹过隙，忽然而已。”我许下此“期待”之后，转眼间便过去了8年。我也该将这些年对生态文化的所思所言、所发表的文章编个集子，以飨“同予者”可好？

于是，我在今年春节时便有了出本生态文化范畴的文集之想法，初选了60余篇论文，向几位学友征求意见，最终选中了30篇论文。并且，还选了我的博导余潇枫先生的《适然世界：道家人格的和美之境》，我的学生与禾的《无为自适：阮孚隐居明招山的文化因缘》《四时顺应：生态养生学说的时向场域图式》这3篇文章，这样一来文集有33篇论文了（有学友调侃说：前有导师引路，后有学生跟进，文化气场好昌盛啊）。暑期一到，我便着手整理文本，对部分文章做了些许的修正。并请余老师和与禾兄对文集初稿指正润色，而后申报并列入“浙江大学生态文化”研究课题。原本想写个《自序》，囿于时限（正忙于领衔编撰《中华人文素养教育通用教材》），无暇自言自语了。再者，有大学者余潇枫先生和生态学专家严力蛟先生为本书作序，足矣。

《乾知坤作：遥望生态社会的人文时空》通过追溯生态文化渊源，探索《周易》古经生态德性元素，构思生态社会人文时空，以遥望未来生态社会人与自然和合共生、协同演进的适然世界气象。这样一篇文章，基本上可以表达《阡陌之思》的内在思想。故谨以此文作为本文集的“自序”。

李德臻

丁酉年初秋于浙江大学生态文化研究所

适然世界:道家人格的和美之境

余潇枫

道家人格充满伦理与美学的意蕴。道家对人格的塑造是重养生以修性命,或者说注重的是性命双修,命就是生命,性是指人的心性、性情、品性等也即人性,而人性通过道性修养使之"顺道"而培养出一种"生态自我"的自觉意识与品行时就形成了道家人格。老庄提倡"顺道"以追求人与自然的和谐,将有与无、强与弱、生与死贯通一气,着力生成人与自然、人与他人、人与自身之间的"适然"关系。道家独具"顺道"与"适然"的人格之境是具有人类普遍价值意味的,尤其在生态环境、社会道德和人的精神品质日趋衰败的当今世界,道家人格所追求的"生态自我"的人格之境与"适然世界"的生活理想,不能不说是人们回归自然、超越尘世和安顿心灵的理想家园。

一、人格之境的中国渊源

人格是人的本质的生态状态,是人与文化融为一体的行为方式。中国由原始社会过渡到文明社会、由原始氏族组织过渡到建立国家,经历了一条完全不同于古希腊、罗马的道路。"如果我们用'家族、私有、国家'三项来作为文明路径的指标,那么,'古典的古代'是从家族到私产再到国家,国家代替了家族;'亚细亚的古代'是由家族到国家,国家混合在家族里面,叫作'社稷'。"①这一亚细亚的古代是指中国古代,社稷便是融家国一体的中国人的生存场域。

(一)中国的文化个性与行为方式

在地缘、社会结构、经济发展水平等背景下,形成了具有中国特色的文化个性与行为方式。朱贻庭教授把中国"传统经济类型"概括为3个基本特征:"以小农经济(自然经济)为基础的'农本商末'的经济结构;以父系单系家长权威为轴心的宗法等级制的社会结构,'家族主义'文化同样制约着经济领域的人际关系和经营模式;以及高度集权的'传统型'的君主统治结构,政治、经济一体化,

---

① 侯外庐:《中国思想通史》(第1卷),人民出版社1957年版,第11页。

国家主权是最高产权，民间私有产权始终没有制度化的法律保障。”[①]在这样的经济、政治体制和文化的环境中，形成了极具中国特色的与西方世界、与现代市场经济伦理不同的传统农业社会的经济伦理思想和行为。比如以义生利、勤劳敬业的生产观念与行为；礼以定分、取予有道的分配观念与行为；力戒奢侈、崇尚节俭的消费观念与行为；反对竞争、讲求诚信的交换观念与行为以及爱民富民、重本抑末的决策观念与行为等。与此相应，形成了中国人独特的人格意识、人格结构与人格境界。

（二）《易经》的以象取义与人格启示

《易经》是中国古代先民在生活实践中形成、创造并流传下来的“符号学”著作。符号既是文字之源，也是数字之源；既是概念之源，也是精神之源；既是思想之源，也是文化之源。《易》之书出于3000多年前的中国古代，在夏、商两个朝代就已各有其不同的版本，到了春秋战国时代《易》被人们奉为重要经典之书——《易经》，到了周代以后对《易经》的深入诠释（统称为《易传》）而形成《周易》（即“经”加“传”）。后来儒学又把《周易》定为其经典系列“四书五经”的五经之首，《周易》也就被后人通称为《易经》。中国传统易学对《易经》多从象、数、义理等不同的角度进行研究，因而《易经》被看为一部涉及哲学、天文学、数学、预测学、地理学、历史学的书，也被看作是中国的百家思想之源。孔子着《大象》，从伦理的角度对《易经》作了全新的阐释，从卦象中直接提升出了君子人格的境界。从干卦之象观出“天行健”的规律，进而强调君子当以“自强不息”；从坤卦之象观出“地势坤”之特征，进而提出君子当以“厚德载物”。在《易经》中，自然之“象”与人格之“境”相互印证，每一卦象，都对应着君子人格境界的一种状态。老庄在传承《易经》文化中提升出具有独特内涵的道家人格。

二、道家人格的“适然”与“顺道”

老子曰：“人法地，地法天，天法道，道法自然。”（《老子》通行本第25章）“道法自然”是道家学说的核心思想，是道家生态哲学和美学的理论基础，也是道家人格的适然之境。老子认为，“道”是创生宇宙万物的总根源，是“天地之母”“万

① ［美］乔治·恩德勒：《发展中国伦理经济》，上海社会科学院出版社2003年版，第1页。

物之奥”,是宇宙万物得以生存与演进的基础和动因。“道法自然”既是物质的又是意识的,有着遵循宇宙万物衍化规则的哲学观和包涵宇宙万物和合共生演进的生物论的双重含义,它的落脚点是“适然”与“顺道”的宇宙存在观和人类实践观。“适然”与“顺道”观,是以“自然而然”和“无为而为”作为立论之维的。“自然而然”是天道存在的终极状态,彰显了宇宙的本初之美;“无为而为”是人性修行的基本精神,反映了人格的朴真之美。

(一)“适然”的隐士人格

中国道家的学术思想“综罗百代,广博精微”(纪晓岚语);道家的人格追求归趋自然,遁隐求真。道家的文化传统与人格风范主要来自于古代中国的老庄著述和隐士思想。

老子(约前 571—前 471 年)是道家学派的鼻祖,著《道德经》五千余言而传世。司马迁《史记・老子韩非列传第三》记载:“老子者,楚苦县(按:今河南鹿邑)厉乡曲仁里人也。姓李氏,名耳,字伯阳,谥曰聃。周守藏室之史也。”孔子曾数次求教天道问老子,言老子为“犹龙”。孔子自述道:“鸟吾知其能飞,鱼吾知其能游,兽吾知其能走。走者可以为罔,游者可以为纶,飞者可以为缯。至于龙,吾知其乘风而上天,吾今日见老子,其犹龙耶?”(司马迁《史记・老庄申韩列传》)。老子的人格追求是:“致虚极,守静笃”(《老子》通行本第 16 章),并强调人与天地万物的“适然”状态:“处无为之事,行不言之教”“利而不害,为而弗争。”(《老子》通行本第 81 章)老子社会理想的适然目标是:“小国寡民,使有什伯之器而不用。”(《老子》通行本第 80 章)老子生活理想的适然目标是:“甘其食,美其服,安其居,乐其俗。邻国相望,鸡犬之声相闻,民至老死,不相往来。”(《老子》通行本第 80 章)这是老子主张顺道处世所提出的基本德性要求。这个要求还可以用体现隐士人格特质的“不争”二字总括。这里所谓的“不争”,包括了不争功名、不争地位、不争利益等多方面内涵。老子特别喜欢以水为例说明“不争”的品德:“上善若水,水善利万物而不争,故几于道。”(《老子》通行本第 8 章)

庄子(前 369—286 年),名庄周,宁国蒙(今河南商丘地区)人,道家的另一位宗师。庄子出身贫穷,身居民间,靠编草鞋为生,后竟著书十余万言,多用寓言故事阐发哲理,用宏大叙事揭示真谛,“以诋訾孔子之徒,以明老子之术。”(司马迁《史记・老庄申韩列传》)庄子的人格追求是:养生适性,齐物逍遥。庄子人格境界的“适然”状态是：成为无私的“真人”，忘我的“至人”，不求功绩的“神人”，不贪名声的“圣人”，即所谓“至人无已，神人无功，圣人无名”（《庄子·天下》）。

可见道家以在精神中“去我”“去己”的主体自我修养，去追求圣人、真人、至人、神人的人格理想和“适然”“顺道”的人格境界。老子认为圣人的最高品格是无为而无不为、及至“复归于婴儿”的无知无欲的修养境界。庄子认为理想人格的主要品格是逍遥无待，与万物齐一。凡是有待于物，受客观条件限制的，都不是绝对的自由，只有摆脱现实的一切束缚，达到所谓与道融为一体的“逍遥游”，才算达到理想的人格境界。然而，尽管道家的人格思想透露着某种超越自我、“天人合一”、寻觅自由的理性自觉和主体精神，但其实质上反映的则是面对强大的封建社会的压迫与桎梏而虚无避世，陶醉在自然山水中的自我幻想型隐士人格的追求与慰藉之中。

（二）“顺道”的“适然世界”

人格、伦理、价值等是与人的生命所不可分离的精神特质。如果说“上帝”代表价值生命中对“应然世界”的追求，“牛顿”代表价值生命中对“必然世界”的追求，那么在“上帝”与“牛顿”之间的“适然世界”则是生命所真正值得追求的人格世界。正如庄子所曰：“唯达者知通为一，为是不用而寓诸庸。庸也者，用也；用也者，通也；通也者，得也；适得而几矣。”（《庄子·齐物论》）这里的“庸”“通”“适”指的就是道家心性修养的适然性。

从生存论哲学来看，人格就是人的存在本身，就是人与存在相联系的当下的“在者”，即现实人本身。人不应是抽象的，而应是具体的、现实的，这现实的、具体的人就是类伦理学所要研究的“‘格’中之人”。“我们最崇高的目的和理想的秘诀在于人格的世界，它是一切知识和存在的基础；它比物理世界更加丰富；它与自然不断地相互作用；它是一个不可见的世界；它是目的的世界；它是自我认同、私密的个人的世界；它是一个社会的世界；它是一个冲突的世界。”①

道家遵循“顺道”的原则，其人格世界中伦理价值追求的全部真谛在于“适然性”。老子曰：“曲则全，枉则直，洼则盈，敝则新，少则多，多则惑。是以圣人

① ［美］布莱特曼：《自然与价值》，中国人民大学出版社 2004 年版，第 132 页。

抱一为天下式。”（《老子》通行本第22章）老子视为天下范式的“一”，其实就是“适然性”，它是人的价值生命的追求与实现的根本特性之一。具体地说，“适然”是一个与“本然”和“应然”相对应的概念。“本然”强调的是世界的自在性、客观性、必然性，“应然”强调的是世界的自为性、主观性、或然性，“适然”则是“本然”与“应然”二者矛盾的辩证统一。“适然”重视的是相对于人的合理性和“属人世界”的真理性。在人所面对的多重世界中，“本然世界”是一个客观自在的自然世界，是科学世界所依据的本体世界；“应然世界”是一个人的主观世界，是宗教世界所依据的本体世界。“适然世界”与前两种世界不同，它是一个在人的社会实践基础上统一了人的主客观矛盾的人的“价值世界”，是体现着人格生成与发展规律的现实生活世界，因而也是伦理价值追求可靠依据所在的人格世界。这样，我们就可以得出人类审美存在的命题：“人，活在上帝与牛顿之间”。而这就是道家心性修养的超然之境，也即海德格尔诗意栖居的存在之境，也就是人类审美生存的优态之境。

庄子曰：“类与不类，相与为类，则与彼无以异矣。”（《庄子·齐物论》）人作为“类”的存在物，才有其人格的联系与人格的追求。人在社会中的人格性的获得，说到底就是人作为社会主体的社会价值的获得。社会价值是人的人格性也就是人的创造性、超越性、自主自为性的最高表现。在社会实践中，人与人之间形成的以生产劳动为基础的人格关系以及由这些人格关系突现出来的价值关系已不是一般的个体价值或群体价值关系，而是体现类的普遍要求、类的本质意向、类的共同意志的社会主体的普遍价值关系。或者说，统领着人格世界的社会价值“不是漂在表层的显见价值，而是隐蔽在具体价值之中的深层价值；不是各不相同的特殊价值，而是具有共同本性的普遍价值；不是具体明确的有形价值，而潜在无形的‘形而上’价值；不是为个体和群体的需要所决定的有意识价值，而是根源于类关系、类本性和类需求的社会价值。”[①]“类伦理学”正是这种体现“类需求”的社会价值的理论形态，是根据历史的类时代和人的类本性、类生活的维度而确立起来的人的活动的价值标尺，也是体现人具有充分的、自觉的类意识的伦理形态。道家人格的终极境界是“适然世界”，而臻及这一人格之

① 崔秋锁：《社会价值与社会历史》，1996年吉林大学博士论文，第43页。

境的前提是确立最广泛的“生态自我”范式，以实现人与自然、与社会、与自我心性的和谐统一。而这个“最广泛”的本质前提就是“自觉的类意识”。如果说，“生态自我”是道家人格超然之境的坐标的话，那么，自觉的类意识则是确立这一坐标而必不可少的基石。

三、和美之境的实现路径

中国传统伦理思想学派众多，内容丰富，如何更好地理解诠释传统伦理思想，取其精华，为我所用，是我们要深刻思考的问题。中华民族传统文化是儒、释、道并存相容，先人倡导的“以儒治国、以佛修心、以道观世”文化观，孕育和形成了中国五千年“自强不息”“厚德载物”的民族精神，“无为而治”“和合共生”的人文品格和“万物一体”“游心太玄”的生态情怀，从而生成了具有无限超然气质的人格之境。

现代物质生活高度发达，物欲对人的刺激百倍强烈；现代人际交往全面开放，社会关系对每个人都是严峻挑战；现代生活节奏快速，谋生的奔忙使人失去精神的闲和；现代社会技术化渗透到一切领域，人也成了技术运转中的一个环节。人人在竞争中生存，时时有朝不保夕的紧迫感，处处有喧嚣和矛盾，忧烦充满着人生，飘与漂成为时尚，空气中到处洋溢着浮躁与无奈。面对这样的生存环境，中国儒释道等传统伦理思想仍有很多精华思想，特别是道家心性修养所孜孜追求的“适然世界”的那种超然性对当代人有其深刻的启示。儒家思想提倡三纲五常，是为封建制度服务的，但是儒家宣扬精神价值，尊重人的独立人格，提倡“欲而不贪”，向内心做功；佛家否认现实世界，强调生死轮回，消磨现世意志，但佛家宣扬众生平等，强调“众善奉行，诸恶莫做”，具有类伦理情怀。值得世人标举的是，道家倡导“自然无为”“致虚守静”“万物平等”和“自由精神”等人格品性，对消解当今世界面临的自然生态、社会状态和精神心态“三大危机”有着超然的历史意义和积极的时代价值。当代人应当有正确的美德追求，发掘和传承道家人格适然追求的现代意义，学会体验生命、提升需要和实现人格独立，从而去立己、立人、为民、为国。

（一）学会体验生命

庄子曰：“以有形者象无形者而定矣。”（《庄子·庚桑楚》）把有形的东西看作是无形，那么内心就会得到安宁，人格意识的最根本的内容是对生命意向的直接体验。独立人格意识则是人以自我主体为认识世界的轴心，学会与周遭世界共情，与万物生命同趣。人的本质是在人作为人的生生不息的“生存体验”中由人自己创生的，人怎样去创造自己的生活，人也就有怎样的本质和特征，人怎样去体验生命，人也就有怎样的境界与造化。人格体验是独立人格意识萌发与否的重要标志，它能使人摆脱无思想的麻木不仁，使人领悟到精神自我与价值自我的内在肯定的奥秘。有独立人格意识的人更能在体验生命的过程中体验善与恶，在敬畏生命的过程中珍惜生命的价值。法国学者阿尔贝特・史怀泽从元伦理的角度强调善恶与生命成长的关系：善是保存和促进生命，恶是阻碍和毁灭生命。也就是说，如果我们摆脱自己的偏见，抛弃我们对其他生命的疏远性和占有性，自觉主动地与我们周围的生命休戚与共。只有敬畏生命，珍惜在人生中所获得的生命体验，我们才会有不断发展的和方向明确的德性，我们才是真正的符合道德的人；同样，我们只有敬畏生命，我们的人生信念才会富有活力，我们才会永远不放弃自己的责任。

（二）努力提升需要

老子曰：“生而不有，为而不恃，长而不宰。是谓玄德。”（《老子》通行本第22章）人格的真谛何在？老子强调的是“玄德”。人格意识作为人对自身生存状态的自我认识，作为呈现人的最高生存方式的价值境界，其实质就是成为人，理解自己为人并把人当人、尊重他人为人，尽可能少地向外索取。因此，人格意识是人成为人的意向行动的对象性实现。人格意识这一范畴比人的自我意识范畴的层次更高，它是人在“主体间性”中所达到的“共通”“共感”“共约”的自觉境界。在世俗的眼光中，功、名、利、禄、权、势、尊、位均是社会具有效用的“价值物”，但在懂得体验生命价值的人的视野中，它们在本质上都是外在于人的“东西”，而非人生的全部或人生的本身。人格作为人的价值生命的实现方式，它的意义必然在于对精神性目标的追求。只有精神性的目标，才有其价值的永恒可言，才有其意义的无限可言，才有可能通达道家心性修养的“玄德”之境。

（三）实现人格独立

庄子曰：“乘云气，御飞龙，而游乎四海之外。”（《庄子・逍遥游》）逍遥游精神充分体现了庄子独立人格的意识。独立人格意识体现着人之为人的真正价值,体现着人类经历数千年发展所达到的理性水平。从内在精神追求转向现实独立人格形态的追求,是中国在 21 世纪实现“生态自我”的目标。从人格发展的历史规定上看,独立人格意味着人从权威、等级的服从中解放出来获得人的自主、自尊和自由;意味着人从人的依赖关系束缚中解放出来实现自我的真实价值;意味着人从生命本能的制约中解放出来追求人成为人的超生命价值。在自然化人格范型的“族群人格”和群体化人格范型的“依附人格”形态中,人不可能具有独立人格。在个体化人格范型的“独立人格”形态中,人的本质力量获得了新的显现,人的存在内涵获得了新的充实。人能意识到自己作为人应该是目的而不是手段,意识到人人都有不可侵犯的权利与尊严,意识到立足于自身才是人走向独立的真正开始。马克思指出:“任何一个存在物只有当它立足于自身的时候,才在自己的眼里是独立的,而只有当它依靠它自己而存在的时候,它才算立足于自身。”[①]这就是说,人要发挥自我创造的超生命本质,必然以独立和自由为其行动的基础。当然任何自主的选择都意味着一种责任。“你……是你自身的雕塑者和创造者;你可以堕落成为野兽,也可以再生如神明。”[②]所以生存与发展机会的自主选择,同时表明人应有其自律的意志与道德责任。如果人的一生都是他定或他律的,那么他恰恰可以不承担一切行动的责任。任何行动与“集体”或“组织”保持一致,那么一切责任都应由“集体”或“组织”而不是自己承担。独立人格历史地要求人要有自我实现的生存与发展的选择机会,实质上是要求发挥个人生活的自主性与个人责任的自律性。

庄子曰:“独与天地精神往来,而不敖倪于万物。”(《庄子·天下》)道家心性修养一个重要的启示就是如何超然地对待自我。认识自我、热爱自我、修养自我、超越自我是人超然地对待自我的逻辑阶梯。活着是人不可更改的前提,怎样活着是可以更改的现状,但要解决怎样活着的问题,首先要解决面向未来为什么活着的问题。怎样活着、为什么活着这一连串问题表明,人生是一门最困难也是最美丽的伟大艺术,人对整个生命过程的参与本身构造出人的神性与人

① ［德］马克思:《1844 年经济学——哲学手稿》,刘丕坤译,人民出版社 1979 年版,第 85 页。

② ［英］史蒂文·卢克斯:《个人主义:分析与批判》,中国广播电视出版社 1993 年版,第 57 页。

性结合的“作品”。在这样的艺术造就中，人既是艺术家，又是艺术品，成为怎样的“艺术品”全在于自己的品性与造化。这就是老庄倡导的审美存在的人格之境——艺术人生，其终极旨归与优态境域是和美之境。

入编说明：

2010年11月8—10日，本人有幸与浙江大学人文学院副院长楼含松先生一道主持叶法善道家养生文化研讨会的两场学术报告会。这次研讨会知名专家、学者云集，道教道家高人黄信阳、张高澄、刘绥滨、王成亚，知名学者庞学铨、胡孚琛、余潇枫、楼含松、周玲强、严力蛟、吴真、赵芃等参加会议。在学术报告会上，余潇枫先生的《适然世界：道家人格的和美之境》的论文引起全场轰动，得到高度好评。春秋易节，时经这些年，那一场学术盛会上余老师作报告时的空前场景，至今依然历历在目。

余老师是我的导师，无论是我在攻读博士学位时还是在后来的学研途中，常得到老师的悉心指导。经老师同意，我将此文编入《阡陌之思》，一者以增强论文集的学术气场，二者以资我等后学之楷模。

致虚守静:道家心性修养的审美意境

老庄及后道家心性修养的意境是“致虚守静”。老子曰:“致虚极,守静笃。万物并作,吾以观复。夫物芸芸,各复归其根。归根曰静,静曰复命。复命曰常,知常曰明。”(《老子》通行本第16章)老子认为,人要使自己的心性达到与宇宙之道接近的虚空寂寥的无极状态,也即宇宙的本体美之境,首先要持守住内心的那份宁静与平和,不受物欲诱惑,不受尘世干扰,持一守中,心如止水,也即人性的静观审美境界。人生修养的目的就是为了“复归其根”,让人的心性超越尘世归根到宇宙之道即天道的大美境界中。在老庄那里,虚极并非虚无而为实有之母,静笃并非静止而为运动之源。虚极与静笃都不能用存在与非存在的绝对概念来界定,它仅仅是一种形上的描述,一种审美的状态。它既存在,也非存在;它既否定,也非否定。可以说最能体现道家生态美学思想的莫过于“致虚极,守静笃”的美学旨趣了,它超然高远、幽深邃密,包含着十分丰富的内涵。它集中地显现了老庄生态美学所特有的超高神韵和修养精神。“致虚极”显现了“天道”审美存在的精神,“守静笃”揭示了人类之德的审美知趣。前者是存在的本原、基础、旨归,后者是修养的方向、准则、方法,后者通过“安时处顺”和“循理举事”的审美生存活动复归于前者,以达到返璞归真的终极旨归。

一、致虚守静的基本含义

“致虚极,守静笃”历来被人们称为老庄及后心性修养的六字真言。唐代著名道学家杜光庭在《道德真经广圣义》说:“道性无杂,真一寂寥,故清静也。”“虚极”是空灵到极点,是独立寂寥的、没有任何干扰与污染的“天道”。而人要安身立命就必须顺应“虚极”天道、持守“静笃”。

“虚极”是无极之天道的本质品性。《道德经》开篇见义:“道可道,非常道。名可名,非常名。无,名天地之始;有,名万物之母。……玄之又玄,众妙之门。”在老子那里,“道”是虚极之道,虚极即无极,是无可名状的,正因为“道”的无极虚空,才能空寂独立衍化出生生之道,才可为“天地之始”“万物之母”,才有可能成为“玄之又玄”的“众妙之门”。余潇枫教授指出:“道家突出了‘道’的客观无私性，认为‘道’是以一种公正无私的方式对待天下万物的，追求的是一种天下万物一视同仁的境界。”[①]因而，“虚极”是道的本原大美之境，也是“天道”的基本特征。非虚极无以成“道”，非虚极无以有衍化创生自然功能，非虚极无以有自然大美之境。张继禹道长所说：“道，它生育无限宇宙，创造和谐世界，是万物生化的元气。道不可言有，也不可言无，但又无处不在，无时不有。它永恒内在于万化之中。”[②]人性如果能和合于虚极的天道，那么人虽然参与了世事活动和面对纷扰的尘世，但行为是依照安时处顺的“天道”而循理举事的，并且“人性”不会受纷乱的物欲所诱惑也不会被世事成败得失所羁绊。

“静笃”就是平和宁静与“天道”和合的至美人性。“守”就是持守，矢志不渝；“守静笃”就是人虽然处在世间的是非荣辱面前，但人总能通过持一守中、一如既往的修道尚德，达到虚静、空灵的至美之境。这样，人就能够真正解脱烦琐，放下牵累，排除外界的纷扰和自身的纠结，复归到“天道”的至美境界之中。陈劲教授指出：“《道德经》致虚守静，阐释了立德修身的朴素哲理；体现了中国古代先贤深层次的精神追求和行为准则，这也是创新者极高的思想境界。”[③]守静笃需要从容自若的淡定，需要宠辱不惊，去留无意，得失皆淡然的静美恬然的心境。这是一种时时凝神安适，处处坦荡泰然，深藏于心灵深处的澄明状态，也是一种至高无上的审美境界。“静笃”能抚慰、净化、平静人的灵魂，使人心无旁骛地去面对现实，使迷茫的人走出心性的困境，使浮躁的心抛弃一切世俗杂念回归于平和静笃，回归于自然的静美之境。如东晋著名田园诗人陶渊明，以静笃的心态辞官归田，以闲情逸致体验着那种与世无争的世外桃源的人生，感受着物我一体的生态情怀，写下了“采菊东篱下，悠然见南山”的千古名句。他在平和与静笃中偶然抬头见到南山，人与自然不期而遇、和谐交融，达到了王国维所说的“不知何者为我，何者为物”的无我之境。这种闲情逸致的境界，是一种生存哲学，是一种生存意义上的美学观，也是对“守静笃”最生动的人生诠释。

“致虚守静”需要守得住孤独、耐得住寂寞。守住孤独就等于守住了本真之美，耐得住寂寞才有可能回归自然本原之美。法国作家让·季奥诺（Jean

---

① 余潇枫、张彦：《人格之境》，浙江大学出版社 2006 年版，第 145 页。

② 张继禹：《道教对世界环境保护的主张》，《中国道教》1995 年第 3 期。

③ 陈劲：《创新的地平线》，现代教育出版社 2007 年版，第 259 页。

Giono,1895—1970)的《植树的人》,讲述了一位离群索居之人,置身于荒无人烟之地,每天和树相依为命。他为了使黄土坡变成绿岛,一辈子无怨无悔地劳作于荒野之中。他寄情于树,用心灵与树促膝谈心,在每棵树上都寄托着他的情感和希望,每当他种下一棵树,仿佛就感到自己在世间又多了一位亲人。这是一种物我一体大美境界上的"致虚守静",是一种建构主体间性意义上的生态审美情怀。只有安于淡泊,人才能与树木相依为命;只有心如止水,人才能与树木促膝谈心;只有持守绿色的乌托邦情怀,人才能体悟自然界中那沉稳的山与灵动的水以及那些朴真的树木身上所显示的勃勃生机和芊芊美姿。

二、致虚守静的理论基础

致虚守静的基本精神是"道法自然",道法自然的理论基石是天道的"自然而然"精神和人性的"无为而为"本质。而道法自然是通过"安时处顺"的宇宙生成法则和"循理举事"的人类生存德性建构的。这样,道的本原品性——自然与无为,在学理上支撑了致虚守静的道家心性修养的审美意境。(见图 1-1)

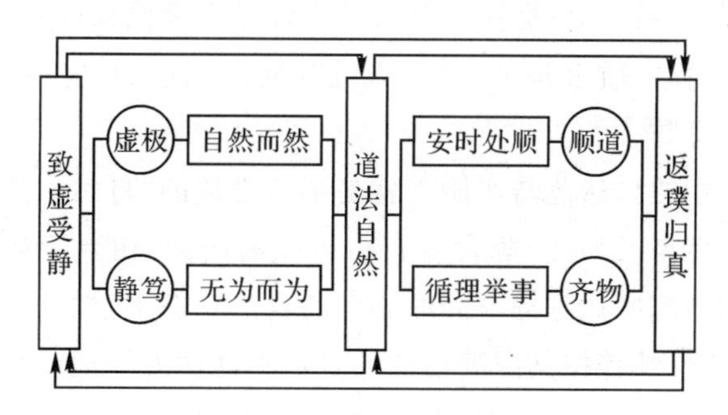

图 1-1　道家修养心性指向

(一)自然而然——致虚守静的精神维度

在老庄那里,"道"和自然的联系在于二者都体现了作为其本质的"自然而然"的精神之维。老庄认为,"道"是自然而然的,而自然而然的具体化就是虚静恬淡,因而在"道"观照下的人性也应是虚静恬淡的。正因为"道"是虚静恬淡的,所以它又是超越感官的:"大音希声;大象无形;道隐无名。"(《老子》通行本第 16 章)因为"道"是超然的,因而"道"又是虚静恬淡的:"道之出口,淡乎其无味,视之不足见,听之不足闻,用之不足既。”[①]

老庄对人生修养的审美价值和理想设定是建立在与宇宙自然而然品性相应的虚静恬淡维度之上的。虚静恬淡的人性不受性分之外的欲望所诱惑,不为主观情感好恶及道德的善恶判断所困扰,不为任何知识、意念和感情欲望所束缚,是一种逍遥自由、超越尘世的境界。老庄将虚静恬淡作为安顿现世人生的文化价值和理想,将人性的这一维度赋予道及道所化生的天地万物,认为“道”及“道”所化生的天地万物的自然而然就是虚静恬淡。在老子那里,“‘道’是合乎自然的,虚静是自然状态的”[②]。因此,虚静恬淡就是自然而然,也就是道的本性。人类既然要道法自然,理应持守虚静恬淡的本真天性。人只有将致虚守静的工夫做到极笃的境地,才能“见素抱朴,少私寡欲”(《老子》通行本第 19 章),才能返归天道自然而然、人性虚静恬淡的境界。庄子倡导“唯道集虚”《庄子·人间世》的人性境界,即人通过心斋和坐忘获得虚静空明的心境,从而达到与道为一,回复到道的自然而然的虚静恬淡的境界。孔令宏教授认为,在“自然而然”这一天道精神的统摄下,“道家、道教主张用中道和合的原则来处理自身与他人、与自然界的关系,其根据在于万物和人都是秉承同样的道而生化出来的,因而人与人、人与物本质上是平等的,人性是同源同质的,应该和谐相处,让万物和他人生生不息”[③]。

老庄生态美学的自然范畴实质上就是宇宙之道的“自然而然”精神,也就是宇宙自然按其本性自己如此,蕴含着自由自在的内涵,相当于黑格尔的自由概念。在由心斋和坐忘所达到的虚静的心性的自然状态中,性分之外的诱惑与束缚均已被消解,心性纯粹按其虚静恬淡的自然本性而处于逍遥自由的境域。老庄倡导的致虚、守静和心斋、坐忘,是一种超功利的自由心境,是一种审美生存的人生态度。正如牟宗三先生所说:“当主观虚一而静的心境朗现出来,则大地平寂,万物各在其位、各适其性、各遂其生、各正其正的境界,就是逍遥齐物的境界。万物之此种存在用康德的话来说就是‘存在之在其自己’,所谓逍遥、自得、

---

① 陈鼓应:《老子注译及评价》,中华书局 1999 年版,第 203 页。

② 陈鼓应:《老子注译及评价》,中华书局 1999 年版,第 11 页。

③ 孔令宏:《现代新道家的建立及其文化观》,《杭州师范学院学报》(社会科学版)2004 年第 6 期。

无待，就是在其自己。”[①]

（二）无为而为——致虚守静的品行维度

在老子看来，“无为”是“道”的最具崇高美的品性，是人类应遵循的根本法则。首先，“道”本身是“无为”的“道常无为而无不为”。（《老子》通行本第37章）人既然创生于“道”，人性就应该遵循天道，按照“无为”的要求任事物自然发展：“至人处无为之事，行不言之教。万物作焉而不为始，生而不有，为而不恃，功成而弗居。”（《老子》通行本第2章）在老子看来，人对于万物只能“辅”而不能“为”，即不能违背自然法则，“以辅万物之自然而不敢为”，这是自然的创生之道，也是人类的审美生存之道。魏晋玄学理论家王弼把老子的“无为”直接理解成“无违”“无所违”，这种解释可以说是道学研究之经典了，它直指人性之美的本质规范。

致虚守静的目的是摆脱性分之外的欲望功利对心性的困扰，使心性处于虚静平和的自然状态中。这种对性分之外的欲望功利的无所追求是无为的，只有在本着毫无性分之外的欲望功利追求的虚静状态下进行的个体实践活动中，人才能获得自由。无为的目的是敞开并保持人的虚静的自然本性，并不否定人的所有作为，而是要持守“无为而为”，也即不违背自然的创生精神和生命法则前提下的作为。老庄否定的是导致人的自然生命的纷驰、心理的情绪和意念造作的人为，因为这些人为是违背自然天道的，性分之外的东西往往会促逼人成为自然生命、情欲和意念的奴隶，使心性得不到自由。老庄生态美学思想认为，一切能通向虚静恬淡的自然状态的人为努力都是“无为”的、自然的，也就是说“无为而为”顺应天道。因此，心斋、坐忘等人为的致虚守静工夫因为能通向自然而然的境界而被认为是“无为”的、自然的，也即“无为而为”的。

李泽厚先生说，老庄的无为而为思想，“并‘不是要退回到动物性，去被动地适应环境；正好相反，它指的是超出自身生物族类的局限，主动地与整个自然功能、结构、规律相呼应、相建构’”[②]。老庄否定由知识所推波助澜并制造的感官欲望以及在此基础上产生的喜怒哀乐爱恶欲；老庄倡导人们要超越性分之外的

---

① 牟宗三：《中国哲学十九讲》，上海古籍出版社1997年版，第116页。

② 李泽厚：《美的历程》，安徽文艺出版社1994年版，第315页。

感官欲望以及在此基础上产生的喜怒哀乐的情绪。在老庄看来，生死存亡是自然而然的事，犹如“芒然彷徨乎尘垢之外，逍遥乎无为之业”（庄子《大宗师》），真正能持守无为而为的人即是游于方外世界的有审美情趣的人。

三、致虚守静修养之道

老子曰：“道生之，德蓄之，物形之，势成之。是以万物莫不尊道而贵德。道之尊，德之贵，夫莫之命而常自然。”（《老子》通行本第51章）在老庄那里，“道”是衍化宇宙万物的自然之美，“道”与“德”不可分离，“德”则“得”，乃是物所得以生的内在依据。“德”是人性和物性的品性，是自然万物的生命天性。

（一）安时处顺——天道演化的基本法则

对于人来说，人类之德是生命天性中固有的东西，而这种天性又来自为万物所分享的“天道”。从这层意思上理解，“德”与“美”是同源同质的，因为“美”本来就是“道”的本质特性。人如果能够顺应“天道”，就能够使“德”与“美”得以彰显，也就能使生命天性得到充分舒展。“道”与“德”合一，“道”与“美”合一，因而“德”与“美”合一。在生态美学视域上，宇宙之道与人性之美和合，着重表现在三个层面上：人与自然生态和合、人与社会人文生态和合和人与自己的心性生态和合。三个和合的基础与关键是人与自己的心性生态和合，而终极旨归与最高目标是人与自然生态和合，人与社会人文生态和合居于其间，起着承上启下、催化光大的作用。黄信阳道长说：“希望人们能‘法自然’，不要人为地去破坏自然。要顺应自然因势利导，人在大自然的环境中才能幸福存在。”[①]这是道教最基本的自然观、存在观和人生观。人以自然为依附，人性因人而存在，人和人性都来源于自然，都依附于自然，都回归于自然，因此人性之美的终极旨归必然合乎自然之大美。

王弼说：“人不违地，乃得全安，法地也。地不违天，乃得全载，法天也。天不违道，乃得全复，法道也。道不违自然，乃得其性，法自然也。”（王弼《老子注》第25章）天道与人性是一个有机整体，不可相违、不可分离，而应安时处顺、和谐美满。在老庄看来，“道”本身是一个圆满自足的和谐体。“道”在天地形成之

---

① 黄信阳：《中国道教文化典藏》，中国文史出版社2009年版，第85页。

前就存在，听不到它的声音也看不见它的形体，它独立长存、周而复始、生生不息，可以为天地万物的根源。“道”是一个独一无二的绝对体，是一个周行不息运转着的变体，但它的运行是“安时处顺”的，是适合季节时候的，是能够自如地回避各种风险的。正因为“道”是“安时处顺”的，所以才能“独立而不改，周行而不殆”，也才可以“为天地母”，成为生生之美的母体或本原。因此，作为自然整体组成部分的人类，理当顺应“安时处顺”的宇宙之道与自然万物平等共处、和合共生，与道共进，这样才能确保人的安身立命与个体之美。

汉初道家的重要著作《淮南子》说，“天下之事不可为，固其自然而推之”，故要“循道理之数，因天地之自然”（《淮南子·原道训》卷三十七），认为浮萍在水里生，树木在土里长，鸟在空中飞，兽在地上跑，这是自然物的本性之美，不需要人为地去教化它，自然之美的终极状态就是“无极”，人类之德的至美境界就是“无为”。依顺“安时处顺”的天道而不干涉自然万物，是人类最大的善、最高的德，就是人性的至美境界。道教的重要典籍《太平经》说：“太阴、太阳、中和三气共为理，更相感动……故纯行阳，则地不肯尽成；纯行阴，则天不肯尽生。当合三统，阴阳相得，乃和在中也。古者至人治致太平，皆求天地中和之心……”（《太平经》卷三十六）这就是说，太阳、太阴、中和三气和谐而化生天地以及人和万物，因此在自然界中，太阳、太阴、中和构成了宇宙的和合之美，“太平”则可以理解为“三元和合”而达到的大美境界，即自然生态系统平衡美的境界。所以，人类应该遵循安时处顺的“三元和合”之美的品性来处理好人与自然的关系，以通达安身立命、诗意栖居的适然世界。

（二）循理举事——道性修养的基本品行

老子的《道德经》先讲“自然而然”的宇宙之道，后讲“无为而为”的人类之德，最终讲宇宙之道与人类之德的和合之美，也即“天人合一”的审美存在境界。许慎《说文解字》注释为：“道者，路也”；“德者，得也”。可见，“道”为道路，后引申为“规范”“范式”“法则”；德为所得，后引申为“心得”“体悟”“觉悟”。南宋理学家、思想家朱熹注解说：“无乎不在之谓道，自其所得之谓德，道者，人之所共由；德者，人之所自得也。”由此导出作为由“道”创生的人类应按照“道”的内在美而行善积德，也就是说要守道而行、循理举事，从而使人性达到完善至美的境界。

做到"循理举事",首先要懂得知和知常。老子曰:"知和曰常,知常曰明。"(《老子》通行本第55章)"知和"是天地万物生存发展的一大法则,也是人类行为应当遵循的美德,"知常"就是认识并遵循自然规律。道家从物我为一的整体审美观念出发,强调天地人的有机统一,把知和知常提到人审美生存的核心地位。老庄生态美学思想强调尊重自然规律保持生态和谐美与平衡美的重要性,向人们敲起了"不知常,妄作,凶"的警钟。老庄认为,天地万物是一个密切关联的整体,自然界有其自身发生、发展、衍化的内在动态之美。"道"既是天地万物的本原和基础,又内在于天地万物之中,成为制约其消长盛衰的自然规律。天地万物由于"道"的生成与制约形成了一种天然的和谐之美,这是因为"道"有一种和合万物、协调万物并使其和谐发展的美德。正如张继禹道长指出:"'知和曰常'就是要人们去用心认识世界万物相互联系、相互依存的统一性,维护它的和谐之美,这样人类才能长久靆存。道教认为,天地万物都含有阴阳两个方面的因素,有了阴阳的交和才产生了生命,也就是,只有和谐才会有生机,才能创造出一个可永远持续发展的世界文明。认识到这个常理的人,就算得上是明智的人。相反,不明白和遵循这个常理,人为地胡作非为,破坏这个自然规律,即人为地毁灭一个物种,或人为地助长某种物质过分地增长,都是对道的旨意的违背。"[1]

其次要知足知止。老子曰"祸莫大于不知足,咎莫大于欲得,故知足之足,常足矣"。(《老子》通行本第46章)世界上最大的祸患莫过于不知道自我满足,适可而止,最大的罪过莫过于贪得无厌,永不满足,所以只有知足才能满足,只有知足才能常乐,只有知足才能有人性的内在美。人类要"知足""知止",即认清事物自身所固有的限度,适可而止,以限制或禁止自己贪得无厌、竭泽而渔、杀鸡取卵的对自然界的残酷掠夺。老子又说:"甚爱必大费,多藏必厚亡。知足不辱,知止不殆,可以长久。"(《老子》通行本第44章)贪得无厌、过分地爱取某种东西必然招致重大的花费与损耗,过多的贮藏、聚天下之财尽归己有也必然招致更多的亡失。知道满足就不会受到屈辱,知道适可而止就不会带来危险,这样就可以安身立命、保持"恒美"。庄子继承和发展了老子知足常乐、随遇而

---

① 张继禹:《道教对世界环境保护的主张》,《中国道教》1995年第3期。

安的顺道思想，强调顺其自然、适可而止，认为“达生之情者，不务生之所无以为；达命之情者，不务知之所无奈何”。(《庄子·达生》)庄子倡导人们要鉴明生命之意义而不求索生命所不必要的东西，洞悉命运之真谛而不追求命运所无奈何的东西，从而以本初美、虚静美、和合美的人性顺应自然的衍化创生以辅助自然，使自己的心性静笃到与自然同等虚极之美的境界。

著名新道学家胡孚琛先生指出：“道不仅是一切人间秩序和价值观念的超越的理想世界，而且是人类理性思维延伸的极限，它是唯一的终极的绝对真理，因而同现代科学和哲学的研究成果遥相呼应。……道学文化将科学精神与人文精神重新融汇为一体，打通科学、哲学、宗教、文学艺术、社会伦理之间的壁垒，填平各门自然科学和人文学科之间的鸿沟，将人类认识世界的所有知识变成一门‘大成智慧学’，向最高的‘道’复归。”[1]正是老庄之道拥有这种和合品性，而使“致虚守静”成为当代人心性修养不可缺失的内在精神。道家心性修养功夫全在“致虚守静”之中，保持宁静与平和的心态是道家最简明的人生写意，“人的幸福不在于得到多少而在于放下多少”，这是老庄道学给人们留下的最朴真的人生建议。

① 胡孚琛：《21世纪的新道学文化战略》，中国论文下载中心2006-01-18。

回归自然:生态休闲文化的适然意境

——兼论陶渊明适然性人生范式

中国休闲文化源远流长,最早可追溯到《周易》和《诗经》,易经"潜龙"一爻,其象征意义是人洁身归隐,静处不动,修身蓄德;《小雅·六月》中的"比物四骊,闲之维则""四牡既佶,既佶且闲"等诗句,热情讴歌了休闲生活。《庄子》是体现道家生态休闲思想的经典之作,对世人产生极大的影响。"就薮泽,处闲旷,钓鱼闲处,无为而已矣;此江湖之士,避世之人,闲暇者之所好也。"(《庄子·刻意》)在庄子那里,休闲不仅仅是一种生活态度,更是一种"大知"者的人生境界。从此,休闲文化就成了一种具有生态情趣和人文情怀特性的审美生存之人生哲学。东晋时代的陶渊明以其归园田居的生活实践和首创的田园诗,为中国生态休闲文化留下了最宝贵的历史遗产。对于生态休闲文化来说,陶渊明的人生范式之所以值得研究,不仅因为他浸润到历代文人雅士的精神生活中,还因为这同时也与当下人们的现实生活息息相关,对当代人确立生态休闲文化核心思想、价值取向和终极境界有其重要的启示。

一、回归自然:个体生命的自我觉醒

陶渊明出生于东晋末年,一生处于政局混乱、战乱不断、政党篡权、改朝换代频繁的时代,但也是儒道并存、玄学盛行、思想活跃的时代。陶渊明回归自然,象征着中国士人适然性人生范式的终极境界,而这一范式的确立有其特殊的社会和人文背景。

(一)社会背景

陶渊明先后三次出仕任职于军幕,目睹了腥风血雨的政治变乱,尝尽人生的悲苦与荒唐,深刻地感受到在浑浊的社会里人的生命无奈、无用、无能之悲哀。陶渊明作为寒士只有两条路可走:一是以救世济时之心,抛开个人的生死利害,积极投身于政治漩涡之中,建功立业、光宗耀祖;二是远离险恶的是非之局,抛开社会价值关怀意向,在"独善"和"固穷"中寻求生命的意义。第一条路,陶渊明已做过几次尝试,没完没了的尔虞我诈、刀光剑影的政治斗争,让陶渊明

感到失望、厌恶与害怕。于是，陶渊明选择了第二条路——回归自然，依附田园，躬耕陇亩。尽管后来的生活过得非常艰难，也曾际遇朝廷两次征他为著作郎，但他始终坚守自己的那几分薄田再不出仕。因为他认识到：人的性命是无常与短暂的，在混乱的社会中，个体所能把握的只能是生命的自然意义，而“回归自然”则是最适然的人生范式。

（二）人文背景

“安贫乐道”与“崇尚自然”，是陶渊明思考人生得出的两个主要结论，也是他人生的两大精神支柱。陶渊明的一生从出仕到归隐，历经三进四出的反复，最终回归于自然，除了特定的社会背景之外，还有其深厚的人文背景。

1. 儒家安贫乐道的理念

从孔子开始，“安贫乐道”就成为中国古代文人一种独特的立身处世之人生哲学。孔子曰：“天下有道则见，无道则隐。邦有道，贫且贱焉耻也；邦无道，富且贵焉，耻也。”（《论语·泰伯》）孟子曰：“古之人，得志，泽加于民；不得志，修身见于世。穷则独善其身，达则兼善天下。”（《孟子·尽心上》）儒家力主积极出世，以仁义治天下，但在特定的战乱浊世中，也不排斥安于贫贱、退隐守志。“安贫乐道”反映了儒家独特的进退得失辩证观，展示了儒士追求积极、高尚、完美的人格品性。“安贫乐道”是陶渊明的为人准则，他特别推崇颜回、袁安、荣启期等高风亮节的贫士。但是，陶渊明并不是一般地鄙视出仕为官，而是不肯与浑浊的社会势力同流合污。他既希望为国家建功立业，又向往功成身退、回归自然。

2. 道家崇尚自然的思想

“崇尚自然”是道家世界观、人生观与价值取向的核心思想。“人法地，地法天，天法道，道法自然。”（《老子》通行本第 25 章）“道”作为万物的本原和基础，又内在于天地万物之中，成为制约万物盛衰消长的规律。人应效法天道，按天地本来的状态生存。陶渊明对道家生态思想的接受主要在三个方面：一是尊重自然、包容万物的适然性生态情怀。老庄认为，“物得以生谓之德”。（《庄子·天地》）“德”是“道”在创造万物的活动中赋予事物的存在根据，是“道”的作用和显现。自然万物形体虽有大小，生命虽有长短，都有其存在的价值。道家这种尊重自然，包容万物的生态情怀，得到了陶渊明的呼应与认同。二是自然无为、自由无待的适然性人生范式。老庄认为，自然界是按照万物和合共生、“周行不殆”的秩序生化、循环和演进的，人应该顺应天地万物间的和谐秩序而确立“自然无为”的人生范式。“逍遥游”是庄子所追求的人的最高自由和超越性境界，注重的是人在精神世界中的无限自由。陶渊明在道家自然无为、自由无待思想中，找到了构建适然性人生范式的哲学基础。三是知足不辱、知止不殆的适然性生活态度。“知足不辱，知止不殆”(《老子》通行本第44章)、“知止其所不知，至矣”。(《庄子·齐物论》)老庄认为，人要懂得知足知止，人最高明的见识就是明白自己的行为应当有所节制，不去做力所不及和有违自然规律的事情。老庄的人生观与价值取向成了陶渊明坚守田园的精神支柱。

3.逸士超然飘逸的品格

魏晋名士所追求的人性品格的最高境界为“逸格”。玄学追求“逸格”境界的人生观、思维方式和审美意识对士人产生重大影响。在玄风影响下魏晋名士表现出一种特有的精神风貌：有的任诞放达、性情率真，有的淡泊宦情、冥于自然，有的情趣高雅、风度超逸。士人们注重思考人的价值，呼唤人性的觉醒，追求精神的自由与个性的解放。从阮籍、嵇康等“竹林七贤”，到左思、刘琨等“江左名士”，再到王羲之、孙倬等“兰亭名士”，都在努力追求如何实现自身价值。陶渊明深受以“人的觉醒”为主要特征的玄学思潮的影响，在仕与隐的抉择过程中，他批评性地吸取了逸格精神——既不从政也不隐遁，而是回归自然，躬耕陇亩，自劳其食。可以说，陶渊明是第一个将逸格精神落实到俗世现实之中的士人。

二、“世外桃源”：审美生存的精神家园

以世俗的眼光看来，陶渊明的一生是无奈的、困苦的、枯槁的，但以超俗的眼光看来，他的一生却是艺术的、诗性的、适然的。可以说，陶渊明是中国古代继庄子、屈原之后的又一位充满生态情趣、人文情怀和政治思想的诗哲，他的田园诗有着浓郁的自然、社会、人的心性生态的审美意蕴。

(一)远离尘嚣、抛弃功利的社会图景

陶渊明弃官归田后，无限向往上古贤人诗文中人人平等自由、和睦相处、自劳其食的小国寡民的生活环境。他将上古贤人的乌托邦情怀与自己的理想化

社会模式融于一体，构想出审美生存的适然世界——桃花源。他的《桃花源记》描写的就是一个与世隔绝的世外桃源，借以寄托作者美好的政治与社会理想。桃花源是隐逸者的小天地和农耕人的乐土。在那里，人人平等，个个劳动，自给自足，没有压迫、剥削、战争，只有一片充满"小国寡民"情调的农耕景象——"阡陌交通，鸡犬相闻""往来种作，怡然自乐"的自由、富裕、安宁的和谐社会。虽然，桃花源只是陶渊明理想中的乌托邦社会图式，但他提出这一有浓厚生态思想的"适然世界"构想，为后人构思了一个世代向往的精神家园。

陶渊明的"桃花源"所提供的理想社会模式是一个典型的"适然世界"之图景：在那里生活着的不是可以腾云驾雾、上天入地、不食人间烟火的神仙，而是一群避难的普通的人，他们只是比世人多了一分天然的朴真性情而已，他们的和平、宁静、幸福，都是通过自己辛勤劳动取得的。或许，陶渊明归隐之初想到的还只是个人的进退清浊，但写《桃花源记》时已经不限于个人意识了，而是整个社会的出路和大众的幸福。

（二）自劳其食、劳动为荣的人文风貌

陶渊明的归隐是一种半耕半读的审美生活方式，他在躬耕陇亩中形成的田园诗充满了对自给自足生活来源的主要手段——"劳动"的赞美，从而表达与官场污浊生活的决裂和对田园纯洁生活的热爱。诗人把统治阶级的上层社会斥为"尘网"，把投身其中看成做了"羁鸟""池鱼"，把回归自然说成冲出"樊笼"，体现了在劳动实践中的诗人归园田居时的那份清新、自由、愉悦的心境。在长期的劳动实践中，陶渊明随着"桑麻日长"而"心志日广"。他从"相见无杂言，但道桑麻长"（《归园田居》）的劳动与交往中找到了有共同语言的知音，他已不再是居高临下的地主了，也不仅仅是旁观远望的诗人了，而是"相彼贤达，犹勤陇亩"（《劝农》）的劳动者了。在长期的归园田居生活和劳动中，陶渊明始终持守"民生在勤，勤则不匮"的信念，始终持守躬耕陇亩、自劳其食的生活态度和人生范式，超越了魏晋以来一般士大夫归隐山林却轻视劳动的避世思想和生活样式。陶渊明从自身的饥寒困苦中，深刻地了解和同情农民，真切地用诗歌反映农民的痛苦，他的田园诗开先河地在文人创作中充分歌颂了劳动者和劳动者所创造的理想社会——"桃花源"。

（三）平等自由、和谐相处的适然世界

《桃花源记》描写了一个优美的适然世界——世外桃源，诗人直接表达了对理想社会的向往。在世外桃源里，人们的生活富裕、和美、安宁，人与人平等和睦，人与自然和谐有序："土地平旷，屋舍俨然，有良田美池桑竹之属，阡陌交通，鸡犬相闻。……黄发垂髫，并怡然自乐"；在世外桃源里，人人参加劳动、热爱劳动、以劳为荣："相命肆农耕，日入从所憩"；在世外桃源里，政治清明、没有贪官污吏、没有剥削压迫，"秋熟靡王税"，劳动所得完全归己所有；在世外桃源里，没有争斗、没有战争、人民安居乐业，"问今是何世，乃不知有汉，无论魏、晋"。桃花源人生活悠闲安逸、从容自在、精神轻松快乐，没有生活上、精神上不符合人性的枷锁，更没有虚伪、矫饰与浮躁，一切出于本真、天然与率性。这是陶渊明深厚的生态情怀、平和的社会人文情感和成熟的政治思想的结晶。《桃花源记》标志了人类生存境界一个空前绝后的高度，世外桃源虽然在当时是一个不现实的幻想，却为后人提供了和美世界的范本、理想社会的样式和适然人生的范式，更重要的是为世人给出了一种精神归宿——家园意识。

著名生态美学家曾繁仁指出："'家园意识'不仅包含着人与自然生态的审美关系，而且蕴涵着更为本真的人的诗意栖居之意，是生态存在论美学的核心范畴之一。它作为生态美学的重要范畴首先由海德格尔提出并阐发，并成为'同一个地球'这一现代生态观中的必有之意。而从源头上来说，它则是中西方文化的母题。在古代希腊神话与《圣经》中就有人类回归家园的内容，而中国古代《诗经》《周易》与诗词中也包含浓郁的家园意识。'家园意识'具有重要的现代价值与意义，需要加以继承发扬。"[①]陶渊明描写的桃花源有其独具的思想高度——为人类给出了适然性的精神家园。它既不像宗教神话所虚构的缥缈游离的神灵天地，也不像先秦诸子所构筑的遥不可及的哲理之境，更不像后世小说家所描写的不食人间烟火的梦幻世界。桃花源充满着"相命肆农耕，日入从所憩"的生活气息，是浓郁人气的"家园"。这里的自然生态原始清新、山清水秀、鸟语花香，这里的社会简单淳朴、男耕女织、邻里和睦，这里的人顺应自然、率真素朴、怡然自乐。一句话，在桃花源这个适然家园里，有欢笑声、牧歌声、鸡

---

① 曾繁仁：《试论当代生态美学之核心范畴"家园意识"》，中国社会科学网 2010.12。

犬声，人们在平静和美的生存环境中，自给自足、安居乐业、悠闲自在。

三、“适然意境”：当代生态休闲养生的文化旨归

美国未来学家格雷厄姆·莫利托在《全球经济将出现五大浪潮》中提出，到2015年人类从信息时代的高峰期而进入休闲时代，在美国，休闲经济产值将占国民生产总值GNP的50%以上，休闲经济将成为社会的主导经济……发达国家完全进入“休闲时代”。休闲、养生、娱乐、旅游业将成为下一个经济大潮，并席卷世界各地。到2020年，中国如果还能保持良好的生态环境、人文景观并传承道学、中医学传统养生法，那么这个“文明古国”将成为全球休闲养生的最佳目的地之一。与此同时，中国的休闲文化将会成为世界时尚文化被大众所青睐，而其文化之精华则是陶渊明回归自然的适然性人生范式。

（一）陶渊明适然性人生范式的当代启示

著名学者鲁枢元指出：陶渊明的“一声长啸‘归去来兮’，实乃对自己前半人生道路的沉痛反思：‘悟已往之不谏，知来者之可追；识迷途其未远，觉今是而昨非’。应该说这是一种诗人的哲学，或曰：回归诗学。……在德国，有施莱格尔、诺瓦利斯、荷尔德林、里尔克；在英国有华兹华斯、科勒律治、布莱克、艾略特；在美国有哈代、梭罗、惠特曼；在印度还有一个泰戈尔。在长长排列的‘回归诗人’的队伍中，我们的陶渊明无疑是一位‘先驱’。”[①]研究陶渊明的适然性人生范式，旨在体认与汲取其所象征的文化精神对当代生态休闲养生的文化启示。

首先，陶渊明以自己的生活经历和心路历程持守了儒家“独善其身”的人生信念，展示了一个士人淡泊名利、自然纯朴的“君子人生”思想境界。他弃官归田人生道路的抉择，表现了他“君子人生”价值观的两大品行：一是注重个体志节操守；二是崇尚个体的精神自由。陶渊明出仕，是企望为国建功立业“兼善天下”的。然而，他生不逢时，面临的是“八表同昏、平陆成江”（《停云》）的现实社会。在无奈与失望中，陶渊明只能以“独善其身”来践行对儒家人生价值观的持守和对黑暗现实的反叛。陶渊明“质性自然”，热爱淳朴的田园生活。他在由“兼济天下”转向“独善其身”回乡之路时，有一种羁鸟出笼、池鱼投渊的解脱感，

---

① 鲁枢元：《从陶渊明看当代人的生存困境》，《文汇报》2010年9月20日。

有一种回家投入母亲怀抱的归属感。他以自己对人生道路的抉择为世人提供了一个淡泊名利、自然纯朴的典范,他以自己独特的思想及行为开辟和持守了一片心灵天地——宁静和谐、遗落荣利、忘怀得失、清贫寂寞却充满精神乐趣的适然人生境界,给后世官场失意的士人以深刻的启迪和无限的慰藉。

其次,陶渊明以自己的自然情怀和生活情趣开辟了道家"逍遥自在"的生活范式,展示了一个士人自然清新、返璞归真的"艺术人生"精神境界。他对躬耕陇亩隐逸生活的持守,书写了他"艺术人生"适然性的两大精神风貌:一是集高旷的"自然情趣"与淳厚的"人文情怀"于一身;二是聚豁达的"委运任化"与平和的"玄澹意趣"于一体。陶渊明对乡村田园和世代生息在那里的农人怀着一种天然朴真的感情,他乐意和那些朴野直率的人们朝夕相处,常常与他们一起絮叨农事以分享劳动的甘苦,从乡亲们的喜怒哀乐、焦虑企望中领悟生活的百味情趣。在陶渊明看来,人生的荣辱、贵贱、寿夭等都是自然蕴化的结果,就像春秋易节、寒暑代谢一样。陶渊明对人生的种种坎坷遭际始终持"委运任化"的态度,绝不以名劳心,以物累身,自觉让自己的精神委运自然的造化而去。他对生活抱着一种忽略外在形式、注重内心感受的态度,以自己的生活品位、艺术追求展示了一个富于"玄澹意趣"的境界。他在劳作之余常抚弄"无弦琴"以表心曲,适然地在"无声之乐"中领悟不可言状、只能意会的天籁之音和弦外之趣;他以其"采菊东篱下,悠然见南山"的自然情趣、生活态度和人生境界阐释了生态休闲文化的价值,展示着这一文化模式的理想境界。

(二)当代生态休闲文化的适然境界

生态休闲的最大特点乃是它的自然性、人文性和情趣性,也即人的适然性,它对提高人的生活品质和生命质量,促进人的全面发展具有十分重要的意义。浙江大学余潇枫教授指出:"人格、伦理、价值等是与人的生命所不可分离的精神特质。如果说'上帝'代表着价值生命中对'应然世界'的追求,'牛顿'代表着价值生命中对'必然世界'的追求,那么在'上帝'与'牛顿'之间的'适然世界'则是价值生命所真正值得追求的人格世界。"[①]从生态文化角度看休闲,休闲是为了满足人的精神需要,是一种生态文化欣赏体认和人格的感悟提升的过程,其

---

① 余潇枫、张彦:《人格之境》,浙江大学出版社 2006 年版,第 15 页。

终极境界是人审美生存的“适然世界”。在中外文化美学史上，历代层出不穷的山水田园诗、山水画、行草书以及原生态歌曲等等，无不是典型的生态休闲文化之精华。可以说，任何一种形式的休闲活动，都是围绕提高人的生活品位、生命质量和人格境界开展的，这是一般性的休息、游玩、娱乐所无法达到的。因此，生态休闲是非功利性的精神活动，它以其生态审美内涵对应人的心性世界，满足人在世俗生活中对超越有限生命束缚的无限渴望，最终通达“天道”与“人性”相融相洽的和合之境。

中国古代生态休闲文化的核心思想是道学“回归自然”的生态哲学观，即超越社会功利世俗观，追求人生自然本真的审美生存的适然境界——以个体精神的适然性作为人生价值实现的终极旨归。正如著名学者胡孚琛认为：“‘科技万能’的工具理性固然改善了人们的物质生活，但也同时带来了生态环境的破坏。这种大自然的报复终于延伸到文化层次，人成为科学技术产品的奴隶，环境污染的危机带来人类心理上、生理上的多种社会病。因之，自 20 世纪 70 年代以来西方社会人们的生态环境意识觉醒后，中国道学回归自然的生态智慧受到许多西方有识之士的欢迎。”[①]休闲文化范畴的人生旨归，是以道家“适然自在”的生命哲学和儒家“独善其身”的人生信念为基点的一种极其深厚悠远的历史文化之积淀。道家的“适然自在”虽不像儒家“独善其身”那般展示“君子人生”的正统与凝重，却以其从容自如、平淡优雅的“艺术人生”范式更加随性如意地展示了有深厚生态情怀的士大夫们自然清新的心灵境界，反映了他们对凡世人间所持的艺术心态和淡泊人生的诗意境界。在中国士人那里，屈原与陶渊明是儒与道两类人生范式的典型代表，如果说屈原的离骚品格谱写了儒家“君子人生”中最壮美的篇章，那么陶渊明的归田风采则是道家“艺术人生”最恬美的诗页。陶渊明以自己归园田居、躬耕陇亩的人生实践将魏晋名士“逍遥放诞”的隐士人生范式转化为一种高雅而平实能够为人们普遍实践的“适然自在”的艺术人生范式。他的生活、诗文、精神和人生范式，揭示了生态休闲文化的本质意义在于：回归自然以追求人生诗意栖居的审美生存境界，从世俗的生活中品味出优雅的情趣，即让世俗的生活“脱俗”，让烦躁的现实拥有“闲情逸致”，让有限的生

① 胡孚琛：《宗教、科学、文化反思录》，《探索欲争鸣》2009 年第 11 期。

命通达无限的精神境界——适然世界。

世界休闲组织秘书长杰拉德·凯尼恩认为:“休闲是人类生存的一种良好状态,是21世纪人们生活的一种重要特征。优质的休闲对个人生活甚至社会发展都十分重要,休闲可以促使生活在世界上的人们更好地互相理解,和平相处。”中国人均GDP已突破3000美元关口,超过了国际公认的休闲消费爆发性增长的临界点,乡村生态休闲正在成为都市人的生活时尚,发展乡村生态休闲产业具有广阔的市场前景。乡村生态休闲必将成为人类未来生活的重要组成部分,懂得休闲是一种人生智慧,开发休闲产业是发达国家社会进步和提高人的素养的一条重要途径。陶渊明把中国生态休闲文化传承和转化为一种最实际、最生动、最完美的表现形式。他以自己归园田居的实践诠释、证实和倡导了生态休闲文化的基本特质和价值取向——回归自然,并将这种东方文化模式的审美生存境界呈现给后世人,由此“桃源意境”成为中国人的精神家园和艺术人生的象征。

生态自我:人类安身立命的终极境界

工业文明以来,人类在工具理性的驱使下,一度走向了“世界祛魅”的道路,摒弃了对自然精神的神圣信仰,盲目追求绝对功利主义和极端科技主义,从而导致了全球性的自然生态、社会人文生态和人的心性生态的“三大危机”。在危机面前,西方有识之士从中国老庄“天人合一”“返璞归真”“道性同构”等哲学思想中发现了拯救地球、构筑家园的生态智慧,提出了“世界返魅”的后现代整体生态观,掀起了全球性的绿色思潮。其理论维度指向“生态自我”这一人生范式和人类安身立命终极境界的确认与重塑。

学者曾繁仁指出,20世纪中期以来,工业文明所造成的生态危机日益严重,人类社会开始了由工业文明到生态文明的过渡,生态美学就是在此背景下产生的。生态美学最重要的理论原则是突破“人类中心主义”的生态整体主义,这是一种新人文主义精神的体现。生态美学包含生态本真美、生态存在美、生态自然美、生态理想美与审美批判的生态维度等内涵。在西方则以海德格尔的“四方游戏说”为其典范表述,这恰是海德格尔受到中国道家思想影响的成果,因此生态美学必将开创中西美学对话交流的新时代。[①] 后现代主义思想家清醒地看到了人类目前所面临的核武器和环境破坏这两个“足以毁灭世界的难题”,并试图解决这些难题。正如大卫·雷·格里芬(David Ray Griffin)所说:“由于现代范式对当今世界的日益牢固的统治,世界被推上了一条自我毁灭的道路,这种情况只有当我们发展出一种新的世界观和伦理学之后才有可能得到改变。而这就要求实现‘世界的返魅’,后现代范式有助于这一理想的实现。”[②]后现代主义思想家正是在追本溯源的过程中发现:对于造成地球、生物、人类今日的不幸,现代性的绝对功利主义和极端科技主义难辞其咎。

一、“世界的祛魅”:安身立命终极境界的缺失

德国社会理论家马克斯·韦伯(Max Weber)指出,现代社会之区别于传统

---

① 曾繁仁:《当代生态文明视域中的生态美学观》,《文学评论》2005年第4期。

② [美]大卫·雷·格里芬:《后现代精神》,中央编译出版社1998年版,第222页。

社会，有两个最为基本的特点：一是“理性化”，二是由这种理性化所导致的“世界的祛魅”。这两点，在很大程度塑造了现代社会的面貌，支配了现代人的生存品性——追求现时利益，缺失精神境界。在韦伯那里，“理性”指的是“工具理性”和“计算理性”。这是与“价值理性”相悖的、极具现实短视性的“理性”思想，它是指为达到特定目的所采取的一切可能的手段以及可能产生的结果，全都纳入考虑和计算的心智与态度之中。

在现代性发轫之初，“价值理性”与“工具理性”是互为成长条件的。美国著名哲学家丹尼尔·贝尔(Daniel Bell)指出，在现代价值秩序的原初设计中，包括“宗教冲动力”(价值理性)与“经济冲动力”(工具理性)两种相互制约的因素，二者一开始保持着一种内在的亲和力，前者为后者提供“神圣意义”与“终极目的”，后者则为前者提供实现途径，二者相互支撑、相互依赖，共同为现代价值秩序提供合法性基础。[①] 但是，由于工具理性与价值理性的终极目标相异，注定两者的亲和关系是暂时的。随着现代性的进程，其关系很快成了一个充满悲剧意味的悖论：工具理性逐渐远离作为其源动力的价值理性，很快就征服了人整个现世生活——工具理性遮蔽、消解和否定了价值理性，“已不再需要这种精神的支持了”[②]，理性追求已成了赤裸裸的功利关联。现代性对任何事物唯一的价值标准都是“效率优先”，任何社会政治、经济、文化的过程，其终极价值都是纯理智的功利性和效率性。于是“工具理性”所孪生的享乐主义、拜金主义、掠夺主义等成了包括价值理性在内的自然、社会、人文生态的最大破坏者，最终使人类因缺失安身立命的终极境界而沦落为“无家可归”的精神流亡者。

大家知道，“工具理性”的全面统治与“价值理性”的消退，带来的后果就是“世界的祛魅”。在前现代社会，人们还相信世界是一个有意义的体系，世界上各种事件的安排都有其内在的根据和理由，都可以在某种神圣的秩序里发现和确定自己的位置。这种根据和理由或者是西方宗教所信仰的“上帝的旨意”——神的意志，或者是中国老庄道学所揭示的“周行而不殆”的天道——自然精神，每个人的生活只要与这种神圣的秩序联系起来，就可以获得其目的和

---

① [美]丹尼尔·贝尔：《资本主义文化矛盾》，三联书店 1989 年版，导言第 6 页。

② [德]马克斯·韦伯：《新教伦理与资本主义精神》，三联书店 1992 年版，第 142 页。

意义，个体生命也可在这种有意义的体系里获得安顿之地。然而，工具理性单向、盲目、畸形地快速发展，一次又一次摧毁人们的初衷与信仰。因为，工具理性只能告诉人们除了满足工具性目的之外，世界不具有任何目的。在工具理性至上的人看来，"人生价值""精神家园""终极境界"之类的问题，是"超验"的、不具"工具性"的、非理性和无意义的，因而是完全可以被忽略或摒弃的。

"世界的祛魅"已成为一种无法逃避的现实，它"以不可抗拒的力量决定着降生于这一机制之中的每一个人的生活。也许这种决定性作用会一直持续到人类烧光最后一吨煤的时刻"①。一个多世纪以来，世界已不可逆转地越来越深地陷入"斯芬克斯之谜"。当下，当人们提出"生命意义""终极境界"等命题时，背后所耸立的巨大背景是一个不断理性化的"祛魅的世界"，使得让你感到是那样的孤单、薄弱、力不从心。然而，"地球上最后一滴水将是人类的眼泪"——尖刻的预言已向人类敲响了警钟，严峻的事实使你感到那样的焦虑。联合国秘书长潘基文说，"水资源短缺显然催生战争和冲突"。在未来世界，人类安身立命之所何在、安全保障与终极境界何在？这就需要人类对自己行为做出深刻的反思，对"世界的返魅"达成共识，重塑安身立命的终极境界。

二、"世界的返魅"：安身立命终极境界的确认

所谓"世界的返魅"是针对"世界的祛魅"而提出的哲学范畴。原始宗教信奉"万物有灵论"，使人们相信天地运行、动植物生长都被神灵左右，万物都被蒙上了一层无限神秘的宗教色彩。随着现代社会科技的快速发展，人们逐渐揭去了自然灵性的神秘面纱，世界成了唯物主义无神论横行的社会，这就是所谓"世界的祛魅"。格里芬等后现代主义者认为，这种绝对无神论的"祛魅"是一种机械唯物主义，是导致"人类中心主义"的直接原因。他们所倡导的"后现代"世界观要实行"返魅"，以回溯自然灵性，还原于自然的"内在价值"。"世界的返魅"，并不意味着要回到神灵的力量主宰世界的宗教蒙昧时代。"世界的返魅"大致类同于老庄生态美学的"返璞归真"生态美学思想。也就是说，后现代"返魅"观植根于中国道家的"返归"思想，它的终极境界是一种与"人性"可以同构的宇宙

---

① ［德］马克斯·韦伯：《新教伦理与资本主义精神》，三联书店1992年版，第142页。

之道——“天道”,也即适合人与万物和合共生的自然精神。人格哲学著名学者余潇枫将后现代“世界返魅”放置于老庄道学“返璞归真”的理论背景中思考,提出了“人活在上帝与牛顿之间”[①]的生存论命题。“余氏命题”给出了关于人与自然万物生存于“适然世界”的新构想与新范式。可以说,老子、庄子、荷尔德林、海德格尔、奈斯、格里芬等生态主义哲人所预设和期待的是既有利于护佑自然家园又有利于人的发展的优态境域,即“人,活在上帝与牛顿之间”的“适然世界”。[②]

法国社会学家J. M. 费里(J. M. Ferry)预言:“未来环境整体化不能靠应用科学或政治知识来实现,而主要靠用美学知识来实现……我们周围的环境可能有一天会由于‘美学革命’而发生天翻地覆的变化……生态学以及与之有关的一切,预言着一种受美学理论支配的现代化新浪潮的出现。”[③]老庄“道性同构”范式跻身并立足于生态美学领域之中就必须在生态文明建设中发挥理论指导性作用。生态文明作为一种新的文明类型,不仅是消除当代自然生态、社会人文生态和人的心性生态“三大危机”的必由之路,也是人类对现代社会进行省视后的一种明智确认——以“适然主义”为宗旨的“生态和谐社会”是人类社会最高级、最和美、最幸福的理想形态。胡孚琛先生认为:“‘科技万能’的工具理性固然改善了人们的物质生活,但也同时带来了生态环境的破坏。这种大自然的报复终于延伸到文化层次,人成为科学技术产品的奴隶,环境污染的危机带来人类心理上、生理上的多种社会病。因之,自20世纪70年代以来西方社会人们的生态环境意识觉醒后,中国道学回归自然的生态智慧受到许多西方有识之士的欢迎。”[④]老庄生态美学以人与自然万物和合共生为研究的最高目标,通过对宇宙“周行而不殆”奥秘的探讨以颂扬生生不息的自然精神。

人类发展史表明:任何一种社会形态其宗旨如违背或忽视“生态和谐”这一终极信仰则都是没有前途的,而任何一门学科或一种理论、观念和范式试图不融入生态文明潮流而孤军作战是无法完成拯救地球的历史使命的。在生态文

---

① 余潇枫、张彦:《人格之境》,浙江大学出版社2006年版,第15页。

② 余潇枫、张彦:《人格之境》,浙江大学出版社2006年版,第15页。

③ [法]J. M. 费里:《现代化与协商一致》,《文艺研究》2000年第5期。

④ 胡孚琛:《宗教、科学、文化反思录》,《探索与争鸣》2009年第11期。

明思想体系的构筑过程中，生态哲学与美学的研究者关于“我何为存在”“我为何存在”和“我如何存在”的追问必然会作为一种文化范式被提出来，而老庄生态美学思想“道性同构”范式，着重要回答的是“我如何存在”也即人类安身立命的终极境界问题——具有自然精神品性的“生态自我”人生范式的确立。

三、生态自我的确立：安身立命终极境界的重塑

20世纪80年代以来，西方学界兴起的深层生态学(deep ecology)思潮，其中一个重要的理论向度为：对人类“自我范式”的确认与重塑。其涉及的核心理念就是挪威著名哲学家阿恩·奈斯(Ame Naess)提出的“生态自我”(ecological self)。奈斯指出：人类自我意识的觉醒，经历了从本能自我(ego)到社会自我(self)，再从社会自我到“生态自我”(ecological self)的过程。[①] 这种“生态自我”是一种形而上的“大自我”(Self)，是人与生态环境的相互关系中实现的真正意义上的自我。从某种意义而言，奈斯的“生态自我”，揭示了人类自身的审美存在之本质。然而，究竟如何才能塑造、实现这样一种人格状态？这就涉及“自我范式”的确认与构建问题。

“自我范式”也即自我在此存在于现场范式的选择与确立。“自我范式”是存在哲学与美学的最基本和最主要的问题之一，它本质上不仅是如何看待自我的问题，更关涉自我与自然生态、自我与社会人文生态，即自我与自我之外的包括生物与非生物等一切存在物的关系。中国道家“天人合一”观是确立“自我范式”最为坚实的哲学基础。生态美学认为，老庄“道性同构”(“天道”与“人性”同构)范式是以“天人合一”为审美终极旨归的，主张的是“天”与“人”合于“一”或称合于“道”，也即合于“自然”的大生态整体观。在老庄那里，天先于人，天大于人，但天不主宰人，天在时间上是无限的，在空间上是无垠的，“天”与“地”在“气”的中和下孕育慈养了人与万物，却无为、无执、无待、不自生、不主宰，也即苍天与大地既为人父人母又与人同在共生、相辅相成，天与人之间只有彼与此之分却没有主与客之分。“天人合一”如何进行“合”？也即“合”的方式如何？“合”是“和合”之意，有着和谐、亲和、融合、配合、合作等多重意义，由于天先于

---

① 雷毅：《深层生态学：一种激进的环境主义》，《自然辩证法研究》1999年第2期。

人、天大于人、天孕育滋养人，因而，“天道”对“人性”有观照、衍生、引导的功能，所以，“天人合一”是以天合人、以人配天、天人互动的过程，也即天与人是主体间性的关系。这就要求“人性”顺应于“天道”、效法于“天道”、统一于“天道”，然而却不是“同一”于“天道”，因为“天道”太伟大、高超、至美、奥妙了，人类永远无法真正地穷尽地认识与效法“天道”，更无法也没必要“同一”于“天道”，人与天始终会有那么一段不可企及的时空距离，“人性”与“天道”也始终会有那么一点天然的差异，这就是“道可道，非常道；名可名，非常名”的“道”，是人类永远无法穷尽自然之奥妙。基于此认识，“余氏命题”着眼于在“上帝”精神境界的“应然世界”[①]与“牛顿”现实层面的“必然世界”[②]之间寻找适合于“天人合一”宇宙观、价值观，审美观和符合于人类与自然万物和合共生、不断演进的“适然世界”[③]，提出了“人活在上帝与牛顿之间”的著名命题。笔者认为：老庄生态美学思想“道性同构”范式的宗旨是在“应然”与“必然”之间，寻找一个“适然”的和美界点，以构筑与宇宙之道普遍精神相合的同时又具有当代存在价值的“人性”存在范式——人的自我范式。

美国生态思想家托马斯·贝里(Thomas Berry)强调，每一个历史阶段人类都有伟大的工作要做，而我们时代的伟大工作即是呼唤“生态纪”的到来，在“生态纪”中，人类将生活在一个与广泛的生命共同体相互促进的关系之中。全球绿色治理要做的首先是以生态整体的角度看待人与自然的关系，建立新的“绿色正义”共识与全球安全的模式，把生态问题上升为一个全球面临的共同安全问题。[④] 在“生态纪”珊珊来临之际，需要人类建立新的“绿色正义”共识与全球生态安全模式，这就迫切需要有生态文化的引领，而生态文化的核心就是超越工具理性、确立生态自我范式。超越是确立的基础，没有超越就不会有确立。从生态文化视域理解，“超越”是老庄生态哲学与美学的最显著的品性，也是老庄生态文化的精义和智慧的凝结，更是老庄生态美学思想的本质和灵魂所在。老庄超越性生态美学的指向是多方位多层次的，涉及宇宙、社会、人生的方方面

---

① 余潇枫、张彦：《人格之境》，浙江大学出版社 2006 年版，第 15 页。

② 余潇枫、张彦：《人格之境》，浙江大学出版社 2006 年版，第 15 页。

③ 余潇枫、张彦：《人格之境》，浙江大学出版社 2006 年版，第 15 页。

④ 余潇枫、王江丽：《“全球绿色治理”是否可能》，《浙江大学学报》(人社科版)2008 第 1 期。

面，但最核心的是对现实异化的人的心性的超越，也即要消除异化，还人性以本初之美、朴真之美、无为之美。

在现实生活中，权位、钱财、功名、美色是迷惑人的四大物欲，人们往往会把权位、钱财、功名、美色的占有作为衡量人生价值的标准和人生的普遍追求。老庄则在这种价值观念和普遍追求中，发现了“人为物累”“人为名役”的人性异化现象，老庄正是在对人性的异化现象的批判中，提出了对现实物欲价值的超越。老子曰：“圣人为腹不为目，故去彼取此。”（《老子》通行本第12章）品德高尚的人能够自觉地摒弃物欲的诱惑而保持安定知足的生活方式。庄子曰：“名者，实之宾也；吾将为宾乎？”（《庄子·逍遥游》）认为“名”是“实”所派生出来的次要东西，人何必去追求这次要的东西呢？言外之意，人生在世只不过几十年，长寿者也只不过是百来年，能过一般性的基本生活就足矣，又何必再去追求那些虚有的功名和多余的身外之物，让自己弄得很累、很不自由、很不开心呢？老庄深刻揭示了“物累”“物役”乃至“殉物”的种种异化现象，尖锐地指出，“物欲”是一种桎梏，一种枷锁，束缚着人的心性，制约着人的主体精神，压抑着人的创造能力。人若热衷于对身外之物的追求，就会丧失最可宝贵的尊严、真性、健康、快乐和自由，在满足物欲的同时失落人自身的价值了，变成“神亏”（精神堕落）的人。庄子曰：“若夫乘天地之正，而御六气之辩，以游无穷者，彼且恶乎待哉？故曰：至人无己，神人无功，圣人无名。”（《庄子·逍遥游》）在庄子看来，人是可以消解权位、钱财、功名、美色等外物异化的，是可以重新回到人性本初之美上来的。“无功”“无名”是一种大智慧、大超越，“无己”是一种更高的存在境界。目的都是要改变“物累”“物役”“殉物”所造成的人的心性闭塞、僵化和堕落，旨在打破人们对“物”的崇拜，使人自身生命的意义和价值得到真正的体现。提倡“无己”“无功”“无名”，不是摒弃自我和否定功名，而是摒弃自私和否定功名价值的异化与追求功名对人产生的负面作用，不是把人导向虚无而是超越功名的束缚，以“无”自我的形式达到“有”真正自我的存在。庄子的“无”是一种超越功名的束缚、杂念、压力的干扰后所带来的宁静空灵、豁达从容、自由自在的心灵状态。在这种心灵状态下，才能更好地发挥人的生命力和创造力。质言之，权钱名色的获得并不等于人生价值的实现，如果以丧失人的主体精神、独立自由、健康快乐为代价去获取外物则毫无价值与意义。一个人从开始觉悟的一刻起，他就不会太在乎外在世界的财富，而开始关注与追寻内心世界的财富。庄子“无”的价值观，是基于对人自身存在价值的高度重视之上的，是对人的生命价值、生存意义的终极关怀。通过“无”所开辟的将是一种生命健全、心性澄明、身心自由的审美生存之境，通过“无”所确立的将是一种自然朴真、宁静淡泊、虚空包容的审美存在的自我范式。

老庄道家的“超越”存在价值观立足于“此岸世界”，而通过“自然无为”通达超然的人生境界，它对于涵养人的精神，塑造理想人格，树立正确的价值导向，充分发挥人的个性才能和创造力，都有着积极的作用。老庄生态美学自我存在范式的审美性主要体现在以“无”超越“有”，最终臻及“自然而然”的天道精神和“无为而为”的人性品质。在老庄看来，“无”是一种自然、本真、虚静、淡泊、空灵、鲜活、生动的状态，它没有芥蒂、固执、成见、因袭，它无挂无碍、无穷无限、无持无待，它是生生之源、万物之本。“无”是自然的本原状态，是“道”的本质特性。老庄的超越正是这种真正的大智慧。老庄的超越审美思想给人们确立了与“道”相通的自我存在范式，从而观照人们超越功利、返璞归真、追求自由，以审美的人生态度诗意地栖居在大地上。美国著名自然美学家、音乐家大卫·罗森伯格人类(David Rothenberg)为消除人们对“自我实现”论的误解，提出“自我实现”中的“自我”是大写的“自我”，而不是个人的自我和本我。“自我实现”是一种行动的条件，一个过程，一种生活方式，而不是一个人能达到的地点，它类似于佛教的涅槃之境界。大卫·罗森伯格认为，“人与自然是可以私密对话的”，他的《鸟儿为什么歌唱：自然学家、哲学家、音乐家与鸟儿的私密对话》讲述了一个横跨科学、音乐与文学的故事，探讨了一个艺术与科学都尝试解释却仍充满疑惑的古老问题。他秉持对自然的敬畏之情，从2000年开始与鸟儿合奏，并以诗人般的情怀和科学研究者的严谨，深入探究“人与鸟儿的私密对话”这一人们耳熟能详却又一知半解的谜题，亲切领会大自然那本初、美妙、悦心的天籁之音。“人与鸟儿私密对话”，实质上就是人审美生存的终极境界，它与余潇枫提出的当代审美生存审美生存观——“余氏命题”是一脉相通的。“余氏命题”生存美学观超越了中国易、道、儒、释、玄、理等学派关于“太极”“道”“天命”“无”“空”“理”等本体观，同时又扬弃了以“主客二分”为主要特征的西方各学派的本体观，提出了“适然”这一崭新的哲学本体观。余潇枫倡导当代人重新端正天人关系，将自己置于健康、有序、和谐的生态位上——“人活在上帝与牛顿之间”，自觉构建“生态自我”的人生范式，以追求安身立命的终极境界。在余潇枫的“适然世界”里，人与自然、人与他人、人与自我心性是统一的，是可以和平相处、和谐交流、和合共生的。在时下背景下，也许大多数人会认为这简直是蓝天白云、隔岸苇花不着边际的乌托邦情怀，但如果众人都有（哪怕是一点点）这种绿色生态情怀，那么人与自然就会重归于好，社会就会趋于安定，人的灵魂就能得到安顿，“三大危机”就会逐步消解，人类社会就会向“适然世界”迈进一大步……

佛家有个广为流传的小故事，说的是有一位非常虔诚的信士三十年如一日寻找佛陀，历经千辛万苦最终却在清澈的河水里发现自己的影子真像佛陀。小故事以执象而求，日见不鲜的事实，说明“佛在心中”“自本是佛”“万物皆佛”的佛理禅趣，揭示了：人们在日益体认乡村生态休闲养生的现实价值之时，应先确立“生态自我”这一适然性的人生范式，因为这才是当代人洗涤铅华、摈弃浮躁、安身立命的审美生存之终极境界。

本章参考文献（采用第一作者）：

[1] 王弼. 周易注[M]. 楼宇烈，译. 北京：中华书局，2011.
[2] 黄寿祺. 周易译注[M]. 北京：中华书局，2016.
[3] 蒙培元. 人与自然[M]. 北京：人民出版社，2004.
[4] 蔡晓明. 生态系统生态学[M]. 北京：科学出版社，2000.
[5] 余潇枫. 人格之境[M]. 杭州：浙江大学出版社，2006.
[6] 段忠桥. 当代国外社会思潮[M]. 北京：中国人民大学出版社，2001.
[7] 布赖恩・巴克斯特. 生态主义导论[M]. 重庆：重庆出版社，2007.
[8] 高亨. 论《周易》卦爻辞的文学价值[J]. 周易研究，1997(1).
[9] 曾繁仁. 周易“生生为易”之生态审美智慧[J]. 文学评论，2008(6).
[10] 雷毅. 阿伦・奈斯的深层生态学思想[J]. 世界哲学，2010(4).
[11] 陈鼓应. 老子注译及评价[M]. 北京：中华书局，1999.
[12] 陈鼓应. 庄子今注今译[M]. 北京：中华书局，1999.
[13] 侯外庐. 中国思想通史（第 1 卷）[M]. 北京：人民出版社，1957.
[14] 乔治・恩德勒. 发展中国伦理经济[M]. 上海：上海社会科学院出版社，2003.
[15] 王卡. 老子道德经河上公章句・卷二[M]. 北京：中华书局，1993.

[16] 布莱特曼.自然与价值[M].北京:中国人民大学出版社,2004.
[17] 马克思.1844年经济学哲学手稿[M].刘丕坤,译.北京:人民出版社,1979.
[18] 史蒂文·卢克斯.个人主义:分析与批判[M].北京:中国广播电视出版社,1993.
[19] 张继禹.道教对世界环境保护的主张[J].中国道教,1995(3).
[20] 陈劲.创新的地平线[M].北京:现代教育出版社,2007.
[21] 孔令宏.现代新道家的建立及其文化观[J].杭州师范学院学报,2004(6).
[22] 牟宗三.中国哲学十九讲[M].上海:上海古籍出版社,1997.
[23] 李泽厚.美的历程[M].合肥:安徽文艺出版社,1994.
[24] 黄信阳.中国道教文化典藏[M].北京:中国文史出版社,2009.
[25] 胡孚琛.21世纪的新道学文化战略[OL].中国论文下载中心,2006-01-18.
[26] 曾繁仁.生态美学导论[M].北京:商务印书馆,2010.
[27] 王凯.自然的神韵[M].北京:人民出版社,2006.
[28] 袁行霈.陶渊明研究[M].北京:北京大学出版社,2009.
[29] 胡不归.陶读陶渊明集札记[M].北京:华东师范大学出版社,2007.
[30] 李剑峰.陶渊明及其诗文渊源研究[M].济南:山东大学出版社,2007.
[31] 陈庆元.陶渊明集[M].南京:凤凰出版社,2011.
[32] 田晓菲.尘几录:陶渊明与手抄报文化研究[M].北京:中华书局,2008.
[33] 胡孚琛.宗教、科学、文化反思录[J].上海:探索与争鸣,2009(11)
[34] 曾繁仁.试论当代生态美学之核心范畴"家园意识"[OL].中国社会科学网,2010-12.
[35] 鲁枢元.从陶渊明看当代人的生存困境[N].文汇报,2010-9-20.
[36] 谢洪恩.论我国休闲文化生态系统的构建[J].社会科学研究,2005(6)
[37] 柏拉图.理想国[M].天津:天津人民出版社,2009.
[38] 大卫·雷·格里芬.后现代精神[M].北京:中央编译出版社,1998.
[39] 大卫·罗森伯.与鸟儿的私密对话[M].闫柳君,译.上海:上海人民出版社,2008.
[40] 曾繁仁.当代生态文明视域中的生态美学观[J].文学评论,2005(4).
[41] 雷毅.深层生态学:一种激进的环境主义[J].自然辩证法研究,1999(2).

第二章　生态之敩觉

诗意栖居:文人雅士的回乡之路

——叶一苇山水田园诗词的生态美学意蕴

我国当代著名学者余潇枫说:“只有确立‘自觉为人’的人格意识,才使我们有可能在精神家园的寻找中,永远地发生,持续地到达,才使我们有可能真正去触摸那生命的律动,去审视此世界中的彼世界与彼世界中的此世界的万千气象。”[①]叶一苇先生就是一位“确立‘自觉为人’的人格意识”的篆刻家、诗人。近些年,研究叶一苇篆刻艺术的论文颇丰。笔者谨对就叶一苇具有生态美学意蕴的山水田园诗词作探讨性解读,旨在使学界能更全面、准确和深层地了解其文艺生态美学思想。

综观叶一苇的山水田园诗词,有一个统摄创作始终不变的精神——“生态审美”:在他的诗词所反映的自然山水景观、安静清闲思想和一往情深的家乡情结中,所一以贯之的生态美学意蕴。

一、自然山水田园的美学意蕴

历代山水田园诗人对自然山水田园的体悟、评价和表现使其自然属性得到不断发掘和提升,山水田园的人格化、人情化的人文特征得到进一步彰显,主体对自然生态审美的方式也日趋圆融玄通。

(一)白描写生的自然美学意蕴

叶一苇的许多山水田园诗词采用白描式的手法赞美自然山水景观,有着很

---

① 余潇枫、张彦:《人格之境》,浙江大学出版社 2006 年版,第 218 页。

高的生态美学价值。如《如梦令》：

湖水茫茫迷旷，山色远笼浮嶂。纵意放轻舟，逐着白鸥飞荡。冲上，冲上，穿过一排惊浪。

这首小令，采用白描的手法，绘出了“湖水”“山色”“轻舟”“白鸥”“惊浪”一组自然物象，速写了太湖空旷、和谐、动感之美。又如《刘秀陇》，白描手法的特征更为显然：

奇石拥山高竞技，飞云掠涧翠争流。
牧童隐约归纯朴，茅店依稀入邃幽。

此诗只用平铺直叙的白描手法，将“奇石”“飞云”“牧童”“茅店”一组美妙的自然元素展现在人们面前，让读者自由组合成一幅自然风景画。

（二）神形并茂的自然美学意蕴

形与神是构成自然美的两大基本要素，形美是神美的基点，神美是形美的灵魂。形与神共同为审美者展现大自然婀娜多姿的风貌。如叶诗《西湖赏荷》：

一抹山峦嵌镜中，柳丝万缕水边缝。
红荷数朵冲波出，引得西湖六月风。

这首诗有形有神，有大自然穷形尽相的万千之变。镜一般清澈平静的西湖、周际的山峦、湖边的垂柳、初绽的荷花、习习的夏风，都在诗人极其空远的内心世界里，通过艺术审美浓缩成一幅和谐而具有动感的风景画。诗人巧妙地用了“嵌”“缝”“冲”“引”四个动词，赋予了自然景物灵动的神韵。又如他的《永遇乐·庐山抒怀》：

莽莽匡庐，长江襟带，雄视吴楚。削壁奇峰，劲松怪柏，多在云深处。韵寻小径，花迟山寺，司马青衫曾驻。望香炉，飞流千尺，谪仙诗思如许。

风云变幻，沧桑山谷，灯火山街新睹。处处风光，招来芳躅，共话登攀趣。拨开云雾，峦欢嶂笑，更有蝉声如缕。高峰上，并肩五老，长征再舞。

此词向我们展现的是一幅广阔的山水和历史画面：庐山、长江、吴楚领土纵横八百里，李白、白居易笔下的香炉瀑布和山寺桃花至今已跨越一千年。然而，诗人能坦荡从容地与自然对话、与唐代大诗人对话。可以说，只有真正具有生态意蕴的诗人才能在物我同一、千年一瞬中感受到大自然鲜活的生命节律和历史人文的美学价值。

（三）整体统一的自然美学意蕴

大自然多姿多彩和难以尽言的变易性构成了整体统一的生态美，《满江红·桐江雨霁》展现的就是日月山川、古往今来整体统一的大型画卷：

山雨初停，桐江上，水天相逐。驰望眼，高峰披絮，远林迷目。千点白帆轻滑翅，两江秋水鲜争绿。落霞间，阵阵白鸥飞，芦川扑。

江流丽，山含蕴，峦嶂变，惊何速？尽瑶琳，处处万人芳躅。严子如今耕可钓，桐君再世书堪续。彩笔挥，今日富春图，开新幅。

这首词有着雄厚广阔的生态背景：天与地、青山与江水、白鸥与芦苇、历史典故与时下场景融为一体，具有很高的整体生态审美价值。特别是对严子陵、桐君两位历史人物的缅怀，使词作的人文生态与自然生态融为一体。又如《游千岛湖回忆昔未放水时情景》充分表现了自然整体美的特征。

渺渺烟波岛上游，沧桑不远几春秋？
当年足迹沉湖底，今日扁舟掠嶂头。
阵阵鱼虾栖古树，丛丛花朵绕新楼。
三千西子多诗句，欲化玑珠嵌四周。

诗人信手拈来“烟波”“足迹”“扁舟”“嶂头”“鱼虾”“古树”“花朵”“新楼”“西子”“玑珠”等一系列审美元素，用“游、沉、掠、栖、绕、嵌”等动态性语素，描绘了“渺渺”“沧桑”“当年”“今日”“阵阵”“丛丛”“三千”“四周”等具有时空维度与数量概念的、整体统一的山水风景画卷。

二、安静清闲思想的美学意蕴

翻开生态美学史，我们可以看到历代山水田园诗词，最能真切地展示自然生态审美的率真性和精神生态审美的自觉性。这得益于诗人的文化背景、思想基点与品格特征。

（一）明招的隐逸文化奠定了叶一苇山水田园诗的基调

叶一苇先生对明招文化颇有研究，并对“东晋隐逸明招文化”精髓领悟至深，这对其文艺思想产生了很大的影响。正如他在《寻找明招文化》著作中所说的，咸和二年（327）阮孚受任镇南将军，赴广州就任途中，归隐于明招山，以他的思想行为承袭着魏晋“竹林七贤”之风，演变成“隐逸明招文化”影响于后代的文化。

明招的隐逸文化奠定了叶一苇山水田园诗的基调，他的山水田园诗具有很高的生态美学价值。如《回乡》：

回乡半月得清闲，小住新村绿野间。
为觅儿时断断梦，熟溪溪畔看壶山。

这首七绝浅显易懂，清新淡雅，家乡的一川秀水、一山青色，是诗人牵肠挂肚的乡恋，今日有闲在家乡的绿野中小住半月，让诗人的隐逸之情油然而生。又如《苏幕遮·山中》：

僻山村，人迹少。几户人家，叠嶂重峦绕。黄狗吠天知客到。野老出迎，相见问声好。

妇烹茶，把地扫。话到沧桑，艳羡山中老。三岁孙儿偏了了，跳向阿翁，娇要阿翁抱。

在诗人的眼里，这个小山村就是桃花源：偏僻的山村，山清水秀，远离尘嚣，没有战乱，没有纷争，邻里和睦，鸡犬相闻，男耕女织，一家老少其乐融融。这首诗表现了诗人对安宁社会的向往、田园生活的爱慕和人间亲情的赞美。

（二）儒学的贵和思想孕育了叶一苇山水田园诗词的品格

孔子说："礼之用，和为贵。"（《论语》）儒学文化的一个重要思想是"和"，以和为贵。深受儒学思想熏陶的叶一苇，对"和"的领悟尤为至深。这在他的一些山水田园诗词中可见一斑。如《清平乐·小店》：

> 街边檐下，小店夫妻好。红日未升迎客早，忙到华灯尤闹。
> 丈夫烹饪轻松，妻儿接待玲珑，过客点头啧啧，心头日夜春风。

这首词充透着社会生态和谐的审美意蕴。一家小小的饮食店，每日都演绎着丈夫与妻子、店主与顾客之间的和谐之美，从而又演绎了"心头日夜春风"的社会和谐之美。而叶一苇诗词中更多的是反映自然生态的和谐之美。如《如梦令·桐乡道上》：

> 铺野菜花黄透，短棹穿桥绿溜，河网似琴弦，弹出水乡灵秀。轻奏，轻奏，声绕屋前屋后。

一首轻快明了的小令，"弹出"了黄花、绿草、河流、小桥、短棹和谐优美的江南小调，如丝如雨，轻柔细腻地滋润着读者的心境。

（三）老庄的超然精神提升了叶一苇山水田园诗词的性情

道家哲学思想价值的核心是"自然"。美国学者F.卡普拉认为："在伟大的宗教传统中，据我看，道教提供了最深刻并且是最完善的生态智慧。"[①]在老庄那里，"道"设定的终极旨归是实现"自然"。在"道"的观照下，"自然"获得了永续的生命力，从而使生态审美充溢空间，贯穿时间，获得极致意义上的普遍与

① 余正荣：《生态智慧论》，中国社会科学出版社2016年版，第12页。

永恒。

在大自然中，叶一苇总是有无限的生态快乐体验，其笔下的大自然总是呈现出众多样态的生态意趣，很多作品充溢着“幽”“雅”“闲”“淡”“洁”“静”的生态美学意蕴。

如《云栖竹径》描写的是自然的幽美：

一径入幽篁，潇潇风也绿。
枝摇筛碎光，可把琼瑶掬。

再如《龙井问茶》描写的是一种自然的雅致：

君从龙井来，借问品茶未？
此处峰峦香，尽融壶水里。

又如《闲步》描写的是人在自然中的那份闲逸：

修篁绕锦带，青履染苔痕。
闲步芦花荡，云开见远村。

《九溪烟树》描写的是自然轻袅淡然的美：

曲曲又弯弯，自然成野趣。
个中意味深，犹在朦胧处。

《阮墩环碧》描写的是自然的洁净之美：

西湖碧玉盘，盘上小珠碧。
珠里嵌幽庄，蓬莱何处得。

《雾中》描写的是自然空灵渺茫之美：

石径时明灭，千岩几许深？
笑声疑隔树，飘渺独难寻。

这类诗是诗人对老庄生态哲学思想的现代解读，也是诗人自然之性的表达，唯有"率自然之性，游无迹之涂者"(《庄子·知北游》)，才能达到如此"与化偕行"的生态美学境界。

三、回归自然情结的美学意蕴

郭象说："自然生我，我自然生，故自然者即我之自然，岂远之哉？"(郭象《〈庄子·齐物论〉注》)在道学那里，富有灵性的山水被视为可与人交流心思、袒露性情的亲密对象，人在自然山水中能感觉到自身人格得到了认同和重塑。基于此文化积淀，回归自然就成了历代文人名士的不了情结，从而使生态审美成了一种具有超然意蕴的中国文化。

(一)家乡自然生态的美学意蕴

唐代著名山水诗人孟浩然旅居武义，曾留下千古名句"鸡鸣问何处，风物是秦余"(孟浩然《夜宿武阳川》)，把武义比作陶渊明笔下的桃花源。叶一苇的山水田园诗词中，也有相当多是赞扬家乡自然生态之美的。如《双泉故里》：

跌宕山为郭，乔林绿掩村。
缘溪入洞去，何必问桃源？
古木回环里，依山却有城。
桥亭沉倒影，风细奏琴声。

此诗描写的是坐落于武义城南的中国历史文化名村——郭洞村的自然生态风貌。诗人完全把郭洞古村看成了世外桃源。《游俞源桐主庙》描写的是武义的另一个历史文化名村——俞源村的景致：

锦涧绣成太极柔，六峰拥抱一村幽。
人生若梦终圆梦，多少梦痕绕屋流。

俞源古村，相传是明朝国师刘伯温按照太极星相排列规律而设计的村落，是中国江南古村落建筑史上天人合一思想的经典之作。同时，也是诗人眼里无限美妙的家园。

（二）家乡人文生态的美学意蕴

生态美学理论认为，人格之所以美，缘于其与山水之美相类，能在自然山水中自由展现自我人格，而自我主体也能在"游目骋怀"的赏悟自然山水中化入宇宙，"仰观宇宙之大，俯察品类之盛"，人格之美与家乡山水之美相得益彰，生成特定的家乡人文生态美学意蕴。

叶一苇的一些乡情之作，把对家乡的挚爱寓于熟知的景致与平常的轶事之中，具有显然的家乡人文生态美学意蕴，读来倍觉亲切。如《回故里草马湖》：

家乡梦里不模糊，谁料眼前处处殊。
新厦粼粼围老屋，铁牛轧轧走平途。
红男绿女不相识，白发长须未敢呼。
还待重来行脚健，南阳可访旧时庐。

由于诗人少小离家，长期生活在外地，回老家时可感叹的内容是很多的。然而，作者并未在家乡美景上着太多笔墨，而是另辟蹊径，从"新厦""铁牛"两个极为普通的事物，反映了家乡人生活、生产条件的巨大变化，从而做出了"处处殊"的赞美。接下来用"不相识""未敢呼"，抒发了自己对似水流年的感慨之情。正因为植根于内心深处的家乡情，诗人就自然有了一份真挚的"待"，为后来"诗意地栖居在家乡"铺垫了心理元素。

（三）诗意地栖居在家乡

德国诗人荷尔德林在他的诗里曾写道："人，诗意地栖居在大地上。"（荷尔德林《荷尔德林诗选·在柔媚的湛蓝中》）诗意地栖居作为一个哲学命题被提出，正反衬出它在当代生活中的稀罕与匮乏。当空气被污染、水源被污染、农作物被污染、人性被异化，社会充满浮躁时，人们向往的是诗意地栖居在大地上。诗人叶一苇选择了具有自然与情感双重美学元素的家乡——武义作为诗意地栖居的地方，并为之倾心，为之注情。他的《少年游·熟溪桥》，浸透了浓浓的乡情：

> 飞虹掠碧，长栏潋潋，极目醉诗情。临流南北，层楼排阵，气派换新城。晴光翠泛壶山好，水是故乡清。旧梦何寻？低徊坐久，忘却听溪声。

在诗人的眼里，具有800多年历史的熟溪古桥是一道美不胜收的“飞虹”；而在诗人的心里，熟溪桥是一缕永远不了的乡情。因而，诗人登斯桥，思绪万千，联想翩翩，以致“低徊坐久，忘却听溪声”，达到了凝神的审美境界。把乡情寄寓于山水景观之中，实现情景交融的审美效果是叶诗的一大特征。如：《壶山》：

> 幼上壶山看熟水，老从熟水看壶山。
> 看来看去看难足，爱在家乡山水间。

王国维称陶渊明的“采菊东篱下，悠然见南山”两句是“以物观物，故不知何者为我，何者为物”。（王国维《人间词话》）叶一苇的《壶山》也同样让人们分不出何者为山，何者为水，何者为人，物我一体，情景交融。

2002年，叶老告别了都市生活，回到毕生挚爱的家乡，并恬静、平和、快乐地栖居在这片充满诗意的大地上。我们可以从《乡人来访》中，领悟到诗人栖居家乡后的那份惬意、热情与童趣：

> 门中黄犬吠，知有客人来。
> 握手惊非客，搔头笑费猜。
> 变迁谈故里，患难忆童孩。
> 忙煮高山茗，沸情共举杯。

家乡的清水秀水、田园木屋是诗人栖居的家园。回归家乡，叶老更以一种审美自觉来观照自然、人文和内心世界，一旦孩提故友来访便情不自禁地袒露出珍藏在灵魂深处最美好印记:“变迁谈故里，患难忆童孩”。“行到水穷处，坐看云起时。”(王维《终南别业》)这是一种生活方式，一种人生态度，一种诗学境界。人生如同一次大旅行，跋山涉水，行色匆匆，却总有到不了的地方，总有看不完的风景。其实，旅行不在于目的地近与远，也不在于观光的多与少，而在于旅行时对不期而遇之美妙的那份惊喜、欣赏与领悟。有的人匆忙一生，活得很累，似乎得到很多，但精神是贫乏的，他们根本没有心境去欣赏生态之美或者无法体会到审美所带来的那份超然的愉悦。而具有审美意识的人，即便是台阶上的几点苔痕、围墙外的一枝红杏，也能发现自然生命的节律;即便是清风摇竹、桃花流水，也会产生时过境迁、岁月蹉跎的闲愁;即便是月光下的一田荷叶、几朵荷花，也能感悟出见素抱朴的人生境界……

总之，只有持守内心的闲情逸致，只有用审美的眼光看世界，用审美的态度过生活，人生旅行才是快乐的、美妙的、充满诗意的。这正是叶一苇山水田园诗词给我们的人生启示，也正是文艺生态美学的时代价值所在。

见素抱朴:中国茶道审美的超然意蕴

在漫长的历史长河中,人的生命是很短暂的,也是非常脆弱与无奈的。人只有用淡泊平和的心态将自己栖居于宁静的精神家园里,才能从容自如地面对自然万物的生生演化,才能超越世俗纷扰,感悟生命的真谛。这正是中国道家"见素抱朴"思想和古老的茶道文化的内涵和审美意蕴。

一、绪论

世界是凡人的世界,生活是大众的生活。中国茶文化之所以源远流长、博大精深,是因为茶文化超越国界、种族与地位,符合广大人群的审美观,是一种雅俗共赏的文化。

(一)茶文化的历史渊源

中国茶文化可追溯到远古时代:"三皇·炎帝神农氏,周·鲁周公旦,齐相晏婴,汉·仙人丹丘子。黄山君。"(陆羽《茶经·七之事》)先秦及后的儒、释、道之大家和历代文人墨客对茶文化的形成、发展和传播发挥了重要的作用。老子、庄子、范蠡、陶渊明、诸葛亮、叶法善、王维、陆羽、白居易、范仲淹、苏轼、李清照、郑板桥、曹雪芹以及鲁迅、齐白石、林语堂、朱自清、沈从文等俱为好茶之士,对茶道都有独到的见解,推进了中国茶文化的发展。而作为茶文化最厚重的哲学基石当属道家思想:老庄倡导的"见素抱朴"(《老子》通行本第19章)思想,为中国茶文化的哲学审美升华到一个超然的境界。

(二)本研究的思维进途

本研究以老庄"见素抱朴"哲学思想为基点,从"致虚极""守静笃"两条审美之途开进,通过哲学审美观与茶道修持观的融合相洽,对接中国茶文化"致德性""守本真"的基本通途,以论证"见素抱朴"是中国茶道哲学审美超然意蕴的命题。(见图2-1)

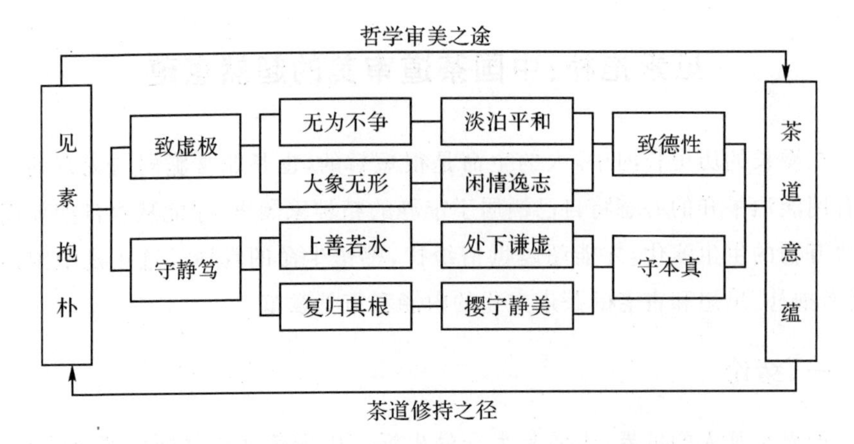

图 2-1 中国茶文化哲学审美指向

二、"见素抱朴"的哲学审美之途

"见素抱朴"是老子重要的哲学思想，指的是思想纯真、淡定质朴的人性。人们处于纷扰的世俗之中，如何实现"见素抱朴"？老庄给出的哲学审美途径是"致虚极""守静笃"(《老子》通行本第 19 章)，通过从外到内、由此及彼的审美与修持达到"见素抱朴"的境界。

(一)"致虚极"的哲学审美进途

庄子说："虚室生白"(《庄子·人间世》)。"虚"则"空"，"空"则"明"，空的房间就显得亮，房间里面塞满了东西，再亮的灯光都不空明了。因此，"致虚极"是老庄哲学审美的一条重要进途。

1."无为不争"品格说

在老庄看来，确立"无为不争"的存在范式，人就可以实现与天地自然的内在统一。不争是"道"的精神："天之道，不争而善胜。"(《老子》通行本第 73 章)只有不争，人才能看透世俗、摒弃物欲，才能进入自然的"虚极"状态，为自己赢得更大的自由空间。

《老子》是"无为不争"哲学的极致经典，孕育了中国人谦让、通和、合作的高尚品格。"无为不争"之人，如同一杯清茶，淡定平和，清新自然，宁静而不浮躁。

无论处于何种境域，始终“宠辱不惊，闲看庭前花开花落；去留无意，漫随天外云卷云舒。”这是一种哲学审美意蕴，一种虚极超逸的人生品格。

2.“大象无形”境界说

“大音希声，大象无形”(《老子》通行本第41章)是老子对“道”的阐释，意思是最大的乐声反而听起来无声响，最大的形象反而看不见行迹。这是老子的哲学思想：崇尚与顺应自然，强调的是“音”“象”给人带来空灵的想象与虚极的意蕴。

老子“大象无形”的审美境界，对后世文学艺术产生了深刻的影响。王维的《鸟鸣涧》：“人闲桂花落，夜静春山空。月出惊山鸟，时鸣春涧中。”一首五绝小诗，却深含着虚极的审美韵味，反映了诗人宁静淡泊的内心世界。

在哲学审美层面上，“大象无形”是将自然之美融入生活的一种智慧。拥有这种智慧的人不用刻意地去追求什么，却能无形地、自然而然地倾心注情于最有美德的事情上去，也即乐意于依循自然万物生存演进规律、符合社会公众道德规范和顺乎最大多数人意愿的事情。

(二)“守静笃”的哲学审美进途

“守静笃”就是操守安宁静美的内心世界，即是闲情逸致、淡泊宁静、知足常乐的思想境界。

1.“上善若水”品性说

“上善若水，水善利万物而不争。”(《老子》通行本第8章)老子认为，水滋养万物，却不与万物争高下，这才是最为谦虚的美德。上善者的品行，应该如同水一样，造福于民，却不求任何回报。水的德行最接近于“道”：避高趋下、无所不利；日夜奔波，滋养万物；造福人类，不求回报；常处深潭，清澈通明。

人的最高境界的善行像水的品性，泽被万物而不争名利。人要学习水仁慈柔和的美德，以“慈爱”的心襟来待人接物，真心地爱护自然万物、帮助普通百姓，不奢求任何回报。人还要学习水的处世艺术，顺其自然，应其机缘。条件不成熟时不勉强去做，条件成熟了顺其自然去做，正确把握周围的环境与条件，寻找天时、地利、人和的交汇点，达到事顺人和。

2.“复归其根”朴真说

“夫物芸芸，各复归其根。”(《老子》通行本第16章)树木花草蓬勃生长，而最后花落入土、叶落归根，这是生物演化的自然规律。人生也一样，从幼到老，由生至死，是人类生存与演进的自然规律。老庄认为，包括人在内的自然万物，回归本来根源，就是纯美朴真的状态。告诫人们要顺应生物演进的自然规律，旧事物的结束是新一轮的开始，事物只有循环往复，才能生生不息、有序演进。

亚里士多德说："循环的圆是最完美的运动，它的终点与起点合而为一。"人要学会从结局来看万物，用哲学的智慧审视世界万物的本来状态和最后归宿。如果从人离开世界的那一刻来反思自己的一生，会希望这一生问心无愧，不违背自然、扰乱社会和伤害别人，做任何事都"守静笃"、尽本分。这样，在一生最后时刻，就能无怨无悔、坦荡从容地回归到原点。

三、中国古代茶道思想的修持之径

中国茶文化博大精深，其茶道是核心。茶道包括两方面内容：一是备茶品饮之道，即备茶的技艺、规范和品饮方法；二是思想内涵，即通过饮茶陶冶情操、修身养性，把思想升华到哲学审美的超然境界。

（一）茶文化的德性

茶德，就是茶人在喝茶的时候所表现出来的德性。茶德，因人而生、因人而异。高尚的茶德应该是超越任何物欲奢望，回归淡泊平和、闲情逸致的朴真状态。

1.淡泊平和——茶德的境界

老庄对德性的赞美是"恬淡为上"（《老子》通行本第31章）。人生一世，几十个春夏秋冬，谁都会遇到不尽人意的事，关键是以怎样的心态去面对。其实，人只需懂得一个"淡"字，即便处在滚滚世尘纷扰中，心中自有一方宁静的精神家园。

按照现代意义上理解，"恬淡"就是淡泊平和的心态。自古以来，茶人把"平和"的哲学思想贯穿于茶道之中。茶，得天地之精华，钟山川之灵秀，具有"平和"的本性。陆羽的《茶经》全面表达了"平和"的思想与方法。煮茶时，风炉置地属土；炉内放炭属木；木炭燃烧属火；炉上安锅属金；锅内煮茶属水。煮茶实际上是金、木、水、火、土五行"平和"的过程。此外，陆羽关于采茶的时间、煮茶的火候、茶汤的浓淡、水质的优劣、茶具的精简以及品茶环境等方面的论述，无一不体现出“平和”的哲学审美意蕴。

2. 闲情逸致——茶德的精神

“人生待足何时足，未老得闲始是闲。”闲情逸致，是道家理想的人生态度，也是茶道的基本精神。

首先，品茶要有闲情逸致的环境。明代徐渭在《徐文长秘集》采用“林、月、花、鸟、苔、泉、雪、火、烟”等状物手法，来衬透品茶需要野、幽、清、净的自然环境。历代文人雅士选择茶境时，离不开梅兰竹菊、与琴棋书画等，这是闲情逸致的环境审美意蕴。

其次，品茶要有闲情逸致的心境。闲情逸致，既顺乎茶之本性，又合乎人之心性。人在生活余暇之时，在虚静之中漫品清茶，心灵得到净化，精神得到升华，尽享怡然自得的人生之乐。

再者，品茶讲究闲情逸致的情境。古人曰：“茶里乾坤大，壶中日月长。”品茶是很讲究情境的：春雨绵绵，临窗品新茶，即刻心旷神怡，人景合一；炎热酷暑，一面品茶，一面赏荷，心底自有一份清凉与安宁；秋月当空，邀来两三知己赏月品茗，定有一番逍遥情怀；寒冬雪夜，泡一壶热茶，倚窗聆听室外雪落梅朵、风摇竹叶，诗情画意油然而生。

（二）茶文化的本真

庄子说：“夫明白入素，无为复朴”（《庄子・天地》）。“素”与“朴”是道家人生哲学审美的至高境界，也是茶道的灵魂。

1. 处下谦虚——茶道的本质

《茶经》开宗明义：“茶者，南方之嘉木也。”茶树具有纯真质朴、清幽宁静、处下谦虚的本质。茶树生长在山野贫瘠的土地中，仍操守本质，坚贞不渝；茶叶吸收天地之精华，其“洁性不可污，为饮涤烦尘”（韦应物《喜园中茶生》）；茶水清澈洁净，韵致幽雅。这就形成了处下谦虚的茶道本质。

古往今来，凡是成大事者，大多有“处下谦虚”的本质德性。《三国演义》记载，刘备一生“三下”成就蜀国大业：“一下”桃园结义，刘备“处下谦虚”与草民张飞、关羽结拜兄弟，得成大业的左右手；“二下”三顾茅庐，刘备“处下谦虚”三次登门拜访未出茅庐的孔明，得成大业的高参；“三下”礼遇张松，刘备“处下谦虚”亲自款待益州别驾张松，得成大业的版图。

“处下谦虚”是一种风范、一种处世哲学、一种本质德性。陆羽提出茶道“精行俭德”的思想内涵，确立了富有哲理的茶道精神。古今茶人以茶陶冶情操，有助于修持“处下谦虚”的美德。

2. 撄宁静美——茶道的真性

“撄宁静美”是道学的重要概念，是一种随遇而安，自得其乐，宁静幽美的人生真性：不患得，不患失，心中永远安详而平静。茶人十分讲究“撄宁静美”的茶道真性。唐代刘贞亮说：“以茶可雅行，以茶可行道。”此处的“雅行”与“行道”指的就是撄宁静美；庄晚芳先生提出“廉美和敬”为核心的茶道内容，实质也是撄宁静美的真性。

撄宁静美的茶道真性，是通过品茶而达到的精神洗礼和人格澡雪。释皎然说：“一饮涤昏寐，情思爽朗满天地。再饮清我神，忽如飞雨洒轻尘。三饮便得道，何须苦心破烦恼。”（释皎然《饮茶歌诮崔石使君》）生动反映了品茶过程中撄宁静美的修性境界和自得其乐的愉悦心情。

茶圣陆羽，一生操守撄宁静美的真性，不羡官爵，不慕名利，甘愿荒餐野宿，栉风沐雨，致力于茶事研究，写下了世界上第一部茶学专著——《茶经》。陆羽的人生，是撄宁静美真性的最真实、最完美的写照。

四、武义有机茶价值说

有机茶是一种绿色、纯天然、无污染的茶叶。一般生长在大气、水源和土壤没有污染的山区或半山区的坡地上。武义县被誉为“浙中绿岛”，大部分面积是海拔 500～1500 米的山丘，海拔 1000 米以上的山峰有 79 座。据统计，该县空气质量优良率达到 100％，75％的地面水达到Ⅱ类水质标准，森林覆盖率 70.2％，林木绿化率 70.8％。良好的生态环境，为发展有机茶提供了得天独厚的条件。

（一）武义有机茶概况

1995 年开始，武义与中国农科院茶叶研究所合作开发有机茶，先后获得“中国有机茶之乡”“全国三绿工程茶业示范县”称号。目前，全县 12.22 万亩茶园大多数分布在山区，已有 2.65 万亩茶园获得有机认证，17 家企业获得有机茶生产、加工和销售认证。涌现出“武阳春雨”“更香翠尖”“汤记高山”“金山翠剑”等有机名茶产品，产品远销美国、欧盟、日本、俄罗斯等国家和地区。

（二）武义有机茶修身价值说

陈宗懋院士说，茶对人体既有营养价值，又有药理作用，与人们的身体健康息息相关。国外的喝茶之风很盛，英国将茶称为“健康之液，灵魂之饮”；法国人视茶是“最温柔、最浪漫、最富有诗意的饮品”；日本视茶为“万寿之药”，倡导“全民饮茶运动”。2006年，国际会议上评定最佳保健饮料，有机绿茶排名冠首，喝有机绿茶已成为当今人们最时尚的养生方式之一。

有机茶贵在纯正。武义有机茶基地选择在没有污染的山区或半山区，茶园四周有森林，上空是蓝天云雾，茶树常处在云雾之中，茶叶具有很高的自然质量。严禁使用化肥、农药、生长剂等，依靠土壤自身的肥力，附之以作物轮作及有机肥料维持养分。利用生物、物理措施防治病虫害。

在武义饮用有机茶修身是很受欢迎的习俗。家家户户早晨泡一壶有机茶供全天饮用，人们出门劳作时，以竹筒或葫芦装茶水随带随喝，即解渴又滋润养生。如遇蜈蚣、毒虫咬伤或生疮、发炎，将茶叶嚼烂敷在患处，或用浓茶水擦洗伤口。“一天三杯茶，大病不会来。”许多人早起就喝热茶，直接用来防病养生；有的还用陈年茶叶晒干填枕头补脑安神、延年益寿。

（三）武义有机茶养性价值说

武义人种茶、制茶、喝茶的历史很悠久。最早可追溯到东汉建武初年，传说刘秀在武义县俞源、白姆一带乡村避难时，教当地农民到深山挖掘野生茶种植在山脚下，春季采摘嫩茶叶制作成干，存储在陶罐里，便于常年冲泡解渴、治病和养生。

而武义茶文化的形成则在唐代。唐代著名道士叶法善，自高宗至武则天、中宗、睿宗、玄宗，历时50年，为皇帝治病和指导养生之术。唐玄宗年间，叶法善奏请告老回乡，终身为道士，为武义百姓行医和传授茶道及温泉、药草、莲荷、太极拳等养生之术。叶法善康健地活了104岁，这与他一生好茶密切相关。叶法善不仅爱饮茶，还亲自种茶、制茶、总结茶道文化，堪称武义茶道第一人。

在叶法善茶道思想的影响下，武义茶文化具有“待客、敬神、避邪、施惠、修武”五大特色。

待客：武义民间世代沿袭以茶待客的礼仪。客人进门，主人第一件事就是让座敬茶，表示把客人当亲人；客人无论口渴与否都要品几口茶，表示对主人的领情与尊重。如有嘉宾稀客登门，则会在茶中放进两片香泡的皮，香气沁心，以示对客人的格外欢迎。这种民间茶道，生动反映出武义人善良好客的淳朴民风。

敬神：武义一些地方用茶叶恭祭天地明神和祖宗。百姓们在祈雨、求神明保佑和祭拜祖宗时，在供桌上摆放两只小盅，盛上一半大米、一半茶叶，以表敬意。说明神也和人一样，吃饭与喝茶是生活中最为重要的两件事情，形成了以“神人相通”为特色的武义茶文化。

避邪：在武义农民眼里，茶为正气之物，可避邪。民间多用土纸将茶叶和大米合包成小纸包，放在小孩衣袋里或枕头底下作护身符，用于避邪保平安。如果家里有人生病，家人就用大米和茶叶撒在人体和病榻上，用以驱邪保康健。

施惠：武义人乐于用茶水施惠过路人。早年间，在炎热季节各地的凉亭、村口等一些公共场合，一般都会摆放着水缸或木桶，村里农户轮流供应茶水和碗勺，让过往行人免费饮用茶水。施茶之举，历来是武义人广为流传的美德。

修武：武义历史上就流传着功夫茶道。近些年，武义更香茶叶公司把中国功夫茶道演绎得淋漓尽致。2008 年北京奥运会期间，更香功夫茶道表演队在奥体中心、国际俱乐部、北京美术馆等表演了十多场中国功夫茶道。把武术剑、太极拳等中国功夫与茶道、茶艺融为一体进行表演，让萨马兰奇、罗格及来自世界各国的裁判员、运动员大开眼界。

五、结论

人的生命，在哲人眼里是一个道，在诗人眼里是一种缘，在茶人眼里是一杯茶，讲的都是自然而然、见素抱朴。现实中往往会有这种情景：你刻意追求的东西很可能终生得不到，你随意的期待兴许会悄然间不期而至。

17 世纪英国著名作家约翰·弥尔顿说：“心，乃是你活动的天地，你可以把地狱变成天国，亦可以把天国变成地狱。”（约翰·弥尔顿《失乐园》）上天国与下地狱取决于人心灵中的德性，有的人飞黄腾达一世，灵魂却被囚禁在地狱里；有的人清贫淡雅一生，精神却逍遥于天堂中。

其实，人生旅途从起点到终点只不过是一个圆，走一大圈总还是要回到原点。那么，何不在有清风明月的夜晚，静静地独坐于荷田边，悠悠然品尝一壶静美的有机茶，回味人生点点滴滴的生活情趣，让心灵自然释放若同淡泊洁净的荷花，不知不觉地融入“见素抱朴”的超然意蕴之中。

持一守中:中国文人品性的和美之境

——道学文化在性命涵养中的定位

关于生命的发源问题,老庄发挥《周易》"天地初开,一切皆为混沌,是为无极;阴阳交合,阴阳二气生成万物是为太极;清者上升为天,浊者下沉为地"的论述,提出"道生一,一生二,二生三,三生万物。万物负阴而抱阳,冲气以为和"(《老子》通行本第42章)的哲学思考。道生一,就是无极创生太极,太极即是宇宙;一生二,就是太极创生两仪,也即宇宙创生阴阳二极;二生三,就是阴阳交感化合为天、地、气"三元";三生万物,就是天与地在元气的中和下达到阴阳动态平衡、和谐统一,从而创生包括人类在内的自然万物并使其勃勃生机、生生不息。这就是宇宙大美的生成根据与自然之美的衍化流行过程。在这里值得特别关注的是对"三"的理解,它不同于易学和儒学把"三"看作是天、地、人"三才",而是独树一帜地把"三"理解成天、地、气"三元",即构成自然的三大元素,从而避免了把天、地、人"三才"作为是生成万物的父母,以陷入凌驾于自然万物的人类中心主义理论的预设陷阱之中。天、地、气"三元"自然生成观视人与万物是平等的兄弟姐妹关系,同属于天、地、气生化而成的自然之子,人与自然万物是平等的关系而不是从属关系,从本原上确立了人与自然万物平等的地位,使人性美的生态观与和合观从理论源头上得以确立。

一、"持一":道学生命生存论的核心思想

"一"的哲学意义源于易学而发祥于道学。在易学中,太极是指宇宙最初浑然一体的元气,它是宇宙万物的起源。正因为太极是一种"元气",因而,就有"虚无本体为太极"之说。易学认为"一"为太极,此"一"不是数,而是"无"。而完成"无中生有","有"衍生宇宙万物之核心思想的是中国哲学鼻祖、道学创始人——老子。而后,中国生态美学鼻祖、道学集大成者庄子对其发扬光大并完成了理论体系的构建。

老子认为,宇宙万物都是遵循"道"的规律,从"一"衍化出来的,万物本原就是九九归一,离开"一"这个本原,大千世界的所有生命个体就失去了存在的根

基，同样所有的美也就失去了存在的空间。“一”是万物之源、生命之根，众美之根据，这种强调世界统一性的哲学思想，蕴涵了深刻的生态美学智慧。庄子继承了老子“万物一体”的思想，而且发展了贵“和”的精神。他说：“天地与我并生，万物与我为一。天地万物，物我一也。”（《庄子·齐物论》）在庄子看来，天是自然而然存在的，人必须遵循天道法则自然而然地存在于世界之中，违背了自然规律人类就会遭灾遇难，顺应了自然规律人类就能安身立命、生活和美，所以天和人本是和谐的统一体，因而“夫明白于天地为德者，此之谓大本大宗与天和者也；所以均调天下，与人和者也。与人和者，谓之人乐；与天和者，谓之天乐。”（《庄子·天道》）老庄“万物一体”思想所表达的宇宙生命统一性与和谐美的精神，强调了本源的唯一性和自然与社会现象的能动性，为当代生态哲学与美学提供了宝贵的思想资源。

综观中国和世界生态哲学与美学，可以发现其自始至终都凝结着对“一”的追求。可以说，生态哲学与美学是一部寻一、抱一、持一的史书。生态哲学寻求世界的统一性，生态美学寻求本原的和谐性，始终进行着对“一”的追寻与抱持，以“一”为价值实体和价值本质，以“一”的思辨方法为理论前提。任何“一分为二”“合二而一”“多元统一”“九九归一”以及作为最高生存与审美境界的“天人合一”，都是对“一”的追寻，都要还原为本根元始的“一”。在老子那里，“一”是“道”的代称词，是人与自然生态，人与社会人文生态，人与自我心灵生态和谐之大美的表述。“天得一以清，地得一以宁，神得一以灵，谷得一以盈，万物得一以生，侯王得一以为天下正。”（《老子》通行本第 39 章）在庄子看来，“一”是人与自然万物和合的大美境界，“天与人一也。”（《庄子·秋水》）质而言之，“持一”是老庄生态美学以及整个道学生命存在论的奠基命题与核心思想。

二、“守中”：道学品性修炼观的基本精神

中国传统哲学的“中道”价值观源于《周易》的“贵中”学说。在《周易》里，“中”成为核心范畴，它是一种理想境界，是最高价值追求。《周易》以卦爻位是否居中推衍人事，在中则吉，离中则凶，一切惟“中”是求，惟“中”是律，以“中”为正，以“中”为德，其价值观与核心精神是“守中”。儒道两家传承了《周易》的“贵中”思想，并从不同的方面，以不同的形式发展成各自的“中道”理论。儒家积极

崇尚“中庸”，形成了不偏不倚、执两用中的价值观；道家积极倡导“自然”“无为”，形成了返璞归真、回归自然的“守中”价值观与审美观。正如胡孚琛先生所说：“‘中’之义有四，从事物规律上讲，‘中’为‘正’，即中正的必行之路；从事物变化上说，‘中’即‘度’，即在限度适宜的范围内活动；从空间上讲，‘中’是‘虚’，虚无乃道之大用；从时间上讲，‘中’即是‘机’，即‘动善时’，因机乘势‘不得已’而为之。”①

道家独具特色的“道法自然”的“守中”价值观与审美观是极具生态美学意义的。老子把“天道”自然之道的“中”等同于虚极之美、静笃之美。“致虚，恒也；守中，笃也”（楚简《老子》通行本甲本），即致力于心性的虚静需恒常不懈，坚守中道要一心一意。作为守“道”即守“中”之人，就要懂得并践行无为、不争、知足等“守中”之美德：“道恒无为也”（《老子》通行本第 37 章）“夫唯不争，故无尤。”（《老子》通行本第 8 章）“故知足不辱，知止不殆，可以长久”（《老子》通行本第 44 章）。这是道家在人事上所表现出的“守中”价值观与审美观。

道家对“中”的态度，既不同于《周易》的“贵”，也不同于儒家的“用”，而是主张“守”，即守卫、守护、持守。道家认为“中”是事物本来的原初之美，而后天人为干预，破坏了“中”的天道之美。为实现人性返璞归真于天道，就必须“守中”，即守护住事物原来的本初之美。老子曰：“虚而不屈，动而俞出。多闻数穷，不若守于中。”（《老子》通行本第 5 章）道家对待自然万物审美的基本原则是按自然规律进行。老子以风箱来比喻人与自然、人与社会、人与自我的关系以及存在方式：从表面现象来看，风箱在不停地被运作着，然而在整个运作过程中，风箱中间的“轴”却总是保持着自身位置上的相对稳定。老子昭示人们：一切事物都有自身的“中”，而这个“中”是相对稳定的，如果找得到确定事物的“中”，就是找到了其相对稳定的状态，也就是找到了该事物的本质之美。老庄主张，人与自然、人与社会、人与自身心性要“中和生新”，以致中和之美。

三、“持一守中”：当代文人性命涵养的定位

对“性命”的理解，在古代国人那里有着丰富的内涵。一是指万物的天赋和

---

① 胡孚琛：《21 世纪的新道学文化战略》[OL]. 中国论文下载中心 2006-01-18。

禀受，二是指生命，三是指本性。道家内丹学予性命以独特解释："性"指人心的本性，又称元性、真性、元神等；"命"指物质形体方面的气，也称元气、中气、阴阳之气等。在宋元以来的内丹书中，"性命"实际上是"元神元气"的代称。王重阳《授丹阳二十四诀》曰："性者是元神，命者是元气。"

中国历代文人素以"持一守中"为涵养性命的定位与终极旨归。道家认为，"持一守中"既是涵养"命"(身体)的方法，更是涵养"性"(精神)的旨归。老子曰："道生之，德蓄之，物形之，势成之。是以万物莫不尊道而贵德。道之尊，德之贵，夫莫之命而常自然。"(《老子》通行本第 51 章)在老庄那里，"道"是衍化宇宙万物的自然之美，"道"与"德"不可分离，贵"德"则"得"，…乃是物所得以生的内在依据。"德"是自然万物的生命天性，包括人的品性即人的精神。老子提出"是以至人抱一为天下式。"(《老子》通行本第 22 章)他把"持一守中"提升到至人抱持的"天下式"的高度来认识，把其作为人性最本质的美以及持守这一本质人性的践行标准予以倡导。

将"持一守中"赋予性命涵养的意义，是国学儒、释、道三大文化体系共同关注的命题。而道学对此别开生面，以其"无为"的价值观和审美观，形成了中国文人性命观的基本定位和主流思想——"安时处顺"。

在老庄看来，"道"本身是一个圆满自足的和谐体，它独立长存、周而复始、生生不息，可以为天地万物的根源。"道"的运行是"安时处顺"的，是适合于季节时候的，是能够自如地回避各种风险的。正因为是"安时处顺"的，所以才能"独立而不改，周行而不殆"，所以才"可以为天地母"，成为生生之美的母体或本原。从包括人类在内的天地万物的共性来看，这种"道"都含有阴阳，都是阴阳二气和合而成的。所谓"万物负阴而抱阳，冲气以为和"。(《老子》通行本，第 42 章)老子认为，阴极与阳极互相影响，恰到和美的状态，和合生成为"气"即成为"和气"也称"中和之气"，同时又创生出天、地，继而天与地在气的中和下又创生出新的和合体——人与自然万物。这就构成了整个宇宙系统衍化的整体之美、运动之美，人与自然万物都在"安时处顺"的美的韵律中生存与衍化，都是以"道"为其最大的共性和最初的本原的有机统一的整体，人也和自然万物一样，都是这个整体美的一部分。因此，人要顺应"安时处顺"的宇宙之道与自然万物平等共处、和合共生，与道共进，才能确保人性命涵养的顺利。

王弼说:“人不违地,乃得全安,法地也。地不违天,乃得全载,法天也。天不违道,乃得全复,法道也。道不违自然,乃得其性,法自然也。”(王弼《老子注》第 25 章)天道与人性是一个有机整体,不可相违、不可分离,而应安时处顺、和谐美满。汉初道家的重要著作《淮南子》说,“天下之事不可为,固其自然而推之”,故要“循道理之数,因天地之自然”(《淮南子·原道训》卷三十七),认为浮萍在水里生,树木在土里长,鸟在空中飞,兽在地上跑,这是自然物的本性之美,不需要人为地去教化它,自然之美的终极状态就是“无极”,人类之德的至美就是“无为”。依据“安时处顺”的天道而不干涉自然万物,是人类最大的善、最高的德、就是人性的至美境界。道教教义与道家思想都以“安时处顺”来诠释“持一守中”的生命和品性之奥义。“太阴、太阳、中和三气共为理,更相感动……古者至人治致太平,皆求天地中和之心。”(《太平经》卷三十六)这就是说,太阳、太阴、中和三气和谐而化生天地以及人和万物。这里说的太阳、太阴、中和三气实际上是指天、地、气“三元”,天与地只有在中和之气的作用下相和合,并共同生养万物,才能有自然界的“太平”之美。强调“太和”之美,即是“太阳、太阴、中和”即天、地、气“三元”的和合之美,“太平”则可以理解为“三元和合”而达到的大美境界,即自然生态系统的平衡之美的境界。所以,人类也应该遵循安时处顺的“三元和合”之美的品性来处理好人与自然的关系,以通达持一守中的和美之境。

老庄认为,万物的根是“道”,同样,人的根也是“道”,人的最终归宿也是“道”。“道”是万物存在的形而上依据,“道”是人类的最初也是最后的审美生存之家园。从“道”的层面看,人与万物同源并属于同一家园。这样,人与自然的关系本来就存在亲缘关系与亲和倾向。“道”赋予人以向美、崇美、尚美的能动性,使人可以避免自然生存中不美的因素。但是,人在短短的一段历史时期内,以理性科技为手段改变了与自然的依存关系,把自己当作奴役、践踏、掠夺自然的主人。在物质财富极其丰富的社会里,人们往往缺乏真正形而上的内在深度而漠视老庄生态哲学与美学思想给我们提供的形而上洞见。从而,“人们失去与自然的同胞之感成为狂妄者,并恣意地奴役自然。然而,由于人所具有的构成性地位，物质性的获得往往不能达到内在平安。相反，人变得无家可归了。"[1]所以，以"持一守中"为主流思维方式和审美价值观的中国文人，最早对被当代人盲目追捧和疯狂追求的在现代化衣钵笼罩下的绝对功利主义和极端科技主义进行深刻地反思，提出了现代性要把当代人推向何方、人的性命将安居于何地、人到底要追求怎样的精神境界等等终极性的问题。

《周易·系辞传》提出"天地之大德曰生"的命题，为儒释道哲学注入了世代相传的生命情怀。在老庄那里，"生生之德"，就是强调以人的创造性精神和合于天地乾坤父母的生生之美，即人能臻及天道的终极至美的境界。道家文化的"贵生"传统就是持一守中的创生含义，强调全面发挥人的自然禀赋，参赞天地之化育，与自然万物和合共生，流衍生化、永续演进的生生之大美。也就是自觉地把自强不息、生生不已的主体精神，与持守"天道"结合起来的内在美。在国学范畴里，"生"是一个具有极强亲和力的美学概念。《广雅》曰："生，出也。"《说文解字》曰："生，进也。"生，指示着动态化的出与进，意味着物自身的呈现与衍化之美，是物由本体大道的存在论境域向物象世界的感性直观的延伸与迈进。生生把物的存在及物自身运动的最基本特征与最内在的美韵全都包容进去，同时它几乎与所有与生有关的审美概念和审美命题都发生了复杂而深刻的关联。从"持一守中"到"安时处顺"再到"生生之美"，人与自然万物从衍化创生的本原上找到了生成美与演化美的根据，中国文人也由此体悟到了生命与品性之美的本原与践行的准则。

把"道"作为本源范畴，并指认定天地为人与万物的父母、元气为人与万物的具体媒介和承载者，从而沟通了"道"和"气"的关系，由此引出人与"气"之间的依存关系：老子曰"冲气以为和"，庄子曰"通天下一气耳"。中国道教教义和中医理论不仅把"气"看作是创造生命的载体，而且把"气"看作人"命"的承载者，气聚则生，气散则亡；也由此开出人与"气"之间的审美关系：诸如人的元气、中气、节气、骨气、志气、意气、才气、灵气、秀气、气节、气度、气魄、气派等等与"气"有关的人性美的概念。这些概念确立了道学在生命涵养的定位，构成了中国文人品性的和美之境。

---

① 王志成：《论〈老子〉的生态哲学思想》，《浙江学刊》1998年第2期，第17页。

生态意象：当代中国水彩画艺术之魂

——《水彩武义》生态元素解读

中国绘画艺术传统，对事物的表现一般相当讲究“意象”，这是中国传统审美意趣的精髓所在。“越是民族的就越是世界的”，在某种意义上讲，发扬国粹精神乃为屹立于世界之林的根本。在中国，年轻的水彩画艺术要立足于本土文化求发展，就很有必要持守传统文化中的“意象”艺术之魂，从而形成能表现中国人特有的审美情感和包含时代文化气息的“有中国特色的水彩画”。

大家知道，“意象”是中国古典美学的中心思想之一。“意象”植根于中国，它的文化渊源可追溯到《周易》，并通过儒释道等哲学思想而不断得到完善。“观物取象”“大象无形”“立象以尽意”“得意而忘形”等思想，是古代的辩证性审美哲思通达民族文化心界的对宇宙奥义和自然万物认知与表现的理想之境。简而言之，“象”就是指先民们观察自然事物所得出的初级的事物形态及心理认知；“意”就是指人的情感和精神层面的心理活动，是对物象的精神体悟与提升。“意象”就是把造型同情感联系起来，将物象提升到精神的层面上。在学术层面上，通常认为：“意象”是在人们心灵中自由生化与驰骋的大千气象；是自然美妙而无羁绊的真情流溢，是在深厚文化孕育中生成的理想景象，是精神审美上的自由王国。“意象”引领着“物象”走向“语言”成为文学、艺术的形态，并不断升华为具有艺术穿透力的、能充分表达民族心灵的诗歌、书画、音乐等文化载体。在漫长的历史沉淀中，“意象”已逐步成为内蕴深刻、神秘、美妙的，具有哲学、美学浓厚意味的审美理想和审美境界。

在绘画艺术中，“意象”历来被古人视为气象所托、精神所寄、情感所寓。如：古代的“龙凤意象”，是由人的想象复合而成的不受任何外物羁绊的“自由之神”的图腾遐想与神圣崇拜。在山水、花鸟、人物等艺术形象创造中，古人能自觉地冲破“再现物象”的约束，将有形的物象与无形的自然精神联系起来，与宏观的天地宇宙联系起来，与“玄之又玄”“不可名状”的自然生命律动联系起来，进而以极大的写意性表现出人的精神意趣。中国的“意象”艺术非常丰富，而其中贯穿于国学文化艺术几千年历史的是以探索宇宙“有、无、虚、实”奥义妙理和表现人与自然和谐相处的“生态意象”。

中国是以山水画为主流绘画的第一国度，其山水画的生成和成熟远比西洋画早得多，山水画的存留数量也比人物花鸟画更多，而山水画论则占据了古代画论的绝大部分。在中国绘画史上，被称为开篇述祖之作的卷轴山水画——《游春图》，出自隋朝画家展子虔（约550—604年）的手笔，至今已有1400多年的历史。《游春图》描绘的是人们在阳光明媚的春天踏青郊游的情景，作者通过对自然美景和人物活动的生动描绘，成功表现了人与自然和谐相处的“春游”主题，使画面具有诗一般的桃源意境，这就是中国文化源远流长千古不竭的艺术家之心性基因和山水画之艺术精神——“生态意象”。

纵观中国绘画史，简直就是一部表现“生态意象”的山水画流变史。这是因为，自然山水既是中国先民休养生息、安身立命的自然环境，又是“究天人之际，通古今之变”的自然参照，更是人们效法德行、寄托情感、彰显品性的精神家园。正如李泽厚在《中国美学史》中说：古人“第一次揭示了人与自然在广泛的样态上有着某种内在的同形同构，从而形成可以互相感应交流的关系，这种关系正是审美的一种心理特点。”因而，无论是石涛“变换神奇懵懂间，不似之似当下拜”的对自然虔诚崇拜的宗教情怀，还是倪瓒“不求形似，聊以自娱”的对山水画艺术的心性神往，抑或周刚、骆献跃、徐明慧、周崇涨、郑士龙等当今中国水彩画艺术家以及朱志强、梅子明、包剑良、陈琳滨等武义本土画家乃至鲍江鸿、陈樱樱、朱正俏、王芳等刚入道的新生代学子，无不对自然山水怀着情有独钟的审美旨趣，这就是万古画坛一脉相承的“生态意象”。正是这种“生态意象”，使中国历史上每个时代的画家，都在孜孜不倦地探索将客观现实和精神世界完美结合并生动表现的文化渊源和艺术手法，从而确立起以“天人合一”思想为核心的绘画艺术的基本理念，进而臻及以老庄“大象无形”超然哲学为审美准则的浪漫主义、理想主义和适然主义的山水画境界。

解读《水彩武义》，很有必要听听武义文联主席邹伟平先生在他的《周刚印象》一文中引用的著名水彩画家周刚教授的一段心语：“俞源村是一个对我的水彩艺术的探索有重大影响的地方！那是一个相对封闭和具有独立生态系统的典型中国乡村，那地方太精彩了。从1993年起我每年都去写生，前后在那里画了十几年，在这过程中，我对水彩画的观念彻底改变了。水彩画是从哪里来的？

我从自然中找到了水彩画的概念，面对俞源村同一个题材我可以不断地画，每次都能发现新的东西……”澄明见性，此处已隐隐约约泄露了蕴藏于艺术家心性深处的“生态意象”——“一个相对封闭和具有独立生态系统的典型中国乡村”，这就是当代大画家对俞源古村落痴迷的因缘所在。

我作为一名生态美学研究者，也许对生态元素会更加关注一些。但实际正如此——《水彩武义》就是对工业文明时代下武义绿色版图的精神性写意，是人们对当下与未来诗意栖居的热切向往，也是对水彩画艺术生态意象的从容返归。翻开《水彩武义》，面对一幅幅描绘武义的山水画作品，犹如顷刻投入到了大自然的怀抱之中。“鸡鸣问何处？风物是秦余”，俞源、郭洞、山下鲍、刘秀垄、白革村……所到之处皆是宁静、祥和、适然的桃源世界。当代人疲惫、浮躁、势利甚至异化的心灵可以在这方生态艺术的净土中得到安顿、洗礼和升华。

周刚笔下“俞源村口的树荫”“洞主庙前的小桥”“午后的农舍”，骆献跃的“蓝天白云下的小村”，徐明慧的“山下鲍古村落的老屋、小桥、流水”，周崇涨的“屋后青山门前水的农家”，郑士龙的“万木逢春的郭洞景色”，无不清晰明快地透出中国文化艺术精神层面上的审美内涵——生态意象。《水彩武义》所展现的世界是和美的生态景象与和谐的生态意蕴，那里有春风斜柳、雏燕桃花、如茵芳草，和风疏雨、祥熙晚霞、潺潺溪流、茂密树林、婆娑修竹拥抱着诗一般的村落。远处，一川清流绕着青翠的山峦向远方绵绵不断延伸开去；近处，可见稀疏草垛子的田畴，农夫们在田头劳作，茶姑们如一朵朵鲜花点缀在绿油油的山坡上。这些画作大多和谐统一、清新恬淡、生意勃发，如同一首首原生态的田园牧歌。在欣赏大师们作品的同时，我们欣然际遇了武义本土画家那充溢着乡土品味的作品，这些作品真真切切反映了当地人潜意识中的生态意象。如朱志强画笔下的山岚、田垅、溪流、农作物、老黄牛、草垛、土屋、炊烟和老农的笑脸……仿佛让我们闻到新耕土地散发出来的亲切的农耕芳香；包剑良、陈琳滨的作品尽管表现方式和艺术手法不同，但有一个艺术向度是相通的——画面展现如同王藻山水诗一般的生态意象：第一层“桃花嫣然出篱笑，似开未开最有情”，表现的是一种“触景生情”的情感世界；第二层“西窗一雨无人见，展尽芭蕉数尺心”，表现的是一种“心有灵犀”的心性境界；第三层“丹青霜叶秋明灭，水墨烟林暮有无”，表现的是一种“物我虚化”的宗教情怀。在这里，首先，画家必须是一个拥有生态文化的艺术人，不然就无缘知遇大自然的内在精神；其次人们必须成为确立生态本位的自觉人，否则就无法感悟作品中蕴涵的这三层艺术境界。总的感觉，《水彩武义》让人们似乎看到变幻多彩的水韵中隐现着绿色的生态意象：这里远离现代性的拥挤与喧嚣、远离城市化的呆板与冷漠、远离市场化的功利与竞争，这里平和、古朴、静谧，人与自然、人与人和谐相处，这里至今依然存留着老子构想的“桑柘阡陌”“鸡犬相闻”的乡村人文习俗，传承着陶渊明“桃园耕田”“采菊东篱”的乡村隐逸文化……

质而言之，在“生态意象”观照下的《水彩武义》已不再是客体本身的翻版，而是画家思想与武义自然山水融合无间的统一体。中国画史上有一大批类此非写实的优秀作品。如：东晋画家顾恺之创作的《洛神赋图卷》中那若即若离的洛神，敦煌壁画中那裙带飘舞行云流水般的飞天。又如：元代著名山水画家钱选的《青山白云图》，不仅表现了山川丘壑的壮美之态，同时展现的是一个融入了深刻人文精神的意象化的大千世界，充分显现了中国画所特有的意境。明代著名书画家郑板桥强调：“落笔倏作变相，手中之竹又不是胸中之竹也。”从这个意义上说，意向由“胸中之竹”成为“手中之竹”时，在操作过程中“意象”的实现仍然是个生成的过程。这恰恰证明艺术家的“创作”区别于匠人的“制作”，它是一个创造艺术生命的过程。正如南朝宋代著名书画理论家宗炳在《画山水序》中所指出的：“夫圣人以神法道，而贤者通；山水以形媚道，而仁者乐。……夫以应目会心为理者，类之成巧，则目亦同应，心亦俱会。应会感神，神超理得。”综上所述，山水画应以“生态意象”为观照，在艺术创作上始终遵循着重神韵“意象”之原则。因为，画家们创作时，以“意象”之感切入画境才能让人体验到身心与艺术精神的无限自由。正因如此，《水彩武义》的画家们，十分讲究画面具有“生动气韵”的自然精神，而“生动气韵”正是能否达到“生态意象”审美境界的重要特征。在周刚、周崇涨、包剑良等画家的作品中，均采用水色清新灵动、润泽典雅、收放自由、洒脱深邃的艺术手法，在物象与意象之间表现出“亦虚亦实”“若有若无”“似静似动”的艺术效果，作品中透溢出一种辩证而玄妙的自然之奥和意象之美。这正是齐白石崇尚的“妙在似与不似之间”，也即画中物象虚实相济，妙在有无之中。

“生态意象”是一种自然精神，是一种审美意识，也是一种艺术品性。总的看来，中国文化儒、道、释共通的“天人合一”思想引导人与自然和合共生，作画讲求书卷气，追求诗的境界。尤其是庄学“逍遥”“齐物”“一气”等超然美学思想，构成了中国人浪漫潇洒的审美意识，作诗作画讲究虚、灵、空、淡、深、远的艺术手法，追求空幻、恬静、淡远的艺术效果，营造镜花水月、澄明见性的艺术境界。周刚教授对艺术的思考是“道内象外”之境，他指出：“在我看来，欲达到道内象外的艺术创造之境，其追求者应该是，内而专静纯一，外而整齐严肃，最终可得心源，并达到‘望秋云，神飞扬，临春风，思浩荡’的艺术境界，将万象纳于心，行于道。”也许，周教授的“道内象外”说恰是对《水彩武义》艺术特色一个最为经典的提炼。

我相信，生态意象正是当代中国水彩画艺术之魂。

辛卯年仲夏于武义百鸰硐

明心见性:中国水墨艺术的澄明之境

——洛奇书作《金刚经译书》的禅宗意蕴

禅宗以“明心见性”为旨,不究高深学理,只用平常说话,经由“自性”的发现,进而有所“顿悟”,最终明了佛学“真如”之深意。“明心”是发现自己的真心,就是知晓在人类世界所应有的作为,由自己的灵性来明悉与体证;“见性”是见到自己本来的真性,明白体证天地演化对一切众生皆一体如是。所谓“明心见性”,就是要知道在凡尘,不论在任何时间、空间皆可见到自己的本性。“澄明之境”是一种以主客融合为前提的生存方式,即中国儒释道共同推崇的“天人合一”之境,它是一种审美的人生态度和思维方式,它能引导人们远离尘世,使人从“贪欲”“纠结”“烦躁”的处境中走出来,以一种宽广包容的胸怀和平静审美的心态去生活,类似于海格德尔提出的“诗意栖居”的生存范式。“明心见性”是一种禅境,一种“自悟自明”的禅修方式,一种“本际真如”的妙境。文人墨客将禅宗“明心见性”思想引入人生和水墨艺术之中,就形成了独具禅宗意味的人生品性和艺术境界。

一、澄明境界——禅宗思想的终极旨归

中国禅宗继承了释迦牟尼修行实证的心法,吸纳了印度文化的智慧,融合了中国易、道、玄、儒文化的精旨,创生了博大精深、洁净精微的佛法心要。六祖惠能创立的南宗禅顿教法门及其思想体系,是佛教在中华民族文化土壤中开出的一朵奇葩。它对于增强中华民族凝聚力,推动人类先进文化的发展具有深远的历史意义。

佛家认为,菩提涅槃原本清净,一切经论,所有法门,都围绕着“明心见性”来阐扬发明,使人们得以觉破迷情,消除无明,离妄返真,就路归家。“菩提本无树,明镜亦非台。原本无一物,何处惹尘埃?”明心见性,是禅宗思想之精髓要义。禅宗强调举心即错,动念即乖,无生死可了,无涅槃可证。质言之,禅宗以无所宗为宗,无所宗为禅宗的真宗。所以《心经》说,一切皆无,一切不可得处。“明心见性”就是究明人们“本心”的形相,彻见生命根源“本性”的妙理。正如释

迦牟尼所说:"三界唯心,万法唯识。"一切众生本具如来藏性,只因为不知妙体本明,而生一念认明,以本有之妙觉智光,幻为妄明所明。由此可见,"明心见性"就是人们通过修禅,明白心物既俱虚幻而不可得,人一旦觉醒就可知晓身心世界本空,人不应为虚幻的身外之物而争斗、烦躁和耿耿于怀。

《金刚经》云:"若见诸相非相,即见如来。"众生本来是佛,不因修成,只因迷己逐物,所以沦为众生。人如果能明白这一道理,于日常生活中,即相而见性,任何尘缘境相,不作尘缘境相会,则当下超越诸有,逍遥于三界之外。人能"明心见性",就达到了"即心即佛"的人生境界。

众人领悟禅宗"明心见性"的澄明之境,其途径大致可分听经、诵经和书经三种,途径纵然各异,却是殊途同归——抵达禅境。其一是听经,听经是普通大众最为常见的方式,人们通过出入寺庙,静心聆听和尚念经而感受禅境气氛和感悟禅趣妙理。听经最讲究的是静心,唯有静心方可感悟禅趣妙理从而进入禅宗的澄明之境。其二是诵经,诵经即自我念经,它是另一种静心修禅的方式。诵经可以不求甚解只求感悟。比如诵读《金刚经》不需要如何深刻的理解,而只求心境的安宁。诵读之际,物我两忘,是一种心灵上的洒扫庭除。因为,《金刚经》之于生命修炼的奥义,不在于追求什么,而在于明白什么放下什么,让人发现周遭的一切都在转瞬即逝之中,得之无所谓喜,失之无所谓悲。其三是书经,也叫抄经。抄经,始于西晋后期,至隋唐时已发展成为以僧侣牵头,以教徒为主体的社会群体的书写活动。梁、陈、隋间著名高僧、大书法家智永禅师以其惊人的静心功夫,运用王家古法,闭关多年,书写"千字文"八百余本,散发江南各寺作为范本。综上所述,不论是听经、诵经、抄经,讲究的都是静心。当心静到了一定的程度,就会进入像《心经》所说的"行深波罗蜜多时,照见五蕴皆空"的境界,也即见到自己的佛性,达到天人合一的精神境界。这就是禅宗"明心见性"的最高境界。

社会是大众的社会,世界是大众的世界。只有大众"明心见性",佛才能实现普度众生之宗旨。要使大众"明心见性",最简便的方法莫过于禅修悟道了。可以认为,禅宗思想的终极旨归是澄明境界。人的心性达到了澄明之境,就会以审美的心态去面对生活,就不会斤斤计较自己的荣辱成败,就不会在物欲面前患得患失。因为,进入审美境界的人,世界一切在他眼中便都是美的,正如苏轼所言,“凡物皆有可观,苟有可观,皆有可乐。”那么,人就能“不以物喜,不以己悲”。换而言之,“澄明之境”就是一种幸福的生活,一种“无执无待”却又充实丰富的诗意生活。

二、澄明品性——文人墨客的艺术向度

六祖惠能创立的南宗禅提出“我心即佛,佛即我心”禅修理念,倡导当下顿悟,即无须归隐山林寺庙当苦行僧,讲究的是日常生活中心性的净化以臻及“明心见性”的境界。由于南宗禅修行的方式自由、方法灵活且不讲高深的理论而注重与现实生活的融合,所以为历代文人墨客普遍接受,逐渐衍化成中国水墨艺术的澄明之境。

魏晋时期,是中国书法“魏碑晋书”的顶峰时期。这除了与当时的玄学思潮有很大的关系外,主要得益于佛家思想的浸染。如书法家王羲之与佛教“即色宗”的代表人物支遁交往甚密,在书法艺术上深受佛家文化的影响。王羲之的世孙智永(南朝陈至隋间的著名僧人书法家)就是一位参禅学佛的高僧,后人尊称他为“永禅师”,在书法史上传有“退笔成冢”之佳话,他的《真草千字文》就是历代学书之人的必习法帖。当时,在理论上开始注意采用佛教的义理来解释书法、绘画艺术。如王羲之的《书论》、王僧虔的《笔意赞》等著作,都受佛家思想的影响,把表达书家主体的内在精神气质作为书法创作的最高准则。此后,宗炳在《画山水序》提出“澄怀观道”思想,在中国绘画史上首次从理论的角度对主体如何体悟山水之美做出了阐述,其思维方式与禅宗的“明心见性”一脉相承。

隋唐五代的文人墨客开始把禅意参透到水墨艺术创作理念和山水画创作方法之中。被后人尊称为“文人画”鼻祖的王维,他对佛教尤为崇信,是当时最先对慧能“顿悟禅法”有所领悟的文人墨客之一。在中国诗学和书画史上,王维是第一个成功地将“禅思”“禅趣”“禅法”引入山水诗和山水画之中的诗人、画家。他在诗里所描述的物象,就是一幅幅具有澄明禅境的山水画,同时又把禅宗“明心见性”的空灵境界充分体现在他的山水画作品之中。所画的深山、田野、雪景、栈道、江岸、村墟等景物就充满了高远淡薄的禅意。在王维的影响下,画坛出现了一批又一批以崇尚自然、体悟禅意、追求高远淡泊风格和表现主体审美情趣为主的书画家。如颜真卿经常与佛僧交往,求佛法、写经书、参禅悟

道，其书法创作与理论深受禅文化的影响。如他的书法作品《麻姑仙坛论》中所表现的不计工拙，随性任运；《祭侄文稿》不计法度，形成了以表现自己感受为主的书风。还有怀素著名的《自叙帖》，表现了他对禅宗超越的精神追求，被中国历代书家视之传世珍品。

宋代书法被称为“尚意”时期，所指的是“萧散简远”“虚空淡雅”“飘逸灵动”等书风，都与禅宗追求的“明心见性”的禅意有极为密切的联系。从苏轼开始，参禅研佛成了士大夫和文人墨客修身养性的一门重要课程。当时在书画界颇有名声的黄庭坚、文同、米芾等大家，他们不仅同高僧保持着密切的往来，而且还以“居士”的身份通过学佛参禅，从禅思禅趣中获得艺术感悟。如黄庭坚直接把书法的最高意境与禅宗的淡泊无为、清虚空灵等同起来，指出参禅可以领悟书法的高远意境。米芾则认为“明心见性”的“禅趣”是书法创造的最高要求。

元代统治者实行的多元文化政策，使不同的艺术风格能够得到自由的发展。赵孟頫将释、道、玄、儒文化思想渗透于笔墨间，其书法和画作的神态面貌和思想寓意都有很高远的禅意。被誉为“元四家”之首的黄公望以禅修的生活方式和包容的文化心态，极大地丰富了他的精神体验，在艺术作品中以简略的勾勒之笔，营造了“景繁笔简”“虚空灵动”的艺术效果，开创了文人山水的新格体。“元四家”另一画家吴镇一生与禅道有着不解之缘，所画《墨竹谱》把佛道思想用墨竹的形式成功地表达出来。倪瓒是“元四家”最具思想个性的画家，他强调绘画的“清”与“俗”对立，追求禅宗“明心见性”的澄明境界，他的《六君子图》把“无人山水”和“有我之境”表现得十分生动。

明代著名书画家、书画理论家董其昌是一位追求“明心见性”禅宗思想的水墨大师，其“南北宗”画论对晚明以后的画坛影响十分深远。其书画创作讲求追慕古人，但注重先熟后生、拙中带秀，体现出南宗天真随意的艺术个性。其水墨山水画作平淡天真、墨色分明、清隽雅逸，表现出禅宗的澄明之境。

清初的朱耷（号八大山人），明朝覆亡后出家为僧，画风简练雄奇，意趣冷傲，富有禅意。八大山人在领悟董其昌推崇董源的苦心孤诣上有其独到的见解，他的写意画法对后世产生了极为深刻的影响。石涛是明朝皇室的后裔，在入清以后出家为僧。他注重画家心性与自然的融合，领悟自然事物的形象和丰富的内涵，用作品有形的线迹来表现无形的禅境。

三、澄明意蕴——水墨艺术的空灵风格

中国山水画自创立之初就建立在禅文化基础之上，它不仅仅是用来提高修养、净化心灵、启迪智慧，而且能圆满回答人与自然的关系问题，蕴含着拯救人类文明危机的智慧，臻及整个人类精神家园回归的生存之境。从王维开始，中国的水墨艺术淋漓尽致地展现了自然生态情怀和宗教人文情趣，充分体现了中国人“天人合一”思想，深刻诠释了一个修禅向善民族的道德情操。

中国传统书画艺术，形成完整的审美理论，自觉的审美主体意识，人物画启自东晋的顾恺之，书法则大成于西晋书圣王羲之，山水画则始自宗炳，花鸟画兴盛成熟于宋代。无论他们的艺术理论源自儒学或道学，无论他们是否学佛拜仙，究其内核，皆与禅学通理，他们创作的上乘之作皆是“禅意书画”。

禅意书画的理论基础是禅宗的“真如”思想，它是佛教表示真实无妄永恒不变的最高真理的概念。简言之，“真如”就是最为贴近自然物事本真的东西。用禅宗的境界来说，就是：“见山只是山，见水只是水。”(第一境界)，“见山不是山，见水不是水。”(第二境界)，“见山还是山，见水还是水。”(第三境界)。这里的第三境界就是“真如”的妙谛。也就是说，这里的“山水”是佛法禅理观照下充溢着诗情画意美感的“意象”。

禅意书画创造的最高境界是“明心见性”，也即《金刚经》倡导的自明自悟的“般若”智慧，它是指能够知道、悟道、体证、了脱生死、超凡入圣的高超智慧。这不是普通的聪明，这是属于形而上生命本源、本性的智慧。“般若”讲究“缘起”，认为世上一切事物皆由因缘而成，是虚而不实的。“般若”提倡“无知”，但“般若无知”并非指一无所知，而是“无名无说，非有非无，非实非虚。虚不失照，照不失虚”，如同道家的“大音无声，大象无形”。“般若”智慧旨在说明世间一切事物皆空幻不实，主张认识离一切诸相而无所住，即放弃对现实世界的认知和追求，以契证空性破除一切名相，从而达到不执着于任何一物而体认诸法实相的境地。般若的这些真谛妙理与中国书画理论的“外师造化，中得心源”思想是相通的。

“外师造化，中得心源”是由唐代著名水墨画家张璪提出的，它是中国艺术理论的重要命题。“心源说”源于佛禅思想，《菩提心论》云：“若欲照知，须知心

源。心源不二，则一切诸法皆同虚空。”（《大正藏》第32册）在禅宗那里，“心源”是当下即成的“本心”或“本来面目”，悟即证得心源，悟必以心源来悟。禅宗认为，悟由性起，心源就是悟性，唯有心源之悟方是真悟，唯有真悟才能切入“真如”，才能摆脱妄念，还归于本，在本源上“明心见性”和世界相即相融。

张璪的“外师造化，中得心源”体现了禅宗的心源为本的思想，从传统画论的以“心”为主发展到“心性”为主，这是一个重要的转变。明初王履在《华山图序》中提出“吾师心，心师目，目师华山”，要求山水画家从真山真水的感受中进行创作。董其昌是注重临古的，但也很注重“师造化”，对画家提出了“读万卷书，行万里路”的主张。石涛的“搜尽奇峰打草稿”和“山川使予代山川而言也，山川脱胎于予也，予脱胎于山川也……”讲得也是“师造化”“法心源”的艺术禅境。

阅读洛奇的书法新作《金刚经译书》，我们可以感受到书家澄明的禅宗意蕴。“禅意”之于书法是最高的旨意，禅是澄明自在的享受，是超越一切对立的圆满，是脱离尘世的大自在，是“明心见性”的艺术境界。对《金刚经》的阅读热情引发了文人墨客的书经热情。唐宋著名的书法家几乎都书写过《金刚经》。王安石在其文《书金刚经义赠吴圭》中谈自己书写《金刚经》的用意：“惟佛世尊，具正等觉，于十方刹，见无边身。于一寻身，说无量义。然旁行之所载，累译之所通，理穷于不可得，性尽于无所住，《金刚般若波罗蜜》为最上乘者，如斯而已矣。”[①]《金刚经》以自悟自明、明心见性为最高境界，文人墨客对其兴趣首先是受经书的义理吸引。《金刚经》以其彻底的空性观，对领悟山水的自然精神，表现山水画空灵之美是颇有启发的。

洛奇先生书法禅意悠悠，字里行间如流溢着清澈的山泉，沁人心脾，摇曳心神。其新作《金刚经译书》，不仅仅是为了表现文字优美的外观和对佛经敬仰的情感，其流动自如的点画、自由洒脱的线条，都带有禅宗澄明空灵、超然物外的般若意蕴。书家集先贤禅宗书法风范为一体，凝聚金刚禅定之元气，全篇书作一气呵成，字迹飘逸，落纸如云烟，悠悠禅意风生水起，字迹法象归于大千。赏

① 王安石：《临川文集》卷七十一，《四库全书》，吉林出版集团2005年版，第1105册，第595页。

阅其书作，忽如顿悟，有佛缘者既有心会共鸣，有禅意者顿觉神会相通。此可谓是“书家无言，笔下传情”“字有态度，心之辅也”。中国书法追求的不只是视觉效果，它与禅宗同样讲究的是心性的认同，“佛祖拈花，迦叶破颜”这是心灵的沟通。骆齐先生是用书法传承禅宗真谛妙理，又以禅宗精义乘渡书法艺海方舟。

禅意是中国传统书画美学内涵的核心，中国传统水墨艺术完整的审美体系、技法体系都可以在禅宗思想中找到理论渊源。唐人王维的山水诗被称为禅诗，怀素因狂草书法被视为至高境界的书圣，董其昌以禅喻书画的“南北宗”论在艺术史上有无法颠覆的地位，郑板桥既将篆隶古字与行草合为一炉，徐渭则以出神入化的笔痕墨迹为后人所赞叹……这皆因他们的作品中充溢着悠悠的禅意。“禅”，仅一个字代表了释与易、道、玄、儒合而为一的东方文化思想。禅是一种觉悟、一种智慧、一种超脱、一种大自在、一种明心见性的澄明之境。

人的本心是清净的，是佛性的，是禅意的。书家亦然，画家亦然，只要按照自然本性，摆脱外扰，尊重个人内心的觉悟，其艺术就可在禅宗思想的烛照下通达明心见性的澄明之境。

田园意象：中国绘画艺术的适然之境

——山水画艺术的生态情趣与生命情怀

“生态意象”是中国生态美学的中心思想之一，是中国山水画艺术的灵魂所在。“生态意象”植根于中国，它的文化渊源可追溯到《周易》，并通过儒释道等哲学思想而得到不断完善。在绘画艺术中，“生态意象”历来被古人视为山水画艺术的气象所托、精神所寄、情感所寓。在山水画艺术创造中，古人能自觉地冲破“再现物象”的约束，将有形的物象与无形的自然精神联系起来，与宏观的天地宇宙联系起来，与“生生不息”、“周行不殆”的自然生命律动联系起来，进而以极大的写意性表现出生态情趣和生命情怀。

中国的“生态意象”含义非常丰厚，而“田园意象”则是“生态意象”在中国山水画艺术中表现的主流精神。从中国山水画艺术范畴出发，“田园意象”具有自然性与人文性双重含义——即表现自然的“山水景象”和人文的“田园风光”“农耕意境”“家园意识”“村落风光”“习俗遗存”相融合的文化意象。其表现往往采用写意的手法，重在表现自然与人文的精神象征。在画家们的艺术世界里，山水之美是客观社会性和具体形象的统一，它陶冶了人类的精神，净化了人类的心灵，它给人类带来的是精神慰藉和灵魂的安顿。

中国山水画艺术最为显著的特征是对“生态意象”——生态情趣和生命情怀的充分表现，体现了中华民族热爱自然、表现自然、人与自然和谐相处的生态观和生命观，反映了中国文化艺术的自然性、超然性和适然性的生态智慧。

一、自然性——山水画艺术的生态情趣

老子曰：“人法地，地法天，天法道，道法自然。”（《老子》通行本第 25 章）自古以来，中国文人就把“生态意象”——自然形象、自然精神以及人与自然的亲密关系作为文学艺术欣赏、赞美和创作的对象。中国山水画从诞生之日起就注重内在的“生态意象”之艺术品性，由此形成一种无限的时空观念、写意的表现手法和物我观照的人文精神。

在中国绘画史上，被称为开篇述祖之作的卷轴山水画——《游春图》，出自

隋朝画家展子虔(约550—604年)手笔,至今已有1400多年历史。《游春图》描绘的是人们在阳光明媚的春天踏青郊游的情景,作者通过对自然美景和人物活动的生动描绘,成功表现了人与自然和谐相处的生态主题,使画面具有诗一般的桃源意境,这就是中国文化源远流长千古不竭的艺术家之心性基因和山水画之艺术精神——"生态意象"。作为有着浓郁田园生态情趣的山水画始于唐代是王维而成熟于五代董源。王维常以"破墨"写山水松石,曾绘颇具田园意趣的《辋川图》,明代著名画家董其昌说"文人之画,自王右丞始",推其为山水画"南宗"之祖。董源的山水画《潇湘图》《夏景山口待渡》《夏山图》《龙宿郊民》《溪岸》《寒林重汀》都有着有浓郁的"田园意象"。如《寒林重汀》表现江南水乡风景,画下方近处以重墨沙岸,细笔芦荻,寒林丛中露出溪水板桥,对岸山丘村舍隐隐约约,远处山川弯曲延伸。

中国山水画的鼎杠之作要属元朝著名山水画家黄公望的《富春山居图》,是古今"生态意象"的代表作,被称为"中国十大传世名画"之一。画作写的是富春江一带初秋景色:丘陵起伏,峰回路转,江流沃土,沙町平畴。云烟掩映村舍,水波出没渔舟,一派田园风光。近树苍苍,疏密有致,溪山深远,飞泉倒挂。亭台小桥,各得其所,人物飞禽,处处表现出自然精神。整幅画简洁明快,虚实相生,具有"清水出芙蓉,天然去雕饰"之妙,集中显示出黄公望的艺术特色和心灵境界,被后世誉为"画中之兰亭"。明朝末年,《富春山居图》传到收藏家吴洪裕手中,吴洪裕酷爱此画,在临死前将此画焚烧殉葬,吴洪裕的侄子从火中抢救,抢出的画已被烧成一大一小两段——前段称《剩山图》,藏于浙江省博物馆;后段较长称《无用师卷》,藏于台北故宫博物院。2011年6月1日,在台北故宫《剩山图》与《无用师卷》合展,成了两岸艺术交流"珠联璧合"的时代佳话。

纵观中国绘画史,简直就是一部表现"生态意象"的山水画流变史。这是因为,自然山水既是中国先民休养生息、安身立命的自然环境,又是"究天人之际,通古今之变"的自然参照,更是人们效法德行、寄托情感、彰显品性的精神家园。正如李泽厚在《中国美学史》中说:"(古人)第一次揭示了人与自然在广泛的样态上有着某种内在的同形同构,从而可以互相感应交流的关系,这种关系正是审美的一种心理特点。"因而,无论是石涛"变换神奇懵懂间,不似之似当下拜"的对自然虔诚崇拜的宗教情怀,还是倪瓒"不求形似,聊以自娱"的对山水画艺术的心性神往，抑或近、现代的黄宾虹、齐白石、陈师曾、张大千、林风眠、傅抱石、李可染等山水画大家，无不对自然山水怀着情有独钟的审美旨趣，这就是万古画坛一脉相承的“生态意象”。正是这种“生态意象”，使中国历史上每个时代的画家，都在孜孜不倦地探索将客观现实和精神世界完美结合并生动表现的文化渊源和艺术手法，从而确立起以“天人合一”思想为核心的绘画艺术的基本理念，进而臻及以老庄“大象无形”超然哲学为审美准则的浪漫主义、理想主义和适然主义的山水画境界。

中国山水画的生命内质特征是艺术的“自然性”，也即画作蕴涵的“生态情趣”。孔子曰：“智者乐水，仁者乐山。”(《论语·雍也》)在人类历史上，没有一个民族像中华民族这样热爱自然山水，更没有一个民族能创造出如此辉煌的山水画艺术。中国山水画艺术体现的已不仅仅是绘画的问题，它蕴含着一种充溢着“生态情趣”的文化理念和审美生存自然精神，传达出人与自然和谐共处、和合共生的适然性信息。老庄认为，“道”是世界的总根源，一切事物都由“道”衍化而成，即所谓“道生一，一生二，二生三，三生万物。”(《老子》通行本第42章)；而由“道”化生的“生生之德”是无为、无上、至美的，即所谓“天地有大美而不言。”(《庄子·知北游》)也就是说，自然之美在于它是宇宙的原生性、本真性、素朴性，绘画艺术则在于对这种自然之美的描写、表现和传达。南朝宋著名画论家宗炳认为，山水画艺术创造乃“圣人含道映物，贤者澄怀味像。”(宗炳《山水画序》)这里的“澄怀味像”是指一种原生、本真、素朴的“生态情趣”，即艺术家对自然山水之美的观照。这种“观照”，是一种物我融通、心凝神释感通自然之美的过程，是在物我融通中产生并超乎形质之上的“生态情趣”。神思观认为：“是以陶钧文思，贵在虚静，疏瀹五脏，澡雪精神。积学以储宝，酌理以富才，研阅以穷照，驯致以怿辞。然后使玄解之宰，寻声律以定墨；独照之匠，窥意象而运斤。”(《文心雕龙·神思》)刘勰所说的就是主体通过对外物的观照而产生独特的审美意象。清代著名画家石涛也有类是说法：“得乾坤之理者，山川之质也。”(石涛《画语录》)自然万物之美，源自于道的造化衍生，统一于自然之本质，自然性就是山水画艺术的生态情趣。

二、超然性——山水画艺术的生命情怀

在中国山水画坛上，艺术成就的高低在很大程度上是建立在艺术家对人文

精神——超然性“生命情怀”这一艺术之源的认知上的。如果山水画不具超然性“生命情怀”，没能从画面上体现独特的人文精神，那么它将不会被世人所记忆与欣赏，画家也不可能依附作品而流芳百世。质言之，山水画艺术超然性“生命情怀”体现了艺术家的人生境界。现代画家、美学家丰子恺把人生分为三种境界：物质境界、精神境界、灵魂境界，认为人生的最高境界是“灵魂境界”。艺术创作的过程是艺术家心性自由解放的过程，尤其是文人画讲究的是精神的超然之境。在山水画创作中无论是的郭熙的“林泉高致”，还是宗炳的“澄怀味像”以及石涛的“川岳荐灵”，无不是超然的生命情怀灌注与个体灵魂回归。正如宗白华先生所说：“艺术心灵的诞生，在人生忘我的一刹那，即美学上所谓‘静照’。静照的起点在于空诸一切，心无挂碍，和世务暂时绝缘。这时一点觉心，静观万象，万象如镜中，光明莹洁，而各得其所，呈现着它们各自的、内在的、自由的生命，所谓万物静观皆自得。这自得的、自由的各个生命在静默里吐露光辉。”[①]

中国山水画的哲学基础，是被誉为“三玄之著”的《周易》《老子》和《庄子》。“观物取象”“大象无形”“立象以尽意”“得意而忘形”等思想，是“三玄之著”辩证性审美哲思通达民族文化心界的对宇宙奥义和自然万物认知与表现的超然性“生态意象”。它是人们心灵中自由生化与驰骋的大千气象，是自然美妙而无羁绊的真情流溢，是在深厚文化孕育中生成的理想景象，是精神审美上的自由王国。“生态意象”引领着“生态物象”走向“人文语言”成为文学、艺术的形态，并不断升华为具有艺术穿透力的、能充分表达民族心灵的诗歌、书画、音乐等文化载体。其表现在绘画中就是把造型同情感联系起来，将物象提升到精神的层面上。在漫长的历史沉淀中，“生态意象”已逐步成为内蕴深刻、神秘、美妙的，具有哲学、美学浓厚意味的“生命情怀”。

在绘画艺术中，超然性的“生命情怀”是艺术作品的灵魂，是艺术家的气象所托、精神所寄、情感所寓。艺术家拥有超然性的“生命情怀”，在艺术创作中就能自觉地冲破“再现物象”的约束，将有形的物象与无形的自然精神联系起来，与宏观的天地宇宙联系起来，与“玄之又玄”“不可名状”“周而复始”的自然生命

---

① 宗白华：《论文艺的空灵与充实》，《中国现代美学名家丛书·宗白华卷》，王德胜编，浙江大学出版社 2009 年版，第 152 页。

律动联系起来，进而以极大的写意性表现出人与自然相统一的精神意趣。“三玄之著”的共同品性是“超然性”，讲究的是“天人合一”。表现在艺术作品上是一种“灵气”，即空灵的气象，简言之就是艺术家“生命之气”与宇宙的“自然之气”的融会贯通，从而在作品中形成中国山水画的“生动气韵”——艺术的“生命情怀”。所以，古今中国山水画大家无一不注重在画外修道上下功夫，以提升自我的自然品性、文化品格和人生境界。艺术大师们的山水画作品总体能蕴涵着超然的“生命情怀”，本质上就是画家“虚极静笃”的审美心性所致，这种“不以物喜，不以己悲”、不屑虚名俗利、亦道亦禅的宗教情怀，无疑会成就了山水画艺术超然的灵气、灵性和灵魂。

中国绘画史表明，山水画艺术创作需要艺术家悟出“画道”，“非通道者非师也”，凡艺术大师必通大道。“画道”是一种“艺道”，它与“茶道”“诗道”“人道”相通，其核心思想是“道法自然”，讲究的是淡泊平和、心静神凝、见素抱朴的心境。说白了，体认“画道”，是一种在孤寂游离的旅泊中寻觅自然灵性，在物我两忘的冥思中感悟空白意识，在万物齐等的审美中与自然平和对话。每一幅具有生命力的山水画无不记载着艺术家甘受寂寞淡泊的生命历程。如唐代著名山水画家王维的《江干雪霁》《雪溪图》《长江积雪》等超然致远的画作，是以作者那份超然的禅道心性和孤寂的人生体认为文化背景的。如《雪溪图》构图平远、淡泊、高致：一座朴素的木拱桥把人们引向一个冰天雪地的净美的世界，一条水平如镜、波澜不兴的河流静谧地横卧在大地上，河对岸雪坡、树木、房舍等掩映于茫茫白雪之中。欣赏整幅画卷时，观者都沉浸在一片宁寂的山村境界之中，仿佛有雪花飘落和行人脚步声悄悄传入耳畔，难怪历代画论家对王维的山水画倍加推崇。宋代著名画论家沈括赞美王维的画：“此乃得心应手，意到便成，故造理入神，迥得天意，此难可与俗人论也。”(沈括《梦溪笔谈》)宋代大文豪苏轼评说：“唐人王摩诘李思训之流，画山川平陆，自成变态，虽萧然有出尘之姿，然颇以云物间之，作浮云杳霭与孤鸿落照，灭没于江天之外，举世宗之，而唐人之典形尽矣。”(苏轼《跋宋汉杰画山》)明代著名画家董其昌说：“右丞山水入神品，昔人所评：云峰石色，迥出天机；笔意纵横，参乎造化，唐代一人而已。”(董其昌《画眼》)毋庸置疑，那些远离自然、目无灵秀、胸无丘壑的浮华之辈，热衷名利、沾染铜臭、流连市井的庸俗之人，皆难成为真正的山水画家，更不可能创作出具有生命力的山水画作品。因为，一个没有超然性“生命情怀”的人，不会关注也不可能感应到自然壮丽的气象和美妙的精神，更不会产生表现“生命情怀”之美的那份创作灵感。

三、适然性——中国文化人的精神家园

中国山水画主要以自然山川为表现题材，作品蕴含着人与自然和谐相处的“生态意象”。千百年流传的经典山水画作，其画面主体无一不是由充溢着“生态情趣”的自然元素与“生命情怀”的人文元素构成的。宋代著名山水画论家郭熙说：“君子之所以爱夫山水者，其旨安在？丘园，养素所常处也；泉石，啸傲所常乐也；渔樵，隐逸所常适也；猿鹤，飞鸣所常亲也。……水得山而媚，得亭榭而明快，得渔钓而旷落。……画凡至此，皆入妙品。”（郭熙《林泉高致》）山水画之美乃至一切艺术之美皆存在于生态情趣与生命情怀之中，“妙品”其最高超的艺术品性是“生态意象”，即反映人与自然的亲和关系。

中国山水画中的山与水不仅仅是自然中的山与水，而且还是中国文人世代相传的适然性精神家园。中国文学艺术美学认为，寻找与持守适然性精神家园是诗人与艺术家人格之境，是一切文学艺术的源头与根基。正如浙江大学余潇枫教授指出的：“人格作为人的价值存在方式就是人在社会历史中的‘此在’、‘定在’、‘共在’。……人在现实生活中，只能是在‘上帝’与‘牛顿’之间寻找立足点，即只能不断地在‘本然’与‘应然’的对立中，统一两者，实现自我，达到一个符合历史规定和人的生成状态性质的‘适然’状态以发展自身。”[①]这就是中国文人的一种人格定位。所以，在中国山水画经典之作中，作为自然之子的人以及人类文明创造的痕迹——房屋、亭榭、舟车、小桥等等多以点景的形式出现，在画面上只占很小的空间，大量的空间用于呈现云雾、高山、丘壑、川流、田野，有的索性将很大的画面留作空白以示天地之广袤与奥秘。在艺术家的思想意识中，有一个与生俱来、与命共存的超然性精神家园：人与自然之间是一种“天地与我并生，万物与我为一”（《庄子·齐物论》）的物我等齐关系，是一种“采菊东篱下，悠然见南山”（陶渊明《饮酒》）的神交关系，是一种“相看两不厌，惟有敬

---

① 余潇枫、张彦：《人格之境》，浙江大学出版社 2006 年版，第 18 页。

亭山”(李白《独坐敬亭山》)的情投意合关系,是一种“我见青山多妩媚,料青山见我应如是”(辛弃疾《贺新郎》)的心心相印关系……简言之,人类不是大自然的主人,而应是情投意合的朋友,画中人物不应是征服自然的强者,更不是大自然的改造者和破坏者,而应该是大自然的敬仰者与守护者和适然性精神家园的继承者与创造者。南朝的山水画家宗炳说:“圣人含道映物,贤者澄怀味象。至于山水,质有而灵趣……夫圣人以神法道,而贤者通;山水以形媚道,而仁者乐。”(宗炳《画山水序》)这是一种以“借物写心”实现物我为一的适然性的“生态情趣”和“生命情怀”,从而达到“畅神”——大自然给人的审美感悟与审美享受。因此,中国山水画艺术家多能自觉地把人与自然的关系在“道”的观照下统一起来,从适然性整体生态观出发,去接触自然,探索与主观审美相契合的自然品性而予以写意化的表现。

中国山水画按照表现适然性精神家园的艺术旨归,在构图理念和表现手法上都具有了生态哲学与美学的意蕴。在中国文化史上,适然性精神家园往往是以历代的田园诗和以蕴藉“田园意象”的山水画来表现的。两宋时期,以田园为表现内容、有浓郁“田园意象”的山水画作品已大量涌现,文人通过以田园为题材的山水画作品,寄托对适然性精神家园的向往和追寻。这类画作有两个鲜明的艺术特征:一是诗意化,二是写意性。

在中国山水诗坛中,以陶渊明《归园田居》、王维《渭川田家》、孟浩然《过故人庄》为代表的田园隐逸诗,旨在追求人格自由、精神适然的人生境界,传达老庄返璞归真、澡雪精神和佛禅澄明虚空、净化灵魂的人生意趣。这些田园诗为山水画尤其是文人山水画的发展提供了广阔的源头和深远的意境。在田园诗人和田园画家看来,田垄的耕作、南亩的豆苗、牧童的笛声、农夫的打稻声、农舍的鸡犬声、夹路的桑麻、春风中的蔬菜等田园的所见所闻,无不蕴涵着诗情画意,无不充溢着“田园意象”。诗人与画家在殊途同归的“回乡之路”中际遇知会,在类同的“生态情趣”和“生命情怀”中找到了“诗画同源”的根据。所以,自唐宋以降,中国的山水田园诗与山水田园画日趋弥合,体现了“诗中有画,画中有诗”的文化特质。

在老庄“道法自然”生态哲学思想和“诗画同源”生态艺术理论的启示下,元代著名书法家赵孟頫主张以书入画,提出了“书画同源”理论,为其后以水墨变化为主的写意国画的发展开了理论先河。元代著名画家倪瓒提出“逸笔草草，不求形似，聊以写胸中逸气”的主张，将中国画（尤其是山水画和花鸟画）推向写意的主流。从此，艺术家对山水画的艺术技巧不再满足于工丽，代之以清淡的水墨写意风格为主，因而“写意性”成了中国山水画艺术的主要特征。明、清两代是中国写意画快速发展的重要时期。如明代沈周的写意画强调笔精墨妙，擅用水墨淡色；陈淳在水墨写意基础上以生宣纸作画，使水墨韵味产生了前所未有的艺术效果；徐渭“不求形似，但求生韵”的大写意画风对清代的八大山人、石涛、扬州八怪及近代的赵之谦、任伯年、吴昌硕、陈师曾、齐白石、潘天寿、李苦禅、王雪涛等画家产生极大影响。如石涛的水墨写意画脱尽窠臼，挥洒自如，寓豪放于潇洒之中，被誉为“诗文并茂、书画冠绝”的国画大师，他的《画语录》盛传于世，集中表达了他的艺术思想，对后世的水墨艺术创作起到了历史作用。

胡孚琛先生认为，“‘科技万能’的工具理性固然改善了人们的物质生活，但同时也带来了对生态环境的破坏。这种大自然的报复终于延伸到文化层次，人成为科学技术产品的奴隶，环境污染的危机带来人类心理上、生理上的多种社会病。”[①]毋庸讳言，在工业文明给社会带来巨大物质财富的当代社会，人类不得不面对绝对功利主义和极端科技主义所带来的严重后果——自然环境恶化、人类信仰缺失、精神家园消逝……人们感到无所适从和无比恐惧。精神家园在何方？回乡之路在哪里？中国文化如何传承？哲人在思考，诗人在探索，画家在寻觅……生态觉醒已成为全球性的文化思潮，改善人与自然的关系将成为全人类的共识：自然应自由自在地展示其本初之美，人类该以亲和的心态与自然平等对话、和谐相处。曾繁仁先生指出，“生态美学最重要的理论原则是突破‘人类中心主义’的生态整体主义，这是一种新人文主义精神的体现。生态美学包含生态本真美、生态存在美、生态自然美、生态理想美与审美批判的生态维度等内涵。”[②]作为生态美学艺术形态的中国山水画，其“生态意象”中包含的生态情趣和生命情怀，为当代人重新审视和认真反省自身过错的思维方式与行为规范，充分认识人类对守护自然义不容辞的历史责任，提供了精神指向和价值标准。

---

① 胡孚琛：《宗教、科学、文化反思录》，《探索与争鸣》2009年第11期。

② 曾繁仁：《当代生态文明视域中的生态美学观》，《文学评论》2005年第4期。

生境涵养:当代社会人文的自我觉醒

——明招文化与当代“生态自我”范式之构建

中国文化源远流长,春秋战国时期的“诸子百家”开启了中国文化的第一次思想大解放,而后的“楚辞汉赋”推动中国文化蓬勃发展,“唐诗宋词元曲”将中国文化推向辉煌巅峰,相继的“元明书画”“明清小说”以及清民时期的“工艺美术”等,都是中华文化史上的奇葩瑰宝……较西方文化而言,中国文化历来十分注重人文与自然的融合,讲究自然与人文的双重生境涵养。上海师范大学史学家刘文荣教授认为:“远古希腊罗马文化和中世纪基督教文化是西方文化的两大源头,两者的冲突和融合构成文艺复兴时期的文化。经过大约两百年的演变,最后形成真正成熟的西方主流文化,即以‘世俗理想主义’为特征的西方近代文化。”[①]与西方文化“世俗理想主义”不同,以儒道释为主流思想体系的中国文化的特性是“和谐适然主义”,注重生境涵养,追求中和、适宜、超然的精神世界,讲究适然的生存范式——人活在上帝与牛顿之间。[②]

一、生境涵养的基本概念

20 世纪 60 年代初,《寂静的春天》在美国问世,蕾切尔·卡逊(Rachel Carson)第一次对人类以牺牲自然环境为代价发展经济的“现代意识”的绝对正确性提出了严肃的质疑。正是这位身体柔弱的女作家撰写的这本不寻常的著作,在世界范围内引起人们对生境问题的密切关注,唤醒了人们的生态理念和环境意识,促使环境保护问题被摆到了各国政府面前,全球各种环境保护组织纷纷成立,从而促使联合国于 1972 年 6 月 12 日在斯德哥尔摩召开了“人类环境大会”,并由各国政府共同签署了“人类环境宣言”,一场伟大的“绿色思潮”在全球蓬勃掀起。从此,生境涵养成了自然学、生态学、哲学、社会学等学科的重要命题。

---

① 刘文荣:《西方文化之旅》,文汇出版社 2003 年版,第 1 页。

② 余潇枫、张彦:《人格之境》,浙江大学出版社 2006 年版,第 145 页。

在自然学范畴，学者们认为生境涵养关系到包括人类在内的全体生物和地球的命运；在社会学范畴，学者们认为生境涵养是把握人与自然之间平衡、寻求人与自然和谐发展、促进社会经济可续并永续发展的基础。

（一）生境的基本含义

生境（habitat）一词是由美国著名生物学者格林纳尔（Grinnell）首先提出的，其定义是生物出现的环境空间范围和生物居住的地方，或是生物生活的生态地理环境。在生态学范畴，生境一般是指生物的个体、种群或群落生活地域的环境，包括必需的生存条件和其他对生物起作用的生态因素。生境较生态学中环境的概念更广泛，生境又称人类与自然万物的栖息地，它是包括人类在内的一切生物生活的空间和其中全部生态因子的总和。而生态因子包括光照、温度、水分、空气、无机盐类等非生物因子和食物、天敌等生物因子。

在自然生境视域里，美国爱达荷大学野生动物科学学院副院长艾布尔斯（Ables）教授认为，野生动物的生境是指能为特定种的野生动物提供生活必需条件的空间单位。纽约大学教授贝利（Baily）认为生境是与野生动物共同生活的所有物种的群落，他从整体观、联系观的角度强调其周围相关的生物群落的重要性，呼吁人类要自觉维护好包括人类自身的所有物种群落赖以生存的自然生境。

在社会人文生境视域里，奥地利著名心理学家弗洛伊德提出了"三部人格结构说"。他认为，人格是由本我（id）、自我（ego）和超我（superego）三部分构成的。"本我"，是最原始的、与生俱来的潜意识的结构部分，它奉行的是"真实原则"；"自我"，是来自本我经外部世界影响而形成的直觉系统，它遵循的是"现实原则"；"超我"，代表道义方面的要求，它受"道德原则"的支配。人通过涵养从"本我—自我—超我"逐一提升，超我是生境涵养的最高层次。冯友兰先生将人生境界划分为"自然境界，功利境界，道德境界，天地境界"四个层次。他认为，这四种人生境界之中，自然境界、功利境界的人，是人现在就是的人；道德境界、天地境界的人，是人应该成为的人。哲学的任务是帮助人达到道德境界和天地境界。[1] 冯友兰先生将人生自由的实现，建立在理性的"觉解"即生境"涵养"的

① 冯友兰：《新原人》，《三松堂全集》第四册，北京三联出版社 2007 年版，第 500 页。

基础之上。

本章中的“生境”特指当代人的生存境遇及其通过涵养而臻及适然的生存境界，也即人们生存的整体自然环境与周遭际遇的生物群落、社会人文以及心性世界相互依存、和合共生的生态关系。

（二）涵养的基本含义

涵养，原义为谓积蓄、保持水分，也即涵养水源。后来，大多典籍都将“涵养”从生态用语引申为人文用语，主要义项有：①滋润养育；培养。“桑麻千里，皆祖宗涵养之休。”（宋陈鹄《耆旧续闻》卷五）“又涵养百余年，始有柳屯田永者，变旧章作新声，出《乐章集》，大得声称于世。”（宋李清照《词论》）②修养。“如看未透，且放下，就平易明白切实处玩索涵养，使心地虚明，久之须自见得。”（宋朱熹《答徐子融书》）③修身养性。“就平易明白切实处玩索涵养，使心地虚明。”（宋朱熹《答徐子融书》）④道德、学问等方面的修养。“言少不更事之人，无所涵养，而骤膺拔擢，以当重任，力绵才腐，凛凛危亡而曾不知畏也。”（宋罗大经《鹤林玉露》卷一）

（三）生境涵养的基本含义

在人类学、社会学特定的文化语境里，生境通常是指人类当下际遇的全方位的生存环境，一般是指一切自然、社会、自我的客观存在与自我意识。在生境涵养范畴里，中国古人从不排斥作为自我意识衍生的“生态自我”人生范式的寻求与构建，并且把此种精神层面的构建作为不可缺失的优先文化极。这可以从中国古代庄禅自然观与德国现代海德格尔存在论的中西文化沟通中得到印证。这一历史性的文化沟通所形成的共识是：生境涵养既是先天的也是后天的，既是自然本原的也是社会人文的。因此，作为宇宙强势生物种的人类，对生境涵养有着不可推卸的责任与义务——形而上层面的自我觉醒与形而下层面的自我约束——以构建全球性的“生态自我”的生境文化范式。

本章阐述中所涉的“生境涵养”其含义有两个方面：一是物质性的自然生态环境涵养，二是精神性的社会人文包括个人生存境界。前者是一种包涵宇宙万物的生存境界涵养，后者特指人类尤其是当代人的生存境界的涵养。

二、生境涵养视域下的社会人文特性

以儒道释为代表的中国主流文化，始终都将生境世界作为研究对象，以追求“生境适然”的境界，而适然的基础是人与自然、人与社会、人与自身心性的和谐。儒家的适然世界标准是“中和”，其生境适然侧重于个人与社会的和谐；道家的适然世界标准是“超然”，其生境适然注重于人的身体与心性的和谐；释家的适然世界标准是“涅槃”，其生境和谐讲究时间与空间（今生来世与此岸彼岸）的和谐。

（一）儒家生境涵养的基本精神

在儒家构建的生境图式中，以天人关系的阐述，用于人事的内化，形成万物一体、和谐贯一的优态境域。“天地感而万物化生，圣人感人心而天下和平”（《周易·咸·象》），认为人类在行动上要合于天地相辅之道，避免与自然及其规则相对立，只有与自然交感相融，才能维持生境。儒家十分重视人文精神层面的生境涵养，其思想体系中蕴含的生境涵养思想十分丰富。

1.天人合一观。儒家倡导天人合一。孔子曰：“大哉！尧之为君也。巍巍乎，唯天为大，唯尧则之。”（《论语·泰伯》）这一观点肯定天之可则，人与自然可以统一。孟子提出人要“上下与天地同流”（《孟子·尽心上》）。董仲舒提出了“天人感应”理论，以气化之宇宙来作为天人感应的基础。张载提出“儒者则因明致诚，因诚致明，故天人合一”（《正蒙·乾称》），通过儒者之“明”来达到对“诚”之天德的认知，以实现天人合一、生境涵养的旨归。

2.顺应天常观。古人提出“夫大人者，与天地合其道，与日月合其明，与四时合其序，与鬼神合其吉凶。先天而天弗违，后天而奉天时。”（《周易·大传》）这就是说，人们应洞悉到万物之间存在着内在的、必然的本质联系，万物有其自身秩序和自身规律。孔子曰：“四时行焉，百物生焉”（《论语·阳货》），认识到了四季更替、万物生长的客观规律性，人要遵循自然规律。

3.仁民爱物观。孔子曰：“断一树，杀一兽，不以其时，非孝也。”（《礼记·祭义》）这就是要求人们把自己对待生物的态度当作人之孝道来看待。孟子提出“亲亲而仁民，仁民而爱物”（《孟子·尽心章句上》），第一次明确提出并回答了生态道德与人际道德的关系问题，要求仁政之德应该拥有博大宽广的、泛爱万物的胸怀，使万物在共同的生境里和合共生。

4. 取物适度观。孔子提出“钓而不网，弋不射宿”（《论语·述而》），认为只有爱护、珍惜大自然，使各种生物各得其所，生境才能得到涵养。朱子曰：“物，谓禽兽草木。爱，谓取之有时，用之有节”（朱熹《孟子集注》卷十三）要求人类要注重生境涵养，对自然资源在爱护和珍惜的前提下有度使用。

（二）道家生境涵养的基本思想

道家以“道”为根本，认为人与自然万物都起源于“道”，同根于“道”。道家揭示了人与自然万物生命同源、生境同在、道性同构的本质，从而构成了道家生境文化的自然哲学基础。

1.“道”是宇宙的本原。老子曰：“道可道，非常道；名可名，非常名。无名天地之始，有名万物之母。”（《老子》通行本第1章）老子认为，“道”是一切有形世界与无形世界的本源，是自然界与人类社会的总法则。所以，天、地、人以及自然万物皆要“道法自然”（《老子》通行本第25章）。在老庄那里，“道法自然”是万物生境涵养的根本法则，人类应该按照自然生境的法则来涵养身心，提升生存境界。人只有持守“恬淡寂寞，虚无无为”（《庄子·刻意》）的涵养精神，才能“安时而处顺”（《庄子·养生主》）地适然生存于生境，生境才能得到涵养。

2.“道”化生万物。老子曰：“道生一，一生二，二生三，三生万物。”（《老子》通行本第42章）“道”为万物之本，浑然一体，化生天地阴阳，阴阳在元气的中和下化生出自然万物。人与自然万物都是从“道”化生而来的，都是自然之子，所以人类有义务重视生境涵养。老庄就如何进行生境涵养的问题，提出了“天人合一”的核心思想，认为“一”即“道”，也即天与人皆以“道”的自然法则为准而融合。“天人合一”是道家生境涵养文化的逻辑起点，它崇尚的是人性对天道的顺应与融合，它把自然看成是世界万物不可缺失的生境。

3.“道”运化自然。“道常无为而无不为。”（《老子》通行本第37章）道化生天地万物，任其自然生长，而不加以干涉，是无为的。但道又是“无不为”的自然万象，无一不是“道”的造化运行：日有升落，月有圆缺，水有流止，飘风不终朝，骤雨不终日……这就构成了大生境、大涵养。

道家对生境涵养文化的构建不仅停留在形而上的哲学层面上，而且对形而下的人生实践方面做出了孜孜不倦的追寻。其中，庄子的“隐逸人生”是道家生境涵养实践中最基本的范式，他自觉地以追求生命质量为目标——顺其自然、了却功利、自由自在、心无羁绊地活在世上。道家在追求生命质量方面关注的是当下的、现实的生境。道家认为，人生在世需要有良好的生境，而生境是需要涵养的，生境涵养是需要人类尊重与维护的。这就有了道家对于生境涵养的文化言说，同时也有了道家对生境涵养文化范式的现实构建。

三、释家生境涵养的基本观念

释家是一个为一切众生提供解脱的宗教文化体系，其佛经禅理蕴含着鲜明的生境涵养观念。释迦牟尼创立佛教时，别树一帜地提出了"缘起论"，主张一切现象都是由于互相依待、互相作用，也即在一定的条件作用或一定原因影响而形成的。方立天先生认为，"缘起是佛教对宇宙人生的根本看法，是佛教理论的基本观念。缘起论是佛教思想体系的哲学基石。"[①]从形而上层面上着眼，支撑缘起论有三个重要的释学观点。

1. 三界观。佛教将有情生命分为"三界"(trayodhatavah)：第一界为"欲界"。处于这一生境的众生基本上生活在一种强烈的欲望中——物欲、财欲、名欲、色欲……欲界众生以欲望的满足为快乐，以欲望不能满足为痛苦。同是欲界众生，但欲望的程度却不一样，生命境界越高其欲望越淡泊，反之则欲望越强烈。所以，相同的生境却因为涵养的差异而导致生命质量的大相径庭。第二界为"色界"。"色界"也即物质界，处于这一生境的众生已摆脱了欲望生活，但却还没有摆脱物质的束缚。第三界也即最高界为"无色界"。处于这一生境的众生完全摆脱了物质的束缚。在释迦牟尼看来，人要想真正获得解脱，就要在精神上"跳出三界外，不在五行中"，而融入自然生境之中也即臻及彼岸的自由自在的精神世界。由此可见，释家的生境涵养是超出三界的，是不为现实世界所羁绊的。

2. 自然观。大乘佛教将一切法都看作是真如佛性的显现，万法不仅包括有生命有情识的动物，也包括了植物及各种无机物，它们都因包含佛性而成为自然。天台宗大师湛然(711—782)将此明确定义为"无情有性"，就是说即使是没

---

① 方立天：《佛教生态哲学与现代生态意识》，《文史哲》2007 年第 4 期。

有情感意识的山川、草木、大地、瓦石等,也同样具有佛性。禅宗更强调大自然的一草一木都是佛性的体现,都蕴含着无穷禅机,认为"翠竹黄花皆佛性,白云流水是禅心"[①]。

3.生命观。佛教生命观的核心是"众生平等"与"生命轮回"。佛教讲的众生平等,既包括不同的个人、人群、人种的平等,也包括自然万物一切生命的平等。佛教主张"六道轮回",依据自身的行为业力得来世相应的果报,善有善报、恶有恶报。在释学生境话语里,任何生命的本质是平等的,且能够相互转化。尊重生命、珍惜生命,是释学生境涵养的根本观念,《梵网经》《金光明经》《涅盘经》《楞伽经》等教义都提倡"不杀生戒"。

释子以"跳出三界""万物佛性""众生平等"观念为文化支点,达到生境涵养的优态境域,从而将人生的此岸现实世界与彼岸精神世界贯通起来。

三、明招文化与当代生态自我的构建

在儒、道、释生命哲学及与之相应的宗教理念中,皆以"安顿生命"作为终极旨归。儒家以"天人合一""顺应天常"和"仁民爱物"为生命的最高境界;道家以"道法自然""天人同道"和"物我合一"作为生命修行的超然思想;释家以"万物佛性""众生平等"和"六道轮回"作为生命涅槃的彼岸精神。从这一意义上理解,儒道释国学思想及相应的宗教文化是全球最自觉、最宏观、最超然的生境涵养文化。

(一)明招文化凝聚了儒道释生境涵养精神

明招文化源远流长、博大精深,凝聚了儒、道、释三大国学思想精髓,为当代生境涵养文化提供了重要的人文资源。

1.阮孚隐逸明招文化与当代生境涵养思想

公元约328年,东晋政局混乱,朝廷昏暗。阮孚(竹林七贤阮咸之子,阮籍的侄孙)目睹时局每况愈下,因而请求外任。朝中委任其为镇南将军,赴任广州上太守。阮孚途径明招山,感于斯山水秀美,曲径通幽,别有一方世外桃源之境,便筑屋垦田隐逸闲居于明招山,日常与逸道、高僧交往甚密,晚年将山庄改

---

① [清]吴擎:四川峨眉山报国寺题词。

建为寺庙，静心悟道修禅、颐养天年，从此开创了武义明招山半读半耕、亦道亦禅的隐逸文化。阮孚自觉传承"竹林七贤"所崇尚的"回归自然，无为自适"的魏晋风度，用自己的人生实践再一次证明道家奉行的"自然至上""生命第一"的生境涵养思想，这对当代人的生态休闲养生以及重构"生态自我"范式有着重要意义的。

2. 德谦禅修明招文化与当代生境涵养思想

公元约 926 年，五代后唐年间著名禅师德谦来到明招山建寺研经禅修。德谦禅师 12 岁出家，曾先后任万宁寺、崇恩寺主持，几度奉诏赴京都著述经典。德谦禅师佛学著作甚丰，许多经典之作流传于海外，是佛教史上一位德高望重的大和尚。德谦禅师在明招寺潜心禅修达 40 多年，当时各地僧人、居士纷纷慕名而来，聆听德谦禅师讲经。由于德谦禅师的声望，明招寺一度成为婺州、处州、衢州、福州等地六大寺院的禅宗祖庭。德谦禅师的佛学著作和禅修讲经以缘起论为核心，以整体论为基础，以无我论为特征，将世界结为一个统一的、密不可分的整体，认为世界范围内的任一变动必将会对与其同存的物事产生影响，为生境涵养文化提供了有力的理论支撑。

3. 东莱婺学明招文化与当代生境涵养思想

公元 1138 年，南宋定都临安，大批文人墨客举家南迁浙江，从而推动了理学在江南一带的快速传播。吕祖谦，字伯恭，号东莱先生，是南宋时期著名的理学大家之一，与朱熹、张栻齐名，同被尊为"东南三贤"。鉴于明招山的自然生态与阮孚隐居、德谦修行的人文生态等因素，吕祖谦欣然选择了明招山作为他家族墓安置地、自己的安身地和设堂讲学地，一生守墓、讲学、著书、耕作终老于此。吕祖谦在治学上体现的宽宏函容和兼收并蓄的风格，学风上体现的学而至用的务实精神，创立了务实求真、颇具生境涵养实践精神的婺学流派，在当时颇具社会影响力。据史料所载，明招讲堂学生最多时达千余人，形成了独特的明招文化效应。对后来著名学者王应麟、黄宗羲、万斯同、章学诚、龚自珍、章太炎等人的理论体系的形成和武义地方精神的构建都有着深刻的影响。

明招文化是一种颇具包容性的生境涵养文化，它融汇了中国传统儒道释生态智慧，沉淀了婺地古老的隐逸文化、禅修文化和耕读文化，其生境涵养思想对以"生态自我"为载体的当代社会人文构建有着重要的启示。

（二）当代生态自我生存范式的构建

从笛卡尔"我思故我在"开始，自我就被当作一个封闭的意识系统，在我之外的一切存在物都是我思维、感知和认识的物件，是被强行纳入我的思维活动的碎片，从此作为本原的"生态自我"被作为无用的"哲学梦想""诗人激情"所摒弃。与"生态自我"相悖的"个人本位"成了现代文明社会的核心价值观：一切价值均以个人为中心，个人本身就是最高价值的目的，自然、社会、他人和其他事物只是达到个人最高价值目的的某种手段，个人本位主义造成了人类与自然、自我与他者、自身与心灵之间的隔阂、疏离和对立，这是造成当今人与自然、人与社会、人与自身心性"三大危机"的主要根源。

工业革命以来，以货币经济为基础的现代化塑造出的商品化人格是造成人性异化而产生个人本位主义的一个重要原因。由于社会交往过程被极度理性的"交易算计"支配着，人在社会交往中注重的是支出与回报的关系而不是真心与情感的交流和旨趣的相投、信仰的皈依，人们离开了上帝和人性本原而日夜劳碌、渐行渐远。与此同时，人们天天面对着虽然丰富多彩却与自己的内心世界没有真切关联的现代生活，产生了对社会生活的厌倦以及人际关系的冷漠，人与人长期相处却成了"熟悉的陌生人"。而人的本性是追求自在生命彰显的，现代人惧怕自己的个性和独立存在价值被冷漠的现代社会所淹没，于是人们有意识地寻找表现自我存在的机会并采用非常怪异的手段进行发泄式的活动，在个体行动中表现出浮躁虚伪、夸张作秀、喜怒无常、矫揉造作等特点，甚至丧失人性无理由地报复社会和无理由地伤害生灵。近年来媒体频频爆出狂徒冲进幼儿园和小学乱杀乱砍毫无抵抗力的无辜幼儿和小学生的血腥惨案，足以说明社会人文生态危机与人的心灵生态危机并发症的严重性。赵本山与小沈阳的诙谐小品、老毕主持的星光大道、央视的心理访谈节目以及林林总总的流行歌曲、网络文学等等所谓现代流行文化，只是使人们渴望交流和认同的心理得到象征性的暂时满足，却无法使人摆脱在现实人际交往和深层生命体验中所处的孤独与困惑的处境。在此等文化背景中，"要拯救社会人文生态先拯救人的心灵生态"成了时代的共鸣，加强生境涵养视域下的以自然、社会、心灵三元融汇的"生态自我"范式的重建成了当下的重大课题。

明招文化的重量在于它为当代人重构"生态自我"提供了重要的理论依据

和实践经验。在明招生境涵养文化范畴里，自我不是封闭的意识系统，而是在与他者以及自然万物普遍联系着和广泛交流着的审美生存活动过程中不断生成与完善的。正如余谋昌先生所诠释：本我（小我）—社会自我（大我）—生态自我（超我）是梯度提升的三个阶段。自我实现的三个阶段是人不断扩大自我认同对象范围的审美过程，也是人不断走向文化成熟的过程。小我只看到自己所有，大我接受了他人融入了社会，超我亲近了万物，尊重所有生命，与自然万物和合共生。当人达到"生态自我"境界时，就能够在所有存在物中看到自我，并在自我中看到所有的存在物，此时的人就成为"生境涵养"文化中审美生存的人。这正是明招文化的真谛以及其当代价值所在。

德国著名宗教主义哲学家马丁·布伯的有一段诗意的语言："当我凝视一棵树时，我可以从空间位置、时间限度、性质特点、形态结构等各种角度来理解它，但这不过是把它当作一个对象。而当我凭借着'发自本心的意志和慈悲情怀'凝神关照树时，我就可以感受到树在天空下舒展枝叶的自由，感受枝条与风、雨水和阳光相交接的喜悦，感受根脉在泥土中伸展的温暖和踏实。这时，我从树的角度来理解生命，就会'像山一样思考'，我获得了一种我自己的人生所不能体验的快乐，在物我不分的关系中拓展了自己的生命境界。"[①]至此，我们或许可以这样理解："生境涵养"是臻及"生命境界"过程中的一个绕不开的课题。

① ［德］马丁·布伯：《我与你》，陈维纲译，生活·读书·新知三联书店1986年版，第121—123页。

无为自适:阮孚隐居明招山的文化因缘

——品悟魏晋山水诗的生命情怀

在中国史上,隐逸是一种有着深厚美学意蕴的文化现象。崇尚隐逸,回归自然,操守无为,追求自适,是古代士人普遍认同的生活范式和生命境界,到魏晋时期已形成以“归依自然”为基本方式和以“无为自适”为思想旨归的隐逸文化。中国古代山水田园诗与隐逸文化有着天然的联系,以陶渊明和谢灵运为代表的魏晋山水田园诗,对推动中国隐逸文化的形成、发展和演变起到了重要作用。士人在“山水审美”和“诗性生存”的融合中求得适然人生,“物质的贫民,精神的贵族”的人生范式,成了一种时代景仰。魏晋逸士通过归依自然以臻及“无为自适”的生存范式和生命境界,既完成了对“道”的维持与操守,又保证了自己的生存价值与人格意义,可谓是颇具审美文化意义的。阮孚(阮籍之重孙、阮咸之子)有着“竹林七贤”家风遗传和魏晋士人崇尚隐居的时代烙印,他自觉地弃官归田追求“无为自适”的人生范式,开创了历经 1700 多年的隐逸明招文化。

一、无为自适——老庄之道的生命境界

中国传统文化中蕴含着丰富的人天关系理论,从《易》到《老子》《论语》《庄子》《大般若经》……形成了一条人天相通的历史文脉。在这条文脉中,一如贯穿的主流哲学思想是遵循天道、顺其自然的“无为”观,尤其是道家哲学与道教教义,“无为”思想是其理论的根基与最高境界。在老子看来,“无为”是“道”的最具崇高美的品性,是人类应遵循的根本法则。也即“道”本身的存在是自然而然的,是“无为”的“道常无为而无不为。”(《老子》通行本第 37 章)人既然创生于“道”就应该遵循天道,也即按照“无为”的要求任事物自然发展,不要对自然有过多的人为干扰:“至人处无为之事,行不言之教。万物作焉而不为始,生而不有,为而不恃,功成而弗居。”(《老子》通行本第 2 章)在老子那里,人对于万物只能“辅”而不能“为”,“以辅万物之自然而不敢为”(《老子》通行本第 64 章),只能按照“天道”“循理举事”,而不能有所违背,这是自然的创生之道,也是人类的审美生存之道。王弼把老子的“无为”直接理解成“无所违”,认为只有对自然之道

“无违”，万物才能生长，人类才能生存，世界才有生生之大美。

生活在现实社会中的人，怎样才能做到“无为”而“创生”？南木子先生认为，按照老庄的哲学理路，“无为”的指向有三：一是要持一守中，也即持守最接近“道”的人性之本真；二是要循理举事，也即按照“道”的内在美而行善积德，守道而行，从而使人性达到完美的境界；三是要上善若水，也即通过修行达到如同水一般的品性：无形无体、善利万物、处下不争，以臻及与道一般无为的最高境界。[①]

在老庄道学思想的观照下，修道之人皆推崇“无为”思想，以无为处世，以无为适世，以无为治世。首先是“无为处世”。老子曰：“是以圣人处无为之事，行不言之教，万物作焉而不为始。”（《老子》通行本第 2 章）他认为圣人的“道”，就是“无为”的道。圣人尊崇“道”，尊崇万物规律、准则，以敬畏之心看世俗、论世事，不去人为破坏其规律、打破其平衡。人与人之间的相处当重“道”，时时怀有敬畏之心、感恩之情，虚怀若谷，谦卑如水；人与自然要怀“无为”之志相处，以敬畏之心对待大自然，尊重客观规律，顺应自然发展，保持生态协调，不妄为。无为处世是一种不争的态度，是一种大智慧。其次是“无为适世”。无为适世，最重要的是要立足自我心性的修行，做到“自适”——适应于自然、适合于社会、适度举事、适宜性分……无为自适就是要淡泊名利，宁静致远，与世无争，内心世界永远留有一方净土。人有了无为自适的旨趣，就等于放下了世俗物欲与功利的羁绊，生活就能洒脱，精神就会自由，这就是一种闲云野鹤般的生活范式。以“竹林七贤”为代表的魏晋隐士，以无为自适为人生追求的最高境界，自觉回归自然，隐居山野，不拘于时，与世无争，以求得逃避世俗，远离尘嚣，释放心灵的本真人性。无为自适并非随波逐流，放任流之，而是有理想、有追求地生活，活得洒脱，活得自由。陶渊明归园田居是“无为自适”的一种超高的境界，他构筑的“世外桃源”成为中国士人千百年来的人生憧憬：在桃花源中，土地平旷，屋舍俨然，有良田美池桑竹之属。阡陌交通，鸡犬相闻。其中往来种作，男女衣着，悉如外人。黄发垂髫，并怡然自乐……生活在桃花源中的人们以无为、自适的态度创造了一个与世俗完全不同“怡然自得”的理想社会。再次是“无为处世”。

① 南木子：《回乡之路：寻皈审美生存的家园意境》，浙江大学出版社 2011 年版，第 75 页。

老子认为，圣人的“道”，就是“无为”之道，君王须有圣人之心才能治好天下，王者能统治民众不是靠暴力，而是靠品德，靠好的社会制度和社会公共道德，无为治世，以德服人，才是王者治理天下的上上之策。

在个人与社会、自然关系的问题上，庄子认为，个人是渺小的，在宇宙中孤寂无助，人不能主宰自己的命运，个体的命运是受自然和社会诸种复杂关系所操纵的。“死生，命也；其有夜旦之常，天也。人之有所不得与，皆物之情也。”（《庄子·大宗师》）“不知吾所以然而然，命也。”（《庄子·达生》）所以，人从一出生就是痛苦的，因为在物欲和功利的作用下，千方百计地向自然、社会索取和争斗。人的欲望是无限的，保证了生存条件，还想发大财、做高官，得到了财富和地位又怕失去，于是便处心积虑，处处设防，钩心斗角……人的一生就这样毫无意义地空耗下去，为世俗红尘所累。所以，庄子认为人生充满了苦楚，没有丝毫乐趣和意义，就像一场大梦而已。“人生天地间，若白驹之过隙，忽然而已。注然勃然，莫不出焉；油然谬然，莫不入焉。已化而生，又化而死，生物哀之，人类悲之。”（《庄子·知北游》）正因为对人生充满浓厚的消极悲观色彩，所以人生哲学的宗旨是追求顺其自然，无为自适的境界。因而，庄子哲学被后世学界称为“中国古代的存在主义”，有其显然的适然主义生存境界和生命情怀。[①]

庄子曰：“夫富者，苦身疾作，多积财而不得尽用。其为形也亦外矣。”（《庄子·至乐》）他认为，权势、名利、财富乃身外之物，它们对人生无任何益处，反而还会危及生命本身。他对芸芸众生喧闹于尘世忙个不停的追名逐利行为表示深表哀叹：“今世俗之君子，多危身弃生以殉物，岂不悲哉！”（《庄子·让王》）在庄子看来，“生也死之徒，死也生之始，孰知其纪；人之生，气之聚也；聚则为生，散则为死。若死生为徒，吾有何患。”（《庄子·知北游》）他清楚地洞悉生与死的界限，实现了精神上的超脱，认为“适来，夫子时也；适去，夫子顺也。安时而处顺，哀乐不能入也”（《庄子·养生主》），提出人要学会坐忘、放下、淡然，做到“不乐寿，不哀夭；不荣通，不丑穷”（《庄子·天地》），对生死不要患得患失，看得过重，而应该顺其自然，听天由命，任其自生自灭以实现生命轮回，从而达到无为自适的生存范式和生命境界。

---

① 余潇枫、张彦：《人格之境》，浙江大学出版社 2006 年版，第 56 页。

庄子提倡“心斋”“坐忘”的修养方法，彻底避开人世间的一切矛盾、痛苦、追求个体身心的绝对自由，追求“天地与我并生，万物与我为一”的人生境界。他要求对整体人生采取审美观照态度：不计利害、是非、功过，忘乎物我、主客、人己，从而让自我与宇宙合为一体。其途径就是“养生”。“养生”讲究的是身与心的统一性，也即身体安康与心性安宁的双重养生。庄子认为，生命的第一要义是“保身尽年”，最高境界是“静心安神”，只有抛弃权位名利、洗心寡欲、忍让屈从，顺天安命，才能免祸保身、避扰净心。庄子的《养生主》《达生》《则阳》《刻意》等篇章都是讲养生的，提倡人们把进退看轻、把得失看淡、把有无看透、把生死看破，排除私欲之念，抛弃身外之物，忘却俗世之惑，顺乎天理自然，保持心地的纯朴专一，在心无羁绊的境界中养生。庄子认为，养生的最高目标在于达到心灵绝对自由的境界——“乘天地之正，而御六气之辩，以游无穷者”（《庄子·逍遥游》）这一超越现实，超越自我的“逍遥游”境界。

庄子对人生采取超越的审美态度，超越可以陶冶人的精神，可以让人忘怀得失，摆脱利害，解脱种种庸俗功利的现实计较和生活束缚，高举远蹈，怡然自适，与生生不息的大自然融为一体，从中获得生活的力量和生命的意趣。所以，深受老庄思想浸染的中国历代士人遭受挫折或不幸后，会自觉地选择回归自然，以无为自适的方式来保全生命和操守人格。魏晋时期的“竹林七贤”“兰亭名士”、陶渊明、谢灵运等士人，正是追求庄子“无为自适”生存范式和清高人格的典范。

二、无为自适——魏晋山水田园诗的基本特性

魏晋是中国历史上一个动荡不安的时期，但却是山水田园诗形成的重要时期。山水和田园同属自然，在人类本质力量对象化的过程中，诗人赋予大自然以文化内涵——负载了魏晋士人追求无为自适生存范式和生命境界的文化意义。

魏晋时期，诗人对山水的特别钟情与当时盛行的玄学有关。玄学的哲学基础是《周易》《老子》《庄子》，其核心思想是老庄的“道法自然”观，也即诗人的山水意识是建立在老庄自然情怀和人生志趣之上的。自从两汉“罢黜百家，独尊儒术”以来，“重功利、主政教，崇实录，尚雅正”的儒学正统思想是社会的主流文

化。魏晋时期，由于社会动乱，政局多变，士人的作用、地位得不到重视和保证，甚至要为人身安危问题而担忧，因而儒家正统观念不断弱化，经学束缚逐渐解除，士人们思想开始活跃起来，崇尚虚无静笃、无为自适的老庄道学和倡导涅槃静寂、明心见性的佛教释学随之兴盛起来，从而逐渐形成了以"自然"与"无为"为思想基础、以崇尚贵生与避世为文化现象的"玄学"。在玄学思想的影响下，魏晋士人普遍认为"山静而谷深者，自然之道也"（阮籍《达庄论》），山川景物都是自然之形，游览山水即可领略玄趣，追求心与道冥合的精神境界。所以，钟情山水也就成了当时衡量为人与作文的价值标准——一种崇尚潇洒、空虚、高雅、脱俗之美的审美情趣，这种审美情趣在魏晋的诗文里，特别是以陶渊明为代表的田园诗和以谢灵运为代表的山水诗中得到了充分的体现。

陶渊明（约 365—427）以自己归园田居的生活为内容，真切地写出了回归自然与躬耕劳作之甘苦，成功地将"自然"提升为一种美的至境，开创了田园诗和隐逸诗的新题材，被称为"田园诗之祖""隐逸诗之宗"，堪称中国诗学史上的第一人。

两晋时盛行玄言诗，思想比较狭隘，内容比较空虚，轻情重理，流于格式，浮浅乏味。而陶诗平淡、清新、自然，讲究真情实感，为当时沉闷的文坛吹进了一缕春风，令人耳目一新。他的诗描写了恬静优美的农村风光，表现了淳朴真实的农村生活情趣，既表现出诗人对田园生活的热爱，又表现出洁身自好的人格情操和无为自适的生存范式。他的田园诗大多是通过描写田园景物的恬美、农村生活的简朴，表现自己无为自适、悠然自得的心境。在陶渊明那里，或耕作，或读书，或饮酒，或与朋友谈心，或与家人团聚，或盥濯于檐下，或采菊于东篱，眼前的庄稼、桑麻、竹木、花卉、归鸟等无不化为美妙的诗歌意象。如《归园田居·其三》："种豆南山下，草盛豆苗稀。晨兴理荒秽，带月荷锄归。道狭草木长，夕露沾我衣。衣沾不足惜，但使愿无违。"这是一个弃仕归隐田园而从事躬耕的劳动者的切实感受，带月荷锄、夕露沾衣，实景实情生动逼真，富有自然审美情趣。文如其人，诗品乃人品，诗格则性格，陶渊明的田园诗语言质朴，明白易懂，如农家口语，但塑造出来的艺术形象却自然清新，生动鲜明，正如他朴实、率真、淡雅、清高的人品性格。袁行霈评说："在中国古代的诗人里，陶渊明应该享有崇高的地位。他的思想和为人确有令人不能不佩服的地方。他的自然、朴素和纯真所带来的艺术魅力，绝非那些‘俪采百字之偶，争价一句之奇’的时髦作品所能比拟的。辛弃疾在一首《鹧鸪天》里写道：‘千载后，百篇存，更无一字不清真。若教王谢诸郎在，未抵柴桑陌上尘。’”[①]此诗体现了陶诗清新自然、既又理趣又有情趣等特点，赞颂了的陶渊明清高自赏和不与世俗同习的人生品格。

魏晋风度是魏晋士人所追求的一种人格美，或者说是他们所追求的艺术化的人生，用自己的言行、诗文使自己的人生艺术化。陶渊明则是魏晋风度的一位典型代表。以世俗的眼光看来，陶渊明的一生是很“枯槁”的，但以超俗的眼光看来，他的一生却是无为自适的、超然艺术的。他的《桃花源记》《五柳先生传》《归去来兮辞》《归园田居》《时运》等作品，都是其适然性、艺术化人生的真实写照。

谢灵运(385—433)，汉族，浙江会稽(今绍兴)人，原为陈郡谢氏士族。东晋名将谢玄之孙，以袭封康乐公，称谢康乐，著名山水诗人，中国文学史上山水诗派的开创者，他以清新、自然、恬静的诗风创立了中国文学史上的一大流派。谢灵运一生走遍大山名川，留下了大量脍炙人口的山水诗篇。谢灵运的一生都在旅途之中，而他的精神又无时不在回乡之路，始宁(今绍兴市上虞曹娥江畔)始终是他深深眷恋、时时怀念、终生向往和皈依之地。故乡有他引为自豪的功熏卓著的祖业，更有供他啸傲风月、陶然忘机的灵秀山川和足资以过康裕生活的良田美池。谢灵运一生曾两次回乡隐居时间长达六年之久，每次回乡都是他遭受政治排挤的人生低潮之时，每次隐居都使他在家乡山水的滋养下抚平了心灵的创伤。

谢灵运的诗，大多描写会稽、永嘉、庐山等地的山水名胜，善于刻画自然景物，开创了文学史上的山水诗一派。他的诗自然清新，如写春天“池塘生春草，园柳变鸣禽”(《登池上楼》)；写秋色“野旷沙岸净，天高秋月明”(《初去郡》)；写冬景“明月照积雪，朔风劲且哀”(《岁暮》)等等，从不同角度刻画自然景物，给人以美的享受，很受文人雅士的喜爱。在描写自然清新的山水景观的同时，谢诗能巧妙地将自己内心那份无为自适的隐逸情怀蕴涵其中。他的诗作《过白岸亭》《登池上楼》《游赤石进帆海》《田南树园激流植援》《石门新营所住，四面高

---

① 袁行霈：《陶渊明研究》，北京大学出版社2009年版，第64页。

山，回溪石濑，茂林修竹》《登石门最高顶》《还旧园作见颜范二中书》《于南山北山经湖中瞻眺》《从斤竹涧越岭溪行》《道路忆山中》等，写于两次隐居故乡始宁时，在意象的选择、意境的营造上渗透了无为自适的人生理想，其审美旨趣倾向于老庄的隐逸思想。

如《过白岸亭》通过描写山水来消解内心焦虑："拂衣遵沙垣，缓步入蓬屋。近涧涓密石，远山映疏木。空翠难强名，渔钓易为曲。援萝聆青崖，春心自相属。交交止栩黄，呦呦食苹鹿。伤彼人百哀，嘉尔承筐乐。荣悴迭去来，穷通成休戚。未若长疏散，万事恒抱朴。"此诗作于景平元年，是谢灵运从永嘉辞官归隐会稽始宁，与隐士王弘之、孔淳之等交游时所作。诗人游览白岸亭，细赏密密的石子和流淌的溪水，远观苍翠欲滴的树木，聆听青崖间的天籁之音，内心与山水景物融为一体。又从自已被贬永嘉之亲身经历，联想到古人因辱而悲，因宠而乐，生死无常的故事，进而想到归隐山林，抱朴守一的审美人生旨趣。表达了诗人遭受仕途挫折时内心的焦虑和苦闷，同时也流露出寄情山水、见素抱朴的无为自适的审美人生观。

无为自适，是人与自然相冥合的一种"性适自然"的状态，是人审美生存的高超境界。谢灵运大量的山水诗都寄寓着"性适自然"的意蕴。如《道路忆山中》中的"得性非外求，自已为谁纂"，强调诗人的心性要与自然相与为一，自我生存的范式就是冥合自然，物我同一；《游南亭》中的"逝将候秋水，息景偃旧崖"，诗句中隐含着隐逸山林，遁世保真的思想，避世隐居就是为了性适自然。《登石门最高顶》中的"心契九秋干，目玩三春荑"，表明诗人的心已经淡出尘世，放弃了让他迷失自我、备受伤害的仕宦生活。

谢灵运以他的创作极大地丰富和开拓了诗的境界，使山水的描写从玄言诗中独立了出来，从而扭转了东晋以来的玄言诗风，确立了山水诗的地位。从此山水诗成为中国诗歌发展史上的一大流派。从山水文学发展的角度看，谢灵运的突出贡献在于山水诗的主题回归了自然，表现了人们追求无为自适生存范式的生命情怀。朱自清先生在《经典美谈》中称他是"发现自然的诗人"。谢灵运巧妙地将无为自适的情怀融入山水诗的意境之中，成为观览山水而产生的一种生命情怀，为后世诗人所景仰。

三、无为自适——阮孚隐居明招山的文化因缘

魏晋时期，大量的士人选择了仕途之外的另一条道路——“隐逸”。隐逸是一种士人的生活心态、生存范式和精神品质。从积极入世的士人到无奈避世的隐士，这种选择并不意味着士人放弃对社会的关怀或责任，而是以一种低调、疏离、淡然的心态对待人事与物欲，以求得心灵的解脱。在隐逸的过程中，士人们深受山水田园的滋养和老庄道法自然思想的观照，隐逸的含义从无奈避世逐渐转向自觉超世，从而促进了人性的觉醒，隐逸的目的直接指向了无为自适的生存范式与生命境界，由此形成了中国历史上绵延不绝的“隐逸文化”。

如果说先秦时期以《庄子》为代表的“无为自适”文化还处于萌发阶段，那么魏晋时期是“无为自适”文化发展的鼎盛时期，“竹林七贤”“兰亭名士”、陶渊明、谢灵运等士人正是追求庄子“无为自适”生存范式和清高人格的典范。

魏晋时期，以无为自适为人生意义的自然观扬弃了两汉时期有浓厚神学色彩的自然观，这是在玄学文化背景下的一个理性回归。它肯定人的感情欲望，同时又提倡以虚静、无为、适然的自然观来超越感官欲望。士人们对生命的短暂充满困惑、忧虑和思索，在人生的日常实践中追求无为自适形而上的超越品格。在无为自适思想的影响下，魏晋士人认为自然就是生存法则，就是人类生存和品格修行的最高境界。宗白华先生认为，“魏晋人向外发现了自然，向内发现了自己的深情”。如：王弼“名教本于自然”、郭象“名教就是自然”、嵇康“越名教而任自然”、阮籍“人生天地之中，体自然之形”等，都把回归自然、贴近山林作为人生的追求和生活的终极旨归。在这种文化背景下，魏晋士人的主体情感、人格地位得到了空前提高，认识到主客体的同一性，追求人的自我觉醒和个性释放。这正如陈寅恪先生提出的：“唯求融合精神于运化之中，即与大自然为一体”[①]，主客二元对立的消融，情感与对象的运化同一，使人对自然有了更清醒的认识，从而自觉地与自然建立更为亲切的关系，形成了以无为自适为主流思想的文化——魏晋风度。

魏晋风度，是魏晋时期士人的一种人格精神。这种人格精神表现为极度的

---

① 陈寅恪：《金明馆丛稿初编》，生活·读书·新知三联书店2001年版，第152页。

个性张扬，至情随性，率意而为，代表着魏晋士人的生存智慧和生命境界。这一人格品性，李泽厚先生称其为"人的觉醒"、余英时先生称其为"个体意识的自觉"、王瑶先生将其称为"生命意识的觉醒"。在魏晋风度这一文化精神作用下，魏晋士人的生活风尚、人物风度和文学风格发生了重大的转变，最根本的是生命意识的觉醒，冲破了外部规范的束缚，使人的内在情感得到解放，形成魏晋士人"一厢情愿""一往情深""一意孤行"的特征。南朝·刘义庆（403—444年）在《世说新语》中记载："桓子野每闻清歌，辄唤'奈何'，谢公闻之曰：'子野可谓一往有深情'。"《世说新语》还记载："王子猷（名徽之，书法家王羲之之子）居山阴（今浙江绍兴），夜大雪，眠觉，开室，命酌酒，四望皎然。因起彷徨，咏左思（西晋文学家）《招隐》诗（描述田园之乐的诗）。忽忆戴安道，时戴在剡（地名），即便夜乘小船就之。经宿方至，造门不前而返。人问其故，王曰：'吾本乘兴而行，兴尽而返，何必见戴？'"这是对魏晋士人情感与个性的直接写真。

魏晋士人生命觉醒与情感解放的一个重要成果，是人对山水自然美的发现、认同和钟情，以及由此产生的生命意识、人格品性、情感个性等内在品格的自觉和独立。宗白华指出：这是一个"精神上极自由，极解放，最富有智慧，最浓于热情的一个时代"[①]。可以说，魏晋士人对山水的爱恋几乎到了如痴、如醉、如颠、如狂的地步。他们常常涉足名川大山，流连而忘返。《晋书》（房立龄）记载："（王羲之）与东土人士尽山水之游，弋钓为娱……遍游东中诸郡，穷诸名山，泛沧海，叹曰：'我卒当以乐死'。"左思在《招隐诗》中云："非必丝与竹，山水有清音。"从王羲之的"乐死"，左思的"清音"则能看出魏晋士人对山水的钟情至爱的程度，反映了魏晋士人用心灵去感受自然，倾听山水的生态情趣和无为自适的人生境界。

山水自然美的发现、认同和钟情，直接导致了隐逸之风的盛行。中国的隐逸并不始自魏晋，早在商末就有伯夷、叔齐等著名的隐士，到东周则有长沮桀溺、楚狂接舆、荷条丈人等，战国后期的庄周更是一个著名的隐士理论家。但魏晋隐逸与以前的隐逸，在文化意义上发生了变化。一般说来，以前的隐逸侧重

① 宗白华：《论〈世说新语〉和晋人的美》，《美学散步》，上海人民出版社1981年版，第208页。

于“无为避世”，而魏晋士人的隐逸则是领悟了山水之乐，因而是具有“无为自适”特性的隐逸，这种隐逸是以对山水之美的发现、认同和钟情为文化基础的，赋予隐逸以诗性、艺术和审美的内涵，从而成了魏晋士人普遍的生存范式和生命境界。所以，以前的隐逸只是个人的行动，个别的现象，魏晋士人的隐逸则是成为社会风尚的隐逸，是受到整个社会所企慕的隐逸。在这一文化背景下，深受“竹林七贤”家族遗风熏陶的阮孚毅然借故辞官隐居于武义明招山，以自己无为自适的人生实践开创了“东晋隐逸明招文化”。

叶一苇先生指出：“‘东晋隐逸明招文化’是咸和二年(327)阮孚受任镇南将军，赴广州途中归隐于明招山，以他的思想行为承袭着魏晋‘竹林七贤’之风，演变成‘隐逸明招文化’影响于后代的文化。”①

阮孚(约278—326年)字遥集，晋尉氏(河南县名，属开封)人，阮咸次子。西晋时，原在太傅府任军职，避乱渡江后在东晋皇朝任职，历经元帝、明帝、成帝三朝，前后共约10年，以继承父亲(阮贤)和叔祖(阮籍)的任性旷达见称。当时的人给予阮孚“诞伯”的称号，与阮放、郗鉴、胡毋辅之、卞壸、蔡谟、刘绥及羊曼合称“兖州八伯”。

据史料记载，阮孚是一位文武双全的年轻重臣廉官，深得皇帝的信任。但阮孚却没有尽忠尽职以报效朝廷，而是在赴任的途中谎称暴病身亡而弃职，选择明招山归隐终老。这绝不是偶然的现象，也不是一时心血来潮的举动，而是有着深厚的社会政治和家族遗风背景的。

魏晋之交，战乱频仍，世事纷扰。司马氏为扫除异己，滥行杀戮，天下多故，名士少有全者。在此社会政治背景下，伴随着魏晋玄学的兴起，“竹林七贤”(嵇康、阮籍、山涛、向秀、刘伶、王戎、阮咸)与玄学所倡导的玄无精神相表里，以隐于山林的行为来保持对黑暗朝廷和虚伪政治的疏离与反抗。这一魏晋风度成为后世文人追求的一种颇具魅力的人格品性。正如鲁迅先生指出的：“以阮籍、嵇康为代表的‘竹林七贤’，他们在黑暗而残酷的社会政治环境中，虽也谈‘玄’，却是出于对社会现实的强烈不满，想在老庄的思想中寄托他们的反抗愿望

① 叶一苇：《寻找明招文化》，大众文艺出版社2008年版，第16页。

……”[①]以竹林七贤为代表的魏晋士人的反抗精神，动摇了自西汉以来独尊儒术的文化专制地位，从而形成了以玄学为哲学基础，以追求回归自然、无为自适为文化旨归的魏晋隐逸文化思潮。

阮孚从小受隐逸家风（“竹林七贤”中的阮籍、阮咸）的熏陶，目睹“竹林七贤”的生存范式尤其是阮籍无奈人生，从而在幼小的心灵中埋下了隐逸的种子。元帝时（公元317—322），阮孚因名人之后被推荐出仕为官任安东参军。史料记载：阮孚任职五年中，只是“蓬发饮酒”，不把公务放在心上。明帝时，王敦叛乱，赐爵阮孚南安县侯，转吏部尚书领东海王师去平乱。阮孚称病，不肯领命，甚至拒见明帝，只是在家饮酒玩屐，终日穿着打上防滑蜡的木屐登山游玩。史料记载：“（阮孚）迁为黄门侍郎、散骑常侍，尝以金貂换酒，复为有司弹劾。帝宥之。”（房玄龄《晋书》）后人用“金貂换酒”，以表示名士耽酒、旷达傲世。公元325年，太后辅政、朝风日下、政局不安、社会动荡的形势下，他毅然提出自求外放。《晋书·阮孚传》记载：晋成帝即位后，阮孚对庾太后和庾亮辅政持不同意见，相信将会有祸乱发生。此时广州刺史刘顗去世，阮孚主动请求朝廷委任自己继任。在朝中主政的王导等人认为阮孚性格放荡不羁，不适合在中央任职，决定批准他的请求，任命他为“都督交、广、宁三州军事”“镇南将军”，兼任“广州刺史”等职。阮孚受命赴任，途中患病去世，终年49岁（实际隐居于明招山）。不久苏峻之乱爆发，有识之士认为阮孚有先见之明。阮孚从被动为官—纵饮不事—金貂换酒—自求外放—弃官归隐，有其必然性——老庄“无为自适”思想对魏晋士人人生范式的影响和“竹林七贤”隐逸家风对其潜移默化的熏陶。

阮孚之所以倾慕于明招山的江湖林泉、山水田园，不仅仅是厌倦了官场的险恶、都市的喧嚣和名利的枷锁，同时也是对自然审美心理的体现，由此实现了从“避难保身”到“无为自适”之生命境界的提升。自然作为人的伴侣存在于阮孚的精神世界中而成为主体审美的特定对象，是人审美存在经验、理想的一种文化凝积。魏晋士人隐逸方式的多元化和山水体认的人格化，使士人们观察、体验、感受到山川景物的森罗万象，领悟到其中蕴含的无穷无尽的美，培养出他

① 鲁迅：《魏晋风度及文章与药及酒之关系》，《鲁迅全集》第四卷，人民出版社2005年版。

们对山水的挚爱与钟情，以致形成了表现“无为性”的山水文化，而透过山水文化又可以看出其中所凝铸的士人追求“自适性”的自然情怀。“山水成为士人审美活动的起点，士人于自然的感召下，涌起一种心旌摇荡，神思飞动与物同化的审美激情，而主体激荡的审美激情，在对象的不断触发下逐渐生长，而后驱动着已经获取的自然山水共同运行，这样心与物、人与自然、审美主体与客体必然建立起感应交流的关系……”[①]从而，阮孚也与其他魏晋名士一样，实现了“向外发现了自然，向内发现了自己的深情，”[②]的双重文化享受——在对自然山水精神的体悟中，阮孚从生理到心理都得到应有的满足，山水给了他以感官的愉悦和心灵的缓释，以及追求对身与物游、心与物化的精神满足。在阮孚那里，山水不但成为主体审美情思的文化载体，而且成为主体对自然山水的人格与生存追求，也即阮孚把山水作为自己生存的伴侣，把自己的生命存在与山水存在视为共同体，从而臻及“无为自适”生存范式和人格品行的超然境界。

阮孚选择明招山为归隐之地的因缘应该是多元的，这一直是学界思索与讨论的问题。但有一个因缘很明了，那就是明招山的自然条件和人文禀赋适合于士人隐居。晋代学者郭璞有诗云：“林无静树，川无停流。”阮孚评曰：“泓峥萧瑟，实不可言，每读此文，辄觉神超形越。”[③]可见，阮孚实属性情中人。基本上可以猜断，阮孚隐居明招山的首要因缘就是看重那里的宁静山水和淳朴民风。这可以从后人的诗词中得到印证，唐代著名山水诗人孟浩然旅居武义时曾留下《宿武阳川》一诗：“川暗夕阳尽，孤舟泊岸初。岭猿相叫啸，潭影似空虚。就枕灭明烛，扣舷闻夜渔。鸡鸣问何处，人物是秦余。”孟浩然俨然将武阳川当作陶渊明理想中的“世外桃源”，其山水之美、民风之淳使这位一生云游名川大山的诗人赞叹不已。后来武义籍文人徐鼎轼在《朝中措·白阳山居》词中描写道：“峰峦万叠绕烟霞，古木带啼鸦，试问茅庐何处？翠微山下人家。千竿修竹，一

① 陈国敏：《从魏晋南北朝山水诗看士人隐逸审美心态》，《昭通师范高等专科学校学报》2003年第6期。

② 宗白华：《论〈世说新语〉和晋人美》，王德胜编：《中国现代美学名家文丛·宗白华卷》，浙江大学出版社2009年版，第200页。

③ 宗白华：《论〈世说新语〉和晋人美》，王德胜编：《中国现代美学名家文丛·宗白华卷》，浙江大学出版社2009年版，第197页。

弯绿水，满地桑麻。怕有渔郎寻觅，沿溪不种桃花。”这首词直接把白阳山描写成“桃花源”。白阳山屹立在武阳川(又名武义江)的东岸，那里峰峦万叠、烟霞千障、古木参天、绿水、修竹、桑麻、人家……阮孚的从弟阮瑶和他的夫人刘氏(“竹林七贤”之一刘伶的女儿)就隐居在此处。白阳山向东南延伸沿白鹭溪而上就是明招山。这里更是风景幽美，林木深邃、溪水潺潺，阮孚选择这里隐居是独具慧眼的。明招山不是交通要道，不是战争要地，这里距县城很近(5 千米)，离尘嚣很远，曲径通幽，别有洞天。隔水有小村农家，可以串门聊农事，把酒问桑麻；隔山便是阮瑶夫妇的隐居处，可以相呼一道游山玩水，饮酒叙旧、听琴品茶、谈诗说禅；山庄门前有池塘，可以种荷垂钓；山脚有平地，可以种植庄稼、园蔬、桑麻及药材，其收入可维持最低的生活之需。由于长时期的隐居，阮孚的生活过得比较艰苦，据《类函》记载，“阮孚持一皁(黑色)囊，游会稽，客问：‘囊中何物？’(答)曰：‘但有一钱守囊，恐其羞涩”(所以用囊装着)。由此“阮囊羞涩”(囊中空空只有一个钱，形容穷窘)就成为一个成语。但阮孚很乐观，以持守无为自适的生存范式为乐，以躬耕田园、自食其劳为魏晋风度作了完美的脚注。晚年的阮孚把他的大部分住宅捐赠改建为明招寺，自己也在亦道亦禅、半耕半读、有劳有逸的现实生活中提升了无为自适的生存范式和生命境界。

以阮孚为代表的魏晋士人隐居武义明招山一带，开创了“隐逸明招文化”，引出了武义地方的“隐逸之风”，从而对武义人的生存范式和人生品格产生了重要的影响。

隐士风度是一种平和冲淡，超然脱俗，注重心意，不拘形迹，不苟富贵，不慕荣辱，随遇而安，一任自然的人文品性。这一品性成就了武义独具特色的人文生态，武义人宁静而不颓丧、达观而不任性、勤劳而不强求、随和而不盲从，崇尚顺其自然，注重生态环境，乐于守土务农，讲究随遇而安。正是这一有着浓厚隐逸性的文化，为当代武义保留了适宜生态休闲养生的一方净土和千年文脉——魏晋时期留存的无为自适生存范式和生命情怀。

作者简介：

与禾，复旦大学生态美学博士。近期研究课题：陶渊明归园田居与荷尔德林诗意栖居的文化旅程。

天理人性:东莱初心学说的审美向度

宋明理学是以“天理”论为哲学基点和以“人性”观为思想核心的文化体系。

宋明理学源于北宋初年以欧阳修、范仲淹为代表的士大夫,为改变汉唐儒家深陷于“解经注史”,使儒学日趋“训诂”化而失去时代价值的现状,试图将儒学从文化困境中解救出来,注入新的思想生命为历史背景的。儒家学者在钻研佛道典籍中,意外发现了佛道思想的精髓奥义,并以儒家固有的包容心态充分汲取、融化和运用了“道法自然”的天理法则和“明心见性”的人性境界等思想,逐步形成了新儒学——理学的“天理”论和“人性”观。“宋儒何以能迈于古人,此则大有得于二氏之教,不可讳也。”(钟泰《中国哲学史》卷下)理学的开山鼻祖周敦颐的《太极图说》《通书》等著作中,充分吸收了老庄思想精华,开辟了新儒学诠易的里程碑。宋代著名理学家张载、二程、陆九渊、朱熹、吕祖谦等大都有“出入释老”的经历。

儒家两大巨子孟子与荀子,在“性善性恶”问题上为什么会发生观点如此鲜明的对立并开展如此激烈的论争呢?原因就在于,儒家为社稷立业的最基本范式是“教书育人,明德养正”,也即以仁义思想和礼乐规范来教化人们。这就无法回避一个很实际的问题——“人性本源”,也即最初之人性是“善良”的还是“邪恶”的?只有弄清楚这一本原问题,才能有针对性地施行教化。正因如此,儒家诸子才进行了这场持续时间最久的思想大论战。

从史学角度上讲,人性是在一定历史条件下和一定社会制度中形成的人的基本天性。因而,人的本性并非一直停留在“人之初,性本善”层面上的,在不同的历史条件、不同的社会层面上,其人性是有差异的,并且是会改变的。从而,对不同的人群、不同阶段施行“明德养正”之教化应有所区别。基于此,以经史见长且一贯倡导经世致用的理学家吕祖谦,提出了以“天理”为准则,将“人性”修养指向持守“初心”的审美境界。

一、宋儒“天理”论之精义

理学的思想理路是以“天理”观为哲学基石的学术思想和话语实践。宋儒一个共同的文化旨归是将儒学的基本问题皆纳入以“天理”论为基点的理学思想体系之中，由此使儒学更具哲学思辨性。

(一)“天理”论的创立

可以这样认为，“天理”观的提出并对理论的构建是宋儒的一大思想创新。在先秦乃至汉唐儒家经典里鲜有“天理”之说，似乎仅在儒家经典《礼记·乐记》中出现过一次“天理”的字眼。二程独创“天理”论并以此为基点构建理学思想体系，使儒学有了别开生面的发展。这是一个重要的史实，南宋理学家真德秀在《明道书院记》中所说：“自有载籍而‘天理’之云，仅见于《乐记》。(程颢)先生首发挥之，其说大明，学者得以用其力焉，所以开千古之秘、觉万世之迷。其有功于斯道，可谓盛矣！”(宋·周应合《景定建康志》卷二十九)程颢也当仁不让地曰：“吾学虽有所受，‘天理’二字却是自家体贴出来。”(宋·程颢《二程外书》卷十二)

(二)“天理”论的含义

在二程思想中，“天理”是作为世界最高本体来定义的。检梳二程资料，关于“天理”含义主要有下列几方面的论述：

“天理”是自然的，超越时间和空间的。“莫之为而为，莫之致而致，便是天理。”(宋·程颢、程颐《二程遗书》卷十八)“理则天下只是一个理，故推至四海而准。须是质诸天地，考诸三王不易之理。”(宋·程颢、程颐《二程遗书》卷二)

“天理”是反映天地万物对立统一、永恒运动和无穷变化的生成法则。“天地万物之理，无独必有对，皆自然而然，非有安排也。”(宋·程颢、程颐《二程遗书》卷十一)“理必有对，生生之本也。”(宋·程颢、程颐《二程粹言》卷一)“天下之理，未有不动而能恒者。”(宋·程颐《伊川易传》卷三《恒卦》)“通变不穷，事之理也。”(宋·程颢《程氏经说》卷一)

“天理”是客观存在，是万事万物普遍存在的法则，是不以人的主观意志为转移的。“万理归于一理。”(宋·程颢、程颐《二程遗书》卷十八)“二气五行，刚柔万物，圣人所由惟一理。”(宋·程颢、程颐《二程遗书》卷十六)“天理云者，这一个道理更有甚穷已？不为尧存，不为桀亡。”(宋·程颢、程颐《二程遗书》卷二)

“天理”作为本体与现象世界是统一的，反映物极则反的规律。“至微者理，至著者象，体用一源，显微无间。故善学求之必近。”（宋・程颢、程颐《二程粹言》卷一）“有物必有则，一物须有一理。”（宋・程颢、程颐《二程遗书》卷十八）“物极则反，事极则变。困既极矣，理当变矣。”（宋・程颐《伊川易传》卷四《困卦》）

“天理”是天道与人情的统一，君臣父子之伦常关系皆属“天理”。“凡眼前无非是物，物物皆有理……至于君臣父子间皆是理。”（程颢、程颐《二程遗书》卷十九）

（三）“天理”论的应用

儒家主要经典为“四书”“五经”。宋儒诠释“四书五经”十分强调“天理”概念。如：朱熹注《大学》开篇首句“大学之道，在明明德，在亲民，在止于至善”时，三次提到“理”字，即“众理”“事理”和“天理”，最后提出“尽夫天理之极，而无一毫人欲之私”（宋・朱熹《四书章句集注》）的理学宗旨。《论语・颜渊》中的章句“颜渊问仁”，朱熹注曰：“心之全德，莫非天理”“事皆天理，而本心之德，复全于我也。”《孟子・公孙丑》中的章句“矢人岂不仁于函人哉”，朱熹注曰：“仁，在人则为本心全体之德，有天理自然之安。”《中庸》中的章句“人心惟危，道心惟微”，朱熹注曰：“二者杂于方寸之间而不知所以治之，则危者愈危，微者益微，而天理之公，卒无以胜夫人欲之私矣。”（以上例句均引自朱熹《四书章句集注》）

在“二程”、朱熹的影响下，宋代的其他理学家一改汉唐儒家学者奉行的咬文嚼字“蛀虫啃书”式的训诂治学方式，在解经注时中广泛使用了“天理”的概念，重在理解领会儒家经典思想内涵和时代意义。在理学的思想体系中，认为“天理”是宇宙的根本，“天理”是不依赖万物天地而永恒、独立存在的。对于自然事物来说，一切事物的生成、存在、发展和演化都必须遵循自然法则——东南西北中之空间法则，春夏秋冬之时间法则，木火土金水之生克法则等；对于人类社会来说，同样也有某种共同的规律来支配和规范大众的言行，那就是人类社会的伦理道德——仁、义、礼、智、信等。宋儒将社会伦理原则与自然生存法则统一起来对待与思辨，这在儒学文化史上是一个重要的进步。

二、宋儒“人性”观之精义

宋明理学思想体系的核心是以君子“良知”为文化标杆的“人性”观，这是儒学与道学、释学以及其他流派一个根本性的区别。几千年来,儒家学者一直围绕“性善”“性恶”问题争论不休,但直到宋前,哲学维度上的“善”从何来、“恶”从何来的基本问题始终没得到完满的题解。

(一)“善”“恶”来源命题的提出

到了宋代,理学家提出了“天命之性”与“气质之性”的哲学概念,试图解决“善”“恶”的来源问题。首先提出此命题的是张载,他认为“善”从“天命之性”而来,而“恶”从“气质之性”而来。他有曰:“形而后有气,质之性,善反之,则天地之性有焉。”(宋·张载《张载集·正蒙诚明》)二程继承了张载的思想体系,提出了“天命之性”即本体“理”在人性中的体现,就是伦理纲常“仁、义、礼、智、信”。“天命之性”是纯善的,但气有清浊之分,故人的“气质之性”亦有异,也即受到不同“气”的影响,人的思想就有了“善”“恶”之分。

(二)“善”“恶”来源观点的分歧

朱熹继张载、二程而成“理学”之集大成者,陆九渊独树一帜自成“心学”流派。宋儒两大主流学派围绕“人性”观展开长期的争辩,使得儒学“人性”问题向两个方向发展。

朱熹提出:“性者,人之所以得与天之理也。”(宋·张载《张载集·正蒙诚明》)他认为“人物之生,必禀此理,然后有性,必禀此气然后有形。”(宋·朱熹《朱熹集》)“论天地之性,则专指理焉,论气质之性,则比理与气杂而言之。”(宋·朱熹《朱熹集》)朱熹的人性论,是由他的“理”一元论的本体论决定的,他从“心”的体用关系来说明人性问题,认为性和情都统于“心”,是“心”的体用:“心有体用,未发之前,是心之体,已发之际,是心之用。”(宋·朱熹《四书章句集注》)在朱熹那里,“心”的本体是“天地之性”,是纯真“善心”,而“情”与“欲”则是有善恶之分的,其不善的原因是受物欲的诱惑或牵累。

陆九渊“人性”观的理路与张载、二程及朱熹不同,他提出了一个历史性的哲学命题——“宇宙便是吾心,吾心即是宇宙”,其思想核心就是“心即理”。他认为:“宇宙便是吾心,吾心即是宇宙,千万世之前有圣人出焉,同此心,同此理也。”“人皆有是心,心皆具是理,心即理也。”(宋·陆九渊《象山先生全集》)陆九渊认为,心又叫本心,是世界的根本,世界就是依据这种道德意识而存在的。在陆九渊那里,本心即是原儒家力倡的仁、义、礼、智、信之天赋的“善”心,也即人的道德意识。他用“本性”作为善的根据，认为在天则为性，在人则为心，所以“心即性”。

三、东莱持守“初心”的审美向度

吕祖谦的学术思想具有博大的包容性。其哲学思想继承程颢“只心便是天，尽之便知性”之说，认为“心即天也，未尝有心外之天；心即神也，未尝有心外之神……心用气而荡，气由心而出”（宋・吕祖谦《东莱博议》卷一），心即天即神，宇宙万物及其运化不能存于心外，与陆九渊的“宇宙便是吾心，吾心即是宇宙”大体相类；认识方法取朱熹以“穷理”为本的“格物致知”说；教育上接受叶适、陈亮经世致用的主张，提倡“讲实理，育实材而求实用”；读史注经方面发扬了中原文献之学，主张尊重史料，明理躬行，治经史以致用于当世。

（一）对“天理”和“人性”的诠释

吕祖谦对“天理”“人性”的诠释，既不同于朱熹也不同陆九渊，他折中地汲取了他们的部分观点，按照吕学“明理躬行”“经世致用”的思想理念，将“天理”与“人性”内化为独具吕学特色的君子“良知”观。

吕祖谦接受朱熹思想，将“天理”看作宇宙万物和人类社会的总原则，同时更多汲取陆九渊“心即理”的思想精华，认为“心”是“天理”转化“人性”和“人性”顺应“天理”之载体，当“人性”与“天理”相融合即为人的“良知”。他曰：“圣人之心，即天之心；圣人之所推，即天所命也。”（宋・吕祖谦《东莱博议》卷三）他认为完美的“人性”是“天理”的具体表现，当人臻及“完美”之境时，即为“人性”与“天理”合二为一了。此等境界，便是“心外有道非心也，道外有心非道也。”（宋・吕祖谦《东莱博议》卷二）

吕祖谦主观上力图把“天理”和“人性”联系起来立论，他认为：“人言之发，即天理之发也；人心之悔，即天意之悔也；人事之修，即天道之修也。”（宋・吕祖谦《东莱博议》卷十二）可见东莱学术有其独到的见解。

（二）对“天理”论和“人性”观的运用

吕祖谦从重义理出发，在解诠《易》中提出“天下惟有一理”的命题。他曰：“天下惟有一理‘坤’……乃顺承天，合无疆而已。盖理未有在‘干’之外者也，故曰效法之谓‘坤’。”（宋・吕祖谦《丽泽论说集录》卷十二）他认为天下唯有一

“理”，而唯一之“理”不在“干”之外，即不在“天理”之外，所以说效法“天理”之谓“坤”。东莱认为，“干”卦的作用是至高无上的，“坤”卦应效法和顺承“干”卦所蕴含的“天理”，以德普及万物而达到无边无际。很显然，东莱是按照“天理”论和“人性”观的理路来诠释《易》书的。

“理一分殊”是中国宋明理学讲“一理”与“万物”关系的重要命题。《东莱易说》开篇首句便曰：“读《易》当观其生生不穷处。”这就奠定了他将继承并发挥周敦颐关于“一”与“万”的辩证思维范式，以“生生不穷”之“天理”来解诠《易》的义理和解答“理一分殊”这一哲学命题，从而构建自己的易学世界图式。东莱明确提出“理”不仅是形而上的最高本体，而且是人类社会的最高准则，从而为“人性”服从“天理”找到理论依据。他曰：“非谓两仪既生之后无太极也，卦卦皆有太极；非特卦卦，事事物物皆有太极。干元者，《干》之太极也；坤元者，《坤》之太极也。一言一动，莫不由之。”（宋・吕祖谦《吕祖谦全集》第二册《丽泽论说集录》）在东莱那里，太极即是“理”，阴阳两仪是名殊实一的存在体，太极之“理”是完美、和谐与永恒的。天地两仪、五行八卦、世界万物，社会“人性”都必须一以贯之地涵摄于太极之中，不折不扣地遵循“天理”——自然生存法则和社会纲常伦理。

（三）人性修养的审美指向——持守“初心”

在认识论上，吕祖谦强调“反求诸己”“反己无我”。其逻辑理路是“圣人之心万物皆备，不见其外”，而“吾胸中自有圣人境界”，因而“人性”修养就不必求之于外，只要“求诸内心”即可。这在学理上很顺当地将“天理”论和“人性”观内化为持守“初心”这一审美指向。

吕祖谦认为，人性修养的大美之境就是持守“初心”，人如果能持之以恒地守护好“初心”，人心就如阳光一样“烜赫光明”，这是“人性美”的最高境界。他曰：“如日出于地，烜赫光明，凡舟车所至无不照临。人之一心，其光明若是。若能扩而充之，则光辉烂灿，亦日之明也。然人有是明而不能昭著，非人昏之，是自昏之也。故曰自昭明德。盖昭之于外亦是自昭，非人昭之也。”（宋・吕祖谦《吕祖谦先生文集》卷 14《易说・晋》）他继而曰：“若夫仁者之心，既公且一，故所见至明，而此心不变。譬如镜之照物，唯其无私，而物之妍丑，自不能逃，虽千万遍之，其妍丑固自若也。”（宋・吕祖谦《吕祖谦先生文集》卷 17《论语说》）在东莱看来，镜子是具有“无私之美”境界的，因而能清楚反映事物之“妍丑”。以此推理，如果人心亦“无私”，做到“既公且一”，那么就会达到“自昭明德”至善至美之境。这就很自然地将“天理”和“人性”内化为君子“良知”说了。

吕祖谦曰：“人心所有之明哲，非自外也。万物皆备，初非外铄。惟失其本心，故莫能行。苟本心存焉，则能力行也。”（宋·吕祖谦《左氏传说》卷14）“凡人未尝无良知良能也。盖能知所以养之，则此理自存，至于生生不穷矣。”（宋·吕祖谦《吕祖谦先生文集》卷16《礼记说》）在东莱那里，“本心”即人之为人的最美的品质——“良知”。他认为“良知”其实是人与生俱来的“初心”，如果能注重持守这种先天固有的“初心”，并加以适当的养护，那么人就自然而然具有“良知”，就能领悟到“生生不穷”的万物共循之“天理”。那么，人也就不需要去外部世界探求什么理了，“初心即理”，人在持守和养护“初心”的过程，就是“寻理”与“循理”的过程。东莱把孟子的“人之初，性本善”和宋明理学的“天理”论、“人性”观给出了显然的审美指向——持守“初心”。

吕祖谦曰：“人当件件守初心，如自贫贱而之富贵，不可以富贵移其所履。惟素履，故无咎，盖不为地位所移也。此最是教人出门第一步。”（宋·吕祖谦《吕祖谦先生文集》卷13《易说·复》）东莱认为，“人性”最初是至善至美的，是与“天理”准则相一致的，是后天遭受利欲的影响而慢慢疏离“天理”的。所以，要复归至善至美的“人性”，就需要坚持守护“初心”，从事每一件事都要以守住“初心”为道德标准和行为底线，无论是富贵还是贫贱都不能偏离持守“初心”这一原则，这是教育人们为人处世的第一课。如果人忽视了持守“初心”，任其离经背道向外而去，那么“人性”会背离“天理”越来越远，导致“人之心本正，迨夫流散，然后失其正”（宋·吕祖谦《吕祖谦先生文集》卷13《易说·履》），从而失去“中正仁义之体”的固有属性。东莱强调，人只要能始终守住“初心”，不受外界利欲诱惑的影响，“人性”就会复归“天理”，经过一以贯之的持守“初心”，普通人也能像君子那样达到与“天地同流不息”的大美之境。

吕祖谦认为，持守“初心”的关键是要通过“反已”“无我”而达到“明德”“正心”的“初心”之美。他曰：“贞者，虚中无我之谓。此心一正，则其所感者无有壅遏之患，自然无往而不吉……天地之情不外乎正，吾能尽克一已之私以正而大，则天地正大之情亦不能外”。（宋·吕祖谦《吕祖谦先生文集》卷13《易说·咸》）

在东莱那里,“反己”是“明德”的方法,“无我”是“正心”的前提。这样,持守“初心”就不仅仅是要求人们持守住“人之初”的本来“善性”,而且还将其提升到儒家“君子”道德修养的审美观层面上来。

“天理”是儒家设立的自然万物的生存法则和社会人文的行为准则,其落脚点是“人性”,而“人性”修养最重要的途径是持守“初心”,其终极旨归是君子“良知”之大我之境。正如尹业初博士所言:“对人性问题的思考,固然是人反思人之为人的本质,其实更重要的是在吾人心中明确一种人之为人的理想。从而超越现实经验层面的小我,即经验层面上实然之人性,实现未来理想层面的大我,即理想层面上应然之性。”①

当下,人们的思想观念在极端功利主义和绝对科技主义的冲击下,加之受西方自由主义思想和个人主义思想的影响,导致信仰失却、道德沦落、见利忘义、损人利己的人性异化现象日益严重。宋明理学家的“天理”论、“人性”观尤其是东莱力倡的持守“初心”学说,对于当下社会改善被扭曲的价值观、人生观和审美观将能起到正面的教化和引导作用,对于促进文化觉醒,重塑大众信仰,提高公德水平等精神文明建设,具有重要的时代价值和现实意义。

---

① 尹业初:《历代人性论及其现代意义》,《内蒙古农业大学学报》2004年第3期。

格物致知：明招经济教育的文化脉络

——东莱经国济世思想对浙东文化的影响

“格物致知”是中国古代儒家思想中的一个重要概念，乃儒家专门研究人事物理之学问。其源于《礼记・大学》八目——格物、致知、诚意、正心、修身、齐家、治国、平天下所论述的“古之欲明明德于天下者，先治其国；欲治其国者，先齐其家；欲齐其家者，先修其身；欲修其身者，先正其心；欲正其心者，先诚其意；欲诚其意者，先致其知，致知在格物。物格而后知至，知至而后意诚，意诚而后心正，心正而后身修，身修而后家齐，家齐而后国治，国治而后天下平”。儒家“格致诚正，修齐治平”之八目，就是孔孟倡导的“大人”之道、“君子”之格，它是古代先贤智慧的凝练与总结，是中华民族世代相传的文化信仰，激励着一代代志士仁人胸怀天下，心系苍生，亲力亲为以践行“先天下之忧而忧，后天下之乐而乐”“为天地立心，为生民立命，为往圣继绝学，为万世开太平”等崇高的价值理念。

一、格致的含义综述

中国历代学者对于“格物致知”的观念各异，其主要区别在于“格”什么，“致”什么，为什么而“格致”。历代儒学大家对“格物致知”学说的含义，大致有下列见解：

1. 事物之来发生，随人所知习性之喜好。

持此观点的有东汉经学家郑玄、唐代儒学家孔颖达。

东汉时期的郑玄在《〈礼记・大学〉注》中提出：“格，来也。物、犹事也。其知于善深，则来善物。其知于恶深，则来恶物。言事缘人所好来也。此致或为至。”他最早为“格物致知”做出注解。

唐代孔颖达在《五经正义・礼记正义》中提出：“致知在格物者，言若能学习，招致所知。”

2. 万物所来感受，内心明知昭然不惑。

唐代李翱在《复性书》中提出：“物者，万物也。格者，来也，至也。物至之时，其心昭昭然明辨焉，而不应于物者，是致知也。”

3. 抵御外物诱惑，而后知晓德行至道。

北宋时期的司马光在《致知在格物论》中提出：“格，犹扞也、御也。能扞御外物，然后能知至道矣。郑氏以格为来，或者犹未尽古人之意乎。”这种解释开始赋予格物致知以认识论的意义。

4. 穷究事物道理，知性不受外物牵役，致使自心知通天理。

北宋时期的程颢在《程氏遗书》中提出：“人格、至也。穷理而至于物，则物理尽。”

北宋时期的程颐在《程氏遗书》中提出：“格犹穷也，物犹理也，犹曰穷其理而已也。穷其理然后足以致之，不穷则不能致也。”二程明确将格物致知引入认识论。

5. 穷究事物道理，致使知性通达至极。

南宋时期的朱熹在《大学章句》中提出：“所谓致知在格物者，言欲致吾之知，在即物而穷其理也。盖人心之灵，莫不有知，而天下之物，莫不有理。惟于理有未穷，故其知有未尽也。”朱熹按照理学观点作了一篇《补格物致知传》，对“格物致知”作了详尽的解释，从此“格物致知”的意义就逐渐成为后世儒者研讨的重要议题。

6. 修持心性不为物牵，回复天理之知。

南宋时期的陆九渊在《象山全集》中提出：“天之与我者，即此心也。人皆有是心，心皆有是理，心即理也。”“学问之初，切磋之次，必有自疑之兆；及其至也，必有自克之实；此古人格物致知之功也。”

7. 端正事业物境，达致自心良知本体。

明代的王守仁在《大学问》中提出：“‘致知’云者，非若后儒所谓充扩其知识之谓也，致吾心之良知焉耳。”《传习录》记载：“格物是止至善之功，既知至善，即知格物矣。格物如孟子‘大人格君心’之‘格’。”《古本大学旁释》记载：“无善无恶是心之体，有善有恶是意之动，知善知恶是良知，为善去恶是格物。”

8. 规范反省自身行为，了知德行根本。

明代的王艮指出：“格物然后知反己，反己是格物的功夫。反之如何？正己而已矣。反其仁治敬，正己也。其身正而天下归之，此正己而物正也，然后身安也。”

9. 亲自实践验证，致使知性通达事理。

清代的颜元在《习斋馀录·言行录》中指出：“周公以六艺教人，正就人伦日用为教，故曰‘修道谓教’。盖三物之六德，其发见为六行，而实事为六艺，孔门‘学而时习之’即此也；所谓‘格物’也。”

二、吕学格致洽化

“格物致知”的含义，是儒学思想史上的千古之谜。它之所以使儒学界争论达千余年，首先是因为“格物致知”是《大学》八目的基础功夫，更是“诚意正心”的修持基础。至宋代，“格物致知”成了儒家理学最为关注的哲学命题。

（一）宋儒“格致观”之两大流派

“格致观”在理学集大成者朱熹和心学创始人陆九渊的思想体系中都占有重要地位，但他们对“格物致知”的诠释大相径庭。朱熹从客观世界出发，通过“格物致知”由外在事物把握“理”；陆九渊则从主观世界出发，通过发明本心由内向外以求证“理”。

1. 朱熹外物格致观

朱熹的《补格物致知传》开宗明义，言格物乃致吾之知，即贯通主体的知识，其途径便是穷事物之理，集中反映了理学重视格物穷理工夫的特征。朱熹在《补格物致知传》提出：“所谓致知在格物者，言欲致吾之知，在即物而穷其理也。”他认为：“格，至也。物，犹事也。穷至事物之理，欲其极处无不到也。”“格物者，格，尽也，须是穷尽事物之理。若是穷得三两分，便未是格物，须是穷尽得十分，方是格物。”“致，推极也。知，犹识也。推极吾之知识，欲其所知无不尽也。”朱熹站在儒家内修外治的家国经纬上谈论“物”，认为“天地万物之理，修己治人之方，皆所当学。”凡家国的一切事物都是他关注的“物”，天道地理、国计民生以及伦理道德，都是“格物”的范畴。“格物”就是世界万物认识各自的规律，“致知”则为通过日积之功认识和把握“终极之理”。朱熹认为，《大学》八条目始于“格物”，所以学者首先须格天下之物，求其内在之理至乎其极。朱熹格致观所体现出的理性主义精神，为社会大众指明了一条“希贤希圣”的大道，儒家的价值理想可通过这条可循路径予以实现，这对于培育国人的精神有着重要的意义。所以，朱熹的格致观成为宋代以降士大夫主流的文化取向，是士人成就道德生命价值的主要途径。

2. 陆九渊本心格致观

陆九渊从构建“心学”理论体系出发，提出“宇宙便是吾心，吾心便是宇宙”的命题，认为人们的心和理都是天赋的，“格物致知”的功夫在于求证内心，“格物”的目的在于穷此理、尽此心，已达“致知”之境。他提出：“所谓格物致知者，格此物致此知也，故能明明德于天下。《易》之穷理，穷此理也，故能尽性至命。《孟子》之尽心，尽此心也，故能知性知天。”（《象山全集》卷十九）他认为，孟子崇尚仁义礼智“四端善心”是自明的，格物致知只需尽心明理，发明本心。格物是尽心的功夫，即是正心。“仁义者，人之本心也。”（《象山全集》卷一）在陆九渊那里，“格”，则至，则穷，则究。他说“格，至也，与穷字、究字同义，皆研磨考索，以求其至耳。”（《陆九渊集》第 53 页）“物”，则事，则理，则万物万事之理。“格物”，即研磨考索万事万物之理。“所谓格物致知者，格此物致此知也，故能明明德于天下。”（《陆九渊集》第 28 页）“格物”是为了“致知”，“致知”在于“格物”。陆九渊传承了孟子“万物皆备于我”的思想体系，认为宇宙是内心道德普及出去的宇宙，“格物致知”即是发明本心所具有的“四端善心”，以致唤醒与复归“良知”等道德伦理。“‘格物’不是一物一事的去‘穷格’，而是体认‘心’中已有之理。因为‘万物皆备于我’，自然无须在我‘心’之外去‘格物’，而只要体认‘本心’，万物之理便‘不解自明’。”[①]陆九渊的格致观强调个人的独立思考和主观能动作用，这对于冲破南宋士人“蛰坐而论道”，不求开拓进取的风气，起到了振聋发聩的作用。

（二）吕祖谦经济格致观

“经济”，本义为“经纶天下，济世治平”。《晋书・殷浩传》记载：“足下沉识淹长，思综通练，起而明之，足以经济。”“经济”一词，从诞生之始就充满丰富的人文思想和社会意义。儒家之学一个显著的特点就是有着现实经济精神，质言之，儒学本来就是一门经济之学。“夫仁者，己欲立而立人，己欲达而达人。能近取譬，可谓仁之方也。”（《论语・雍也》）孔子提出立己先立人，达己先达人，君

---

① 辛冠洁：《中国古代著名哲学家评传》第三卷，齐鲁书社出版社 1982 年版，第 398 页。

子的“修己”是要“安人”“安百姓”，民为国之本，进而引申为“安百姓”就是“治国平天下”之终极目的。儒家所追求的最理想的道德境界“仁”，体现的是显然的经济思想，所关心的不是一己的安乐，而是他人、百姓的安乐，以至家国和天下之安乐。《大学》开宗明义地提出：“大学之道，在明明德，在亲民，在止于至善。”“明德”“亲民”“止于至善”乃《大学》之三纲领，只有“明德”“亲民”，才能臻及“至善”的境界。“文章西汉双司马，经济南阳一卧龙。”在儒士看来，“经济”是一个非常有高度的文化概念，能像司马迁、司马相如那样著宏文固然是文人的一生的追求，能像诸葛亮那样文能安邦兴业、武能御敌保国，更是知识分子所景仰的最高人生境界。历代儒士讲究的是自觉按照《大学》中“三纲八目”的要求去经国济世——亲民至善、治国平天下，并通过教书育人将“经济”思想传承给后世。

汉代以降，儒学已开始有式微迹象。西汉虽有董仲舒倡导的“罢黜百家，独尊儒术”之举，但当时所重者是典章礼乐，并不是《大学》《中庸》《孟子》等经典所提倡的“修己安人”之学。唐代道佛大盛，儒学衰微愈甚，虽有韩愈、李翱别出心裁建立“道统”之说，又有孔颖达撰《五经正义》，力图重塑儒学权威地位，但仍未能给已误入“训诂”死胡同的儒学逆转生机。一直到北宋理学出现，儒学注入新思想而得以复兴，但理学过分强调“修己”，忽视“安人”“安百姓”的终极关怀，也即理学实质上偏重于内圣一面，讲学论道代替了从政问俗，外王事功被置诸高阁，这就造成了儒学精神的本末倒置。包括南宋朱熹理学、陆九渊心学、张栻湘学，也都无例外地偏重于“修己”，而忽视“安人”。一直到以吕学为核心的明招文化出现，儒家经济精神才得到真正的传承与光大。

吕祖谦以史学者的历史责任感孜孜探求救国救民之良方，对宋儒的空谈性命之学进行了深刻的反思，对“格物致知”实质意义予以洽化，赋予“格致”以“经济”之精神。他在《历代制度详说》中，深入分析了历代制度的沿革变化与差异，对“井田制”问题给予历史性的提醒，“若惟知旧俗之是怀而不达于事变者，则是王莽行井田之类也。”他针对“荒政”问题提出“论荒政古今不同，亦见百世大纲，须要参酌其宜”的观点。吕学既倡导“义利双行”“王霸并用”，讲求实用的思想，又注重“尊天理”的认识论。他主张“分民授土”，在“均田制”条件下，进行“寓兵于农”的政策，以解决土地兼并和军费开支过大问题。在《马政》中，对养马的弊端一语中的，在《钱币》中的交子问题体现了其开放性的经济眼光。吕祖谦的

《历代制度详说》通过对历代制度的考察，分析变化兴衰、损失受益、利弊得失的规律，以寻求解决现实制度问题弊端的救世良药，以洽化格物致知的实质内涵，从而理顺了“格致”与“经济”的文化脉络，创造性性地将“格物致知”这一哲学命题赋予了“经国济世”的社会属性。

三、明招教育脉路探究

吕祖谦按照儒家“格物致知”“明德至善”“明体达用”的君子之格，提出“讲求精旨，明理躬行”的教育观，将“明德养正”的道德培养与“精艺博学”智能培养融为一体，形成了独具经济特色的明招教育理念。

（一）明招经济教育目标

乾道四年(1168)，吕祖谦制定《乾道四年九月规约》开宗明义地强调道德教育的重要性：“凡预此集者以孝、涕、忠、信为本。其不顺于父母，不友于兄弟，不睦于宗族，不诚于朋友，言行相反，文过饰非者，不在此位。”“预集而犯，同志者规之，规之不可，责之；责之不可，告于众而共勉之；终不俊者，除其籍。”认为经教育的明招学子必须具备高尚的道德品质。在吕祖谦看来，君子的道德品行是经过“明德养正”之教育而养成的，是通过道德教授与道德实践逐步改进、日臻完善而涵养起来的。

明招教育在注重道德教育、品性养成的同时，从不忽视智能的培养，强调明招教育“精艺博学”与“明德养正”并重，不可有所偏颇，明招学子不仅需具有社会责任感，还必须具备担当社会责任的实操能力。他指出“今人读书全不作有用看。且如人二三十年读圣贤人书，及一旦遇事便与间巷人无异。或有一听老成人之语，便能终身服行，岂老成人之言过于六经载？只缘读书不作有用看故也。”严肃批评“死读书，读死书”的教学方法在误人子弟，所教育出来的“书呆子”对人生、对社会均无一点益处。强调明招教育的目标要坚持“讲实理、育实材而求实用”，为国家培养有责任感、有担当、有能力的经济型人才。

（二）明招经济教育范式

1. 树立君子标杆

吕祖谦明确提出，“人之为人，非圣人莫能尽。”作为明招学子，进学门的第一件事就是要将“圣人”作为人生楷模，立志将自己修成道德高尚、能为社稷担大任的君子。在吕祖谦看来，明招教育的第一要旨就是将学子培养成拥有儒家理想人格的君子。先秦儒家的理想人格之首要是主观道德的完美，进而造福社会、恩泽于民，按照“内圣外王”之要求建功立业。在吕祖谦这里，其理想人格所强调的先是“内圣”即主观道德的完整，进而提升为“外王”之境界。他认为作为一个人，先要通过“内圣”以养成人生之高尚品格，无愧于“做一个君子”，而后顺天意（政治机会）以通过“外王”而“安一方百姓”。吕祖谦虽然强调“修己”与“安人”并重，但十分讲究“顺天意”，不刻意追求，认为“已博施于民而能济众”，这是“圣人”者之“功用”，它不属于一般人对理想人格追求的内容，即“非学者切近之问”。就常人言之，只要“己欲立而立人，己欲达而达人”，能够推己及人就符合“君子”的要求了。吕祖谦的君子教育观代表了南宋文人价值观的普遍倾向——先修己而后安人，重内圣而轻外王。

2. 注重明理躬行

儒家大学之道的真义在“修身、齐家、治国、平天下”，教育当以“修身”入手。修身教育：一曰明理，明“仁义礼智信”之理；二曰躬身，“恕忠孝悌”日常践行是也。吕祖谦在《乾道四年九月规约》中提出：“凡预此集者，以孝弟忠信为本。”《乾道五年规约》提出：“凡与此学者，以讲求经旨明理躬行为本。”一再强调通过“明理”之教育来启发学生的道德自觉，进而塑造理想的人格。吕祖谦认为，教育要注重“明理躬行”，教学方法要讲究“循序渐进”，认为涵养本心的浩然正气需要一个逐渐体会的过程。他提出“为学功夫，涵泳渐渍，玩养之久，释然心解，平贴的确，乃有所得。”“敬之一字乃学者入道之门。敬也者，纯一不杂之谓也。”强调教育学子要力求排除一切杂念私欲，以进行内心修养，从而达到圣人之境，君子之格。

明招教育特别注重“务实”“躬行”和“磨炼”。吕祖谦要求：“学者以务实躬行为本”。他在《论语说》中指出：“仁者，天下之正理也。是理在我则习矣而著，行矣而察。……孝弟所以为仁也，体爱亲敬长之心，存主而扩充之，仁其可知矣。曰为仁，见学者用力处。”教育学生只有先做到“孝悌”，才能进到“仁”的“正理”。吕祖谦在教学中善于结合学生的实际，突出“行”，强调要在日常言行举止中“躬行”，并且要持之以恒，一如既往，永明志向。明招学子要有做君子的“志向”，要经得起至难至危“磨炼”的考验，这是明招教育的一大特色。吕祖谦讲解

《孟子》时循循诱导学子："学者志不立，一经患难，愈见消阻，所以先要立志。"他认为"大抵学者践履功夫须于至难至危之处自试验，过得此处方始无往不利，若舍至难至危，其他践履不足道也"，经得住磨炼的躬行才是真正的君子人生践履。

3. 讲究因材施教

"因材施教"是孔子教学论中的一个重要原则，一直被后世师者所效法，它也是明招教育的一大特征。吕祖谦在《东莱集·与朱侍讲书》中提出："学者气质各有利钝，工夫各有浅深，要是不可以限以一律。"人的资质各有不同，为学的工夫也各有大小，无须要求一律等齐，因而对待不同的教育对象应选用不同的教学方法。吕祖谦进而指出"正须随根性，识时节，哉之中其病，发之当其可，乃善"(《东莱集·与朱侍讲书》)。因为每个人的天资、性格、家庭教养、学习基础不一样，必须选用适合的教学方法，才能取得较好的教学效果。吕祖谦在教学中十分重视学生的主动作用，他强调说："大凡人之为学，最当子矫揉气质上做功夫。如弱者当强，急者当缓，视其偏而用力。"(《东莱集·与朱侍讲书》)他认为学子应根据自己的个性，针对自己的不足查漏补缺，改变偏过，矫正气质，持之以恒，学习的效果自然会很明显，也就必定会使"滞固者疏通，顾虑者坦荡，智巧者易直"(《东莱集·与陈一君举》)，而达到中和雍容的君子之格，以实现修身齐家治国平天下的人生理想。

4. 编著启蒙教程

吕祖谦撰写《少仪外传》(初名《辨志录》)作为明招教育的教材读本。据考，书名取自《礼记·少仪》篇名，书中杂引前哲之嘉言善行，兼及于立身行己，居官处世之道，不与《礼记》中的经义相比附，故名曰"外传"。《少仪外传》比较全面地反映了吕祖谦的教育思想，包括立身之道、治学之道、为人处世之道等等，体现了明招教育重视儿童的学习、生活和言行举止等日常礼仪规范。

《少仪外传》思想性强，特色明显：一是倡导幼童尊贤，"既能见贤，又须要尊贤。"二是教育学生爱惜书籍，"借人典籍，皆须爱护，先有缺坏，就为补治，此亦士大夫百行之一也"。三是劝导青少年慎交友，"人在少年，神情未定，所与款狎，熏渍陶染，言笑举动，无心于学，潜移暗化，自然似之"。四是注重生活环境，"是以与善人居，如入芝兰之室，久而自芳也。与恶人居，如入鲍鱼之肆，久而自臭也。"五是强调自觉修身，"持心以清洁，处心以公平"。《少仪外传》作为古代少年儿童启蒙教育教材读本，反映了明招讲院的教育思想和吕祖谦的师德人格。

（三）明招教育对浙东文化的影响

在吕祖谦“经国济世”明招教育思想的影响下，逐步形成了倡导务实、强调躬身、注重事功、讲求经制的浙东学派文化品性和教育思想。南宋时期以陈亮、叶适为代表的事功学派，极力倡导“义利双行，王霸并用”，大力提倡农商皆本，专制实务，以求达用实效；以欧阳守道、文天祥为代表的巽斋学派，力推“求为有益于世用”经国济世之学；浙江慈溪黄震的东发学派，主张“日用常行之理”；浙江鄞县王应麟的深宁学派提倡“经史以致用”等，对吕祖谦“经国济世”明招教育教育观进行了极大的发展。明朝时期“上马领军、下马治学”“立德、立功、立言”三不朽的大思想家、教育家、军事家王阳明，创立姚江学派及阳明书院、天真书院，通过著书施教大力倡导和推行“知行合一”教育思想，将格物致知的终极目标指向“致良知”，对破除理学教条统制，活跃学术气氛、解放思想，起到了极大作用。清朝一代大儒黄宗羲、明史专家万斯同、文献学大师全祖望、史论大家章学诚、史学纂修名家邵晋涵、启蒙思想家王夫之等浙东学派，继承和发扬了吕祖谦“求学以达用，经世而务实”的明招教育思想，主张重视发展教育，创立书院以开民智，育实才，培养对社会有实际作为的人才。

南宋以降，明招教育格物致知、经国济世的思想脉路流长，逐渐形成以提倡经济基础，工商皆本，义利统一，经世致用为文化特色的浙东文化气象。

“元者，善之长也。亨者，嘉之会也。利者，义之和也。贞者，事之干也。”（《易传·乾文言》）认为“元、亨、利、贞”为乾之四德，“利”的根本是“义”之和。“利者，生物之遂。物各得宜，不相妨害，故于时为秋，于人则为义，而得其分之和。”（《周易本义》）长远的真实利益，来源于人们对于合宜性的考虑。吕祖谦致力的明招教育，从反思和端正格致观出发，疏浚了格致与经济的思想通道，将经国济世之学推向了新高度。明招教育的历史价值在于完成了从“格物致知”到“经国济世”的知行洽化，完成了从“修己”到“安人”内外对接，完成了儒家对义利观的正面解读，是儒学“经济化”的重要转向，也是南宋士人“对于恢复中原，破除弊端，改革时政，富国强民的愿望的探求。”①

本章参考文献(采用第一作者)：

[1] 余潇枫.人格之境[M].杭州：浙江大学出版社，2006.
[2] 叶一苇.寻找明招文化[M].北京：大众文艺出版社，2008.
[3] 余正荣.生态智慧论[M].北京：中国社会科学出版社，1996.
[4] 王立.生态美学视野中的中外文学作品[M].北京：人民出版社，2007.
[5] 荷尔德林.荷尔德林诗选[M].顾正祥，译注.北京：北京大学出版社，1994.
[6] 孙雍长.老子注译[M].广州：花城出版社，1998.
[7] 孙雍长.庄子注译[M].广州：花城出版社，1998.
[8] 陆羽.茶经[M].哈尔滨：黑龙江美术出版社，2004.
[9] 陈宗懋.中国茶经[M].上海：上海文化出版社，1992.
[10] 周作人.非常道非常儒[M].北京：团结出版社，2007.
[11] 冯友兰.哲学的精神[M].西安：陕西师范大学出版社，2008.
[12] 熊十力.境由心生[M].西安：陕西师范大学出版社，2008.
[13] 余潇枫.哲学人格[M].长春：吉林教育出版社，1998.
[14] 杨向荣.现代性与距离[M].北京：社科文献出版社，2008.
[15] 约翰·弥尔顿.失乐园[M].郑州：大象出版社，2001.
[16] 朱熹.中庸集注[M].北京：北京平山堂书庄，2009.
[17] 龙树.龙树六论[M].北京：民族出版社，2000.
[18] 陈鼓应.老子注译及评介[M].北京：中华书局，1984.
[19] 陈鼓应.庄子今注今译[M].北京：中华书局，1983.
[20] 刘安.淮南子[M].北京：北京燕山出版社，2009.
[21] 曾繁仁.当代生态文明视域中的生态美学观[J].文学评论，2005(4).
[22] 胡孚琛.宗教、科学、文化反思录[J].上海：探索欲争鸣，2009(11).
[23] 陈秋平.金刚经心经坛经译注[M].北京：中华书局，2007.
[24] 季羡林.禅与东方文化[M].北京：商务印书馆，1996.
[25] 葛路.中国画论史[M].北京：北京大学出版社，2009.
[26] 何志明.唐五代画论[M].长沙：湖南美术出版社，1997.

① 萧潇：《试论吕祖谦的经济思想特点》，《明招文化论文集》第一卷，中国文史出版社2014年版，第302页。

[27] 熊志庭.宋人画论[M].长沙:湖南美术出版社,2010.
[28] 潘运告.明代画论[M].长沙:湖南美术美术出版社,2002.
[29] 云告.清代画论[M].长沙:湖南美术出版社,2003
[30] 毛建波.石涛画语录[M].杭州:西泠印社,2006.
[31] 何海林.董其昌书闲窗论画[M].上海:上海辞书出版社,2011.
[32] 黄寿祺.周易译注[M].上海:上海古籍出版社,1989.
[33] 李泽厚.美的历程[M].天津:天津社会科学院的出版社,2001.
[34] 王德胜.中国现代美学名家丛书宗・白华卷[M].杭州:浙江大学出版社,2009.
[35] 宛小平.中国现代美学名家丛书・朱光潜卷[M].杭州:浙江大学出版社,2009.
[36] 余连祥.中国现代美学名家丛书・丰子恺卷[M].杭州:浙江大学出版社,2009.
[37] 牟宗三.中国哲学十九讲[M].上海:上海古籍出版社,1997.
[38] 刘文荣.西方文化之旅[M].上海:文汇出版社,2003 第 1 页.
[39] 弗洛伊德.自我与本我[M].上海:上海译文出版社,2011.
[40] 冯友兰.新原人[M].北京:三联出版社,2007.
[41] 蒋庆.公羊学引论:儒家政治智慧与历史信仰[M].沈阳:辽宁教育出版社,1995.
[42] 方立天.佛教生态哲学与现代生态意识[J].文史哲,2007(4).
[43] 丁福保.佛学大辞典[M].北京:中国书店出版社,2011.
[44] 马丁・布伯.我与你[M].陈维纲,译.北京:三联书店,1986.
[45] 余英时.士与中国文化[M].上海:上海人民出版社,1987.
[46] 南木子.回乡之路——寻皈审美生存的家园意境[M].杭州:浙江大学出版社,2011.
[47] 袁行霈.陶渊明研究[M].北京:北京大学出版社,2009.
[48] 陈寅恪.金明馆丛稿初编[M].北京:三联书店,2001.
[49] 刘义庆.世说新语[M].济南:齐鲁书社,2007.
[50] 刘承华.魏晋文人风度与生命意识[L].北京:中国文史出版社,2004.
[51] 房玄龄,许敬宗.晋书[M].长沙:岳麓书社,1997.
[52] 魏耕原.先秦两汉魏晋南北朝诗歌鉴赏辞典[M].北京:商务印书馆,2012.
[53] 鲁迅.鲁迅全集・第四卷[M].北京:人民出版社,2005.
[54] 吴功正.中国文学美学[M].南京:江苏教育出版社,2001.
[55] 陈国敏.从魏晋南北朝山水诗看士人隐逸审美心态[J].昭通师范学报,2003(6)
[56] 宗白华.美学散步[M].上海:上海人民出版社,1981.
[57] 程颢,程颐.二程外书[M].上海:上海古籍出版社,2000.
[58] 程颢,程颐.二程遗书[M].上海:上海古籍出版社,2000.

[59] 程颢,程颐.二程粹言[M].杨时,编.上海:商务印书馆,1936.

[60] 程颢,程颐.伊川易传[M].长春:长春出版社,2010.

[61] 程颢,程颐.程氏经说[M].上海:上海古籍出版社,2000.

[62] 张载.张载全集[M].北京:中华书局,1978.

[63] 朱熹.四书章句集注[M].北京:中华书局,1983.

[64] 朱熹.朱熹集[M].成都:四川教育出版社,1997.

[65] 朱熹.朱子全书[M].上海:上海古籍出版社,2002.

[66] 陆九渊.象山先生全集[M].济南:齐鲁书社,1997.

[67] 陆九渊.陆九渊全集[M].北京:中华书局,1980.

[68] 吕祖谦.吕祖谦全集[M].黄灵庚,主编.杭州:浙江古籍出版社,2008.

[69] 吕祖谦.东莱博议[M].袁韬壶,译.上海:广益书局,1940.

[70] 吕祖谦.丽泽论说集录[M].台北:台版艺文印书馆,1969.

[71] 吕祖谦.吕祖谦先生文集[M].王崇炳,编.北京:敬胜堂刻本,1730.

[72] 吕祖谦.东莱吕太史别集(卷七)续[M].金华丛书本.

[73] 戴震.孟子字义疏证[M].北京:中华书局,1982.

[74] 钟泰.中国哲学史[M].沈阳:辽宁教育出版社,1998.

[75] 尹业初.历代人性论及其现代意义[J].呼和浩特:内蒙古农业大学学报,2004.

[76] 黄灵庚.吕祖谦全集[M].杭州:浙江古籍出版社,2008.

[77] 潘富恩.吕祖谦评传[M].南京:南京大学出版社,1992.

[78] 杜海军.吕祖谦年谱[M].北京:中华书局,2007.

[79] 王炳照.中国教育史研究·宋元分卷[M].上海:华东师范大学出版社,2000.

[80] 李兵.书院与科举关系研究[M].武汉:华中师范大学出版社,2005.

第三章　生态之命根

返璞归真:生态休闲养生的基本范式

——兼论武义生态休闲养生的自然与人文之禀赋

老庄道学养生思想由生态环境、人文意境和人道心境三个理论视阈敞开,最终殊途同归形成"返璞归真"的基本范式。其要旨与启示是,人生活在世界上,需要顺应自然规律,融入万物共生的生态环境;需要协和社会关系,进入朴真和谐有序的人文意境;需要保持虚极静笃的思想,操守平和无争的人道心境。

一、绪论

(一)生态休闲养生的理论渊源

1.老子的养生哲学思想

老子强调生命要遵循自然、宁静、自由的生活理念,以真朴之性去充实人自己内在的生命精神,并通过这种内在精神来调节人与自身、人与外界活动的关系,达到与自然和谐的"无为"境界。要保持"朴""真"的本性,关键在于心态上追求"致虚极,守静笃"(《道德经》第16章),即要通过净化心灵,颐养精神,从而达到"载营魄抱一"(《道德经》第10章),精神与形体兼养之目的。

2.庄子的养生哲学思想

庄子继承了老子"返璞归真"思想,把生态幽雅、社会安宁、民风淳朴的远古时期作为理想的社会,认之为至德之世。人类为了私利而"兴治化""毁道德"致使朴散德衰。以此,庄子从人的精神层面上推崇清心无为、见素抱朴、致虚守静、少私寡欲,不为物累的自然人性思想,进一步丰富"返璞归真"的养生主张,认为只有以"无为"为指导,效法"自然""绝圣弃智"才能通达返璞归真,最终实现至德之世的道德理想境界。

(二)“返璞归真”生态休闲养生的基本范式之假设

当代社会，人类为了自身的物质利益无止境地索取自然资源，污染破坏自然生态，资源危机、空气污染、环境恶化等，已经成为文明社会难以解决的问题，并危及人类的生存；人们为了谋取金钱、权力、名利和色欲而不择手段地争战，被自己创造的知识、财富和权势所迷惑和役使，自私欲望无限膨胀，以致丧失了内心的平和安宁与清净淳朴的本性。面对人类文明的这些异化现象，一些先知先觉的有识之士，倡导师法老庄的“返璞归真”思想，要求人们暂且放却繁忙的劳作和紧张的竞争，寻找一方没有污染与纷扰的净土，融入自然，远离嚣尘，除情去欲，忘怀世俗，安宁静谧地过几天洗肺涤心的日子，孕育和陶冶高尚超越的人生境界。由此，具有历史文化背景与时代特征的“返璞归真”，必将成为生态休闲养生的基本范式。

二、“返璞归真”思想诠释

(一)“返璞归真”的哲学意义

“返璞归真”一词的出处为《战国策·齐策》：“归真反璞，则终身不辱。”“朴”的意思就是淳朴；“真”的意思就是本真、天然、自然。“返璞归真”就是指去掉外饰，还其本质，即回归到原始的淳朴本真的自然状态。哲学意义上的“返璞归真”是人类对实在的自然生态、社会状态以及形而上的精神本真的回归，它是人类追寻理想状态的过程，也是此过程所需通达的终极旨归。

(二)老庄“返璞归真”学说

“夫物芸芸，各复归其根。归根曰静，静曰复命。”(《道德经》第16章)老庄极力推崇“返璞归真”，主张人的精神复归至淳朴本真、虚极静笃的自然状态，即“天人合一”的境域之中。“人法地，地法天，天法道，道法自然”(《道德经》第25章)，“道”是天地万物的本质及其自然循环的法则，天道即自然而然，人道即顺应自然，人的生命活动必须符合自然规律。“返璞归真”首先要树立一个观念：天人合一的整体协合观念。同时要通达三个境界：正确对待自我的内在人性修养，达到清静自正的境界；正确对待世尘社会的欲海纷扰，达到精神超越的境界;正确认识和顺应自然规律,达到修持与天地造化同途的境界。通过持守"一个观念三个境界",久而久之便能通达"天地与我并生,而万物与我为一"(《庄子·齐物论》)的超越境域。

(三)老庄"返璞归真"践行途径

老庄推崇的"返璞归真"思想,主要通过三条途径予以践行:

途径之一:自然而然。

老庄倡导人需要操守"质真若渝"(《道德经》第 41 章),就是一切顺应自己的本性,尽情地袒露自己的本真生命,依从生命的自性去发展,不是刻意地去获取什么,而是要顺其自然,"功遂身退"(《道德经》第 9 章),知足常乐,随遇而安。只有回归到"自然而然"状态的返璞归真,才能实现人的"长生久视"(《道德经》第 59 章)。

途径之二:清静无为。

清静即心神宁静;无为则不轻举妄动。清静无为也即老庄提倡的"见素抱朴,少私寡欲"(《道德经》第 19 章)。清静无为的思想,一直为历代道家和士人所推崇,其文化精髓孕育出陶渊明、李白、苏轼、唐寅、曹雪芹、齐白石等在思想、文学、艺术上颇具历史影响的士人。

途径之三:上善若水。

老子说:"天下莫柔弱于水,而攻坚强者莫之能胜,以其无以易之。"(《道德经》第 78 章)在老子看来,新生的东西是柔弱的,但却富有生命力;事物强大了,就会引起衰老。如果经常处在柔弱的地位,就可以避免过早地衰老。所以,人要无欲、无为、处下、守弱,回复到最初的单纯柔弱状态。老庄从人的精神层面构建"返璞归真"的理论体系,推崇清心无为、守柔处弱,不为物累的自然人性思想,其达到的最理想状态是"复归于婴儿"的天真的精神境界,以完成心灵的内在超越。

三、养生境域学说

(一)关于养生的定义

"养生"一词,原出《管子》,乃保养生命以达长寿之意。而真正意义上的"养生"最早见于《庄子》内篇。"生"就是生命、生存、生长的意思;"养"即保养、调养、补养的意思。总之,养生就是根据生命的发展规律,达到保养生命、健康精神、增进智慧、延长寿命的理论和方法。中国养生文化融合了道、儒、释及诸子百家的思想精华,汇集了我国历代劳动人民修身养性、防病健身的众多方法,内涵博大精深,理论源远流长。

(二)道学养生"三境说"

几千年来,道家创立并形成了"天人合一""形神一体"的养生文化。老庄认为,生命的意义和价值体现于对自然的融合与对生命精神的追求、持守和返璞归真,通过对个体生命本身的不断超越,最终达到生命的理想状态,即"道"的绝对超越境界、"复归于婴儿"状态。换言之,道家养生学致力于追求的境界包含了对生命历程及其本质内涵的深刻体验:物质生命与精神生命达到高度的和谐统一。这一至高的生命境界,正是道家养生的根本观点与终极旨归。从哲学层面上分析,笔者认为老庄道学养生思想由生态环境、人文意境和人道心境三个理论视阈敞开,最终殊途同归形成"返璞归真"的基本范式。

1. 生态环境说

道学生态养生理论是建立在天人合一、物我一体的整体观之上的,是以道生万物、人天同源为其基本特征的。将天、地、人视为一个有机的统一整体,认为人与自然万物有着共同的本源和法则。老子认为"万物负阴而抱阳,冲气以为和"(《道德经》,第42章),阴阳二气互相激荡而成新的和谐体。这阴阳二气互相作用,逐趋平衡,恰到好处,臻于和合之境,故始终能调养万物。天地万物都以道为其最大共性和最初本原的有机统一之整体,人也是天地万物的一部分,人在其间得到修身养性。在老庄那里,人与自然关系的基本原则是"道法自然"。它主要启示了,人在自然的观照下,演绎着生命存在的生生不息的发展序列。人处于这种理想的状态之下,就会表现出一种洒脱、超越的精神风貌。中国传统养生理论的奠基作《黄帝内经》也强调:"人与天地相参也,与日月相应也。"可见,道家一贯注重把自己的生命紧紧地融合在自然生态中,把自己的本性持续地敞开于天地万物中。

2. 人文意境说

老子指出:"挫其锐,解其纷,和其光,用其尘,是谓'玄同'。"(《道德经》第56章)心物为一的玄同境界,从形而上学的观念来看是圣人经过修身养性之后达到的精神境界。老庄道学养生思想包含着对人文和谐精神的深刻体悟:"域中有四大,而人居其一"(《道德经》第56章),天、地、人是一个统一整体的"生态圈”，人是“生态圈”中的一个组成部分，与“生态圈”其他成员之间有着密切的联系；人生活在社会之中，与社会人员共同组成“人文圈”，与“人文圈”其他成员之间有着密切的联系。因此，德性之人一方面要排除尘俗恶欲的污垢，洁身自好，“明心见性”；另一方面则务必修养道德，济世利人，与人文意境相融相合，相辅相成。《抱朴子·对俗》记载：“欲求道者，要当以忠孝和顺仁信为本。若德行不修，而但务方术，皆不得长生也。”这就是说，人的养生应该具有一种整体协调的人文意境，孤立的自身修炼是无大效的。只有保持和融入“天道”精神，即和谐的人文意境，个体才会各安其任、彼此扶助，整体也就能够相安无事、和谐共处。

3.人道心境说

老子指出：“圣人抱一为天下式。”(《道德经》第22章)他认为，生命的保养要追求达到一种“深根固柢，长生久视”(《道德经》第59章)的终极状态。这种状态其实就是指物质生命与精神生命的和谐统一。也就是说，道家养生学强调“两个生命”协调保养，修身与养性的合二为一。“长生久视”就意味着对生命的最真切把握，把握了生命真谛的人们就获得了对自我的真实而又完整的理解，获得和体悟到自我意识的个体生命就会恒久地守护着人类的精神家园。老庄将“柔弱”视为人的心境之超高境界，认为这是秉持生命活力的充分体现，并视其为保养生命的宗旨和信条。老子说：“人之生也柔弱，其死也坚强。万物草木之生也柔脆，其死也枯槁。故坚强者死之徒，柔弱者生之徒。强大处下，柔弱处上。”(《道德经》第76章)生命的保养需要恒久地持守柔弱、与世无争、以善待人的豁达心态。这种养生哲学有助于最大限度地保留人类的质朴、率真的自然本性。

老庄道学养生哲学的逻辑思维的路径是按照“三境说”开进的，通过悟道以实现“返璞归真”的旨归，从而构建了完整的养生基本范式。(见图3-1)

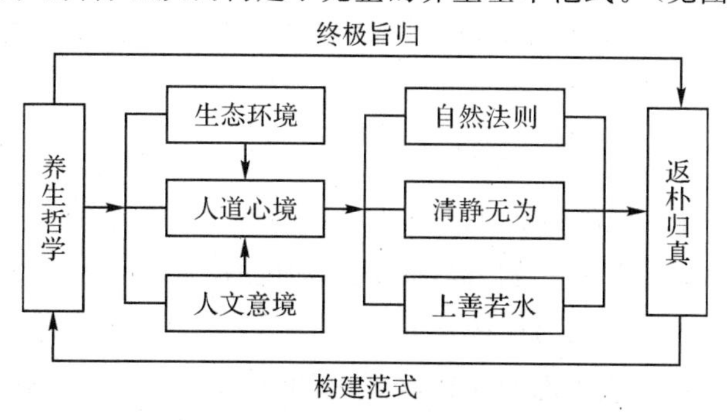

图3-1　养生基本范式

老庄道学养生思想“三境说”为世人提供了有益的启示：人生活在世界上，需要顺应自然规律，融入万物共生的生态之中；需要协和社会关系，进入朴真和谐有序的人文意境；需要保持“致虚极，守静笃”的思想，操守平和无争的人道心境。只有这样，人们才能知悟养生之真谛，才能身心康健、守道长生。在物质文明高度发达而人们的心灵也愈益无据无依的今天，老庄所构筑的质朴温馨、纯真自然、安闲自适的和谐“三境”图景，正是人们对诗意的栖居、生活的期待和心灵的寄寓。

四、武义生态休闲养生禀赋考量

庄子的宇宙生态系统思想，告诉人们要自觉地认识、爱护与融入自然生态，这是人类生存之要旨，也是修道、养生之要旨。中国汉字蕴含了深厚的养生思想：“休闲”的“休”字，人旁是树木；“休闲”的“闲”字，从家门眺望皆为树木，也即唯有树木生机勃勃、生态环境良好，人融入其中才能得到休闲养生。唐代的医学家孙思邈所著的《千金要方》，也提出养生要身心并重，根据自然生态的变化来调理生活，以求身心健康和长寿。综观武义自然与人文资源，发展生态休闲养生产业有其得天独厚的禀赋。

（一）武义生态禀赋概说

武义地处浙江中部，全县人口 33.3 万人，土地总面积 1577.2 平方千米。据统计，该县森林覆盖率 70.2%，林木绿化率 70.8%。目前已形成以牛头山自然保护区为核心，郭洞次生林等自然保护小区为网络的自然生态体系，成了亚热带天然阔叶林良好的生长地和珍稀野生动物理想栖息地，被生态学专家称为“浙中动植物生态园”。此外，全县有 21 万亩经济特产基地和 17 万亩毛竹园，一年四季，郁郁葱葱，花果相继，田园风光秀丽。得天独厚的自然生态禀赋，为武义发展生态休闲养生业奠定良好的基础。

（二）武义生态休闲养生禀赋特征

武义拥有华东一流的温泉、自然生态环境和古老村落、古农耕文化，构成了四季皆宜的生态休闲养生的独特格局，被誉为“沪杭的后花园”“长三角的养生池”。

1. 武义休闲养生最大的优势是生态

武义历来十分注重生态的保护，近年来生态环境进一步得到优化，2008 年该县被命名为浙江省首批省级生态县。目前森林覆盖率达到70.2%，空气质量优良率达到100%，75%的地面水达到Ⅱ类水质标准。该县获得全国首家“中国有机茶之乡”称号，“武阳春雨”被评为浙江省十大名茶，全县有机、绿色、无公害的农产品众多。境内拥有牛头山国家级森林公园、大红岩、刘秀垄、清风寨、寿仙谷、石鹅湖等一批优质生态型胜景。

2.武义休闲养生最大的特点是温泉

温泉是医学、养生专家公认的养生佳品，我国已有数千年利用温泉养生的历史。武义温泉被誉为“浙江第一，华东一流”，日出水量6000吨以上，水温42～45℃，动态稳定，水质无色、无味、透明，均属硫化氢温泉水，且含有氡、硫、钾、钙、氟等多种对人体有益的微量元素，各项指标均符合国家治疗用热矿水的标准，对皮肤病、风湿性关节炎、神经衰弱、慢性肠胃炎等都有特殊的效用。武义温泉旅游度假区，被评为浙江省最佳休闲旅游胜地。

3.武义休闲养生最深的内涵是文化

唐代著名的山水诗人孟浩然曾游历武义，并留下了《宿武阳川》的千古诗篇，诗中“鸡鸣问何处，风物是秦余”的名句，把武义比成陶渊明笔下的桃花源。武义民风古朴，历史文化积淀深厚，人文古迹众多。南宋理学大师吕祖谦、朱熹等，曾在武义明招寺设堂讲学，明招书院一度成为南宋最高学府。至今保存完好的有全国重点文保单位延福寺、俞源和郭洞明清古建筑群、山下鲍古老乡土建筑群以及历经800年风雨的江南廊桥典型代表熟溪桥等珍贵的名胜古迹。

（三）武义生态休闲养生禀赋效应

仁者乐山，智者乐水。在武义，人们随时都能沉浸在山清水秀的大自然之中，尽情地呼吸新鲜空气，惬意地沐浴温泉，猎奇地体验古老的农耕文化，放心地品尝农家饭菜，无所羁绊地放松身心，以致“始乎适而未尝不适者，忘适之适也”（《庄子·达生》），在超越凡尘的境域中颐养身心。近年来，武义生态休闲养生禀赋已显示出五大效应。（见图3-2）

1.沐浴温泉使人“蔽而新成”

武义温泉水质优良，含有多种有益矿物成分，对于人体的神经、运动、消化、循环、皮肤、呼吸等系统有养生保健和防病治病作用，是当今休闲养生的上品。武义温泉文化历史悠久，在武义修身得道的唐代著名御医叶法善，最早将武义温泉用于防病治病和养生。从道的层面上感受，人们在沐浴温泉中消除疲惫与烦扰，达致“朝彻，而后能见独”(《庄子·大宗师》)的境界。(1)唐风温泉根据现代人休闲养生的特点，将《易经》和《黄帝内经》等中国传统文化中的医药养生理念融入温泉产品开发中，开设了当归泉、人参泉、灵芝泉、芦荟泉、女贞子泉、枸杞子泉等，人们可根据自己养生的不同需求选择特色温泉沐浴。(2)清水湾沁温泉有着浓郁的地中海风格，拥有华夏文化、日本风情、巴厘岛风情、欧陆风情和野营别墅区等区域，吸收了全世界最具特色的生态休闲养生精华，“让人们感受世界温泉”，放松心情，陶冶性情。

2. 古村落与农耕文化让人“复归于朴”

郭洞、俞源古村落和山下鲍、小黄山古农耕文化，正是都市人所渴望的“撄宁也者，撄而后成者也”(《庄子·大宗师》)的境域。(1)郭洞村被称为“江南第一风水村”，为中国历史文化名村、中国民俗文化村，浙江省历史文化保护区。郭洞村是古人仿《内经图》营造的。因地势“山环如郭，幽邃如洞”而命村为“郭洞”。郭洞山水秀丽，层峦叠嶂，竹木苍翠，静雅宜人，蕴藏着原始的奥秘，展示着古老的神奇，被都市人称为“养生桃花源”。(2)俞源太极星象村为中国历史文化名村、中国民俗文化村，浙江省历史文化保护区。系明朝开国谋士刘基(字伯温)按天体星象排列设计建造，现存宋元明清古建筑 1027 间。俞源村文化底蕴深厚，人文景观与自然景观密切融合，是古生态“天人合一”的经典遗存，是寻古探秘休闲养生的胜地。(3)武义民俗风情。上下鲍村完整地保存着明清时期的乡土建筑群，人们世代沿袭着“日出而作，日入而息”(《庄子·让王》)的劳作习惯和“阡陌交通，鸡犬相闻”(《桃花源记》)的居住生活方式。小黄山畲族村风情别具一格：主客一同参与观赏、采摘、垂钓、唱畲歌、体验农耕文化等“农家乐”活动，极大地丰富了生态休闲养生的内涵。

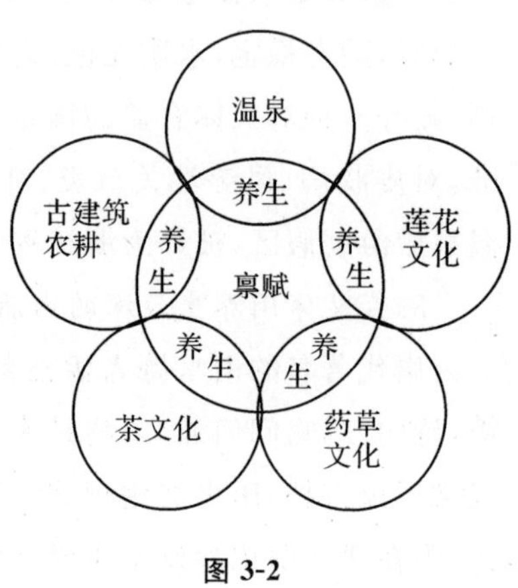

图 3-2

3. 莲的品格让人“见素抱朴”

荷花是高贵纯洁的象征，其洁身自好的品格为历代文人墨客所赞颂。北宋周敦颐的“出淤泥而不染，濯清涟而不妖”的千古名句，表达对贞洁不渝情操的向往和追求。被誉为“江南第一荷花之乡”的武义柳城畲族镇“十里荷花”，有3000多亩荷花，祝村荷花物种园有320多种荷花：彩蝶儿、姬妃荷、滴翠莲、风雪弥漫、娇容三变等等，千姿百态，亭亭玉立。村庄、宝塔、荷田、莲姑，写意十足，情趣别生，实属修身养性的好去处。人们身临其境，人荷为一，在赏莲中自然而然回归到“形全精复，与天为一”（《庄子・达生》）的纯真状态之中，精神得到了净化与升华，从而通达养生的至高境界。

4.茶的韵味让人们“涤除玄鉴”

茶圣陆羽说：“茶之为用，味至寒，为饮最宜。”茶有明目、利尿、降脂、减肥、防肿瘤、抑制动脉硬化等保健功效。茶文化，凝聚了中华民族“廉、美、和、静”的内涵。武义人素有“以茶养生”的风雅传统。2007年“更香・中国首届茶与健康高层论坛”在北京举行，武义茶文化走进京城、走向全国、走向世界。近些年，“以茶养生”渐成了来武义休闲度假都市人的一大喜好，人们安静地坐在古色古香的茶楼，听听武义古老的昆曲，品品武义龙潭好水冲泡的武阳春雨茗茶，得到的不仅仅是感官上的享受，更是一种“安时而处顺”（《庄子・养生主》），超越于尘世的文化价值。

5.名贵药草的灵性让人“复归其根”

武义良好的生态环境，成了铁皮石斛、灵芝等名贵中药材的国家定点种植基地。（1）李时珍在《本草纲目》中记载：石斛除痹下气、补内脏虚劳羸瘦，强阴益精，轻身延年。医学经典《道藏》中，把铁皮石斛名列中华“九大仙草”之首，为养生之佳品。（2）灵芝自古以来就有“仙草”“瑞草”之称。灵芝有扶正固本、滋补强壮、延年益寿之功效，为养生之极品。近年来，武义开发了寿仙谷名贵珍稀中药材基地生态游。人们在观光名贵珍稀药草过程中，不知不觉地吸取了药草天地灵气，身心得到了很好的滋养，从而达到“缘督以为经，可以保身，可以全生”（《庄子・养生主》）的养生之目的。

五、结论

老庄养生哲学所追求的是最本真的理想状态：人原初的与天地万物相融相契、和合共生的优态范式。其倡导的顺应自然、回归自然、融入自然、操守清净的自然本性，是现代人极其需要的生活态度和休养方式。“返璞归真”必将成为当代生态休闲养生的基本范式，这一范式，将逐步地被众人所认同、接受与推崇。大自然将得天独厚的生态休闲养生禀赋馈赠给这块神奇地方，武义人有责任精心持守呵护，以让更多的人来这方心灵栖息地修身养性。

道法自然:当代生态养生文化的思想渊源

——兼论武义生态养生文化的“绿岛效应”

“无极造化”的“天道”是天地万物依自己本性生成的最初状态和自由发展演化的总体秩序;“为而不争”的“人性”是人类依照天地万物的本性与“天道”相适应的行为方式与价值观念。探究“道法自然”的生态养生哲学思想,旨在从生态哲学的高度与广度寻找人类的“生生之德”,即养生的价值旨归:在“天道”与“人性”和合为一的生态系统中进行性命双修,以臻安身立命、永续演进的优态境域。

一、导语

人的生命本相是丰富多样、不断异化和终极归原的。人们在不断地追求各种欲望的同时也带来了许多烦恼:事成功遂之时却感到得非所要,于是感到困惑、彷徨与焦虑。老庄认为,理想的人生必须具有超远而充实的生命内涵,使人的生命持守永恒之本真。按照老庄哲学思想,人生的根基为:在“道法自然”思想的观照下,人们全面领悟“生生之德”的真谛,顺应自然“无极造化”的“天道”,持守“为而不争”的“人性”,超越世俗的名利智巧,少私寡欲、见素抱朴,与自然万物和合共生、安身立命,性命得到双修,从而“诗意栖居”在心灵家园之中,以臻“长生久视”——生态养生的优态境遇。(见图 3-3)这就是被当代人日益认识与崇尚的生态养生的最高境界与终极旨归。

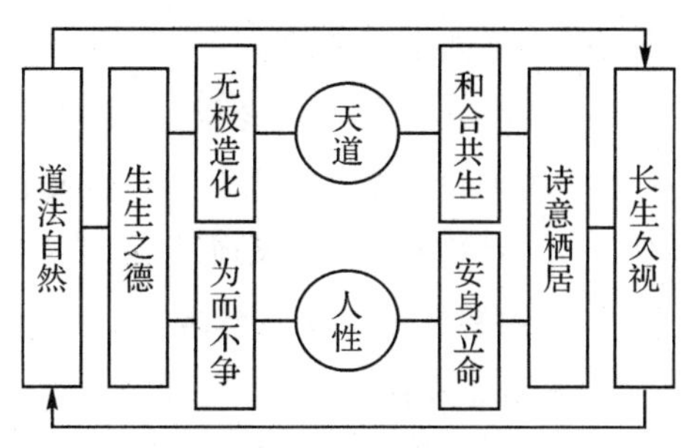

图 3-3　生态养生文化示意

二、"道法自然"——生生之德的形上诉求

"天行健,君子以自强不息"(《周易》第一卦),"地势坤,君子以厚德载物"(《周易》第二卦),《周易》开篇的乾卦和坤卦揭示了中国古代生存哲学"生生之德"的本在。《周易·系辞》还提出"天地之大德曰生""生生之谓易"的重要命题。天地的"生生之德",彰显于天的阳刚有为、自强不息创生万物的精神之中,蕴涵在地的阴柔宽容、厚德载物涵养万物的德性之内,从而衍化成天地阴阳和合,自然万物生生不息、永续演进的宇宙大千世界。人类应积极效法天地,以自然生态所昭示的自强不息精神去"创生"和博爱宽厚德性去"养生",从而臻及与自然万物和合共生、安身立命、永续演进。

在老庄及后的道家看来,整个宇宙就是一个具有创生性的生生不息的大生命系统,人则是这个大生命体系统中的一部分。道、天、地、人的自然本性出于"道",而"道"的自在的、内在的、合目的的根本特性是"生生"。"生生之德"是一种宇宙内在的和永在的本质精神,贯通着自然万物的生意盎然、欣欣向荣,蕴涵着天地创化的强健不止、奔腾不息。老子主张人应当顺应和师法这种宇宙天地精神,提出了以"生生之德"为最高价值的"道法自然"生态哲学思想。

(一)"道法自然"——生态哲学的价值旨归

"道"历来是中国古代哲学特别是道家哲学的核心概念。"形而上者谓之道,形而下者谓之器。"(《周易·系辞》)《周易》最早界定了"道"是宇宙之始的终极存在。老子从宇宙发生论的视域进一步确认"道"是宇宙的始基与演化的动态过程。老子认为:"道生一,一生二,二生三,三生万物。"(《老子》通行本第42章)宇宙万物是由"道"无极造化创生而来的。

"人法地,地法天,天法道,道法自然"(《老子》通行本第25章)是《老子》的核心思想,是道家生存哲学的理论基础,也是生态养生文化的思想渊源。河上公将"道法自然"的命题诠释为"道性自然,无所法也。"(《老子道德经河上公章句》卷二《象元》第二十五)王弼解释说:"法自然者,在方而法方,在圆而法圆,于自然无所违也。"(楼宇烈《王弼集校释》)

老子认为,"道"是创生宇宙万物的总根源,是"天地之母""万物之奥",是宇宙万物得以生存与演进的基础和动因。"道法自然"既是物质的(物化规律)又

是意识的(人化规律),是内秉自然之性而自在自为存在的天地万物的整体物象,有着遵循宇宙万物衍化规则的哲学观和包涵宇宙万物和合共生演进的生物论的双重含义,其语境范畴是生态哲学的,其本质是生态哲学的价值旨归。

(二)“道法自然”——生态养生文化的思想之源

在老子看来,“道”是宇宙的物质本源和自然界的普遍规律,包括人在内的天地万物皆由“道”创生而出。“有物混成,先天地生,寂兮廖兮,独立不改,周行而不殆,可以为天下母。”(《老子》通行本第 25 章)从人、地、天、道四者的关系来看,归根到底,人应法地而师天,即师法自然的“生生之德”。这一创生观,构成了宇宙大道的本体论,这是老子生态哲学思想创造性的贡献。“道法自然”思想,强调“道”不仅是天地万物创生的始源,而且是生养万物,造化万物,推动并参与万物流行变化终极旨归。这一创生观引申出生态养生的重要思想。“万物负阴而抱阳,冲气以为和。”(《老子》通行本第 42 章)作为产生万物的根源和运作万物的“道”,具有“生生之德”的自然性、普遍性和整体性。通晓“生生之德”的本质特性,就能把握宇宙万物的有机联系与和合共生的生命本质。

“夫唯无以生为者,是贤于贵生。”(《老子》通行本第 75 章)“生”,指生命。生命来源于自然,并与自然构成有机整体。“生生之德”是人之至德,人对待生命的正确态度就是“贵生”。道家关于生命本质的思想,是从“道法自然”的宇宙观发展来的,它所遵循的是一条万物衍化的思维路线。这个不断前行的“生生之德”,使道家生态养生哲学具有一种积极的生命进取精神。《太平经》提出“人最善者莫若常欲乐生”,认为关怀个体生命、关爱自然生命、关注人生价值是人之大善。

在老庄那里,“生生之德”既是“天道”精神又是“人性”德性。老子云:“道生之,德畜之,物形之,势成之,是以万物莫不尊道而贵德。道之尊,德之贵,夫莫之命而常自然。……生而不有,为而不恃,长而不宰,是谓玄德。”(《老子》通行本第 51 章)贯穿于老庄哲学的“道法自然”思想观照下的“生生之德”情怀,是“道”与“德”的极致,也是生态养生文化的思想之源。

(三)“道法自然”——为而不争的德性之根

“无极造化”自然规律的天道观和“为而不争”处世法则的人性观,构成了老庄生存哲学的思想支柱。在老庄那里,“生”的根源是“无极造化”,即天地万物依自己本性生成的最初状态和自由发展演化的总体秩序——“天道”；“德”的最高境界是“为而不争”，即人类依照天地万物的本性所适应的价值观念与行为方式——“人性”。只有依照“天道”普遍规律——“无极造化”来持守“人性”的行为准则——“为而不争”，才能形成和完善自然万物的“生生之德”，人才能贵生、养生，自然万物才能生存、演进。

老子倡导的“为而不争”之德性的普遍准则是“上善若水”，即人要向水学习德性：“水善利万物而不争，处众人之所恶，故几于道。”（《老子》通行本第 51 章）庄子也说：“物固有所然，物固有所可；无物不然，无物不可。”（《庄子·齐物论》）世界上任何事物的存在和生灭变化都有其自然的理由和规律，作为宇宙万物之一的人，也理应顺乎宇宙“无极造化”的总规律，遵循“为而不争”的总原则与自然万物共同生存演化。老子《道德经》的结语是：“天之道，利而不害；圣人之道，为而不争。”（《老子》通行本第 8 章）这就是“生生之德”——“天道”与“人性”的终极旨归，即人与万物和合共生、永续互惠的优态共存之境。

三、生态养生——生生之德的文化实践

“道法自然”，就是要通过体验宇宙过程的自然本性，认识到自然衍化是生命本源和宇宙精神的最高体现，依循自然“无极造化”的“天道”总体规律，持守“为而不争”的“人性”基本原则，从而把人的生命融入自然生态的衍化过程中，自然地返回生命之源以臻安身立命、生生不息的终极旨归。当代养生文化与“道法自然”的天道观、人性观，其思想本质是一脉相承的。

（一）古代生态养生文化的基本思想

“养生”一词，原出《管子》，乃保养生命以达长寿之意。而真正意义上的“养生”最早见于《庄子》内篇。“生”就是生命、生存、生长的意思；“养”即保养、调养、补养的意思。总之，养生就是根据生命的发展规律，达到保养生命、健康精神、增进智慧、延长寿命的理论和方法。中国养生文化融合了儒、释、道及诸子百家的思想精华，汇集了我国历代劳动人民修身养性、防病健身的众多方法。

从哲学视阈进行定义，“生态”是天、地、人与自然万物和合共生、生生不息、永续衍化的状态。生态养生的核心思想就是人的养生要顺应自然规律，融入于万物的衍化之中。几千年来，道家在老庄“道法自然”思想观照下创立并形成了

"天道"与"人性"融会贯通的生态养生文化。老庄认为,生命的意义和价值体现于对自然的融合与对生命精神的追求与持守,通过对生命本身的不断超越,最终达到"诗意栖居"的理想状态:"道"的绝对超越境界即"复归于婴儿"状态。换言之,道家生态养生学致力追求的境界包含了对生命历程及其本质内涵的深刻体验:人与自然、生命与生态、物质生命与精神生命达到高度的和谐统一。这一至高的生命境界,正是道家生态养生哲学的根本观点与终极旨归。

道家认为,"天地是一大宇宙,人身是一小宇宙,地球也是一个有生机的大生命,不可轻易毁伤它。"(南怀瑾《老子他说》)人们养生应当师法自然,日升而出,日落而归,四季变化,适时顺和,讲究节制,做到有序、有度、有止。老子指出"祸莫大于不知足,咎莫大于欲得,故,知足之足,常足矣"(《老子》通行本第46章),忠告人们要克制欲望、珍视生态环境、珍惜自然资源,倡导生态养生要从心灵开始,懂得知足常乐。老子认为"知足不辱,知止不殆,可以长久"(《老子》通行本第44章),要做到"知足""知止",就必须对物质财富的享受有所节制,对自然的行为有所收敛。人类满足物质享受欲望,应建立在人正常而自然的生理需求的基础上,适可而止。"量腹为食,度形而衣""食足以接气,衣足以盖形,适情不求余。"(《淮南子·精神训》)人们只有通过自我超越,达到"性命双修",才能最终实现安身立命、长生久视。这就是道家的生态养生文化的基本思想。

(二)当代生态养生兴起的社会背景

21世纪以来,人们开始认识到生态养生是一种新型时尚的生活方式,懂得借助良好的生态来调整心态、修身养性。生态养生的兴起,是当代人生活质量提高的风向标,是人们向往自然、尊重自然、回归自然的新生活方式。

目前我国有1.44亿老年人,老龄化水平为11.1%,并以年均30%左右的速度递增。随着老龄化社会的到来,老年人身心健康问题正日益凸显。据世界卫生组织及美国健康管理机构的统计数据表明:良好的健康管理能减少50%的死亡率;人类1/3的疾病通过预防保健是可以避免的;1/3的疾病通过早期的发现是可以得到有效控制的;1/3的疾病通过信息的有效沟通能够提高治疗效果;生态养生就是一条有效的预防疾病、提高生命质量的最适合中国人的健康管理模式。

生态养生学的理论基础就是中医的阴阳平衡观和整体调适观,而此两大养生观均植根于老庄的"道法自然"的生态哲学思想。上海银色世纪公司将生态养生理论体系提炼为1236健康法则。其内涵是:学习一种健康的生活方式;遵循"中医养生和健康管理"两大理论;推进"健康检测、健康评估、健康干预"三大步骤,实践"生态运动养生、生态饮食养生、生态四季养生、生态起居养生、生态情志养生、生态保健食品养生"六种养生方法。将"道法自然"生态思想有机地融入整个养生理论体系与养生实践过程之中。

(三)当代生态养生的终极关怀

当代的环境危机已直接危及人类的生存空间。而环境问题的实质是人类自身的问题,它涉及人的生活方式、生产工艺、价值观念、精神境界、对待自然界的态度等一系列问题。道家倡导人类"师法自然""为而不争"的终极旨归,是要求人类按照"天道"修养"人性",以臻安身立命、"长生久视"的目的。"希言自然。故飘风不终朝,骤雨不终日。孰为此者?天地。天地尚不能久,而况于人乎?"(《老子》通行本第23章)老子认为人们生命是有限的,要学会珍惜身体、关爱生命。《庄子》"庖丁解牛"所暗示的"自然"生活方式,为生态养生提供了很好的启示:人类要顺应"天道"、师法"自然"的善生规则,以实现性命双修、健康长寿之目的。老庄生态哲学思想流露了哲人对人类生存状况的不安和忧虑,表达了其对生命超越性和无限性的向往和渴望,倡导人类应该善于保全自己的生命,作"善摄生者",并能诗意地栖居在大地上。

四、"绿岛效应"——生态养生的武义范例

生态美学界有句名言:人不能总是活得太现实,而应该有一些"乌托邦"的情怀。如果人类还期待"长生久视",那么就必须重新审视自身的价值观与行为方式,把科学技术和经济发展的关注焦点,复归到人"安身立命"的愿景上来,让生命依顺"天道",还原应有的生态绿色。武义人用自己的生态智慧守护了一方"诗意栖居"的净土——"浙中绿岛"——东方养生胜地,用实践从容地打造了"武义范例",回应了老子提出的"道法自然"这个生态哲学的最高命题。

(一)"浙中绿岛"营造与武义"绿岛效应"

武义县山清水秀,民风敦厚朴实。唐代著名山水诗人孟浩然曾旅居武义,欣然留下"鸡鸣问何处,人物是秦余"的千古名句,俨然把武义比作陶渊明笔下

的桃花源。自“十五”计划初，武义县提出“生态立县”战略，依托自然和人文禀赋营造“浙中绿岛”，产生了优态的“绿岛效应”，对经济、社会、生态以及人的全面发展具有较高的价值。

1.“绿岛效应”的形成

“十一五”计划以来，武义县致力于打造“生态武义”“浙中绿岛”，先后建立了12个自然保护区和2个国家级、省级森林公园，保护区面积达10万多亩，建设省级以上的生态公益林44.62万亩。下山脱贫退耕返林8000多亩。1994年被省政府授予“绿化造林先进县”称号；2000年通过省级绿化达标验收，被授予浙江省“绿化合格县”称号；2001年获得全国首家“中国有机茶之乡”称号，2005年被评为市级“生态建设先进单位”；2006年4月，武义县政府被国家授予“全国绿化先进集体”称号；2007年，武义县成为全省第10个省级生态县。2008年10月28日，武义县被公布为“中国温泉养生生态产业示范区”。武义人世代守护的这一方净土，成了远近闻名的“浙中绿岛”。

多年来，武义人坚持实施“生态立县”发展战略，确立“多规融合”的理念，注重城乡发展的整体性、长远性、生态型的建设与保护规划，彰显青山、秀水、绿化、古建等生态优势，构筑以旅游、休闲、养生、居住为主的“山水生态城市”“温泉养生城市”“休闲宜居城市”。从八婺第一峰牛头山之巅到武义母亲河熟溪河畔，湛蓝的天，洁白的云、清新的风、葱翠的山，清澈的水，恬静的村落、洁净的古街、绿色的公园、宽敞的马路……在武义，人们可以感受到西欧、南澳、北美城乡的美丽风光，“绿岛效应”日趋明显。良好的生态环境，多姿多彩的自然生态景观、生态农业景观，迅猛发展的温泉生态休闲养生产业使武义成为杭州、上海和整个长三角地区的“后花园”，成为都市人休闲度假、调养身心的绿色乐园。2008年武义县亮出“生态养生旅游”的品牌，吸引国内外游客147.37万人次，旅游总收入11.05亿元，分别比2000年增长535.8%、1396.3%，景点门票收入3648万元，比2000年增长47.6倍。①

2.“浙中绿岛”价值分析

近年来，“浙中绿岛”产生了良好效应。其蕴涵了经济、社会、生态以及人的

---

① 武义县县统计局：《武义县改革开放30年统计资料》。

生命等方面的价值。(囿于课题,课题仅关注生态价值和人的生命价值)

生态价值:武义县是在经济基础还比较薄弱,工业化初始阶段同步推进生态文明建设的。2000 年武义县提出“生态立县”战略的时候全县人均生产总值仅 8378 元(按 2000 年末汇率折算为 1012 美元),而美国开始大规模实施生态文明建设时,人均国民生产总值达 11000 美元,日本虽较低,也超过了 4000 美元。武义县的“浙中绿岛”建设的经验颠覆了长期以来“先发展,后治理”和“先致富,后环保”的传统发展模式,探索了一条人与自然相互依存、和合共生的可持续发展新途径。“浙中绿岛”实践证明:生态文明建设与经济发展不是对立的,是可以互进互补的。武义县全方位推进生态文明建设,快速形成“绿岛效应”,为欠发达地区推进生态文明建设提供了很好的经验与范例。

人的生命价值:人的生命价值包括身体质量和精神境界两个方面,生命价值的提升依赖于人的全面发展。人的全面发展不是孤立的,而是属于历史与生态语境下的系统概念。“人的全面发展是一个历史过程,这个过程包括人与自然和人与人两大关系和谐发展、人类全面发展与人类个体全面发展、人的全面发展与社会全面发展的辩证统一。”①建设生态文明,就是要创造一个适合于人本性的良好生态环境,让人们心情愉悦地在优美的生态环境中工作和生活——诗意地栖居在大地上。

“绿岛效应”促使武义人生态文明素质全面提高,从而提升了人的生命价值。在发展生态产业过程中,武义人的生态意识得到了提高,如发展有机茶、有机国药过程中,长期的严格质量要求提高了种植者、加工者、销售者的生态文明意识。在发展生态旅游过程中,武义人学会了与自然对话、沟通、共生的生存方式;学会了与游客在大生态背景中交流、合作、互惠的经营方式;学会了在经济发展的浪潮中以“静笃”的心态安身立命,保持心灵平和的修身养性的方式。在“浙中绿岛”建设过程中,武义人懂得了欠发达地区完全可以在不牺牲环境的前提下,发展生产、实现生活富裕;完全可以在确保不对后代人满足其需求的能力构成危害的前提下,满足当代人物质生活需要;完全可以利用“绿岛效应”即人与自然万物和谐相处的前提下,实现经济、社会、文化和人的和谐发展。

---

① 陈媛:《人的全面发展的三个辩证统一》,《广西社会科学》2002 年第 2 期。

(二)“绿岛效应”催生武义生态养生文化

“浙中绿岛”的出现,顺应了现代人的生理、精神的需要,适合当代都市人回归自然寻找“诗意栖居”的时代要求。当今世界,许多人常年处在远离大自然的都市里,快节奏的生活、激烈的商场竞争、纷繁的职场劳作,以及工业化、城市化带来的严重污染,使人们的生存环境日趋恶化。人们渴望从喧嚣的都市生活中解脱出来,走近清新的大自然,呼吸新鲜空气,领略质朴、神秘、奇险的自然情趣和奔放超凡、脱俗、求静的人文情怀。因此,“浙中绿岛”——武义县成了周边地区,特别是上海、杭州等大城市居民生态休闲养生及陶冶情趣的极佳旅游目的地。2008 年,上海市旅游部门对“短线游全国最值得去的 20 个地方”,进行问卷式民意调查,武义被精于比较与选择的上海市民评为“第一个值得去的地方”!

“绿岛效应”催生了当代都市人寻找“诗意栖居”的时尚生活方式,同时也使以“道法自然”哲学思想为渊源的生态养生文化有了成功的范例。简言之,“绿岛效应”催生了武义生态养生文化,它还将催生生态文明建设与社会和谐发展共进的生态养生文化圈。

五、结论

生态养生文化源远流长,博大精深。而我们对于如可将古老的“道法自然”哲学思想与当代生态养生实践相结合,却依然任重道远。当西方人用如同 15 世纪哥伦布发现新大陆一般的眼光惊奇地审视中国古老的《道德经》及其他重要经典文献中的生态养生文化奥秘之时,你、我、他——中国生态养生文化研究者,该将有怎样的感慨与遐想呢?

1929 年某日,纽约犹太教堂牧师 H. 哥尔德斯坦发了一封只有五个字的电报到柏林给爱因斯坦:“Do you believe in God? (你相信上帝吗?)”,爱因斯坦立即回复了电报。第二天,纽约时报刊登了爱因斯坦的回电:“我相信斯宾诺莎的上帝,一位在万物和谐秩序中彰显他自身的上帝。但我不相信一位操控人类命运与行为的上帝。”斯宾诺莎是荷兰著名的生态哲学家,他认为上帝与宇宙生态中的万物是不可分的。我们愈了解宇宙生态中万物演化的原理,我们就愈接近上帝。爱因斯坦在《科学的宗教精神》的文章中说:“在所有伟大的科学家的心灵中,你很难找到一个不具宗教情操的。但是这种宗教情操是与一般普通的宗教信仰不同的。……科学家的宗教情操,是源自于对宇宙庄严和谐的赞叹。这种宇宙的庄严和谐,显示出在森罗万象之中,存在着一个超越的智慧。”

人类与天地自然同在,养生寓于绿色生态之中。

生态养生“三元素”解读

——《武义长寿之乡探秘》序

在中国文化根基上衍生出来的中医学理论体系，是把“人”放置于“时间”与“空间”大生态圈中进行辨证论治和预防的。中医理论的先河之作《黄帝内经》蕴含着丰富的生态医学思想，并且建立了一个比较完备的思想体系，其核心内涵是“天人合一”的自然观、整体观和平衡观，通过对人整体生态环境的调控达到防病和治病、疗养的医学模式。所以，中医学是原汁原味的生态医学，是传统的人体生态学。而在此理论体系中衍生出来的养生学，是一种地道的生态养生学思想体系。

“生态”一词源于古希腊，是指一切生物的生存状态，以及它们之间和它们与环境之间的关系。研究有机体及其周围环境（包括生物环境和非生物环境）相互关系的科学叫生态学（ecology）。生态学最早是从研究生物个体开始的，是由德国生物学家恩斯特·海克尔于 1869 年率先提出来的。生态学既是一门研究生物与环境因素之间的学科，也是研究生物本身之间相互关系的学科，从而奠定了中医学和养生学的理论基点——生态平衡理论。

在中国，庄子最早提出“养生”的思想，认为“养”，就是保养、调养、补养的意思；“生”则是生命、生存、生长的意思。养生又称摄生、道生、保生、寿世。养生学是根据生命的发展规律，通过生态（人与自然生态、人与群类间生态、人的个体身心生态）平衡调节与颐养，达到保养生命、健康精神、增进智慧、延长寿命目的的理论和方法。生态养生文化是先民们在长期的生活实践中总结生命经验的结果，是中华民族的文化瑰宝，而环境、家境、心境是构成生态养生文化的三大基本元素。

一、生态养生的环境元素

意识形态有个重大的历史谬误——生产力就是人们征服自然和改造自然的能力，生产力的发展水平标志着人类征服自然界的程度。这一重大的谬论，导致人类社会近 300 年的经济发展以掠夺自然资源、破坏生态环境为主要特征,现代工业文明使征服自然的手段与力量达到毫无顾忌、无所不及的地步。从而导致自然灾害频发,极端天气加剧,生物种类锐减、生存环境恶化……生态循环系统遭到严重的破坏甚至是毁灭性的崩溃,从此人类面临怪异病菌快速滋生与变种,人体免疫能力不断下降,全球恶性疾病不断蔓延等问题,直接影响当代人的健康与生命。所以,有识之志提出了“生态养生”的重要命题,认为生态环境是人类养生的基础,环境出了严重问题,地球上包括人类在内的一切生物都难免遭遇厄运。基于此认识,生态养生学应运而生,并迅速衍化成全球性的大众文化。

生态养生学是以中国传统养生文化为核心,并结合现代医学、现代营养学、全科医学和自然环境学、心理学、社会学等最新理论成果,所形成的一门旨在提高生命质量、促进健康长寿的新学科,它是对中国传统养生文化的继承和发扬。《周易》是中国最古老的生态养生文化的典籍,其基本思想是“天人合一”“阴阳平衡”“生生之德”等养生观。传统养生学典籍《黄帝内经》的重要基础理论——阴阳五行学说、脏象学说、气化学说等都源于《周易》。孙思邈认为:“不知易,便不足以言知医。”《周易》寓有精深的生态医学哲理,故有“医易同源”之说。

生态养生学以整体观念为指导思想,阐明了人与自然环境的密切关系,将风、寒、暑、湿、燥、火“六淫”当作致病的外因,把喜、怒、忧、思、悲、恐、惊“七情”当作致病的内因,并认为内因与外因有着密不可分的关联。《黄帝内经》指出:“人与天地相参也,与日月相应也”,将人的生存与康寿放置于自然生态的大环境之中思考。人生活于天地之间,形神机能活动受到自然环境和社会环境的影响,季节更替、昼夜变化、地域高下、水质土矿、植被绿化、家居摆设,乃至于社会地位、生活境遇、人际事宜等均可影响身心健康,适之则有利于养生,逆之则有害于健康。

生态养生学的核心思想是“整体为本,平衡养生”。也就是说,整体观与平衡观是构成生态养生学的两大理论基石。

首先是整体观理论。整体观理论认为,养生要重视人自身及与外界环境的统一性,即人与自然、人与社会群类、人与自我身心的三维统一。该理论强调了人体与自然界以及人体内在的整体联系性、有机协调性和不可分割性,重在与自然界的和谐适应与良性互动,凸现调控整体生态状态的养生学模式的宏观特征。孙思邈在《千金方》中提出："上医医国，中医医人，下医医病"的重要命题。将国(含自然环境和社会环境)、人(包括个体与群类)与所患疾病三者纳入统一的医学视野。从中医学和生态养生学的角度分析，上中下三者就是三个境界："上医医国"，旨在人与生存环境的和谐关系与良性互动，这是中医学的最高境界，也是生态养生学追求的终极目标。

其次是平衡观理论。生态养生学的平衡观是建立在对立统一基础上的，包括自然界的平衡、人体内与体外之间的平衡、单个人体内平衡三个方面。平衡观所反映的阴阳消长盛衰是均衡的、对称的和互补的，渗透在生态养生学的自然观、社会观和人体的生理病理之中，成为生态养生学平衡观的基础。平衡观主要方略是中和思想，而中和的目的是为了趋于平衡。《周易》认为，"阴阳合德，刚柔有体"，强调的就是阴阳和调、刚柔和谐。《黄帝内经》也认为，"阴平阳密，精神乃治"，纠正不和的方法是调和，即"此平为期"。生态养生学的平衡观是动态的、相对的，是发展中、变化中的平衡，平衡是为了维持整体性。

整体观与平衡观的实践宗旨是"顺应自然"，即强调人与自然的相应、融合与平衡，引用于生态养生文化中就是"天人相应"学说。该学说强调，人体既是一个有机的整体，又与外界环境有着不可分割的联系，大自然是万物赖以生存的基础，是人类生命的源泉，是当代人生态养生最为重要的元素。

二、生态养生的家境元素

马克思曾经说过："一种美好的心情，比十服良药更能解除生理上的疲惫和痛楚。"在良好的家境中，孝敬长辈、体恤小辈，敬老爱幼蔚然成风，这是养生最重要的元素。在中国古人看来，"家"有两个概念，一是专指有血缘关系的家庭、家属；二是泛指工作和生活有着密切关联的处所和人群，指整个社会——"五百年前同一家""四海之内皆兄弟"的大同世界。生态养生学所指的"家境"涵盖了双重意义——小家是养生的细胞，大家是养生气候。其核心思想是亲情观照和人文关怀。

养生是一种公众的健康理念，一种日常的生活方式。"身边环境皆是养生地"，养生与人们的家属、邻居、同事、朋友、作息、起居、运动、饮食、娱乐和调养等日常生活、工作融为一体。和谐的社会环境、和睦的家庭氛围、舒心的工作岗位、融洽的人际关系以及必要的社会保障和合理的生活方式，均有利于人的身心健康。反之，则有害身心健康。

有利于养生的家庭环境，应该是家庭成员敬老爱幼、互相关心、相濡以沫，共同精心地呵护温馨的小家。当前，由于整个经济发展的节奏太快、社会承受的压力太大，人际关系日益复杂，在无休止的竞争下人心变得越来越浮躁，从而殃及了和睦与稳定。一些家庭幸福度不断降低，离婚率不断增高，离婚速度越来越快。有些家庭虽然没有解体，夫妻却是同床异梦，小家庭摇摇欲坠，家庭健康水平很低，根本谈不上幸福感。

西方有句谚语："爱情是瞎子，结婚是赌博，家庭是坟墓。"20世纪轰动全球的查尔斯王子和戴安娜的英国皇家婚礼，耗资10亿英镑，豪华气派空前，被世人誉为"世纪婚礼"。想必这应是天作之合、必定白头偕老。谁也意想不到，新婚不到三个月，先是"雨打芭蕉"，后是"红杏出墙"，不久便"劳燕分飞"，最终落了个"香消玉殒"的悲剧，实在令世人感慨万千。皇家的金童玉女尚且如此，更何况平民百姓呢？大多数人一结婚，男女双方便各自回归到原来的基线，卸下面具还原于本来面目。理智让人回到现实，原先的乌托邦情怀随着时间的推移慢慢成了凋零的败叶黄花，恋爱时的"白雪公主"婚后变得相貌平平，梦中的"白马王子"竟是一介俗不可耐的匹夫！从此，爱情就开始出现了裂缝，久而久之就会动摇婚姻的基础，为家庭的破裂提供巨大的可能性。看过《红楼梦》的人都知道，林黛玉的爱情观是："不求玉堂金马登高地，但愿高山流水遇知音。"但是，当代人却不以为然，眼下流行的时尚婚姻观只看重外在的东西——相女人相"三围"、看男人看"三子"，即只看重女人的胸围、腰围、臀围和男人的房子、车子、票子，简言之是只关注"相貌"与"钱财"这些外在的东西，而轻视内在的纯真、善良、涵养、气质、品位等心灵素质。错的价值观和审美观，必定造成错的恋爱观与婚姻观，从而也必定带来夫妻的同床异梦、分道扬镳。其实，这些看起来很"虚空"的内在素质才是家庭健康和人生幸福的真正基石；而那些看起来很"实惠"的外在物质，可以带给人一时的荣耀与享受，但它们只是暂时的，是很容易变质的，是无法伴随人一生的。

中国是个历史悠久的礼仪之邦，祖祖辈辈传下来很多优秀的美德，"孝顺"就是其中最重要的一大美的。"百善孝当先"是中国的千年古训，《孝经》规定把

“孝”贯串于人的一切行为之中，它倡导“身体发肤，受之父母，不敢毁伤”，人生在世要注重养生，贵生、养生是孝文化的重要体验，自尊、自爱是孝敬父母的具体表现。在社会道德品质内涵中，“孝”是最基本的道德规范，它直接关系着一个社会群体意识形态的转变，以“孝敬父母”为基点引发“尊老爱幼”“孝老爱亲”“扶弱助残”等一系列传统美德，将直接产生人人关爱社会、人人遵守公德的良好效应，人人都有社会责任心和公益心，也正是构建和谐社会的思想基础。孝敬文化的核心文化就是创造社会和谐，讲和谐的最小范围就是要自尊自爱、贵生养生。

老年人是一个家庭的重要组成部分，孝敬父母是天经地义，同时也是营造和睦家庭气氛的基础。古人云：“善养父母，滋养福根。”世上一切事物都有根源，父母的精血造就了子女，赡养父母是人之根本，也是国泰民安的重要因素。佛家讲“四恩报”：一报佛法僧三宝之恩，二报国土养育之恩，三报父母生育之恩，四报众施主施舍之恩。佛家把信仰、爱国、孝敬父母、爱护民众视为一体，是一种大慈大善。因此，赡养父母不仅仅是滋养自己的福根，也是利国利民的大事。新加坡前总理李光耀选拔各级要政官员的首要条件是“孝顺”，非孝子不得担任要职。在李光耀看来，“不孝必恶”，一个人连父母的生育养育之恩都不思图报，那就无忠信诚义可言，无忠信诚义者担当重任必出问题。中国的儒家、法家将忤逆视为大逆不道，历代刑法均将打骂父母定为十恶不赦的大罪。一个人如对父母不孝，那么他对朋友的信义必定是虚伪的，对国家的效忠也必定是虚假的。在中国，对于普通老百姓来说，秦朝的法律最严；对于贪官污吏来说，明朝的法律最严。但这两个朝代对于社会公认的“孝子”犯法，都可以网开一面、减刑一等。可见，孝敬文化源远流长，它是中国政治根深蒂固的基点。

家庭和睦，有利于消除工作和生活中的紧张情绪，有助于生理和心理机能调节。美国第三任总统托马斯・杰弗逊就曾说过：“家庭幸福是人类的第一恩赐。”融洽和睦的家庭，才能造就幸福家园，开出长寿之花。著名作家冰心在传授她的百岁养生之道时说：“我不是依靠营养、吃补药，而是家庭和睦，知足常乐，我一直是在微笑中写作而长寿的。”国医大师邓铁涛把“家庭和睦，社会和谐，国家安定”视为养生最重要的基础条件。中国老年学学会在第三届中国“十大寿星”排行榜揭榜盛典上指出，寿星的长寿秘诀有五条，其中最重要一条就是家庭和睦、子女孝顺。

三、生态养生的心境元素

养生的关键是"养心"。何谓养心？《道德经》提出要"致虚极、守静笃"，也就是说人的心境要持守静笃，以顺应和通达天道自然虚极的状态。《黄帝内经》认为养心就是"恬虚无"，即平和恬静、虚空豁达、无所挂碍的一种凝神自娱的心境状态。中国传统医学和养生学认为：心态平衡、凝神自娱的人，五脏淳厚，气血匀和，阴平阳秘，所以能健康长寿。所以，"心境平和"是健康长寿的基石。尤其是处于纷扰繁杂、竞争激烈、人心浮躁的当代社会，谁拥有了平和心境，谁就拥有了养生的资格，谁也就拥有了健康和长寿。"养心"是修成平和心境的重要方法。养心有知足养心、修性养心和积德养心三个层面，其中，知足是基础，修性是关键，积德为最高境界。

首先是知足养心。老子曰："罪莫大于多欲，祸莫大于不知足，咎莫大于欲得。故知足之足，常足矣。"(《老子》第 46 章)老子认为，人是自然界的产物，要顺其自然"甘其食，美其服，安其居，乐其俗。"(《老子》第 80 章)老庄及后的道家，不主张一味去欲、无欲、绝欲，而对自然之外的人为欲望，即人的身外之物——超越正常衣食住行生活必需品之外的，如声色犬马、财物名利的物欲，就必须减少到最低程度，根绝了此类性分之外的物欲，心境就可以得到怡然宁静。老子强调："故知足，不辱；知止，不殆；可以长久。"(《老子》第 44 章)如果人们知道(懂得)满足就不会受到屈辱，知道适可而止就不会遭到危险，做到知足适可就可以长久平安、长命百岁。

古往今来，多少贪夫，常常由于贪得无厌，不知足，不知止，而栽进了泥潭而遗恨终生，清朝的和珅就是典型一例。在当今市场经济条件下，物欲横流，一些身居要职的官员，把权利当作为个人、家庭和小集团牟取利益的手段，最后成为阶下囚，此类案例比比皆是。现实印证了老子"罪莫大于多欲，祸莫大于不知足，咎莫大于欲得"的告诫。

其次是修性养生。儒家讲"修身"，佛家讲"修心"，道家讲"修性"，尽管各自的侧重点不同，但都强调人生要注重"修养"。而道家的"修性"养生与中医的"情志"养生，在立论基础上一脉相承。在道家看来，修性就是通过自我反省体察,使身心达到完美境界的过程。按天台宗道义所说修性分两类,一是事理相对之修性,即万有之本质(理)谓之性,现象态(事)谓之修;二是人法相对之修性,即万有含有事理之真实相(法)谓之性,认识迷悟之见解(人)谓之修。道家修性之术,首先讲究祛病健体,其次注重延年益寿,最后追求长生久视。道家的修性养生,先从静功开始,修炼过程的每一步——无论是起初入手、最末了手,还是中间过程的各个环节,都是静功在起主导作用。因此也可以把道家修炼总体称为静功。静功之道,主要是领会和掌握对立统一和一分为二的观点。

明末清初著名哲学家王夫之提出的"四看六然"修性养生观:"四看"就是"大事难事看担当,逆境顺境看襟怀,临喜临怒看涵养,群行群止看识见",要求做人要担当得起、承受得住、拿得起放得下,宠辱不惊,去留无意;"六然",就是"自处超然",即超凡脱俗,超然达观;"处人蔼然",即与人为善,和蔼相亲;"无事澄然",即澄然明志,宁静致远;"失意泰然",即不灰心丧志,轻装上阵;"处事断然",即不优柔寡断;"得意淡然",即不居功自傲、忘乎所以。一句话就是做人要平和淡定,顺其自然,使人生臻及闲情逸致的境界。

中国古代文人雅士的修性养生十分崇尚"闲情逸致",他们讲究"逸士一生七件事,诗剑书画琴棋茶",即通过吟诗、舞剑、习书、作画、抚琴、下棋、品茗等自怡和交流活动,来排除内心的悲愤忧愁,提升人的情致品性,从而达到宠辱不惊、去留无意、与世无争、颐养天年的人生境界。古人素有"看书解闷,听曲消愁,有胜于服药""止怒莫若诗,去忧莫若乐""情志不遂……开怀谈笑可解"等修性养生观。现代医学和养生学证明,吟诗、舞剑、书法、绘画、抚琴、下棋、品茗、种花、垂钓以及参与一些体育运动、农事农活等,都可起到修养情趣、陶冶情性、防病治病、延年益寿的作用。

第三是积德养生。"积善成德",德的核心是一种博爱精神,对自然、对社会、对他人、对家人的关爱,落实到具体日常生活中就是行善,即有善心、持善意、做善事。庄子说,有道德修养的人"平易恬,则忧患不能入,邪气不能袭";孔子说"大德必得其寿";荀子也说"有德则乐,乐则能久"。中医理论认为德高者五脏淳厚,气血匀和,阴平阳秘,所以能健康长寿。中国养生祖师爷孙思邈认为"道德日全,不祈善而有福,不求寿而自延,此养生之大旨也"。相反,德劣者往往病多寿短。美国密西根大学调查研究中心曾对 2700 人进行跟踪调查,发现善恶会影响一个人寿命的长短。助人为乐、与他人相处融洽的人，寿命显著延长；而心怀恶意、损人利己、与他人相处不融洽的人，死亡率是正常人的3.5倍。美国心血管病专家威廉斯博士从1958年开始对225名医科大学学生进行跟踪调查，发现因心脏病而死亡者，恶人的数量是好人的5倍。可见，道德修养不仅是品质的要求，而且是养生康寿的重要内容，积德是养生的最好良方。

首先积德要有仁心。仁，是儒家思想的核心。孔子提出“己欲立而立人，己欲达而达人”，具体要求为恭、宽、信、敏、惠、智、勇、忠、恕、孝、弟。“恭”有谦逊、尊敬之义；“宽”有宽容、宽大之义；“信”有诚信、有信用之义；“敏”有勤勉之义；“惠”有柔顺之义；“智”有智慧、智谋之义；“勇”即勇敢之义；“忠”有忠诚、尽心竭力之义；“恕”有仁爱、宽宥之义；“孝”为善待父母；“弟”同悌，为敬爱兄长之义。一个人如果能仁全如此，其心境必定是欣慰和宽松，而不是懊恼、愤恨和恐惧，因此，“仁者寿”。《中外卫生要旨》认为：“常观天下之人，凡气之温和者寿；质之慈良者寿；量之宽宏者寿；言之简默者寿。盖四者皆仁之端也。”有仁心者能获得内心的舒畅，缓解内心的焦虑，故而少疾，恶意者终日在算计与被算计之中，气机逆乱，阴阳失衡，故而多病而短寿。

其次，积德要顺自然。我国古代著名的思想家、哲学家庄子，在人均寿命只有40多岁的先秦时代，竟然健康活到了83岁。这在当时来说，不能不算是创下了高寿的奇迹。庄子云：“人之养生亦当如是，游于空虚之境，顺乎自然之理。”(《庄子·养生主》)何为顺自然？在庄子看来，顺自然主要体现在少私、寡欲、静心、超然四个方面。庄子认为，私是万恶之源，百病之根，一个人如果私心缠身，必定斤斤计较，患得患失，日思夜虑，不得其安，这就必然会形损精亏，积劳成疾。因此，人要康健，首先要做到少私，不追求性分之外的物欲。庄子认为，欲不可绝，但欲不可纵，纵欲必然会伤害人的生命。一个人如果节物欲，则不会谋财害命；少色欲，则不会欺男霸女；寡官欲，则不会投机钻营。一个人只有知其荣，守其辱，安其分，图其志，才会身心健康，安然处世。庄子认为，人要耐得住寂寞、守得住清静，不为任何身外之物而动心。一个人如果终日比上比下、患得患失，就会心里不得安宁，情志不得稳定，气血不得协调，定会百病丛生。只有宁静才能心平，只有心平才能气和，只有气和才能保持身体机理的阴阳平衡，人才能康寿。庄子以十分超然的态度看待人生，超物欲、超功名、超生死，一切顺其自然。他认为人是由气即自然界的非生命物质变化而来，气聚成形，气散则死，死后重新回归自然，生生死死，不断轮回。当代养生学提出“三个平”生活方式：平常饭菜（一荤一素一菇，燕麦南瓜红薯）、平和心态（不争不恼不怒，爱心善行大度）、平均身材（不胖不瘦不堵，太极瑜伽走路），这是对庄子“少私、寡欲、静心、超然”养生思想的继承与实践。

最后，积德要做善事。佛教提倡“诸恶莫作，众善奉行”，告诫人们一切恶即使是小恶都不能去做，而一切善事都应该尽心尽力地去奉行。当你只做善事、不作恶事，心情自然就无芥蒂、无纠结、无挂碍、很愉悦的，而愉悦的心情能使人有益的细胞活跃，从而正气上升，免疫能力增强，康寿指数增加。佛教法门众多，养生方法众多，无论是坐禅、念佛，还是持咒、修观，都是为了劝善，也即劝人降伏种种妄想与杂念，而聚精凝神地从善积德于百姓大众。佛教提出“和谐社会从心开始”，心清静故，身体就能轻安调适，和谐的心理环境是构建和谐社会的根本，同时也是佛教长寿、养生的秘诀。美国康奈尔大学心理学家崔维斯·卡特和汤姆·基洛维奇发现，花钱买生活必需品救济穷人或捐款做慈善事业，能让人快乐，能提高身体免疫力。中国传统医学、养生学继承了道家养生文化性命双修学说与精、气、神学说的精髓，在施医和指导养生中十分重视形神合一、神气合一、心身一体的生命和谐观，提出了一整套身心和谐、形神共养的养生法。

当翻开《武义长寿之乡探秘》一书，你会发现每一位百岁老人尽管所处的家庭条件不同，所持的生活方式各异，但他们都是环境、家境、心境的适然者。他们没有对事物的刻意追求，而始终是一名顺其自然的适应者。也许，这正是“物竞天择，适者生存”的养生学解读吧。

《容斋随笔》中说：“士之处世，视富贵利禄当如优伶之为参军。盖谓上场有下场时也。老去、病去、降职去、升迁去，终有一去。”清代学者汪辉祖解释这段话时说，士人立身处世，对于富贵利禄应该看得淡薄一点，得到一官半职，只当是演员在戏台上扮演参军一样，有上台的时候，必有下台的时候，这是不可改变的人事游戏规则。财富也一样，有道是“富不过三代”，很多人平日处心积虑欲将万贯家产留于子孙后代，殊不知几十年后只落得子孙败家、门庭冷落、穷困潦倒的结局。凡看过《红楼梦》的人，对此特别有感触，跛足道人的一曲《好了歌》，使甄士隐顿然觉悟“好便是了，了便是好”的生活辩证法。看透了这一点，人就不会患得患失、斤斤计较，为一些身外之物而尔诈我虞、你争我夺，待人处事就会想得开、容得了、拿得起、放得下，就能达到无执无争、随遇而安、知足常乐的境界，人的心境也就无芥蒂、无挂碍、无烦恼，人也就能活得自在、快乐、康寿。

“见素抱朴，少私寡欲”，是老庄对主政者、名士提出的理想人格的一贯要求。其实，芸芸大众，官也罢，民亦罢，每个人的一生都要在环境、家境、心境的面前经受考验，而一个人的节操则会从修行中日渐完美，一个人的生命也会在修行中而康寿。生活的辩证法如是，养生的秘籍也如是，《武义长寿之乡探秘》给人们的启示也将如是。

是为序。

癸巳年仲夏于武义百鸽硐

生态养生“三元素”再读

——《武义长寿村探访》序

我曾为包剑萍先生编著的江南养生旅游文化研究丛书之《武义长寿之乡探秘》作序，题目为《生态养生“三元素”解读》，提出了人们养生要注重自然环境、社会家境和自我心境的“三境和谐”的理念。这回为《武义长寿村探访》作序，是对生态养生“三元素”的再读，旨在钵传先哲“道法自然”之真谛，通过对长寿村长寿老人的长寿密码——气、水、土“三元素”的解读，以寻回一度被当代人抛弃的安身立命之范式。

一、“三元素”——养生学理的思想基点

气、水、土也即通常所说的空气、水源和土地是构成自然生态的最基本的元素，是构成长寿村不可缺失的自然禀赋，也是生态养生最基础的条件。

（一）气是万物生化的本原

“气”是《易经》的核心概念，它贯穿了宇宙论、本体论、方法论和现象学等中国哲学的全部领域。可以说，“气”的学说是中国古人对于宇宙万事万物演化过程研究以及中医学、养生学研究与应用最基本的理论。《易经》最早揭示了包括人类在内的自然万物的起源：“天地氤氲，万物化醇。”提出最早的混沌原始之元气，是构成包括人类在内的一切生物最早的基本元素。老子将宇宙的本体与生成归于一气：“道生一，一生二，二生三，三生万物，万物负阴而抱阳，冲气以为和。”也就是说，道（无极）生太极，太极生天地（阴阳）两仪，天地在“气”的和合下生化出自然万物。在老庄道学那里，天为阳、地为阴、气为中、天地为实、气为虚、阴阳和合、虚实相生，从而生化自然万物。《黄帝内经》说：“天气通于肺，地气通于嗌，风气通于肝、雷气通于心，谷气通于脾、雨气通于肾。六经为川，肠胃为海，九窍为水注之气。”认为人体与宇宙自然相应，人体即为小宇宙，人体机理与自然界中的“气”浑然一体。自然中的“天气”“地气”等每时每刻、源源不断地注入人的体内，使人拥有了活力。

中医学理论以易学、道学思想为哲学基础，钵传《黄帝内经》“天人相应”理

论，结合人体学、药学、临床医实践提出，“气”是构成人体和维持生命活动最基本的物质，人体的结构、功能和代谢规律、疾病原因、病理机制、诊断和预防、药物方剂以及保健养生康复等都以“气”为核心，因而对人体的医疗诊断、用药、保健养生都以对“气”的运化方式是否合理、有规律为最终目的。

（二）水是生物生命的起源

春秋时期，管仲在《管子·水地》中最早提出，“水者，万物之本原，诸生之宗室”的命题，认为“凝蹇而为人，而九窍五虑出焉”。水构成万物，万物靠水生长，人也是由水生成的，即人的视、听、嗅、音、思五虑以及思维能力皆为水生成。

在中医里，水被誉为“百药之首”。医圣张仲景在其所著的《伤寒杂病论》中就提到：“水入于经，其血乃成，谷入于胃，脉道乃成，水之于人，不亦重乎。”李时珍在《本草纲目》中，专门立《水部》为百药之首，提出：“水为万物之源，土为万物之母。饮资于水，食资于土，饮食者，人之命脉也，而营卫赖之。故曰，水去则营竭，谷去则卫亡。”把“饮”置于“食”之首，把“水”置于“谷”之先，可见中医对水的推崇和重视。

现代人体科学认为，水的总量约占人体重的2/3。其中肌肉大约含76%的水，皮肤里含72%的水，血液里含83%的水，骨骼里含22%的水。水能促进体内的新陈代谢，利于营养物质的消化、吸收、运输以及代谢废物的排泄；水有恒定体温的作用，由于水的比热值和蒸热值大，在气温高时可以通过汗液蒸发来散热从而调节体温，使体温保持在36～37℃的范围内；水有润滑作用，它能滋润皮肤、眼睛，湿润咽部及消化道，也可以减轻各个关节的摩擦。

（三）土是生存的物质基础

土是万物生存、生长的基础，也是万物的最终归宿。它生长了万物，又最终接纳了万物。土，是自然中最博大、最厚重、最有承载力的存在，它将一切美好的、肮脏的物质统统纳入，最终又孕育出一切美好物质。

在社会学范畴，土地是人类赖以生存的最根本的物质基础，土地是一切生产和发展的源泉，是实现任何生产所必需的物质条件，是人类生存和发展的唯一空间和载体，是人类永恒的衣食父母。

在哲学范畴，中国先人以易学为理论基础创立了“五行学说”，用金、木、水、火、土五种物质的功能来归类事物的属性，并以五者之间相互资生、相互制约的关系来论述和推演事物之间的相互关系以及复杂的运动变化规律。

在中医学范畴，运用“五行学说”概括脏腑组织的功能属性，论证五脏系统相互联系的内在规律，从而指导中医临床病理分析、诊断和治疗。中医五行学说认为，土性敦厚，有生化万物之特性，脾属土，故脾有消化水谷、运输精微、营养五脏六腑和四肢百骸的功能，又为气血生化之源。临床医学和养生学，依据五行相生相克规律来确定治疗和调理的方法。如扶土抑木法（健脾疏肝法）：是以健脾疏肝药物治疗脾虚肝气亢逆病症的一种方法。又如培土制水法（健脾利水法）：是用温运脾阳或健脾益气药物，以治疗水湿停聚病症的一种方法。可见，土是万物生存生长的物质基础，也是人们治病防病、调理养生的重要元素。

二、“生态劫”——人类生存的现世困境

自然环境是指人类周围的客观物质世界，包括空气、水、土壤、食物和其他生物、非生物物质等。良好的自然环境是人类健康的保障，人类通过新陈代谢不断地与自然环境进行物质和能量交换。随着人类社会的发展，人口的迅猛增长，生产力的不断扩大，自然资源的大量开发，特别是工业文明以来人类的活动对自然环境造成了严重的破坏，导致自然环境质量下降，环境污染加剧，极端天气和自然灾害频发，使人类健康和安全受到很大的威胁。

（一）大气污染：人们难以幸免的“空难”

空气是人类生命活动的首要条件。清新的空气环境，能促进人体的生长发育，给人以舒适、愉悦和安全的感觉，有助于健康和延年益寿；污浊的空气特别是有毒气体则有碍于人体的生长发育，会引发疾病，从而影响和危害健康，甚至导致窒息死亡。

当前我国大气环境形势十分严峻，以臭氧、雾霾（PM2.5）和酸雨为特征的区域性复合型大气污染日益突出，空气重污染现象大范围同时出现的频次日益增多，对人类健康带来的危害越来越严重。从 2012 年年底开始，雾霾天气成为京津冀、长三角、珠三角以及其他工业发达地区的常态。有关数据显示，2013 年 8 月份京津冀地区 13 个城市空气质量平均达标天数比例为 34.6%，超标天数比例为 65.4%。大气环境恶化，对人类健康造成了严重的危害。直接危害有：急慢性呼吸系统疾病、中毒、致癌、致敏、白血病、心肌炎以及人体机理紊乱等；

间接危害有：影响太阳辐射、破坏臭氧层、形成雾霾、导致酸雨、影响动物和植物生长、腐蚀建筑材料等。

(二)水源污染：人们防不胜防的"水灾"

水是人体的重要组成部分，人体内的一切生命过程都离不开水，成人每天需要摄入大约3升水，人们不仅维持生理生化活动需要水，而且保持个人卫生、游泳锻炼、清洁和美化环境以及种植粮食、蔬果和竹木花卉等都需要大量的水。

我国环保部门统计，在我国七大水系中，约40%的河段不适合作为饮用水源；约78%的城市水域不适合做饮用水源，40%为重度污染水域；约64%的城市地下水受到污染；约75%的湖泊出现了富营养化；南方城市总缺水量的60%～70%是由于水污染造成的；全国农村有3亿多人饮水不安全，其中：约6300万人饮用高氟水，约200万人饮用高砷水，约3800多万人饮用苦碱水，约1.9亿人饮用水有害物质含量超标，血吸虫病区约1100多万人饮用水不安全。水源污染，对人类健康造成了严重的危害。直接危害有：引起肠道传染病、寄生虫病、急慢性中毒等，还有致癌、致畸、致突变作用；间接危害有两方面：一是水源污染→动植物病菌→危害人类，二是水源污染→土地污染→食物污染→危害人类。

(三)土地污染：人们悔恨不已的"地殇"

"民以食为天"，人体通过食物与外界环境发生密切的联系，食物是人体生长发育和新陈代谢的重要物质基础。当食物受到污染时，就会危害人类健康，引起肠道传染病和某些寄生虫病的流行，细菌性食物污染可引起人体急性中毒导致死亡。人类的大多数食物来自于土地，土地的质量直接影响人类的生存条件和健康状况。

近年来，伴随我国工业化的快速发展，大地不断遭到各种污染的伤害。土壤污染出现了由工业向农业转移、由城区向农村转移、由地表向地下转移、由上游向下游转移、由水土污染向食品链转移的趋势，逐步积累的土地污染演变成食品污染事故频频发生。调查数据表明，珠三角城市约有一半的耕地遭受镉、砷、汞等有毒重金属和石油类有机物污染；长三角城市大面积的农田受多种重金属污染，致使10%以上的土壤成为"毒土"；我国农药使用量达130万吨，是世界平均水平的2.5倍，专家测算目前农药和化肥的实际利用率不到30%，其余

70%以上进入生态系统，造成土地和水源严重污染。土地污染中的微量元素，通过食物、水（含地表水、地下水）等渠道进入人体，对人体健康产生重要的影响。土壤中的有害物质通过“污染源→土壤→植物→人体”和“污染源→土壤→水→人体”两条途径进入人体产生危害。

这些触目惊心的数字，说明人类破坏自然生态，自然就会失去佑护人类的能力，警示人类要珍惜自然环境特别是空气、水源和土地三大生态元素，同时也向人类敲响了健康、安全与生存问题的警钟。

三、“长寿村”——安身立命的优态境域

在地球上，植物的存在已有30多亿年历史，地球上现存的植物约有50万种，其中有7000多种植物可供人类食用，有5000多种植物具有治病养生效果，仅李时珍的《本草纲目》就记载了植物药1094种。同时，植物还是生态平衡的支柱，具有净化废气和污水、消除和减弱噪音、耐旱固沙和耐盐碱以及防涝等能力。

（一）植物的生态养生功能

植物通过自身的生命活动在影响、改造和优化周围环境，促进环境的不断演化。

1.调节环境温度。研究显示，1公顷绿地从环境中吸收的热量，相当于189台空调机全天工作的制冷效果；气温超过29℃时，绿化覆盖面为50%的地区气温约下降14%；酷夏沥青路面温度为49℃，混凝土路面为46℃，林荫下路面为32℃，林荫下绿茵地为28℃。

2.调节环境湿度。研究显示，森林中空气湿度要比城市高38%，公园中湿度比城市其他地方湿度高27%。

3.调节环境空气的碳氧平衡。研究表明，1公顷森林一天可吸收1吨二氧化碳，产生0.7吨氧气；一个成年人，每天吸进750克氧气，呼出1000克二氧化碳，而一棵胸径20厘米的绒毛白蜡树，每天可吸收4.8千克二氧化碳，释放3.5千克氧气，可满足5个成年人1天呼吸的需要。

4.滞尘功能。植物的粗糙叶片和小枝，拥有巨大的表面积，一般比植物占地面积大20～30倍，许多植物表面还有绒毛或黏液，能吸滞大量粉尘，降低空气含尘量。大气通过林带，可使粉尘量减32%～52%，飘尘量减30%；1公顷松

树林每年可滞留36.4吨灰尘。

5.吸收有毒气体。植物可吸收空气中有毒气体，吸收和过滤放射性物质，进行无害化处理，维持洁净的生存环境。据研究，在绿化覆盖面达30%的地段，可使空气中致癌物质下降58%。

6.减灭有害微生物。研究表明，地球上的森林每年可散发1.7×10吨萜烯物质，具有强大的杀菌能力；1公顷桧柏林一天内能分泌出的杀菌素多达60千克，杉树、松树、柳树、香樟、榆树、黄连木等分泌的杀菌素更多；在常见树木中能分泌含有挥发性植物杀菌素的树木有300多种；法国梧桐、柠檬、桂树、丁香和核桃等能分泌杀毒素，可抑制白喉、肺结核和痢疾等病原体。

7.减弱或吸收声波。城市中的各种噪声是一种无形的、高危害的污染，直接影响居民身心健康，已成为城市环境的一大公害。植物对声波有散射作用，当声波经过被风吹摇的树叶时，可明显减弱声波或使声波消失。树叶表面的气孔和粗糙的毛能把噪声吸收掉。据测定，林带可吸收噪声20%～26%，强度降低20～25分贝，如雪松、桧柏和龙柏等的树冠能吸收音量的25%左右，同时将50%左右的噪声量通过反射或折射消除。

8.产生负氧离子。负离子含量是评价空气质量的重要指标，它的浓度与空气清洁度密切相关。有关研究表明，许多植物的茎、皮、叶等器官或组织分化成曲率较小的针状结构，会发生“尖端放电”作用为诱导产生负氧离子；另外，一些树木和花草所分泌出的萜烯类和芳香类物质能促使空气电离产生丰富的负氧离子。简单地说，植物通过尖端放电和光合作用的光电效应，使空气电离而产生负离子。所以负氧离子浓度的分布及变化规律一般是有林地大于无林地，针叶林大于阔叶林，复层次林大于纯林，成熟林地大于幼龄林和过熟林，日间大于夜晚，夏季大于冬季，溪涧和瀑布周围浓度最大。

(二)人类遭遇现代文明病

人类大约已在地球上生活了200多万年，其中约150万年处在刀耕火种、渔樵牧猎的简单的原始生活状态，最近的5000多年人类才组成了社会、创造并使用了文字，开始进入文明时代。近200多年来，工业文明为人类创造了巨大的财富，城市急剧膨大，人们的衣食住行等每个生活细节全被现代性一网打尽。在整个地球的生物界中，人类是名副其实的“暴发户”，同时也成了名副其实的

“自残者”。我们暂且撇开工业文明如何肆无忌惮地掠夺自然资源、戮杀自然生物和污染生态环境等种种弊端劣行不谈，而依仗工业文明暴富起来的当代人盲目地追求奢侈化的现代生活方式，却自陷于失却家园后的浮躁、焦虑、恐惧等等困境之中，疲惫不堪，心力交瘁，生命质量每况愈下。

由于与大自然接触的机会少了，风吹雨淋的时候不常见了，甚至连仰望蓝天白云、星空月色的时间都被无休止的劳作、竞争、应酬等等所谓的现代生活所取代了，随之几千年孕育进化的人性异化了、人体退化了。同时，物质生活的富裕化、奢侈化和无节制化，给人们的生理机体状况带来一系列影响。根据医学统计，近年来高血压、糖尿病、冠心病、动脉硬化以及恶性肿瘤的发病率逐年攀升。这些非传统疾病大多与周遭的空气、水源、土地、噪音等环境污染以及个人的体力活动太少、生活过于富裕、食物过分精细、情绪过于紧张等有直接的关系。生活在工业发达城市里的人们，工作时呼吸的是工业废气、上下班途中呼吸的是汽车尾气、回到家里呼吸的是现代装潢饱含的甲醇、苯等化学毒气，还有厨房烧饭菜时煤气和油烟产生的二氧化碳、丙烯醛等过氧化物气体。这些废气、毒气会紊乱人体机理，降低人的免疫能力，直接引发呼吸系统、血液系统、妇科月经不调、男科肾功能衰退等疾病以及癌症、白血病等恶性疾病。

“气”是贯通于地球整个生物场的，同样也是贯通于人体整个生理场的。气主宰生命，气滋养生命，气衍生生命，气决定生命的质量。“水”是由“气”而生的，“气”上升而成“云”，“云”厚积而成“雨”，“雨”下落而成“水”，“水”滋养包括人类食物在内的自然生物，同时，空气、水源污染会同时交叉污染土地，从而连锁污染包括人类食物在内的植物和动物，这就形成了一个自然场域中的生物链污染问题。(见图 3-4)

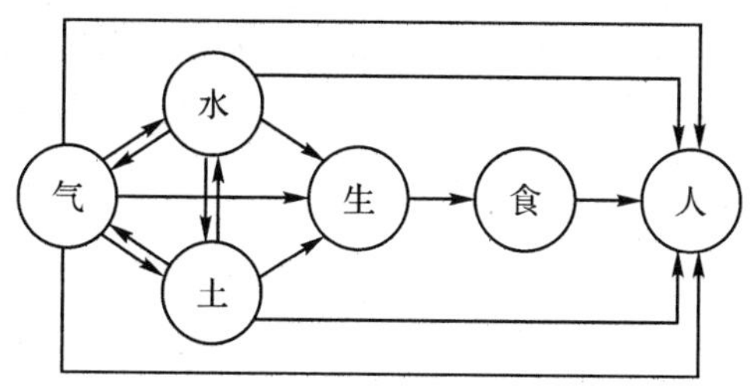

图 3-4　自然生态元素与人体关系

上图表明，在自然生态圈中，一旦“气”出了问题，人类和世界万物都会因其而出问题，而工业发达的城市人必然首当其冲，因为他们离污染源最近，离原生态元素最远。

（三）长寿村的长寿密码

当人类赖以安身立命的生态环境产生严重危机时，“生态养生”应运成了被人们前所未有而普遍接受的生存理念，有识之士提出生态养生之要义是“回归自然”。

“回归自然”有两层含义：一是亲近自然，即远离污染源，选择生态良好的地方生活，至少每隔一时段到环境良好的地方去生态休闲养生，也即去换换空气、清清肺腑、安安心神；二是顺应自然，即按照自然的时令节律和宇宙五行运行规则生活。解开长寿村人普遍长寿的密码，其实再简单不过了。长寿村人与其他人群的主要区别在于生存环境与生活方式——长寿村大多坐落在自然环境良好的山区，长寿老人大多过着清贫、勤劳、节俭的生活并懂得知足常乐。

纵观武义十个长寿村，其村落大多为生态环境良好，远离工业区和社会喧嚣；村落朝向大多为坐北朝南，背靠青山面朝碧水，村口或后山拥有古树林，村里村外绿化良好；村落人居屋宇多是土木结构，房屋高度不超过三层，接近地气且十分注重采光和通风条件。长寿人的生活方式是顺其自然，随遇而安，起居劳作“跟着太阳走”，日出而作，日落而息；他们活得如同村口古树般的从容安宁，任凭“外面的世界多精彩”，始终不渝地坚守故土；他们活得如同门前小溪般澄明随意，心胸无滞碍、无芥蒂，勤劳地种好自家一亩三分土地，节俭地过好一年四季、一日三餐温饱无忧的平常日子，绝无非分之想，更无害人之心。

总而言之，一代代长寿村人都像尊敬自己的父母一样善待自然，而自然也像爱护自己的子女一样哺育人们。祈望武义、浙江、中国、全世界有更多的长寿之村，祈愿你、我、他（她）、一切爱护生态的人们皆成长寿之人。

是为序。

乙未年初春于杭州泊云居

中和之道:中医国药养生的适然境界

中和文化是人类千百年来在实践体验中形成的,也即人们体悟到宇宙万物、社会万象、人生万念存在之理与奏乐之理相同——美妙的乐曲是由各种乐器合奏而成的,在奏乐过程中,各种乐器有清浊、刚柔、高低、强弱、快慢的不同,只有各种乐器都遵循各适其度、各适其宜的"中"旨,才能达到总体和谐演奏出美妙的"和"乐。

早在上古时代,中国先人就十分重视运用中和思想精神。舜帝传位给禹王时说:"人心惟危,道心惟微,惟精惟一,允执厥中。"(《尚书·大禹谟》)这句话的核心是"允执厥中"。"允执"就是平心静气、静观执守,不离自性;"厥中"就是其中,也即天性的所在地、精神的集中点。"允执厥中"简称为"执中",即守性不移,不偏不离。中国传统国学均以中和思想为核心,道家倡导"抱一守中",儒学称"中庸"为至德,佛学称"中道"为至法,中国以中为国名,中医以中为准绳,中国文化处处体现出"中"之妙谛。质言之,中和之道是国人对宇宙万物、社会万象、人生万念的规律性总结,是价值观和方法论的统一体。可以这样认为,"中"是方法论,表征的是事物存在和发展的适宜结构与和谐关系,形成了中华民族构建和协调主客体关系的最一般方法论原则;"和"是价值观,表征的是事物存在的最佳式样和理想状态,它所具有的协调、平衡、秩序、协同、和谐、和合的性质,体现了中华民族对适然境界的价值取向和追求,由"中"达"和"是中华民族特有的处世哲学、生存智慧和道德伦理。

中和之道应用到中医学、国药学和养生学上,是一种通过温和调理、中和补气而达到人体阴阳平衡、动静平衡、营养平衡、酸碱平衡、吐纳平衡,最终复归于正本清源、扶正固本旨归的理念与方法。以中和之道为核心思想的中医学、国药学和养生学,凝聚了千百年来国人对自然、社会、人自身认识的哲学思想、生态智慧和生命情怀,是中华民族对世界精神文化、物质文化和人类安康事业的重大贡献。

一、传统国学的中和之道

构成中华思想文化核心的儒、释、道三大哲学体系,形态各有不同,但其中有一个相通的重要哲学思想，那就是“中和之道”。可以说，崇中尚和是中华民族几千年一脉相承的思想灵魂。在中国各种文化与价值观都以中和之道为精神旨归和行动引领。中和之道主张社会进步，但要求适度秩序推进，既不保守也不激进，适合于自然规律、社会进步和大多数人意愿的存在范式。这种优态境域，就是著名学者余潇枫先生提出的“和美生存”①范式：既不违背自然法则也不排挤现代科技、既倡导持守诗性的精神家园又不否定知性的物质世界——“人活在上帝与牛顿之间”的“适然世界”②。

1. 儒家“以和为贵”思想

《中庸》是儒家典籍“四书五经”中的重要著作，它所倡导的主要是中和思想。孔子曰：“君子中庸，小人反中庸。君子之中庸也，君子而时中。小人之反中庸也，小人而无忌惮也。”《辞海》对“中庸”的解释是：“中，有中正、中和、不偏不倚等意；庸，有平常、常道、用等意。”简言之，中庸，就是一种中道、中和、中正。儒学倡导的“中庸”就是“中和”之意，是一种“守常道”的人生范式。子思曰：“中也者，天下之大本也；和也者，天下之达道也！致中和，天地位焉，天地育焉！”儒学把中和思想视为最高境界的处世之道。

“中”是中华民族文化的灵魂，是国人处世做人待物的最高准则。理解了“中”，才能读懂中国经典，才能领会中国文化。大道至简，“持一守中”，得一“中”，万物可追溯至本原，万事可成真善美。“和”源远流长，《周易》核心思想是“保合太和”的和合观，庄子提出“天和”之说，孟子有“人和”之理，《孙子兵法》提出“天时、地利、人和”的军事思想等等。“和”在中国文化和实际生活中有着广泛深刻的影响。例如，作为明清两朝最高权力殿堂的北京故宫三大殿，其名称为“太和殿”“中和殿”“保和殿”，就都突出一个“和”字。英国著名汉学家李约瑟(Dr. Joseph Needham)指出：“中国文化之善能自我调节，甚似一种有生命的机体，随环境的变化而能维系均衡，并与一温度平衡器相类似。主宰控制学的概

---

① 余潇枫：《适然世界：道家人格的和美之境》，《道家养生文化研究》，上海人民出版社2010年版，第6页。

② 余潇枫、张彦：《人格之境》，浙江大学出版社2006年版，第15页。

念，实可以应用此种迭遇风霜而不凋谢的文明。”[①]他认为中国传统文化中的中和平衡思想，使中国社会内部在各种事情的处理上，避免偏激，不走极端，而是善于调节适中，平衡有序，从而使中华民族之花，迭遇风霜而永不凋谢。纵观人类文明史，世界几大文明古国都先后衰落了，唯独中华民族经历了五千年跌宕起伏，却始终屹立于世界的东方。可以认为，中和之道是中华民族生生不息的思想源头和精神支柱。

儒家思想在历史演进中，之所以能起到兼容并蓄，包罗万象作用，这与其“致中和”核心思想是密不可分的。中庸曰：“故君子和而不流，强哉矫！中立而不倚，强哉矫！国有道，不变塞焉，强哉矫！国无道，至死不变，强哉矫！”（朱熹《中庸集注》）和而不同，在和谐的气氛下，既不激进也不保守，为自己的思想体系找到了合适的文化定位。正因为儒家思想有着显然的中庸姿态（包容性、亲和性、通融性），所以儒家思想在中华文化的百花丛中千百年常开不败。中正公平，中和守道，在实践中以其进取而有人性化的行为准则和高蹈而不脱俗的思想定位被世人广泛接受，成为中国人几千年来信守的道德准则与生命价值观。

2.释家“中观圆通”观念

“中观”是大乘佛学的两大基本潮流之一，创立人为大乘佛教思想家龙树。中观哲学的中心论题是“空”。“空”在龙树那里赋予“中道”的含义。所谓“中道”，它是介于有与非有之间的一种认识、思辨与断定的方式。“中道”观不肯定存在与非存在两极端，而仅仅是承认因果关系又拒绝因或果本身会有自性。龙树提出“八不”命题：不生不灭（从实体方面看）、不常不断（从运动方面看）、不一不异（从空间方面看）、不来不去（从时间方面看）以表述“中道”和“空论”为基础的“缘起”学说（龙树《龙树六论》）。在龙树看来，生灭、常断、来去、一异是一切存在的基本范畴，也是人们认识之所以成立的根据。中观思想还提出“二谛”真理说，认为在最高真理（真谛）空之外，还应承认相对真理（俗谛），对修持佛法的人应该说真谛、说空性真理，对芸芸众生应该说俗谛，即承认世界和众生的存在。中观派还进一步提出，作为最高修持境界的涅槃和现实世界在本性上是没

① 何兆武、柳卸林：《中国印象：世界名人论中国文化》（下），广西师范大学出版社 2001 年版，第 163 页。

有绝对差别的，它们之间所以有相对差别，主要是由于人们无明的结果，如果消灭了无明，也就达到了涅槃。龙树的“中道”观旨在否定事物本性是有或非有的见地，在坚持佛教作为宗教解脱之道的前提下，龙树宣称涅槃与世间无差异，既体现了菩萨道的理想，又反映了大乘佛教对世俗的关心。

中观派发挥了大乘初期《大般若经》中“空”的思想。认为世界上的一切事物以及人们的认识甚至包括佛法在内都是一种相对的、依存的关系（因缘、缘会），一种假借的概念或名相（假名），它们本身没有不变的实体或自性（无自性）。龙树从佛教的根本精神出发，在批判地吸收各种学说的基础上，对当时已有的大乘思想进行了归纳总结，全面地组织起一个以“中观”说为核心的新思想体系。由于中观学派的基本思想是“一切皆空”，因而又被称为“大乘空宗”（龙树《龙树六论》）。

中观学的中道既不偏于理性、出世，也不偏于事相、世俗，而是“真俗无碍”——生死即涅槃，世间即出世。中道要求在矛盾对立的两极、两端、两边中，不能偏执一端，不能过，也不能不及，使矛盾能得以协调统一，其对立的两极中有一个因时而移的、不确定的中介点。事物的两端互相包容、含摄、渗透、和谐、相应。正如佛理说所的，“色即是空，空即是色”，“一多相即相入”。（龙树《龙树六论》）你中有我，我中有你，既是“中”，又是“和”。中观学的中和观引用到中医学、中药学和养生学上，就是在诊治、用药、预防、修养等方面，通过“大小共贯”和“真俗无碍”的理念，着眼于“疏通”“祛瘀”“平和”和“调理”，处理好病因与患者、药性与体质以及水土地理、阴阳虚盛、个体习性等各类关系，将药物治疗、食物辅疗、针灸推拿理疗和情志修行等中医医疗法、养生法融汇一体。

3.道家“冲气中和”学说

中和，是道教追求的一种理想境界。老子曰：“道生一，一生二，二生三，三生万物。万物负阴而抱阳，冲气以为和。”（《老子》通行本第 41 章）道之所以能化生万物，是因为道蕴涵着阴阳，宇宙万物都包含着阴阳，阴阳在气的中和下互相运化、互相作用，而形成一种和合的理想状态。和合是宇宙万物的本质以及天地万物生存的基础，自然万物无一不是“天地阴阳在气的中和下”而衍生不息、周而复始的。气聚则生，气散则死，作为个体生命，一生一死，完成一次生态小轮回；作为生态圈，个体生命的每一次轮回，构成大生态的样式——聚聚散散，生生死死，大道循环，永无止境。人类与自然万物一样，皆为自然之子，皆与大道和合共生，这种天人合一、万物和谐的生态圈，就是宇宙自然的和美图式与适然境界。达尔文学说的忠诚拥护者和倡导者赫胥黎提出了著名的“物竞天择，适者生存”的生态学命题，揭示了包括人类在内的自然万物自觉不自觉地都参与生物圈的轮回与优选，和合适应者则存、则生、则生命得以持续优胜，忤逆违背者则亡、则死、则生命遭遇淘汰消灭。

在道家那里，所谓“和”“合”，即指阴阳的平衡、和谐、共生的“中和”生态样式。《淮南子·天文训》中记载：“阴阳合而万物生。”（刘安《淮南子》）作为衍生万物的本体，道本身就包含着和谐、合适、和合的性质。老子主张“天之道，其犹张弓与？高者抑下，下者举之，有余者损之，不足者补之”（《老子》通行本第77章），深刻揭示了道所包含的调整性、互补性、和谐性。

道家的“中和”思想，是中医学、国药学和养生学的要旨。《太平经》认为，人的生理活动，精气神的变化运炼，都是阴阳在“气”的中和交流而成的结果。“一为精，一为神，一为气，此三者共一位也，本天地人之气。神者受之于天，精者受之于地，气者受之于中和，相与共为一道。”（于吉《太平经》）《太平经》首次将“精”“气”“神”三宝并列、阴阳交流、冲气为和作为养生之道。道家主张，生态养生要聚气凝神、形神统一、性命双修。庄子指出“人之生也，气之聚。聚则为生，散则为死”（《庄子·知北游》），认为“精”是指一些精微的物质，是形成人体——“形”的基本元素，“神”则代表人体精神方面的因素，如感知、意识、思维、情绪、灵感等。而精与神的和合则需要“气”凝聚与贯通，生命存在全在于气的作用。庄子崇尚“恬淡寂寞，虚空无为”[①]的生存范式，认为这是天地的本质，道德的特性，生命的最佳状态。圣人生活在恬淡空虚之中，任顺应自然规律，适应动静交替，随同阴阳平衡，故可和合大道而长生久视。相反，俗人形体劳烦而无休，精神耗费而枯竭，反以重身而夭折。简言之，人是依靠自然规律，凝聚自己体内的精、气、神而生存的，要想康寿就必须修炼、涵养和持守体内的精、气、神三宝。

---

① 余潇枫：《适然世界：道家人格的和美之境》，《道家养生文化研究》，上海人民出版社2010年版，第8页。

二、中医国药学与养生学的中和之道

纵观中国医药史，几千年一脉相承的文化精髓就是中和思想。中和之道引用到医学上，既是医治，又是调理；既是疗法，又是养法；既是医者之学，又是患者之道；既是思想，又是方法。世界上大概只有中华民族，才会有这么悠久深厚的历史文化，有这么智慧美妙的医学药理。

1.《黄帝内经》的中和观

《黄帝内经》是一部关于天地宇宙、生命现象的伟大著作。它荟萃了先秦诸子百家养生之道、医疗之术、长寿之诀；完整地体现了中国古人对人体与四时季候关系的独特理解，以及人体各部互为照应的整体观念；清晰地描述了人体的解剖结构及全身经络的运行情况，是一部将传统中华哲学思想与医学结合、融会贯通的奇书。它奠定了中医学、养生学的理论体系框架，几千年来一直有效地指导着中医的临床实践和养生方法，几乎成为中华民族抵御疾病、追求康寿的奠基性医典。它是医学更是医道，它的真正作用不是孤立性地对疾病进行治疗，而是以宇宙整体观引导人们顺应自然涵养元气和智慧，认知自我生命体和人与自然的关系，依准生命本性去做人和生活，而达到正本清源、扶正祛邪、固本修性、健身养生之目的。

《黄帝内经》有个重要的理念就是"动态和谐高于一切"，认为宇宙天地是一个大太极，个体生命是一个小太极，个体生命和宇宙生存法则是相应相和的。《素问·阴阳应象大论》提出："端络经脉，会通六合，各以其经，气穴所发，各有处名，谿谷属骨，皆有所起，分部逆从，各有条理，四时阴阳，各有经纪，内外之应，皆有表里……"(《黄帝内经》)早在上古时代，医学先知岐伯的学说就给出了一个联系天地六合、汇通藏府表里、沟通身体内外、随同阴阳变化、统一时空位能的生命系统。治病之法的辩"体"施治，其要旨就是用传统中医阴阳五行、气血津液理论进行整体调理，这在中医学上称之为"上工"之道。《淮南子·汜论训》提出，"天地之气，莫大于和，和者阴阳调"，强调了生态系统的动态和谐。整个中医学理论，无不围绕"中和位育"的系统和谐思想来展开。中和思想深深植根于中医并与之融为一体、密不可分，成为中医学以及国药学、养生学内在的、本质的思想基点。

2.《神农本草经》的中和观

中国医药学已有数千年的历史，是国人长期同疾病做斗争积累成的极为丰富的经验总结，对于中华民族全民身心素质提升和国家繁荣昌盛有着巨大的贡献。由于药物中草类占大多数，所以记载药物的书籍便称为“本草”。

据考证，秦汉时期本草已较为流行，当今可查的最早本草著作为《神农本草经》，学界大致认为是东汉医家修订前人著作而成。《神农本草经》全书共 3 卷，收载药物包括动、植、矿 3 类，共 365 种，每药项下载有性味、功能与主治，另有序例简要地记述了用药的基本理论，是汉代以前我国药物知识的总结。到了南北朝，梁代陶弘景（452－536 年）对《神农本草经》进行整理补充，著成《本草经集注》，其中增加了汉魏以来名医所用药物 365 种，称为《名医别录》。明代著名药学家李时珍，长期亲自上山采药，远穷僻壤，遍询土俗，足迹踏遍了大江南北，对药物进行实地考察和整理研究，纠正了古代本草中不少药物品种和药效方面的错误。他改绘药图，按药物的自然属性，分为 16 纲，60 类，每药之下，分释名、集解、修治、主治、发明、附方及有关药物等项，编著成我国本草史上最伟大的著作《本草纲目》。该著作在 16 世纪初就流传国外，曾经多次刻印并被译成多种文字，对世界医学、药学作出了伟大的贡献，同时也是研究动物、植物、矿物等自然科学的重要典籍。

《神农本草经》《本草纲目》一脉相承的医药学理念就是“中和之道”。中和思想用于药理之中，有以下三层含义。

一是“君臣佐使”。《神农本草经》说：“药有君、臣、佐、使，以相宣櫺。”十分清楚地讲明了君、臣、佐、使之药的功能。各种药的药性有主有次，相互制约又相互补充，协调作用，形成的一个有机的整体。简言之，即通过“中和”原理，以不同的因素适度调和配合，使药物主次分明，比例恰当，实现最佳组合的目的。

二是“药物配伍”，即通过“中和”的原理，有目的地按病情需要和药性特点，有选择地将两味以上药物配合同用，使药物达到和谐、均衡、统一的状态。由于疾病的发生和发展往往是错综复杂、瞬息万变的，常表现为虚实并见、寒热错杂、数病相兼，故单用一药是难以兼顾各方的，所以临床往往需要同时使用两种以上药物。药物配合使用，药与药之间会发生某些相互作用，如有的能增强或降低原有药效，有的能抑制或消除毒副作用，有的则能产生或增强毒副反应。因此，在使用两味以上药物时，必须有所选择，这就提出了药物配伍关系问题。前人把单味药的应用同药与药之间的配伍关系，称为药物为“七情”。“七情”之中，除单行者外，其余相须、相使、相畏、相杀、相恶、相反6个方面都属于药物配伍关系。药物配伍始终贯彻“中和之道”的原则，而配伍的旨归则是“适然之境”。

三是“四气疗疾”。这里的“气”有两个含义，即生理功能和药性特征。首先，是生理功能。所谓“四气疗疾”的生理功能，即用药物来调理增强五脏六腑的生理功能，使之发挥正常作用，充分体现中药对人体功能器官治本的作用。医药学和养生学所说的中药养命、养性，都是突出了中药调养人体的“中和”功效，从而保证人体各器官组织功能的正常性、适然性。其次，是药性特征。中药有“气”，《神农本草经》指出：“药又有寒、热、温、凉四气。”药之“四气”指的就是“药性”。我们的先祖用寒、热、温、凉来诠释药的特性，寒对热，温对凉，这就是“中和”，医学上称之为“补”。中药的补，内容十分丰富，有补阴、补阳、补气、补血等等，并有与之相应的各种方药。“补”的目的多为调理、疏通和增强“气”。“气”通顺了充足了，就可修性养命。《神农本草经》中把药分为上、中、下三品，“上药养命，中药养性，下药治病”，也即通气、补气之药为“上品”之药。

3.《千金方》的中和观

孙思邈是唐代著名的医学家、药物学家、养生学家和道学家，被国人誉为“药王”“医神”，被西方称之为“医学论之父”。孙思邈一生淡泊名利，周宣帝征召他为国子博士，唐太宗欲授于其爵位，唐高宗欲拜谏议大夫，他都固辞不受。他一生致力于医学，晚年隐居于五台山专心立著，直至白首之年，未尝释卷。毕生著书80多种，其中以《千金药方》《千金翼方》(合称为《千金方》)为中国古代医药学的鼎杠之作，它是唐代以前医药学成就的系统总结，被誉为我国最早的一部临床医学百科全书，对后世医药学的发展影响深远。

孙思邈医学、药物学和养生学的核心思想是“中和之道”，最高境界是“天人合一”。他认为，人体与天体是相应的，通晓天的人一定能在人的身上找到它的本体，熟悉人的人一定是以天为本体，医学与养生学的最高境界就是找到人与天的相应点，通过中和的原理与平衡的方法，达到人身心的适然之境。天有春、夏、秋、冬和金、木、水、火、土，昼夜交替、寒暑相易，这是宇宙的运动法则。自然界中的大气，流动为风，飘浮为云，集合为雨，凝聚为雪，散发为露，伸展为虹，紊乱为雾，……人体有四肢五脏，醒着睡时，呼出吸进，吐故纳新，经脉动静，气血循环，这是人体的存活规律。阳为精（精神），阴为血（形体），气为媒（中和），阴与阳在气的中和下达到和合则为生（生育、生命），实现阴阳平衡则为正（中正、正常）。中和平衡规律，是天人与同的，只能顺应，不能违背。人顺应了中和平衡规律就会安康长寿，违背了就会疾病凶煞。

孙思邈论述人体衰老病残的原因和机理，大体可以概括为两个方面：一是先天不足，先天取决于父母，取决于父母精、气、神是否中正完足；二是后天失养，来自体内外的情志、饮食、环境、起居、习性、房事、劳损等是否协和适度。他认为，先天不足是可以通过后天养护而弥补不足的，而后天失养是造成多病短寿的主要原因。养护"精、气、神"是祛病保康、延年益寿的前提，而关键是"通"，通则气顺，气顺则能达到中和，中和则能聚精会神，聚精会神则能实现人的身心和谐的"适然之境"，而人处于适然之境就有正常的免疫能力和抵御能力。孙思邈提出，保健养生特别是中老年保健养生，要重视养护精气神，要保持平和安静的心态，坚持过平常简朴的生活，坚持做适度有序的运动，注重生活细节养成良好的生活习性。他倡导养生要做到"四无"："耳无妄听，口无妄言，身无妄动，心无妄念"[①]，旨在聚精、理气、安神，从而实现身心的适然之境——愉悦、安康、长寿。

从实现人身心适然性的宗旨出发，孙思邈对人的衣着、饮食和居住环境提出要求：衣着要着眼于简朴、清洁和适应气候变化三个元素，认为这是提高道德修养、达到精神愉悦和有利于保健养生的良方；饮食要坚持基本吃素、清洁新鲜、少量多餐、定时按时；居所要十分注重环境的选择，不仅要考虑自然因素，还应考虑社会因素，提出"必在人野相近，心远地偏，背山临水，气候高爽，土地良沃，泉水清美，如此得十亩平坦处，便可构居。"[②]孙思邈对人居环境的高要求，一般人都很难达到，但是孙思邈给出的是一种人居环境的理念——人应该生存在与自然和合的适然世界里，这样才能愉悦安康、长生久视、生生不息。

---

① 武跃进：《从〈千金要方〉、〈千金翼方〉看孙思邈的养生理念》，知网空间 2007。

② 武跃进：《从〈千金要方〉、〈千金翼方〉看孙思邈的养生理念》，知网空间 2007。

三、寿仙谷有机国药的中和观

18世纪的欧洲工业革命，开启了世界工业化的历史进程，为人类社会创造了巨大的财富，同时也将生态环境引向了崩溃的边缘，野生动植物面临生存危机，一些野生珍稀物种快速绝灭。面对严峻生态形势，国药可续发展问题尤其影响道地药材生长发育和品质形成的生态环境因子、动态变化规律等方面的问题亟待关注、研究和实验。有机国药就是在这种历史背景下应运而生的，寿仙谷药业公司决策层先知先觉，捷足先登，提出了“打造中国有机国药第一品牌”的战略思想，开创了名贵中药材“仿野生有机栽培技术”以及相关生产、加工、仓储等相关技术，为人类的安康与养生提供了安全、纯真、优质的有机国药。

1. 寿仙谷国药与天地灵气和合

中医国药学有个重要的概念叫“道地药材”，它指的是在一特定自然条件、生态环境的地域内所产的药材，因生产较为集中，栽培、采收加工技术较为讲究，以致较同种药材在其他地区所产的药性纯、品质佳、疗效好。作为国药学范畴的“道地药材”的概念，最为强调的是药性与原产地的密切关系——不同的气候、水源、土壤等自然环境因素和栽培、采收加工等社会人文因素决定了国药的品性。

武义位于浙江省中部，金、衢盆地东南边缘。自三国吴赤乌八年(245年)建县以来，至今已有1760多年历史。位于武义境内的牛头山、寿仙谷、刘秀垄、大红岩、清风寨，重峦叠嶂，峰奇水秀，是典型的丹霞地貌区，加上四季分明的气候，充足的阳光和雨水，常年的雾气和露水，良好的水源与土壤，多样化的飞禽走兽，非常适合野生中药材生长，自古就是天然的中药材基地。根据气候、水域、土壤、生物分布特征等历史资料和现状分析数据以及有机认证要求，寿仙谷药业公司选择在无污染的白姆乡源口和俞源乡刘秀垄等自然条件优质——天地灵气兼备的地域，建立了灵芝、石斛、藏红花等4800多亩名贵有机国药栽培基地。基地经万泰认证公司进行常年的实地考察、检测、审核和督查，通过有机产品认证和良好农业规范认证。拥有药草与自然界和合适宜的成长境域，不但确保了药物有机指数的稳定性和药草的道地特性，而且确保了物种仿生栽培的非变异性。

2. 寿仙谷国药与社会人文和谐

寿仙谷文化源远流长，可以追溯到唐代著名道人、御医叶法善。叶法善出身道士世家，《旧唐书·叶法善传》记载“自曾祖三代为道士，皆有摄养占卜之术”，到叶法善时已经精通医学、药学和养生道术，深得五代皇帝的信任与倚重。叶法善精通养生之道，90多岁高龄还经常上高山采药，100岁时依然仙风道骨、鹤发童颜，106岁无疾羽化谢世。据《旧唐书·孙思邈传》记载，唐高宗李治永徽年间，武义名人叶法善师从青城观第12代观主赵元阳学道，期间得到了唐朝著名药师孙思邈的指点。唐高宗永徽三年(652)，36岁的叶法善学道出师返乡武义，一边修道一边为老百姓治病和传教养生之术。在上山采药中，他发现牛头山、寿仙谷等深山老林中生长着许多野生灵芝、石斛(文中除有特别点明外，所说的“石斛”均为“铁皮石斛”)、何首乌、三叶青、红豆杉等天然名贵中药材。叶法善就地采集、炼制上古养生丹药。他被召入皇宫时，继续研制野生丹药，百姓保健养生的民间秘方，从此成了皇宫的养生延寿之灵丹妙药。叶法善晚年辞官还乡武义，将许多宫廷御用中药秘方传授给武义当地百姓，这为武义一些药号的创建提供了条件。从唐代中叶伊始，采集、栽培、炮制、销售中药就成了寿仙谷等地乡间一些百姓民众赖以生存的产业之一。这为武义发展有机国药基地和构建养生胜地，奠定了坚实的人文基础。

为传承叶法善养生文化，寿仙谷药业在掌门人李明焱的带领下，汇集了一批掌握生态学、生物学、医学、药学、营养学、农学等强大的尖端高科技研发团队，并与浙江大学等高校联合打造科研合作平台，先后承担了“灵芝新品种栽培及精深加工产业化研究”“灵芝破壁新工艺研究和开发”“铁皮石斛药材及相关产品质量标准研究”等多项国家、省、市重大科技攻关项目，成功选育了“仙芝1号”灵芝和“仙斛1号”“仙斛2号”铁皮石斛等有机国药新品种，开发的寿仙谷牌铁皮枫斗灵芝浸膏、破壁灵芝孢子粉等系列产品，成为北京同仁堂、杭州胡庆余堂、上海雷允上、蔡同德等百年国药号的热销品牌。

3. 寿仙谷有机国药与人们日常养生协和

仙草养生，是叶法善道家养生的重要内容之一。唐代开元年间道家典籍《道藏》记载：“铁皮石斛、天山雪莲、千年人参、百二十年首乌、花甲之茯苓、苁蓉、深山灵芝、海底珍珠、冬虫夏草为九大仙草”。九大仙草养生，一个重要的理念是通过“中和补气”来达到“扶正固本”。如灵芝、石斛，都是补气扶正、祛病除邪、颐养身心的良药。

灵芝又称为瑞草，灵芝草，日韩国家称其为万年茸。传统医药学认为，灵芝的药理作用和养生价值，在很大的程度上是通过“中和补气”而达到“扶正固本”来实现的。现代医学也认为，脂质过氧化的产物——脂褐质素会积累于血管内壁和表皮，造成血液循环障碍，而造成高血脂、动脉硬化等疾病。灵芝以其中和的功能可降低体内脂质过氧化水平，能有效地提高机体健康、延缓衰老，提高神经系统的功能。实践证明，灵芝对提高机体免疫功能有着良好的效果，能防止肿瘤发生、抑制肿瘤生长与癌细胞的扩散转移。

为造福于人类的健康与长寿事业，寿仙谷药业着眼于名贵国药的“两个最大化”：名贵国药的药效作用最大化（药物的充分利用、充分作用）和名贵国药的惠普人群最大化（将昂贵药品转化为大众接受的养生品）。灵芝孢子粉是灵芝的种子，为灵芝最精华的部分，每 1000 克灵芝才收集 1 克灵芝孢子粉，甚为珍贵。为使珍稀的仙药“下天堂”“出宫廷”，走进寻常百姓家，将上帝的博爱精神普惠于百姓大众，寿仙谷药业以奉行“两个最大化”为己任，推进灵芝事业的健康发展。首先，引进德国先进的超低温破壁技术，将上等原木赤灵芝孢子粉彻底粉碎破壁，使吸收率达 99%以上。寿仙谷牌破壁灵芝孢子粉在扶正固本、抑制肿瘤、保肝护肝等方面的功效相当于灵芝孢子实体的 75 倍。以这项技术为核心的“寿仙谷牌灵芝破壁孢子粉”科研成果通过了有关权位组织鉴定，并荣获全国科技创新成果奖。近年来，寿仙谷药业公司着力于科学有序地开发灵芝茶、灵芝酒、灵芝饮料、灵芝药膳等养生食品，有效推进了将昂贵药品转化为大众喜爱、可接受的通常性的养生食品，以普惠于普通百姓。

石斛被《道藏》誉为“九大仙草”之首，属兰科草本植物。石斛生长和繁殖速度极慢，喜生长于自然环境良好、鲜有人迹的悬崖峭壁上。石斛的种类众多，铁皮石斛因表皮呈铁绿色而得名，为石斛之极品。因石斛神奇独特的药用价值和保健功效，博大精深的中医药文化对其推崇备至，《神农本草经》《本草纲目》《本草纲目拾遗》《中国药学大词典》《中国药典》等医学专著和药学典籍均奉其为“药中之上品”，民间草根医药学称其为“救命仙草”。

中医学、国药学和养生学实践证明，石斛具有明显的滋阴养血的功能，能补肾积精、养胃阴、益气力。实验证明石斛具有增强免疫功能、益胃生津、利胆保肝作用。中医学认为，五脏六腑的精气都通过脉上，注于眼睛，而肝"开窍于目"眼睛的生理病理与肝的阴精旺盛与否关系密切，石斛具有滋阴养目的功能，被历代医家作为养护眼睛的佳品。《神农本草经》将石斛列为具有"轻身延年"作用的商品药物。现代研究表明，石斛含有多种微量元素，这些微量元素对于人体的抗衰老、健康长寿有着密切的关系。

寿仙谷药业公司，立足于"两个最大化"的宗旨，生态、科学、规模化种植仿野生铁皮石斛，作为名贵药材的资源有了供给保障。为了最大化服务于百姓大众的健康与养生事业，寿仙谷药业除保留了传统的石斛散剂、丸剂外，开发了冲剂、胶囊、晶剂、片剂等，方便了大众的服用。此外，以"日常化""生活化"的理念，引导百姓大众将石斛作为养生保健食品应用，推出煎煮、榨汁、冲泡、熬膏、浸酒、药膳等工艺和相关的养生品，使石斛这一名贵仙药更大范围地进入寻常百姓家，以充分发挥石斛为大众养生保健的重要作用。

"中和之道"源远流长，是中华民族的文化瑰宝，是正确协调人与自然、人与人、人与自身关系的根本原则和理想目标，它既是有益于人与自然和合共生的审美范式，又是正确处理人伦关系的伦理标准和有益社会和谐的治国良方，也是中医国药养生的基本方法和适然境界。当然，中和之道并非是无原则的折中调和，也并非回避矛盾、掩盖问题，而是通过中和而达到一种适当、适应、适合、适度、适宜的优态境域和理想境界。所谓"中"，意指无过无不及，既不过头也不欠缺，而是各适其度、各适其宜的样式与状态；所谓"和"，并非"相同"而是"和而不同"，是不同中的调适，是一种和合的关系与范式，也即是不同事物或同一事物的不同要素按照一定的关系组合而成的一种和美的状态。

总而言之，中和之道引用在中医学、国药学和养生学上，它是一种哲学智慧和实践方法——承认差别，保持适度，追求和谐，在多样中求得统筹，在各异中求得平衡，在动态中求得稳定，从而臻及中医国药养生的适然境界。

三气运化：生态养生学说的宇宙场域图式

——武义生态全域化养生的运气经纬研究

气学认为，在茫茫无垠的宇宙中存在着一种蕴含着强大能量的宇宙气场，它呈螺旋状存在和运行于天地之中。宇宙中的星象、日月、气流、云系等天体是呈螺旋状运行的，地球上的植物根系、枝叶、花瓣、花序、果纹以及年轮是呈螺旋运动生长的，人生命细胞里的遗传密码 DNA 也是呈正反双螺旋形活动的，就连弱小的贝壳也是依靠螺旋形纹与宇宙天气、地气相适应而得以存活和生长的，这就是宇宙螺旋气场效应，它凝聚了宇宙万物的信息，是大自然运动的节律与法则。在宇宙生态哲学上，这一气场现象被称为宇宙场域图式，它促使宇宙天体、地球万物和人体机理系统有节律地生成、存在和变化。

构成宇宙气场的本原是一元混沌之"元气"，元气在内力的作用下生化出阴阳两极，曰"太极"，太极在中气的作用下演化成"天"和"地"，天地之间充溢着"气"，气与天相承部分曰"天气"，与地相接的部分曰"地气"，中间部分曰"中气"。天气属阳质清，地气属阴质浊，中气则是一种媒介气体。天气和地气在中气的运化下和合交媾而孕育生成"真气"，真气赋予宇宙自然生物的生命，故又称"命气"。人之"心气"为宇宙真气的嫡传之气，故又称"主气或内气"。天气与地气属外部之气，天气通过人的呼吸间接滋养人体"神气"而形成人的意志精神，故又称"灵气"；地气通过人的饮食间接滋养人体"精气"而形成人的形体物质，故又称"底气"。气学理论认为，护持和提升生命本质的气场是自然的"天气""地气"和人的"心气"。（见图 3-5）

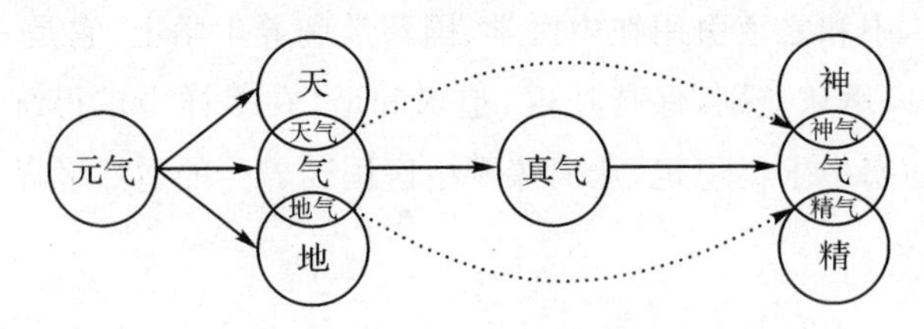

图 3-5 宇宙—人体运气图式

"人得天气而生，禀地气而长。"人应当主动秉承天气、应接地气和调理心气，并使三者贯通运行，来提升人体精、气、神的品质，从而达到扶正祛邪、治病防病、修身养性、延年益寿。"精"包括精液、血液、津液等物质，它是生成人体的基本要素，故也称"形"或"体"，人通过饮食、居住环境、植物交流等因素接纳地气而增强"精气"；"气"就是"心气"，嫡传于宇宙赋予自然生物共有的性命之真气（命气），并通过人的心脏而激活和运行，清者上升为神气，浊者下降为精气，并通过运行生化而使人体内的三气和一，从而促进精、气、神之协和；"神"以虚的形式存在于人体，宗教称其为"魂魄"或"灵魂"，哲学称其为"意识"，心理学称其为"意志"，中医学称其为"情志"或"神志"，人通过呼吸空气而承接天气来补充"神气"。笔者旨在通过研究宇宙自然"天气""地气"和人的"心气"三者运化之范式，解析生态养生学说的宇宙场域图式，从而构建生态全域化养生运气经纬的理论框架。

一、三气运化——宇宙气场的哲学思辨图式

"气"是易学的核心概念，它贯穿了宇宙论、本体论、方法论和现象学等中国哲学的全部领域。质言之，气学说是中国古人对于宇宙万事万物演化过程思辨以及道学、中医学、养生学理论研究与实践中最基本的文化基石。在中外思想史上，《易经》最早提出"天地氤氲，万物化醇"的哲学命题，揭示了包括人类在内的自然万物的起源、生化和演进等诸多问题，明确提出无极"元气"是宇宙自然万物的本原，也是构成包括中医学在内的生态养生学说场域图式的原始元素。

（一）元气——宇宙场域的原始元素

"元气"，是中国古代的哲学概念，指的是产生和构成天地万物的原始元素。元，通"原"，"始也"（《说文》），指天地万物之本原。在中国古代哲学史上，元气学说是人们认识自然的世界观，其渊源可追溯至老庄之"道"论，基本形成于战因时期宋钘、尹文的"心气说"（即"气一元论"），发展干东汉末年王充的"元气自然论"以及北宋张载所倡的"元气本体论"。

老子曰："道生一，一生二，二生三，三生万物，万物负阴而抱阳，冲气以为和。"（《老子》运化本第 42 章）老子认为，"道"是一种"无极"的状态，时间上无始无终、空间上无边无际、形象上无形无状；"道生一"即"无极生太极"，也即"无中

生有”出“一”——阴阳浑然一体的“元气”或曰“太极”；“一生二”，即“元气”分化成阴阳两极，即天地相分(此时未有生物)；“二生三”，天地相分的同时，“气”(冲气即中气)充溢并运行于天地(阴阳)之间，此时宇宙之中存有天(阳)、气(命)、地(阴)三大元素；“三生万物”，天与地在“气”的生命运化下和合交媾，孕育生化出自然万物。在老子那里，道为无、气为有，天地为实、冲气为虚，阴阳和合、虚实相生，从而生化自然万物。正因为“气”自始至终充溢、运行和贯通于宇宙及自然万物生成与演化的全过程之中，所以易学、道学一致认为，“气，乃万物之本原。”这一命题，成了中国古代哲学的最高成就和最具有抽象意义的历史文化符号。

庄子继承并发展了老子的“气”学说，明确提出“通天下一气耳”的哲学命题，把“气”提升到了宇宙本体的高度。庄子认为，“气”原始于“杂乎芒芴之间”，这种“芒芴”本身就是元气之混沌未分的状态，“芒芴”之气后经过分化，便“变成阴阳二气；二气凝结，变而有形；形既成就，变而生育”。“天地者，万物之父母也，合则成体，散则成始”。(《庄子·知北游》)这里的合散指的就是“阴阳之气”，也即“天气”与“地气”。庄子还明确指出：“人之生，气之聚也。聚则为生，散则为死。”(《庄子·知北游》)这里的气指的是“心气”。庄子是我国历史上最早提出“三气运化”命学理论的思想家，他显然是在努力探求宇宙天地之气和人之心气的关系，即生命的本质问题。

老庄的“元气学说”以元气作为构成世界的本原，以气的运动变化来解释宇宙万物的生成、发展、变化、消亡等现象，这在中国古代哲学史上占有极重要的地位。元气学说作为一种自然观，是对整个物质世界的总体认识。元气学说在对自然万物的生成和各种自然现象做出解释的同时，还对天文气象、地理风水、人类的生命起源以及有关生理现象提出了见解，这对地理学、气象学、土地学以及中医学、气功学和养生学等理论体系的构建，都产生了重要的影响。

(二)三气——万物生化的基本元素

按照气学理论，宇宙元气“一生二”分化成天和地，天之下有气曰“天气”，地之上有气曰“地气”，天地之间有气曰“中气”。天气属阳质清，地气属阴质浊，中气属虚质命，天气和地气在中气的运化下和合交媾孕育成“真气”，真气赋予自然万物之生命，故又称“命气”。人与自然界所有生物一样由真气赋予心气(生命之气),同时人又通过呼吸和饮食两个主渠道而秉承天地之气以内化成“神气”和“精气”以补益“心气”。中医学、养生学中的“补气”理念,其核心思想就是凭借天气(空气、阳光、节气、气候等)和地气(水、食品、中草药、植物、磁场、地理风水环境等)以及调适心气(运动、休憩、情志、滋养等)以补益心气,提升人体精、气、神的品质,从而达到扶正祛邪、治病防病、修身养性、延年益寿的养生效果。

1. 天气说

“天气”是宇宙元气生化属阳质清的气体(气场),主要是指人们(生物)呼吸的大自然阳清之气,同时包含对人们(生物)产生影响的阳光月色、风云雷电、雨雪雾霜和臭氧、等离子等物质的综合性天体气场。

关于天地之气的概念,《黄帝内经》(简称《内经》)解说:“故清阳为天,浊阴为地;地气上为云,天气下为雨;雨出地气,云出天气。故清阳出上窍,浊阴出下窍。”古人认为,天为“气之清者”上升飘浮而成,地为“气之浊者”下降凝聚而成。就是说,云为清阳轻质的天气,当它的水汽厚积变得浊重时,就化为雨落到地面上成为水,水融合地理地质之气场而形成地气,地气在阳光和地热的作用下而蒸腾,上升到天际又重新化为云,继而云融合天体之气场又成天气……如此循环往复,周而复始,无穷无尽运行于宇宙之中,孕育着生生不息的自然万物。《素问·宝命全形论》指出:“天覆地载,万物悉备,人以天地之气生,四时之法成。”天地之气生成自然万物,人是自然大家庭中的一员,人体应天地之气而生,运四时节律而长。

2. 地气说

“地气”主要是指水(水气)和生物中蕴涵的阴浊之气(土气),同时还包括地脉、水文、矿物、磁场等地理风水元素的气场。

早在先秦时期,对“地气”就有诸多记载。一是地中之气。《礼记·月令》:“(孟春之月)天气下降,地气上腾,天地和同,草木萌动。”二是地方水土气候。《周礼·考工记序》:“橘踰淮而北为枳,鸜鹆不踰济,貉踰汶则死。此地气然也。”三是土地山川之风水灵气。《长安客话·北平》:“胡主起自沙漠,立国在燕,及是百年,地气已尽。”四是泛指大气层。《瓮牖馀谈·星陨说》:“此必地气外之物,偶入地气中而发光也。”五是饮食五谷之浊气。《素问·阴阳应象大论》:“天气通于肺,地气通于嗌。”六是指阴浊气。《素问・水热穴论》:“地气上者属于肾,而生水液。”七是运气术语“在泉之气”。《素问・五常政大论》:“地气制已胜,天气制胜已。”八是指主气。《素问・六微旨大论》:“天气始于甲,地气始于子。”此外,还包含地下储藏的各矿物质所产生的综合性地质气场。

3.心气说

心气学是从宋明理学“心性论”基础上发展起来的。宋明理学各学派均吸取了孟子“心之官则思”和荀子“心居中虚以治五官”的观点,以及佛教“真心本觉”思想,并加以发展。明代著名学者湛若水首倡心气二元说,提出“宇宙之内一心尔”“宇宙间一气而已”的命题,传承与弘扬了庄子“人之生,气之聚也。聚则为生,散则为死……通天下一气耳”的气学思想。黄宗羲强调出“天地间只有一气充周,生人、生物。”明确认为天地万物由气产生。心气二元论者把心、气二者紧密结合,倡心气融合论。认为心与气不相分离,以气释心,“心即气”,最终把物质之气与精神之心融为一体。在心与气的关系上,朱熹指出“心之知觉,又是那气之虚灵底”,认为气中的虚灵部分(神气)是构成知觉之心的要素。

中医学认为,心主血脉,心气推动血液在脉中运行流注全身,发挥营养滋润作用,心与脉直接相连,心、脉、血三者共同组成一个系统,心之气血调畅,则推动血液贯通全身,周而复始。心主藏神,心为一身之主,主宰五脏六腑形体官窍的一切生理活动。张景岳在《类经・古有真人》中说:“神由精气而生,然所以统驭精气而为运用之主者,则又在吾心之神。”说明精、气、神之间相辅相成的关系。

二、三气协调——人体场域的医学思维图式

《内经》以气学思想解释天地自然与人体生理的关系,注重天地之气与人之心气运行与协调的研究,并按照三气之运、四时之变和五行之平来分析病理和施行防治疾病、养生益寿等活动。

(一)气化理念之运用

《内经》首次从医学角度阐述了人体生命活动中的“气化”理念,对人体的气、精、血、津液等复杂的物质新陈代谢过程进行解析,以“气化”来研究人体的生理结构、病理现象、疾病诊治和防病养生原则。《内经》把气看作人之生命活

动的根本存在形式:“根于外者,命曰气立,气止则化绝。”(《素问·五常正大论》)永不停息的“气化”运动维持了生命的存在。

“气化”即自然界“天气”(阳气)、“地气”(阴气)和人体“心气”(精气、神气)三者运行变化所表现的风、热、火、湿、寒、燥“六气”的变化状态。“化”,在《素问·天元纪大论》中释为“物之生谓之化”“在地为化,化生五味”等。简言之,“气化”就是指自然界中的各种生命现象,是在自然界正常气候变化的基础上产生的,这也是气的形态、性能和表象的变化过程。《内经》认为,气是构成生命最本质的元素,气化是维持生命最基本的活动,气和气化共同护持和推动着人体各系统以及人与外界环境的平衡协调,一旦出现失常的气化运动就会破坏这一平衡协调,就会因气机问题导致精血阻碍而引发脏腑经络器官的病变。“怒则气上,喜则气缓,悲则气消,恐则气下,寒则气收,炅则气泄,惊则气乱,劳则气耗,思则气结。”(《素问·举疼论》)气机失调,气机逆乱会导致各种病状出现。因此提出“百病生于气”的观点,从理论上高度概括了疾病发生、发展变化的基本规律。因而,中医临床十分注重通过“扶正”和“祛邪”来调理气机,使其气化作用恢复正常,达到“心安而不惧,形劳而不倦”(《素问·四气》)的健康状态。

(二)心气运行与生命活动

中国古代医学认为,人之心气嫡传于宇宙真气,它决定着人生命的长短;精气以接纳地气而存活,它决定着人体质的强弱;神气以承接天气而存在,它决定着人气质的高低。人体的精气与神气依赖于心气的运行而发挥作用,离开了心气它们就不复存在,故在医学上一般对人体三气不作分开阐述,统一称为心气,也有医学论著称其为精气或神气。

中医学以哲学精气理论为基础提出精、气、神的概念:“精”为根本,是构成人身体的基础,故有“夫精者,身之本也”(《素问·金匮真言论》);“气”为关键,是维持生命活动的本质,固有“真气者,所受于天也”(《灵枢·刺节真邪》),这充分肯定了人的生命是“气”的一种高级运动形式;“营卫者,精气也;血者,神气也”(《灵枢·营卫生会篇》),“神”作为人生命的最高形态而存在,即人的精神与情志。人源自于气,气生化成精和神,精、气、神三元素共同构成活生生的人,故人体各种生命物质皆为“一气生化”。中医学还认为,“清阳发腠理”“清阳实四肢,浊阴归六腑。”清阳之气因为其清,所以可以贯通到肌肉组织、体表毫毛等可以濡养四肢，凝重的则会渗透到人的脏腑中。

总之，宇宙之天气、地气和人之心气"三气运化"的哲学思想，是中医学和生态养生学一而统之、一以贯之的宇宙场域图式，从而构建《内经》等中医学的理论体系，并成为解释自然本质、气化运行和人的生命本质、生理机能、疾病发生以及医疗诊断、防病治病、保健养生的基本理念和实践方法。

三、运化气场——武义生态全域化养生的经纬布局

生态养生学讲究"道法自然""天人相应"，无论是治病还是养生，都要学会凭借天地之灵气以不断补充人体之心气，以达到人体精、气、神旺盛，生命健康长寿。

（一）应运天地之气的生态养生元素

中医养生学认为，"天气通于肺，地气通于嗌"。人想要健康长寿就得注重生态养生，生态养生就得从秉承天气、应接地气和调理心气入手。

随着城市化和工业化加速推进，能源消费和机动车保有量快速增长，中国大气遭受煤烟与机动车的复合污染，PM2.5（灰霾）、挥发性有机物等问题日益突出，且高度集中在工业发达、交通发达、人口密集的城市群地区。2010年来，国家环保部对有关城市做了PM2.5检测，全国47个重点城市中，约70%以上的城市大气环境质量达不到国家规定的二级标准；参加环境统计的338个城市中，137个城市空气环境质量超过国家三级标准，属于严重污染型城市占统计城市的40%。2011年世界卫生组织全球城市污染报告，涵盖了91个国家1083座城市，其中我国有28个省会城市排在了900位之上，大气污染问题确真令人担忧。

生态学认为，水和植物是天气与地气的对接与交换的主要媒介，水直接以循环转化的方式来完成清浊气的对接，而植物则通过光合吐纳的方式将天气转化为地气，并在吐纳转化的过程中净化气体。现代研究表明，植物特别是森林可通过自身的生命活动来优化生态环境。（见表3-1）

表 3-1 森林优化生态环境参数

序号	功 能	相关参数	说 明
01	吸收的热量，调节环境温度	1公顷绿地从环境中吸收的热度相当于189台3匹空调机全天工作的制冷效果	植物吸收热度不会产生任何副作用，反而会增氧
02	调节环境湿度	森林中空气湿度要比城市高38%，公园中湿度比城市其他地方湿度高27%	
03	调节环境空气的碳氧平衡度	1公顷森林一天可吸收1吨二氧化碳，产生0.7吨氧气，一棵胸径20厘米的树，每天可吸收4.8千克二氧化碳，释放3.5千克氧气	一棵胸径20厘米的树供氧可满足5个成年人1天呼吸的需要
04	滞留灰尘	大气通过林带，可使粉尘量减32%～52%、飘尘量减30%，1公顷松树林每年可滞留36.4吨灰尘	
05	吸收有毒气体	植物可吸收空气中有毒气体和过滤放射性物质	在绿化覆盖面达30%的地段可使空气中致癌物质下降58%
06	减灭有害微生物	在常见树木中能分泌含有挥发性植物杀菌素的树木有300多种，1公顷松柏林一天内能分泌出的杀菌素多达60千克	
07	减弱声波	林带可降低噪声20～25分贝	噪音直接影响人体心脏和大脑神经
08	增添负离子	植物通过尖端放电和光合作用的光电效应，使空气电离而产生负离子	
09	降低光线反射	红色对光线反射是67%，黄色反射是63%，绿色反射是46%，青色只反射36%，黑色反射30%。人体的神经系统、大脑皮层和眼睛视网膜组织最适应绿色	绿色植物还能吸收对眼睛有害的紫外线

上表说明，森林是生态养生最具价值的元素，哪个地方拥有森林，哪个地方就具备发展生态养生业的物质基础。

(二)武义自然人文生态禀赋简析

武义森林等生态资源优势相当明显。全县森林面积达145.98万亩,覆盖率达72%。2012年,国家发改委编制的《全国资源型城市可持续发展规划》,对全国所有地、县级行政区进行筛选,武义县以森林等生态资源优势跻身全国资源型城市,浙江省仅两个市县入选。

武义县素来以自然生态和人文生态禀赋皆优而负盛名。早在东晋年间就有阮孚、阮瑶、张彦卿等诸多名士慕名迁徙武义隐居养生,耕读型隐逸养生之风代代相传,从而形成了独具生态休闲养生特色的"明招文化",其中东晋阮孚、唐五代德谦和南宋吕祖谦分别为道、释、儒三大国学代表人物,尽管宗教流派各异,但他们都是向往武义自然生态和人文生态良好的禀赋而来隐居养生的,并以上纳天气、下接地气、半耕半读的生态休闲养生方式来秉持人生道义。

(三)布局生态养生的运气经纬

发展生态养生业,需要依据宇宙与人体相应的规律,合理布局生态养生的运气经纬,按照道法自然、天人相应的核心理念,设计生态养生产品,引导养生者秉承天气、应接地气和调理心气,实现三气运化和谐,促进人体顺心怡情、健康长寿。

1.秉承天之清气

第一,布局节气养生园区。生态哲学认为,宇宙按照一年24节令和一天24时令运行着不同的天气,每时每刻影响着自然万物,人们注重养生,最终都将趋于生态养生,而"秉承清气"是生态养生的基础条件和最高境界。武义县要善于从长计议,立足于打造生态养生高地的远期目标,依据温泉镇、柳城镇、生态村、牛头山不同的生态资源,规划布局春、夏、秋、冬节气主题养生园(如:春季—桃花源里调肝气、夏季—十里荷花养心气、秋季—牛头山顶清肺气、冬季—温泉池中补精气),每个节气养生园相应设立24节令和24时令生态养生产品。每个生态养生产品都重在为人们秉承天之清气。首先要实施工业落后产能淘汰、畜禽渔养殖业整治和机动车管理等绿色环保战略,基本消除灰霾天气,提升大气健康标准水平;其次要始终有能耐亮出"净气"的金字招牌,建立"武义空气质量数字平台",让游客(养生者)知晓武义是"秉承天气"的好地方;第三是开发"天气"生态养生系列产品,着力将牛头山、柳城镇和温泉镇分别打造成浙中空气质量最好的纳气仙山、休闲古镇和养生胜地。

第二，开发时令益气产品。时令益气养生产品的开发原则是按照“三气运化”的气机理路，调适春、夏（长夏）、秋、冬时令和木、火、土、金、水五行及肝、心、脾、肺、肾五脏的对应关系。（见表 3-2）

表 3-2　节令益气养生品参照表

四时节令	节令特征	对应关系	养生要点	产品要求
春季	草木滋荣，生机勃勃，阳气始发	五行属木，五脏应肝，六淫为风	注重平肝息风、滋养肝阴	以扶助正气、温补疏导为主
夏季	夏日炎热，阳气充足、阴气衰弱	五行属火，五脏应心，心火旺肾水虚	注重补养肺肾之阴	以补肾助肝，调养胃气为主
长夏	夏秋交替，昼热夜凉，阳阴转化	五行属土，五脏应脾，脾火旺肾水弱	注重调理脾胃之气	以补肾清肺，调养脾胃为主
秋季	气温降低，天气干燥、阳消阴长	五行属金，五脏应肺，秋燥津亏液少	注重清肺火降秋燥，滋养肺阴	以润肺清燥、养阴生津为主
冬季	草木凋零，阳气潜藏，阴气旺盛	五行属水，五脏应肾，阳气内敛，阴气充足	注重平息肾火，着眼于“藏”，滋养心气	以调养肾脏为主，虚则补之，过则调之

2. 应接地之灵气

“地气通于嗌”，清代名医袁仁贤诠释“嗌者，口内总机关，统咽喉言也”。也就是说“嗌”即咽喉，进食之通道，张景岳也认为“地气，浊气也，谓饮食之气”。人们进食就是在应接地气，地气是沉浊之气，归于六腑。

第一，推行有机补气饮食。人应接地气主要是通过饮食主渠道实现的。《内经·脏气法时论》指出“五谷为养，五果为助，五畜为益，五菜为充”，认为药物为治病攻邪之物，五谷杂粮对保证人体的营养必不可缺，果蔬、畜禽是必要的补充物质。（见表 3-3）

表 3-3　五谷养生果蔬肉辅助表

五行	五脏	五味	五谷为养	五果为助	五畜为益	五菜为充	说明
木	肝	酸	稷/小米类	李	犬	韭	按现行医学五脏与五味对应的分法
火	心	苦	麦/麦类	杏	羊	薤	
土	脾	甘	稻/大米类	枣	牛	葵	
金	肺	辛	黍/高粱、玉米	桃	鸡	葱	
水	肾	咸	菽/豆类	栗	猪	藿	

现代养生学概念的“五谷”“五果”“五畜”“五菜”等均为泛指，指的是诸多的粮食、果品、畜禽和蔬菜鱼类等食物。不同的食物有不同的营养价值，选择需要因体质而异、因时令而异、因病情而异，这里不一一列举，但原理都是“调理气机”，也即从补气、益气、运气入手，以达到健康养生之目的。

自 20 世纪 90 年代来，武义实施“生态立县”战略，大力发展高效生态农业，逐步形成了茶叶、优质水果、花卉苗木、食用菌、蔬菜和畜牧等有机农业。截至 2011 年底，武义县已有茶叶、猕猴桃、铁皮石斛、灵芝、莲子等 16 种产品通过有机产品认证，有机颁证的农作物种植面积达 3.7 万多亩。2013 年，国家认监委确定武义县为第二批国家有机产品认证示范创建区。武义打造生态养生高地，应充分发挥当地有机农产品的优势作用，开发农家乐有机五谷、有机蔬菜、有机水果、有机畜禽以及有机饮料、有机药膳等系列产品，通过行业评星、自律和监管等手段，确保食品从择地、选种、育苗、种植、配置、加工、烹调、经营全过程有机化，打响“武义有机饮食”生态养生品牌。

第二，开发温泉养气产品。温泉是典型的深层地气外溢物质，但由于产品稀缺，在历史上属于帝王养生产品。中国温泉养生文化源远流长，秦始皇为治疗疮伤而建“骊山汤”，由此开中国温泉疗养之先河。温泉较大规模用于养生养颜，起始于秦汉而盛于唐。现代中医养生学认为，人泡洗温泉直接应接地气，在气场和矿物质的作用下，能起到顺气活血、舒筋通络、消除疲劳、祛病强身、美容养颜、抵抗衰老、促进血液循环等保健养生作用。

武义温泉日出水量达 10000 吨以上，常年水温 42.6～44℃，pH 酸碱度 7～8，水质略显蛋青色，属重碳酸氢钠—硫酸盐热矿水，含有锂、锶、锌、碘、偏硅酸、偏硼酸、放射性氡等多种对人体有益的微量元素和矿物质，属大型的医疗热矿泉，泉水中偏硅酸、偏硼酸的含量都已达到医疗价值浓度。经国家相关专业部门检测认定，武义温泉水质透明，无色无味，含有 20 多种有益人体的微量元素和矿物质，各项指标都符合国家医疗、浴疗用热矿水标准。武义温泉自 1998 年时任县长金中梁发表《寻找新沸点》论著开始，经十几年的开发与经营，在全国特别是上海等长三角城市已有较大的市场影响力。武义要充分发挥温泉的资源优势和品牌优势，做深做足温泉养生文化，引进易学元气、道学真气和中医学心气理论，与浙江大学中医药学院等医学院校联手开展"泡温泉益心气"课题研究和技术攻关，合作开发温泉运气、益气、补气系列养生产品，以气学新概念深度发展温泉养生业。

第三，引导人居风水布局。人居"风水学"源远流长，伏羲画八卦，为我国文字的雏形，周文王演绎周易是我国文化的开端，也是我国先贤学会仰观天文，俯察地理，中通万物之情的开端。所以，自古以来易学就被人们推崇备至，尊为群经之首，儒道释三大国学乃至兵、法、墨、阴阳、四时、五行、纵横、风水、中医等百科学术皆为易学的诠释、传承和创新发展。其中，风水学就是依据易学的太极阴阳、天地乾坤、四季五行等理论结合天文地理、山脉水向以及个人生辰八字等演变而成的，剔除其迷信的成分，在很大程度上有其科学性和应用价值，可视其为一门生态养生之学说。

人居"风水学"来自周易八卦中的巽卦和坎卦，其含义是藏风聚气得水。融合气场（地理、水文、磁场等自然元素），旺人康寿，其核心思想就是"道法自然""天人相应"，其终极目的就是选择人们生存的最佳环境。可以说，人居风水学通过测算天地灵气和人的生命综合气场状态，旨在使人居环境符合人与自然和谐共荣的正态效应。

从建筑风格上看，武义传统民居风格与婺州八县相仿，基本上归属于以"粉墙黛瓦马头墙"为主要特色的"徽派建筑"系列。从严格意义上说，武义民居风格属"婺派建筑"——以徽派建筑为基调，吸收了绍兴一带的"越派建筑"之韵味。徽派建筑是典型的商家文化，高牌坊、屏风墙、小天井用以"藏风聚气得水"（聚财气），而婺派建筑与徽派建筑主要区别在于马头墙、大天井、大院子，讲究"采光通风运气得水"，村口石质高大牌坊也演变为水口古城老树、小桥流水，多了一些书生气和生态情怀，是典型的儒家耕读文化，武义的俞源、郭洞、山下鲍和龙门李村等古村落皆为“婺派建筑”典型传统民居样式。

武义要打造生态养生高地，重在发展农村生态旅居业，这是武义几千年形成的传统优势。发展农村生态旅居业态，除了抓好生态村建设的常规性工程外，着力要以“气”为核心理念，以“风水”为重要元素，做好村落民居“婺派建筑”风格的修复改造工程，同时要强化村落水口的自然生态和人文遗存的修复工程，以充分彰显村落与民居的风水文化来吸引城市人。此外，要切实引导农民对居家风水的运用，剔除封建迷信糟粕，倡导自然气场理念，同时与有机食品、四时农耕、五行调理等生态养生方法结合起来，使游客在旅居中真正能应接武义的优质“地气”，起到舒心怡情、修身养性、康体养生的效果。

3. 调理人之心气

第一，借助中医国药补益心气。灵芝为十大名贵药之首。我国最早药学专著《神农本草经》说，灵芝“主养命以应天。”“应天”则顺应“天气”，也即通过“秉承天气”的原理而达到扶正固本祛邪的生态养生目的。现代药理研究证明，灵芝具有镇静强心、免疫调节、抗抑肿瘤与抗心肌缺血、抗脑缺氧、抗衰老等作用，其药理根据就是建立在“强心益气”“扶正固本”药效基础上的。

石斛对护肾保肝、养胃润肺、纳气滋阴有明显的功效，古今医书药典多有记载。《本草纲目》记载：“除痹下气，补五脏虚劳羸瘦，强阴益精，补肾益力。”《神农本草经》记载：“主伤中、除痹、下气、补五脏虚劳、羸瘦、强阴。”现代药理研究表明，上述医书药典关于石斛纳气滋阴、护肾保肝、养胃润肺的药理功能基本上得到临床验证。

武义寿仙谷药业公司选择远离污染、青山碧水的源口、刘秀垄、牛头山等地建立灵芝、铁皮石斛、藏红花等名贵中药材种植基地，实施了“铁皮石斛仿野生有机栽培技术”“灵芝孢子破壁新工艺”等技术创新，培育、生产出了符合国家药典标准的有机名贵国药。武义县要充分发挥“寿仙谷”品牌优势，开发最适合调理“气阴两虚”的养生园和系列养生产品——以灵芝、石斛等名贵有机国药配伍的气疗、药疗、食疗、理疗、浴疗、足疗等系列产品。

第二，开展太极运动运行心气。太极拳、太极剑、太极扇、太极棍、太极环等均属太极运动，以太极拳最为普及。太极运动的主要目的是修身养性、健身养生，其次才是自卫防身、格斗竞技。中医养生学认为，人体的正常生命活动是阴阳两个方面保持对立统一协调关系的结果。人体的阴阳是相互作用、相互依存、相对平衡的，阴进则阳退，阳进则阴退，单方偏盛偏衰，都会形成疾病。太极运动宗旨是运用“意气运行”原理而达到阴阳平衡，其手段是通过意催气动，气催肢动，虚实变化，意气相生，使气流推动精血运行贯通全身。太极拳以动练拳、以静练气，以意领气，以气运身，动静相修，刚柔相济，修炼时讲究丹田气充，则鼓荡内气周流全身，人体脏腑、皮肉、经络乃至心志皆得其养。徐明等在《老年人太极拳运动前后心肺功能的变化》专项调研时发现，长期从事太极拳运动的老年人的心脏射血速度和射心血加速度均显著优于无训练的普通人。

武义是江南太极文化的发祥地，东晋阮孚、唐代叶法善、五代德谦、明代刘基等都是太极文化的重要传承人，太极文脉贯穿于明招寺、牛头山和俞源村等历史遗存的文化肌理之中。特别是俞源太极星象村堪称中国太极文化的经典之作，无论是周遭的地理水文元素、山脉水流走向还是村落建筑布局、“七星塘”“七星井”、水口“太极图”“气坝”等风水元素的安排，都体现了刘伯温和俞涞、俞昭等先人的“太极气场”文化意识和“天人合一”生态人居理念。

武义要打造东方养生胜地，应凭借自然生态禀赋和人文生态资源，深度发掘和充分利用太极气场文化，制定专项发展规划，开展全民太极运动，每年举行全国太极运动大型表演和竞技活动；引进商业资本和专业团队，在俞源村、和大红岩、明招寺、牛头山选址兴建“太极养生园区”，开发太极系列（文化、运动、内丹、食药等）养生产品。通过5～10年的努力，将武义打造成长三角地区最大规模、最有特色、最具专业的太极养生基地。

布局生态全域化养生运气经纬，根本法则是道法自然、天人相应，基本路径是保护生态与合理利用生态资源优势。在业态发展过程中，须牢固树立尊重自然、顺应自然、保护自然的生态文明理念，引导全民把生态保护意识转化为自觉行动，共同营造蓝天白云、和风净气、青山碧水的生态家园和养生胜地。同时，要按照生态养生目的地的标准对县域区划、资源和业态进行科学布局，加快形成经纬优化、时间有序、空间合理、可永续发展的生态全域化养生业态的新格局。

四时顺应:生态养生学说的时向场域

——武义全域化生态养生时间向度研究

在中国古典哲学中,“四时”是宇宙万物构成的重要因素,四时节令是宇宙运行的基本规律。中国古人的时空观是复合的时空观,四时时间向度与五行空间纬度相结合,在三气的运化下,形成涵盖宇宙一切的时空经纬图式。唐代著名医学家孙思邈认为,最高境界的养生是“顺应四时”的养生。可以说,“顺应四时”是华夏先贤提出的最朴素、最基本、最有效的生态养生之道。

一、时节运行——自然节律时向场域思辨

“四时”被上古先民认为是宇宙的第一规律,这是前诸子时期非常重要的一种自然生态观。其基本内涵就是“二十四季节”“十二月令”和“十二时辰”等时间向度,四时与三气、五行共同构成宇宙时空经纬图式,体现了中国古代哲学思想的基本面貌。

在中国“四时”文化源远流长,易学最早提出四时的概念“广大配天地,变通配四时,阴阳之义配日月,易简之善配至德。”(《易・系辞》)庄子是四时哲学的奠基者,他用道的学说为四时构建文化体系,将寒暑时令与阴阳并列以解析宇宙时空向度:“四时迭起,万物循生。”“一清一浊,阴阳调和。”(《庄子・天运》)他将四时节气作为万物盛衰、物质清浊、阴阳平衡的总根源。“阴阳四时,运行各得其序,惛然若亡而存,油然不形而神。”(《庄子・知北游》)他把阴阳与四时看作是万事万物运行演变的节律秩序。自庄学以降,四时与阴阳一道成了具有终极意义的哲学概念生态文化元素。在先秦、西汉时期,三气为中、四时为经、五行为纬的宇宙场域图式,是一个不可置疑的哲学范式。

现代科学证实,人类生存于自然界之中,其生命过程必然与宇宙的时间向度和空间维度产生密切的联系。中医养生学认为,“变通莫大乎四时。”(《易经・系辞》)春夏秋冬是自然界四时气候变化的征象,二十四节气是阴阳升降、寒暑更迭的标志,对人类的生活和人体肌理产生着重要影响。《内经》提出“春生、夏长、秋收、冬藏,是气之常也,人亦应之”。人类要在自然界中健康生活,就必

须遵循四时之自然规律，即“智者之养生也，必顺四时而适寒暑，和喜怒而安居处，节阴阳而调柔刚。”只有自觉地顺应四时变化规律，才能保持人的机体环境之阴阳平衡，避免邪气入侵和疾病发生。这种“天人相应”的整体观念，正是中医四时养生的基本法则。

二、四时调节——生态医养学说的应变定律

早在先秦时期，我国先贤就发现顺应四时季节气候变化，对人类健康有着重要影响。《内经·素问》指出“人以天地之气生，四时之法成”，强调了人与自然四时变化的对应关系。“夫四时阴阳者，万物之根本也，所以圣人春夏养阳，秋冬养阴，以从其根”，明确提出阴阳四时是万物的根本，养生者应当因四时更替对人的日常起居活动做出应变——春夏养阳，秋冬养阴，天人相应，安时处顺。中医学认为，春季木气和畅，有助于肝的升发；夏季火热最盛，有助于心的阳宣；秋季金气正隆，有助于肺的肃降；冬季水寒凝固，有助于肾的蛰藏；长夏（土）是一年之中百物生长、变化、成熟的季节，有助于脾胃等器官的消化传导诸作用。（见图 3-6）

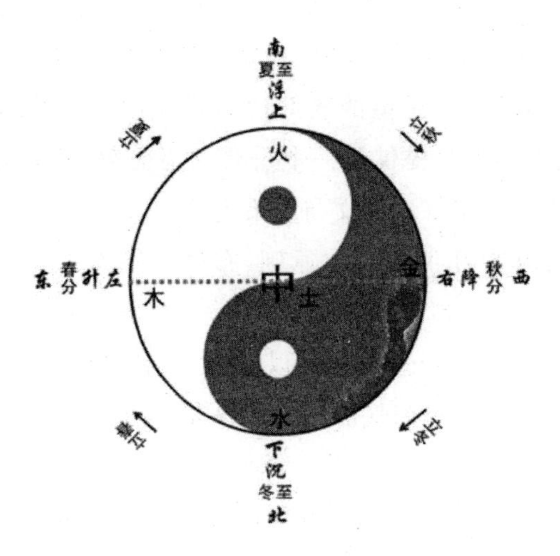

图 3-6　四时向度图

“四时向度图”表明，人与自然界四时、五行气候变化息息相关，并且人与自然界四时气候变化是一个动态的整体，“天人相应”讲究的是人们的存在范式要

遵循宇宙自然的节律。《内经》的高妙之处就是以"天人相应"为理论基础，以"顺应四时"为基本方法，融汇"三气论""五行说"等思想精髓，形成了道医同源、医养贯通、调摄起居、防病疗疾、养生益寿为一体的养生之道。

三、节气布局——生态养生的时间向度

中医养生学认为，养生保健的目的就是要调节、保持和维护阴阳平衡的状态："谨查阴阳所在而调之，以平为期。"(《素问·至真要大论》)简言之，就是把握四时阴阳变化规律，结合季节气候特点，调整人体的阴阳偏差，以保持人体内外的阴阳协调平衡。所以，武义全域化生态养生就要正确把握时间向度布局养生园，按时令节律引导养生活动，按四时节气开发养生产品，形成天人相应的生态养生场域图式。

(一)按四时节气布局养生园

有关调查资料表明，我国约有15%的人群是健康的，15%的人群是非健康的，70%的人群呈亚健康状态，亚健康人数超过9亿人口之多。国家《"十一五"规划纲要》明确提出要"推进公众营养改善行动"。卫生部部长陈竺指出："对健康的投入要作为国家最重要的战略性投资。健康产业对国民经济的贡献蕴涵无限前景，使之占国民生产总值的比例达到8%左右，成为国民经济的一大支柱"。这为发展生态养生业提供了一个重要的历史契机，同时也为武义发展全域化生态养生业给予了很好的人文与政策支撑。

根据阴阳依存互根和消长转化原则，布局生态养生园要着眼顺应四时气候，有利于游客(养生者)以调养五脏之气——春养生，顺应春季阳气的生发以舒肝气；夏养长，顺应夏季阳气的旺盛以养心气；秋养收，顺应秋季阳气的收藏以养肺气；冬养藏，顺应冬季阳气的闭藏以养肾气。

1.春季—探花问茶养生园

"春三月，此为发陈，天地俱生，万物以荣。"(《素问·四气调神大论》)春为万物更新之始，人体之阳气蓬勃上升。因此，春季养生园也应顺乎自然而布局，一方面要借助自然界花红柳绿的生机气象而推动人体阳气向上向外疏发，让人体的春阳之气运化起来；另一方面应掌握春令之气升发舒畅的特点，将护体保阳的行动贯穿到饮食、运动、起居、防病、精神调养等各个方面，使人体内的春阳

之气不断充沛，逐渐旺盛起来。就武义而言，可以利用县域的自然和人文生态优势，构建“武阳春雨茶马古道”“桃溪百亩桃花源”“柳城千株绿柳”“大莱七彩梯田”等春季养生园。

此外，还可以开发“武阳春雨茶马古道”生态养生游线。研究表明，茶叶有诸多养生功效：茶叶可使血管中血清胆固醇和纤维蛋白含量降低，从而降低血脂，软化血管；有提神醒脑、清热解毒、明目、消滞、减肥以及抑制肿瘤等养生和防病之功效。武义有机茶认证面积已达 2.7 万亩，武阳春雨品牌在全国有一定的影响力和较好的美誉度。“武阳春雨茶马古道”（茶博园—九龙山茶园—台山茶园—后树茶园—水阁古茶行），全线绿道大部分已贯通，沿途风光秀丽，环境优雅，茶园海拔错落有致，游客可以在“问茶”过程中，领略沿途山水风光，了解绿茶养生奥秘，吸纳天地阴阳灵气，参与采摘制作茶事，品尝婺窑山泉绿茶，在与大自然的亲密接触中，承接天地春阳之气，调适积极、向上、顺达之情志。此外，武义还可以布局桃溪百亩桃花源、柳城千株绿柳、大莱七彩梯田等春季“寻花问柳”养生园。囿于篇幅，这里不一一展开。

2. 夏季—纳凉观荷养生园

夏季养生，古人之所以提出保养阳气，是因为夏天暑热外蒸，汗液大泄，毛孔开放，这时机体最易受风寒之邪侵袭。还因为湿为阴邪，易伤阳气，尤其伤脾胃阳气。因此，元代道家养生家邱处机主张夏季饮食应“温暖，不令太饱，时时进之……其于肥腻当戒。”《养老寿亲书》也告诫：“夏日天暑地热，若檐下过道，穿隙破窗，皆不可乘凉，以防贼风中人。”在现代化生活方式的误导下，人们违背了自然四时节律，昼夜工作、生活在空调房里太阳晒不到，新鲜空气吸不到，汗水流不出，从而导致风寒湿邪疾病。

武义牛头山国家森林公园被誉为“金华八婺第一峰”，海拔 1560 米，总面积 1327.69 公顷，域内山峰峦叠嶂，高耸云霄，古树断崖，栈道盘旋，千回百转，曲径通幽，碧湖悬瀑，即便炎热盛夏，这里也依然是清凉世界。游客（养生者）夜宿上田村农房土屋，可享受“白云深处有人家”的静谧、安宁和清凉，让人远离城市空调房的囚禁，回归自然而颐养人体与性情。此外，武义还有柳城风情古镇、祝村十里荷花、小黄山农家乐等都具有建设夏令养生园极好的生态元素。其中，荷花就是颇具内涵的生态养生之佳品，无论是对于修身还是对于养性都有很好的开发潜力。以温泉为主打产品的武义养生业，开发夏季养生产品至关重要，如果将荷文化融入温泉，比如在“十里荷花”丛中泡温泉，那将是一番独有的风情，即便是炎炎盛夏，来者也将络绎不绝（荷文化养生，笔者将另行研究并著文，此处不予展开）。夏天是调养心气的最好季节，理论上不应该是养生业态的淡季，关键是看能否开发出优质的产品，设计好合理的流程，让游客真正能在享受自然夏怡的过程中得到养生。

3. 秋季—赏月采菊养生园

秋季自然界阳气开始下降，阴气逐渐转旺，人体的阳气也开始收敛，此时阴气外盛而内虚，燥成了主气，燥邪易伤人体津液，因此秋季养生的关键是要借助生态元素以防燥护阴。

野菊花味甘苦，性微寒，可以散风清热、清肝明目、消炎解毒，是中国传统的常用中药材之一。《神农本草经》上有云：“久服利血气，轻身，耐老，延年。”菊花对口干、火旺、目涩，或者因为风、寒、湿引起的肢体疼痛、麻木等疾病以及防止感冒风热、头痛、耳鸣、眩晕等都有一定的疗效。同时，菊花还是上乘的养生植物：菊花具有清肝明目、调节心肌、提神醒脑、放松神经等效果。菊花不仅具有药用兼养生的功效，而且还有“含乾坤之纯和，体芬芳之淑气”的文化特征，是高洁之花、赏悦之卉，深受文人雅士之喜爱。

“采菊东篱下，悠然见南山。”陶村是东晋田园诗人陶渊明后裔的居住地，桃溪一带山丘土质十分适合生长野山菊。武义县可以引进商业资本，以“公司＋农户”的模式规划建设“采菊养生园”，在长满野山菊的山丘上、小溪边点缀一些类似当年陶渊明居住的小土屋，让游客在这里住上一周、半月，过一阵子采菊垂钓、赏月吟诗、水墨书画、半耕半读的隐士生活，从而得到修身养性、怡情养生。武义的寿仙谷国药基地、俞源、郭洞以及从玉堂源至小黄山沿途的生态村，均可开发类似的全域化生态养生旅游项目。

4. 冬季—泡泉寻梅养生园

冬季自然界阳气收藏，阴气旺盛，人体养生要注重养阴，而养阴要着眼于藏。《内经》指出：“冬三月，此为闭藏……使志若伏若匿，若有私意，若已有得，去寒就温，无泄皮肤，使气亟夺。”

温泉属于中医自然康复和生态养生之佳品。北京中医药大学彭玉清教授认为，温泉的性味分为辛和温，辛可以畅通气机、发散、发于体表出汗；温可以温通经络、畅通气血，通过皮肤、经络和穴位，调整气血，调整内脏平衡，增强脏腑功能，平衡阴阳。在养生保健方面，泡温泉有疏通经络、畅通气血、舒缓压力、调节情绪、美容养颜的功效。

梅花是中国十大名花之首，被誉为国花。梅的姿态、梅的风骨、梅的品格，使一代代文人雅士钟爱有加。“梅诗”是我国诗坛词园中的一枝奇葩，以梅花为意象的古诗词拥有几千首之多。寻梅、探梅、赏梅、咏梅、艺梅、品梅实属中国文人的风雅之举。中药学资料记载，梅花有抗菌、消炎、镇静、降血压、抗肿瘤、利尿、解毒、祛痰、促进胆汁分泌的作用。梅花还是一种很好的养生品，苏杭一带民间素有采用“梅花香袋”“梅花入茶”“梅花泡澡”等方式保健养颜养生的传统。

武义优质的温泉资源，如果能以“梅”为主题创新“温泉文化”，开发出泡前寻梅、泡中赏梅、泡后品梅，并将咏梅、艺梅等融进高端养生系列产品，将可以成为武义温泉生态养生的一大特色。

（二）按时令节律引导养生活动

时下有句广为流传的养生箴言：“跟着太阳走。”这句话源于《庄子·让王》：“日出而作，日入而息，逍遥于天地之间而心意自得。”与日同时为古人普遍向往的生存范式。周易认为，天地阴阳之气的消长产生昼夜的交替，人类为自然万物的成员也必然要与之相应，顺应者昌盛，逆反者衰亡，这是自然生物“适者生存”的演化法则。“跟着太阳走”充分体现了四时节律与生活、养生的相应关系，人们的起居作息如果能按照太阳升落来安排，本身就是一种最基本也是最有效的生态养生范式。

专家认为，由走团式观光型旅游转向休闲养生型旅游是该业态发展的必然趋势，而养生旅游业的核心内涵是生态养生，这是工业文明造成的环境恶化危害了人们的健康所决定的。武义县要构筑生态养生高地，拥有该业态的核心竞争力和持久竞争力，就得遵循“四时顺应”的摄生法则，同时与现代医学、养生学科技结合起来，引导游客（养生者）合理地开展生态养生活动。（见表 3-4）

表 3-4　四时养生活动参考表

时段	时辰	生态养生活动	注意事项
一时段	卯时 05—07	披衣坐于床上:将两手搓热熨摩两目 6 遍,用三指搓左右脚心各 60 下,用拇指按两小腿三阴交各 60 下;起床后耸动两肩 60 次,双手叠交揉肚腹顺时针、逆时针各 60 下;清便洗漱后梳头 60 下;空腹喝开水一杯。	健身活动事先由专业者辅导
	辰时 07—09	太阳升起,公园散步半小时以活动筋骨;吸气提肛一刻钟,吐故纳新,益气丹田;练太极拳或五禽戏、八段锦等活动半小时,意气合一,贯通三焦;徐徐回家冲洗、漱口,进食清素型早餐;饭后徐行百步,观赏庭院花草一刻钟。	太极拳等有专业者辅导
	巳时 09—11	檀香袅袅,顾客根据自身爱好在古典轻音乐声中或读书,或抚琴,或写字,或画画,或弈棋,提升涵养,修身养性。疲倦时即闭目养神,同时作缓慢深长的深呼吸,意守丹田;叩齿 60 下,咽津 12 口。	夏季与申时的活动内容对换
二时段	午时 11—13	进食有机午餐,按照顾客体质和养生要求由营养师进行荤素、精粗和营养搭配;菜肴以清蒸白煮为主,杜绝肥甘油腻、煎炸腌卤食品;根据体质要求吃 2～3 种水果或鲜榨饮料,进食 6～7 份饱;餐后以茶或盐水漱口,漫步一刻钟后午睡 30～60 分钟。	事先对顾客进行体检,食品标准检测
	未时 13—15	静坐做呼吸锻炼 30 分钟,做养生功或健身、纤体、美容、养颜理疗 1 小时。	专业人员指导
	申时 15—17	由农技员带领去园地参加养花、种菜、采摘、垂钓等野外劳动,亲近大自然,体验农耕文化,涵养生态情怀。	夏季与巳时对换
三时段	酉时 17—19	太阳降落时回来,一路领略夕阳、晚霞、归鸟、牧歌;简单洗漱后用晚餐,晚餐宜杂粮化;餐后一刻钟后在安静的绿道上散步或快走 1 小时。	餐后走路酌情而定
	戌时 19—21	年轻者选择喜爱的球类等体育项目活动 1 小时,年长者听养生知识讲座;根据体质选择泡温泉药澡 1 小时。	体质弱者宜选择小球
	亥时 21—23	洗漱后换穿睡衣,消遣式地看看电视、书籍或唱唱歌;刷牙、护肤、女人卸妆等做好就寝前准备。	以放松心情为目的
四时段	子丑寅时 23—05	在安静的环境中进入高质量的睡眠状态。	留气窗,尽量不用空调

(三)按四时节律开发养生产品

“五气入鼻藏于心肺上,使五色修明,音声能彰。五味入口藏于肠胃,味有所藏,以养五气,气和而生,津液相成,神乃自生。”(《素问·六节脏象论》)国学大师南怀瑾先生解析，五气入鼻藏于心，等于心脏连带肺部都有关系，鼻子的呼吸，呼吸系统跟肺有关系，一直到肾；五味入口藏于肠胃，给生命提供了营养。四时养生应根据季节气候的特点，开发合适的生态养生产品，并引导顾客选择适合自己的养生品来调节自身阴阳气血的平衡。

1. 春季

春季万物阳气升发，人体也应时阳气升腾散发，肝属木，木曰曲直，故肝喜调达。在饮食方面，宜多食温补阳气的食物，李时珍《本草纲目》主张"以葱、蒜、韭、蓼、蒿、芥等辛嫩之菜，杂和而食"。在精神调养方面，《内经》明确指出："以使志生"，在春天要让自己的意志生发，而不要抑郁情绪。所以，春季养肝要注意协调阴阳，补肝、平肝辩证对待，因人而异地选择生态养生产品。（见表 3-5）

表 3-5　春季养生品参考表

四季	节令	原理	食谱	茶方	药汤
春季	立春	春季属木，与肝相应；阳气上升，肝主疏泄；生木必水，寒湿困脾，调养脾胃，祛风除湿；助益脾气，滋养阴血；以平为期，调和五脏。	粳米、玉米、高粱、小米、燕麦、荞麦、红薯、土豆，黄豆、赤豆、薏仁、芝麻，南瓜、冬瓜、萝卜、菠菜、山药、芦荟、蒿菜、扁豆、荸荠、葱蒜，银耳、红枣、花生、蜂蜜，苹果、葡萄、猕猴桃、橘柑柚、柿子、香蕉等	春季肝火旺，采用灵芝、淡竹叶、野山菊等，疏肝理气、健脾和胃、祛风除湿	在中医养生师的诊断下为游客因人而异开出以平降肝火为主的春季养生汤药
	雨水		立春食谱＋芹菜＋银耳－土豆等		
	惊蛰		雨水食谱＋韭菜等		
	春分		雨水食谱＋香菜等		
	清明		春分食谱＋艾蒿＋莴笋－土豆等		
	谷雨		清明食谱＋海带＋竹笋等		

2. 夏季

夏天主长，万物茂盛，心气当令，心旺肾衰，长夏通脾，养生应以养心为主兼顾脾胃，注重清心安神，交通心肾，清暑利湿，要使气得泄，避免烦躁，预防脾虚泄泻。夏季饮食要新鲜清淡，低脂少盐，粗粮蔬果，调养脾胃，不可食饮过于寒凉之物，注重顾护阳气。（见表 3-6）

表 3-6　夏季养生品参考表

四季	节令	原理	食谱	茶方	药汤
夏季	立夏	夏季时节，阳长阴消；肝气渐弱，心气渐强；心旺肾衰，长夏通脾；增酸减苦，补肾助肝；食宜清淡，低脂少盐；粗粮蔬果，调养胃气。	粳米、玉米、高粱、小米、燕麦、荞麦、莲子、赤豆、芝麻，鱼，鸡、瘦肉，豆类、山药、黑木耳、南瓜、冬瓜、黄瓜、水芹、洋葱、荸荠、胡萝卜、西红柿、黄瓜、苦瓜，苹果、枇杷、草莓、桑葚、木瓜、核桃、腰果、杏仁、山楂等	夏季心火旺，采用淡竹叶、焦山楂、霜桑叶、炒谷芽、甘草等清心防暑、滋阴生津、清热化湿、调和脾胃、升清降浊	在中医养生师的诊断下为游客因人而异，开出以调适心气为主，兼顾脾胃的夏季养生汤药
	小满		立夏食谱＋薏苡仁＋绿豆＋黄花菜		
	芒种		小满食谱＋茄子＋桑葚－枇杷＋鸭－鸡		
	夏至		芒种食谱＋西瓜＋扁豆＋菱角＋鸽子		
	小暑		夏至食谱＋丝瓜＋薏米＋菱角＋姜		
	大暑		小暑食谱＋西兰花＋鲜藕		

3. 秋季

秋气收敛，肺气当令，肺志为忧，悲易伤肺，养阴防燥，疏通肺气，脾胃生津，调适气机，养生要注重滋养肺阴，补肺开音，尽量避免烦躁。（见表 3-7）

表 3-7　秋季养生品参考表

四季	节令	原理	食谱	茶方	药汤
秋季	立秋	阳气渐收，阴气生长；秋应于肺，肺气当旺；肺志为忧，悲易伤肺；养阴防燥，疏通肺气；脾胃生津，调适气机。	粳米、玉米、高粱、小米、燕麦、荞麦、糯米，牛肉、鸭、乌骨鸡、鱼，南瓜、菠菜、胡萝卜、茄子、莲藕、红薯、土豆、山药、百合、芹菜、莴笋、南瓜、菱角、香菇，芝麻、莲子、银耳、蜂蜜，苹果、大枣、蜜梨、葡萄、菠萝、乳品等	秋季肺气当旺主燥，采用石斛、青果、甘菊、桑葚、麦冬、竹茹等清热润燥、补肺开音、滋养脾胃	在中医养生师的诊断下为游客因人而异地开出以疏通肺气为主、兼顾脾胃的秋季养生汤药
	处暑		立秋食谱＋西红柿＋芋艿＋辣椒等		
	白露		处暑食谱－鱼类＋香蕉等		
	秋分		白露食谱＋糯米＋核桃等		
	寒露		秋分食谱＋白果＋雪梨＋哈密瓜等		
	霜降		寒露食谱＋芥菜＋洋葱＋提子等		

4. 冬季

冬季肾气当令，寒邪伤阳，虚则补之，寒则温之，滋阴潜阳，固本培元，养生注重祛寒温肾闭藏，避免对阳气的损害(见表 3-8)

表 3-8　冬季养生品参考表

四季	节令	原理	食谱	茶方	药汤
冬季	立冬	天寒地冻，草木萧条；阳气低落，阴气旺盛；冬气通肾，寒邪伤阳；虚则补之，寒则温之；滋阴潜阳，固本培元。	小麦、玉米、高粱、小米、燕麦、荞麦、糯米，羊肉、牛肉、鸡肉、鸽、鹌鹑、鳊鱼、带鱼、海参、虾，南瓜、菠菜、胡萝卜、莲藕、红薯、土豆、山药、黑木耳、百合、南瓜、洋葱、大蒜、韭菜、香菇，芝麻、莲子、白果、香榧、胡桃、杏仁、枸杞、蜂蜜，苹果、桂圆、荔枝、葡萄、佛手、樱桃、柑橘、蜜柚、甘蔗等	冬季肾气当旺、主寒、主藏，宜养阳气。故茶方用人参、肉桂、核桃仁、枸杞子、甘草等温肾祛寒，健脾益气，振奋精神。	在中医养生师的诊断下为游客因人而异地开出以补益肾精为主的冬季养生膏方
	小雪		立冬食谱＋鲫鱼＋豆浆＋萝卜＋青菜等		
	大雪		小雪食谱＋鳟鱼＋辣椒＋豆腐＋山楂		
	冬至		大雪食谱＋鸭肉＋牛奶＋西红柿＋芹菜		
	小寒		冬至食谱＋鲢鱼＋红心萝卜＋香菜		
	大寒		冬至食谱＋鹅肉＋栗子＋黑豆		

依据《内经・素问》提出"人以天地之气生，四时之法成"的生态养生时向法则，明代医学家张景岳给出了："春应肝而养生，夏应心而养长，长夏应脾而养化，秋应肺而养收，冬应肾而养藏"的生态养生时间向度基本图式，这正是武义全域化生态养生业的路径所在。概而言之，武义发展全域化生态养生业，要按照"四时阴阳者，万物之始终也"(《素问・四气调神大论》)的理念，自觉遵循自然界四时气候变化的规律，正确把握四时顺应的时间向度，结合人体机理运行的特点，按照阴阳的变化规律进行适当的调摄，养阳以助生长之能，养阴以益收

藏之本，维持人与自然和谐相应的关系，使游客(养生者)之机体处于阴平阳秘的健康状态，从而达到防病养生、延年益寿的目的。

作者简介：

与禾，生态美学博士后，复旦大学生态文化艺术研究所成员，曾在各类正式刊物上发表自然哲美、人文哲美类论文多篇。近期研究方向：当代生态审美与人文诗性的复归。

五行平衡:生态养生学说的空纬场域图式

——武义全域化生态养生的空间维度研究

就人文学科而言,“阴阳五行学”在历代学者相继研究和民间不断实践中得到了完善,成了国人生活起居、治病防病和养生活动的通用法则,其流传之广、影响之大是任何哲学流派所不可比拟的。

“五行”一词,最早见于《尚书·洪范》。春秋时期,五行学说得到了进一步的发展,相继出现了五行相生、五行相胜等学说,认为五行之间存在着木生火、火生土、土生金、金生水、水生木的相生关系,同时存在着水胜火、火胜金、金胜木、木胜土、土胜水的相胜(克)关系。两宋时期,五行学说的最重要发展是五行与阴阳紧密结合在一起,提出五行是由阴阳二气的运化而生,即找到了五行生成的初始根源是“阴阳二气”,发生作用的依据是“气化”运动。

一、五行生克——宇宙物质空纬场域思辨

数千年来,五行学说能发展成为被国人普遍接受和广泛运用的显学,主要缘故是五行特性及其有序排列的生克关系能阐明事物间的联系和变化规律。五行学说认为,木、火、土、金、水是构成宇宙的基本物质,宇宙间一切事物均是由这五种物质的运行和变化构成的五行学说可用来说明世界万物的起源及多样性、联系性,构建生态场域的空间维度之基本图式。

五行学说本身所讲的并不完全是物质结构问题,“五”只是抽样了五种具有代表意义的常见物质,而“行”是事物运行(运动)、联系、变化和发展的过程,这才是五行学说核心的哲学概念。英国学者李约瑟指出:“五行的概念倒不是一系列五种基本物质的概念,而是五种基本过程的概念。中国人的思想在这里独特地避开本体而抓住了关系。”在五行学说看来,宇宙间万事万物的运动、发展,总是从第一行(木行)依序到第五行(水行),而后又从第五行返回到第一行,这样周而复始、循环往复地运行着,所以五行表达的是事物相互联系和有序运动的发展形态。这一认识,是研究和运用五行学最基本的哲学理路。

五行学说认为:“木曰曲直”,具有生长、发育、升发的特性;“火曰炎上”,具

有炎热、向上的特性；“土爰稼穑”，具有繁殖庄稼、生化万物的特性；“金曰从革”，具有清肃、收敛的特性；“水曰润下”，具有滋润、向下、寒冷的特性。这一描述符合哲学辩证法逻辑理路：木（新生形态）→火（上升形态）→土（中转形态）→金（下降形态）→水（衰亡形态）→木（新一轮的新生形态）→……周而复始、反复不断的形式运行（运动）、变化和发展着。[①] 木、火、土、金、水五行之间的关系是对立统一的关系，也即是相生相克的关系。所谓“相生”，就是相互依存，相互促进；所谓“相克”，就是相互克制，相互对立。相生相克在五行之间是普遍存在的，任何两种形态之间，既有相生的一面又有相克的一面，既是相互对立相互克制的又是相互依存相互促进的，当五种基本发展形态共处于统一体时，任何一种形态都是以其他四种形态为依存条件的（相生），同时必然受其他四种形态的制约（相克），以使五种（各种）基本发展形态之间保持相对的协调和平衡，从而构成一个完整的、动态的统一体。（见图 3-7）

图 3-7　五行生克关系图

天文学、地理学发现，中国古典阴阳五行哲学理路体现了宇宙时空场域的基本图式。

首先看昼夜五行场域形态：早晨是每日的新生形态，属木；上午是每日的上

① 高德：《“五行”哲学实质的探讨》，中国中医药报 2006 年 3 月 2 日。

升形态，属火；中午是每日的中转形态，属土；下午是每日的下降形态，属金；夜晚是每日的衰亡形态，属水。昼夜交替是一个波浪式、循环型的五行运动过程，即：木（早晨）→火（上午）→土（中午）→金（下午）→水（夜晚）→早晨（木）→……反复循环、周而复始地运行着。

其次看四季五行场域形态：由于地球围绕太阳旋转的轨道（黄道）和地球的赤道倾斜（23°5′），地球在公转中，太阳光照射地球北半球或南半球的角度以及由此决定的日光能的供给量就发生有规律地变化。中国处于北半球，从冬至到春分，太阳光直射地球的部位从南半球向赤道移动，到春分时太阳光直射赤道；从春分到夏至，太阳光直射地球的部位从赤道向北半球移动；从夏至到秋分，反过来又从北半球向赤道移动，到秋分时，又直射赤道；从秋分到冬至，太阳光直射地球的部位又从赤道向南半球移动。从而，就有季节更迭五行规律，即春季（木）→夏季（火）→长夏（土）→秋季（金）→冬季（水）→春季（木）→……这样反复循环、周而复始的形式运行着。

最后看方位五行场域形态：地球与太阳的相互作用产生了昼夜交替和季节更迭的五行发展变化，从而引申出空间方位的五行运动。东，太阳从东方升起，由于供给能量的方面开始增长而束缚能量的方面开始消减，即阳长阴消，故东方可引申为新生形态（木）；南，地球以赤道为界，南方炎热，即阳胜于阴，故南方可引申为上升形态（火）；中，从东到西，从南到北，中方显然是处在相互转化阶段，即阴阳转化，故中方可引申为中转形态（土）；西，太阳从西方降落，由于供给能量的方面消减，束缚能量的方面增长，即阴长阳消，故西方可以引申为下降形态（金）；北，地球以赤道为界，北方寒冷，即阴胜于阳，故北方可引申为衰亡形态（水）。东南中西北空间方位的五行归类，是从太阳与地球相互作用的五行相生规律中引申出来的，即按照木（东）→火（南）→土（中）→金（西）→水（北）的秩序依次排列。

二、五行平衡——生态医养学说机理运行

在中国作为医学理论渊薮的《黄帝内经》（下称《内经》），是阴阳五行理论运用与发展的中医理论巨著，它不仅运用和丰富了阴阳五行学说，同时促进其成了一门重要的显学。

《内经》认为，人作为自然万物中的一成员，其身体机理必然与宇宙基本形态相对应。天地有木、火、土、金、水“五行”，人有肝、心、脾、肺、肾“五脏”，人体五脏与阴阳五行之间有着必然的联系。《素问·金匮真言论》指出：“五脏应四时，各有收受”。“东方青色入通于肝，开窍于目，藏精于肝，其类草木”；“南方赤色入通于心，开窍于舌，藏精于心，其类火”；“中央黄色入通于脾，开窍于口，藏精于脾，其类土”；“西方白色入通于肺，开窍于鼻，藏精于肺，其类金”；“北方黑色入通于肾，开窍于二阴，藏精于肾，其类水”。《内经》关于人体五脏与阴阳五行对应的理念一经提出，就成了我国古代医学的一贯思想。中医学认为：肝喜条达，木有生发，故以肝属“木”；心阳温煦，火有阳热，故以心属“火”；脾为生化之源，土能生化万物，故以脾属“土”；肺主肃降，金有清肃，故以肺属“金”；肾主水藏精，水有润下，故以肾属“水”。

《内经》认为，不仅人体五脏与阴阳五行相配，就连人体生理的其他现象以及其他相关元素都与阴阳五行相配。（见表 3-9）

表 3-9　五行对应关系表

现象	木	火	土	金	水
五性	木曰曲直	火曰炎上	土爰稼穑	金曰从革	水曰润下
五季	春	夏	长夏	秋	冬
五方	东（温主生）	南（热主长）	中（地主转）	西（凉主降）	北（寒主藏）
五色	青	赤	黄	白	黑
五音	角	徵	宫	商	羽
五化	生	长	化	收	藏
五气	风	暑／火、热	湿	燥／干燥	寒
五炁	魂	神	志	魄	精
五脏	肝	心	脾	肺	肾
六腑	胆	小肠	胃	大肠	膀胱
五官	眼（目）	舌	唇（口）	鼻	耳
五体	筋	血脉	肉	皮毛	骨（髓）
五志	怒	喜	悲	忧	恐

续　表

现象	木	火	土	金	水
五藏	肝藏血	心藏脉	脾藏营	肺藏气	肾藏精
五伤	怒伤肝	喜伤心	悲伤脾	忧伤肺	恐伤肾
五恶	肝恶风	心恶热	脾恶湿	肺恶寒	肾恶燥
五味	酸	苦	甘	辛	咸
五宜	宜甘	宜酸	宜咸	宜苦	宜辛
五补	升补	清补	淡补	平补	温补
五泻	酸泻	甘泻	苦泻	辛泻	咸泻
五谷	稻/大米类	麦/麦类	黍/玉米类	稷/小米类	菽/豆类
五果	李	杏	枣	桃	栗
五畜	犬/狗类	羊/羊类	牛/牛类	鸡/禽类	豕/猪类
五菜	韭	薤	葵	葱	藿
五鱼	草鱼/鲈鱼	鲫鱼/虾类	鲤/鲢/青鱼	甲鱼/蚌/贝	黑鱼/鳗鳝鳅
五菇	香菇/猴头菇	平菇、木耳	金针菇、腿菇	金耳、银耳	黑木耳、香菇

《内经》以人之五脏与阴阳五行相应为理论基础解析人的生理、病理和疗理，并以五行平衡为法则来构建生态养生的空间维度之图式。

《内经》运用的五行之理包括生、克、乖、侮四种含义。生，即五行相生，含有资生、助长、促进之意，其相生之序与自然生化之序相应，即木生火，火生土，土生金，金生水，水生木；克，即五行相胜，含有克制、压抑、约束之意，其相克之序为木克土，土克水，水克火，火克金，金克木；乖，指相克太过；侮，指反克为害。乖、侮都是讲五行生克关系的反常，其所包含的仍是五行生克的观念。世界上，任何事物的存在与发展，生和克都是不可或缺的：没有生，就没有事物的生长和发展；没有克，就不能维持事物在生长和发展过程中的平衡与协调。所以《内经》提出，与五行中的任何一行都不是孤立的同理，人体五脏中的任何一脏也都不是孤立的，它们之间都存在着一定的生克关系。从相生关系看，肾（水）之精可以养肝（木），肝（木）藏血可以养心（火），心（火）之热可以温脾（土），脾（土）化生水谷精微可以充肺（金），肺（金）清肃可以助肾（水）。从相克关系看，肺（金）

清肃下降可以抑制肝（木）的上亢，肝（木）的条达可以疏泄脾（土）的壅郁，脾（土）的运化可以制止肾（水）的泛滥，肾（水）的滋润可以防止心（火）的亢热，心（火）的阳热可以制约肺（金）肃降。在有生有克规律的作用下，人体五脏之间才保持正常的协调关系，形成一种具有相对稳定性的结构联系，从而使人体保持正常的动态平衡状态。（见图 3-8）

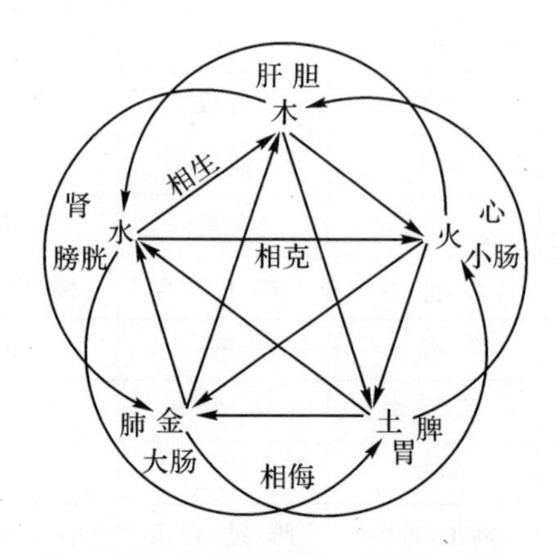

图 3-8　五行—五脏六腑相生相克相侮关系

由于人体五脏和宇宙阴阳五行存在对应的关系，而宇宙阴阳五行是有其运化规律的，因而人体五脏的活动有其其运行规律，同时也必然是有序可循的。所以中医治病和生态养生就有可能构建其一种可供参考的范式——生态养生空间维度的场域图式，人们可以通过认识其图式而做到防病于未然。《素问·四气调神大论》提出："圣人不治已病治未病，不治已乱治未乱"。元·朱震亨在《丹溪心法》中解释道："见肝之病，先实其脾脏之虚，则木邪不能传；见有颊之赤，先泻其肺经之热，则金邪不能盛。此乃治未病之法。"在人的五脏发生病变的情况下，过虚者应补，过盛者应运用它与其他各脏之间的生克关系加以压抑，为了阻止病势转变，还必须有意识地采取五行生克的原理施加防范。我国古代医学将五行之理运用于疾病治疗，就是根据五行生克规律对望、闻、问、切进行诊断的，治疗和用药也依据与五行相配的五脏生克关系而施行。中医许多常用的治疗方法如"培土生金""滋水涵木""扶土抑木""壮水治火"等等，都是五行生克学说的运用，充分体现了我国古代中医学整体观、联系观的思想理路。

三、武义太极五行养生园的空间维度图式

（一）太极五行养生园场域选址

大红岩国家风景名胜区位于武义中部，总面积约50.5平方公里，涵盖了中心区的大红岩、刘秀垄、清风寨等景观资源以及俞源村、寿仙谷等景点。主景区内的红砣岩、刘秀垄、清风寨等景点，是非常典型的丹霞地貌景观，具有很高的游览与科考价值。“十里丹霞，十里画廊”，丘陵峰石连绵，奇岩怪石罗列，山上层层叠叠分布着大小不一、深浅不同、千姿百态的丹霞洞穴。核心景点红砣岩高385米、宽650米，被权威专家认定为中国最大的丹霞赤壁。“双岩洞”在武义县志(康熙志)“武阳十景”中有详细记载，被称为“灵洞双奇”。始建于大宋元祐年间的山顶洞穴寺院——“双岩禅寺”，藏存有禅师归骨塔基、明代石佛、大学士宋濂写的石碑和历代文人骚客留下的诗词游记等珍稀文物。刘秀垄山谷内植物茂密，竹海郁绿，藤萝攀岩，小桥流水，良田桑麻，农夫老牛，蓑笠牧歌，人家炊烟，鸡犬相闻，游人置身其中，恍若走进世外桃源。这里还世代流传着东汉开国皇帝刘秀避难隐居小山村的传说，更为刘秀垄增添了几份历史神圣感。

太极运动的主要目的是修身养性、健身养生，其次才是自卫防身、格斗竞技。中医养生学认为，人体的阴阳是相互作用、相互依存、相对平衡的，阴进则阳退，阳进则阴退，单方偏盛偏衰，都会形成疾病。太极运动动静相修，刚柔相济，以意领气，以气运身，运动时讲究丹田气充，则鼓荡内气周流全身，气力自生，气机周流全身之后，气复归于丹田，使心气得到补充与强化，达到人体阴阳平衡，促进气流推动精血运行并贯通于周身肌肉、筋骨、关节、脏腑、经络，生命整体质量得到有效提升。武义是江南太极文化的发祥地，俞源太极星象村为明朝开国谋士刘伯温按天体星象排列而设计，堪称中国太极文化的经典之作。有关人士认为，“俞源—刘秀垄—大红岩—源口”区域的山形水貌是一个天然的巨型太极图：大红岩为阳极，山体雄浑阳刚；刘秀垄为阴极，垄谷秀美清幽。阳鱼眼、阴鱼眼分别为红砣岩和令旗峰，鱼尾分别延伸到白姆村和俞源村。

武义要打造东方养生胜地，就应凭借自然生态禀赋和人文生态资源，深度发掘和充分利用太极阴阳五行的传统文化，制定专项发展规划，引进工商资本、知名品牌和专业团队，在大红岩风景名胜区开发大型“太极五行养生园”。

（二）太极五行养生园空维布局

1. 空维定向的理念

太极五行养生的宗旨在于运用“天人相应”的生态哲学理念，通过“动静搭配”“药食并用”的中医养生法，以促进人与自然万物、人体内部脏腑的“阴阳调和”和“五行平衡”，最终达到“精、气、神”和合、健身康寿之养生目的。太极五行养生园空维定向的理念为：突出“平衡养生”主题，将生态养生、太极养生、五行养生、三气养生、四时养生、中医养生、食药养生、运动养生、农耕养生和安居养生等内涵与山水景观营造相结合，打造集养生知识普及、养生习操、养生体验、休闲宜居与观光旅游为一体的“太极五行”生态养生主题公园。

2. 总体布局与设计内容

根据太极五行养生园总体布局定向，按照太极阴阳和五行风水方位，园区整体上以山脉和水系为经络联系五行（五脏），设计东、南、中、西、北“五行养生苑”——木行苑（肝区）、火行苑（心区）、土行苑（脾区）、金行苑（肺区）、水行苑（肾区），并依据阴阳五行（五脏）特征，布局各类养生项目、安排各门养生活动和提供各种养生产品。（见图 3-9）

图 3-9 养生园五行空维布局平面

(1)木行养生苑/肝区。五行方位布局东（偏南）向（太极五行养生园东南入口），即刘秀垄口—刘秀村区—金交椅域规划建设“木行养生苑”。养生苑以青绿色调为主，主体建筑选址金交椅处，采用大型汉代宫殿风格，主厅设立檀木雕塑为东汉开国皇帝刘秀，侧厅分别设立华佗、张仲景、皇甫谧三大医学家木雕，另立两尊穴道铜人（一男一女），明细标示人体五脏六腑 12 条“正经”经络、1 条

“任脉”、1条“督脉”和365处“正穴”穴位。便于游客与自身相对照，以了解人体穴位和针灸知识。从养生苑至刘秀村建筑一组曲屈的休闲养生长廊，名为春木廊，源于“木曰曲直”与肝的生理功能之间的关系。长廊展示以彩绘创作、浮雕及展板为主体，宣扬中医木行养生文化。“养肝之要，在乎戒忿”，春季应肝，肝主疏泄，春天草木萌发勃勃生机，人们漫步于空气、视线、采光皆好的长廊中，心情愉悦，即可调达情志，有利舒畅心情，起到养肝健身之功效。曲廊之内围合成一个本草圃，种植有灵芝、杜仲、黄芪、沙参、北柴胡、薄荷、北仓术、铁线莲、地黄、旋复花、防风、远志、芍药、当归等养肝草药，本草圃中心位置建有一古典五角亭，亭内设立木雕：护肝仙药——灵芝，象征“如意、健康、长寿”。养生苑外是大面积的蔬菜园，种植大蒜、空心菜、荠菜、包心菜、蘑菇、木耳、百合、胡萝卜、西红柿等养肝蔬菜。村落建筑在现有农房的基础上进行仿古改造，使其具有汉代民居的古典韵味。养生活动以旅居农宿式农耕体验为主，游客（养生者）在与房东一道参与种植、耕耘、采摘、制茶等农事劳作和垂钓、赏花和茶道进修、茶艺表演等休闲活动中得到生态养生效果。

（2）火行养生苑/心区。五行方位布局南向，即清风寨（岩坑村）区域规划建设“火行养生苑”。养生苑以红色调为主，主体建筑以保留、修复和改造地方古民居为原则。养生产品以有机五谷、五蔬、五果、五畜等农家餐饮食疗为主。养生苑大厅设立檀木雕塑：中国食疗学鼻祖孟诜（唐代著名医学家）。心在五行属火，故设置夏火（火炬）雕塑休闲广场，以明火养心神；心为君主之官，要讲究正规，故其地面铺以红砖并圆中有方；中心太极池中涌泉汩汩，养有红鲤鱼，体现神明活跃之性，并寓意中医学火中有水，水火既济的阴阳平衡理念。此外，可整合金公岩自然景观和千年古刹惠力寺、宋朝胡公庙等香火元素，以彰显火行的升腾意义。火行养生苑（心区）周围的本草圃植以红色养心花木系为主的植物：红荷、红枫、碧桃、红海棠、石榴花、红玫瑰、红杜鹃、红叶李、红辣子、红花继木、红花刺槐、紫叶矮樱以及枸杞子、酸枣仁、柏子仁、夜交藤、合欢花、灵芝、远志、何首乌、生地黄、知母、百合、五味子、山茱萸、郁金、香附、仙茅、菖蒲、天麻、龙齿、琥珀等。果蔬园种植桃子、核桃、樱桃、大枣、葡萄、桑葚、蓝莓、黑莓、石榴、红豆杉、红豆、菠菜、鱼、胡萝卜、土豆、莴苣等。

（3）土行养生苑/脾区。五行方位布局正中，即大红岩与刘秀垄交界处的制高点，区域规划建设“土行养生坛”。养生坛以土黄色调为主，以阴阳鱼眼对等距离为圆心，建半径 24 米（象征一年四季二十四节气）的山顶土行养生坛——阴阳八卦广场（见图 3-10），用于游客（养生者）练习太极运动、承接天地灵气、滋养肺气、健身康寿。阴阳八卦广场正北方设立石雕：太极拳祖师爷张三丰。东、南、西方设立三组石碑，分别雕刻张三丰太极十三式拳法、八段锦、五禽戏等主要架势，以供游客（养生者）对照修炼。四周为净气植物天然松树林、毛竹园，以保持原生态风貌。

图3-10　阴阳八卦广场示意

（4）金行养生苑/肺区。五行方位布局西（偏北）向，即湾塘村（梅坞村以西湾塘水库周围）区域规划建设“金行养生苑”，外围与寿仙谷药业公司的有机国药基地相连接。养生园以白色调为主，主体建筑采用为青砖黛瓦、粉墙庭院、小桥流水等江南水乡风格的婺派建筑风格。在金行养生苑与国药基地之间（湾塘水库脚地带）建设大型百草园，百草园中心设立李时珍采药的大型石雕。百草园种植几百种常用的中草药，核心部位种植滋养肺气的名贵草药——人参。主要养生活动为寿仙谷有机国药基地和梅坞、横山有机蔬菜基地观光，参与种植、管理灵芝、石斛、藏红花等名贵有机国药劳作，在观光和劳作中吸纳仙草灵气，由著名中医师为游客（养生者）把脉开方和配药制膏方等。

（5）水行养生苑/肾区。五行方位布局北向，即大红岩脚（红岩水库四周）区域规划建设“金行养生苑”，外围与双岩禅寺相连接。养生园主体建筑采用唐朝建筑风格，道路铺设以暗黑色调为主。养生苑大厅设有唐代著名御医、养生养颜大师叶法善以及唐明皇李隆基和杨贵妃养生主题的壁画。养生苑四周设置山石、瀑布、深潭、滴水、小溪，营造出宁静惬意的山泉碧水生态环境。瀑布之下，深潭之处，有“水中丹炉”矗立其中，取水中有火、阴阳并济之意，与肾寓元阴元阳相符合。水潭正北处岸上设立药王孙思邈读书制药的石雕，旁边设立数块石碑，雕刻着拔罐、艾灸、刮痧、药枕、药浴等图案，以传达中医药的养生保健方法。主要养生活动为中医理疗调理。此外，融入双岩寺禅修养生文化，游客通过参与打坐、诵经、抄经等禅修活动以修身养性。

在阴阳五行学说框架下，世界是一个阴阳对立的统一体，阴阳代表着相互对立又相互联系的物质属性，自然五行——木、火、土、金、水和人体五脏——肝、心、脾、肺、肾都在相生相克的运行中而滋生、发展、转化、衰落、消亡。这是亘古不变的自然规律，也是全域化生态养生必须遵循的法则，更是武义打造生态养生高地，实现全域化生态养生目标所不可或缺的空间维度。所以太极五行养生园应以“五行平衡”生态养生为主题，整合大红岩、刘秀垄、清风寨等自然生态资源，俞源太极星象村人文资源，以及寿仙谷有机国药品牌优势，开发太极五行系列养生产品，把其建设成集太极运动、五行平衡、中医国药、内丹修炼、佛禅修行、茶道茶艺、古建观赏、农家休闲、农耕体验、食疗养生等为一体的，长三角地区最大规模、最有特色、最具专业性的太极五行养生基地。

六志调畅：生态养生学说的心性场域图式

——武义全域化生态养生的情志阈界研究

在全球范围内，六志失常引发的心理疾病成了困扰当代人的重大问题，研究和构建心性场域图式，布局与提升情志阈界时空，是全域化生态养生业不可缺失的内容。武义布局全域化生态养生业态心性场域图式，应着眼于自然山水怡情调志、农耕习俗怡情调志和宗教文化怡情调志三个阈界展开，着力规划开发自然观光、山村旅居和修禅悟道等情志养生项目，以彰显武义生态养生的特色优势。

一、情志学基本概念与源考

在中国古代，称“情志”为“六志”或“六情”，指的是喜、怒、哀、乐、好、恶六种心理表征及其相互影响、变化的规律。春秋时期左丘明在《左传·昭公》中记载：“民有好、恶、喜、怒、哀、乐，生于六气，是故审则宜类，以制六志。”晋·杜元凯注：“为礼以制好恶喜怒哀乐六志，使不过节。”汉代班固在《白虎通·情性》中提出：“六情者何谓也？喜、怒、哀、乐、爱、恶谓六情。”晋代陆机在《文赋》中提出：“及其六情底滞，志往神留，兀若枯木，豁若涸流。”上述古籍文献中，“六志”与“六情”同义，故后学将其统称为“情志”，并逐步形成以中医学为基础的情志学说理论体系。

（一）六志调畅的基本理念

在中医学、养生学范畴，“情志”指的是人的精神心理状态及其变化规律。《黄帝内经》（简称《内经》）反复论述了情志失常对人体脏腑所造成的损伤，认为“愤怒伤肝”“喜过伤心”“苦思伤脾”“忧悲伤肺”“惊恐伤肾”，六志失调均可导致疾病甚至可危及生命。基于此，我国古代医学家、养生学家相应地创立了保持精神恬愉、心理健康的“六志调畅”精神治疗法和情志养生法。嵇康在《养生论》中提出“修性以保神，安心以全身”的观点，认为情志安守于内，而不驰骛于外，才能保持人的心平神安。

所谓调畅，首先是一种保持六志正常的状态，其次是使六志复归顺畅的过程，再次是一种平和的心性境界。在中国古籍文献中，“调畅”之义大抵如是：①和谐流畅。汉·应劭《风俗通·正失》：“夔一足而用精专，故能调畅於音乐。”②调理使之畅通。南朝·梁·刘勰《文心雕龙·养气》：“是以吐纳文艺，务在节宣，清和其心，调畅其气，烦而即舍，勿使壅滞。”③豁达开朗。南朝·宋·刘义庆《世说新语·赏誉》：“君道身最得，身正自调畅。”④平和顺畅。唐·玄奘《大唐西域记·掷枳陀国》：“气序调畅，人性善顺。”

（二）情志学的历史渊源

在中国情志学可谓源远流长，易、儒、道、释、医等古籍文献中皆有阐述，而哲学基础源于道学。《道德经》通篇贯穿着“贵生崇德”思想，为探索生命的奥秘，提高生命的质量做出了富有启示的论述。老子深刻阐发了道德情志与生命质量的内在联系，并具体落实为“见素抱朴”“上善若水”“少私寡欲”“无为无执”“知足知止”等情志调畅之“德”，以图倡导人们通过悟道修德、调志畅情等实践活动，有效提升生命质量和自觉超越短暂有限的“生理生命”，在无限的宇宙时空中构建“生态生命”和“人性生命”之图式，呼唤人们从种种贪婪、盲目、妄为、浪费、争斗等糟蹋生命的“失道违德”之状态中觉醒过来，自觉地师法自然，珍惜生命，保养心性，以提高生命质量和人性品质。《庄子》中的《养生主》《达生》《在宥》等篇章包含了丰富的情志养生思想。庄子提出“人大喜邪，毗于阳；大怒邪，毗于阴。阴阳并毗，四时不至，寒暑之和不成，其反伤人之形乎！使人喜怒失位，居处无常，思虑不自得，中道不成章。”（《庄子·在宥》第十一）人之大喜则使机体的阳偏亢，大怒使机体的阴偏胜，六志变化使人体阴阳失去平衡，导致疾病的发生。他还指出“夫忿滀之气，散而不反，则为不足；上而不下，则使人善怒；下而不上，则使人善忘；不上不下，中身当心，则为病。”（《庄子·达生》第十九）过度的惊恐与愤怒，会导致心气急促耗散而不能收敛回复，引起体内气虚而产生疾病。庄子进而认为“嗜欲无穷，而忧患不止”是导致人六志内伤的主要原因，治疗人的疾病就得先做到“清心寡欲”，使六志处于平和顺畅的状态。《庄子》“六志调畅”观念闪耀着中国古代先哲的高超智慧，对当代人调节生活方式，保持身心健康有重要启发作用。

（三）中医情志学的基本理念

中医学引入情志理念始于《黄帝内经》（简称《内经》）。《内经》运用六志之间相互制约的关系——怒胜思、思胜恐、恐胜喜、喜胜忧、悲胜怒来治疗情志失常及其所致病症，明确提出了“情志相胜”学说，经后世医家张从正、朱震亨、张介宾、吴昆等补充、完善和发扬，形成了“情志相胜学”理论体系。情志相胜学说是以阴阳互制、五行生克理论为基础的，其实质是对“心气”的调理。情志相胜学认为，心为情志形成与活动的主宰，情志病易伤心神，故六志调畅应从理顺心气入手，也即先平心静气，然后才能调畅六志。自《内经》以降，中医学把“六志调畅”看作是保证体内气血通畅，脏腑调和，健康防病的重要条件。养生学认为，人们应该重视精神修养，保持恬淡平和的心气和愉悦平静的心境，排除各种名利和物质欲望的干扰，保持平心静气，平和淡泊的心性状态。

（四）六志调畅的现实意义

亚健康是指一种非疾病非健康的状态，是介于健康与疾病之间的状态。世界卫生组调查数据表明：全世界健康人仅占人群总数的5%，被确诊患有各种疾病的占人群总数的15%，其他非确认人群占5%，处于亚健康状态约占人群总数的75%。（见图3-11）我国亚健康人群的比例也大致相同，即全国近10亿人口处于亚健康状态。

全世界亚健康人群比例

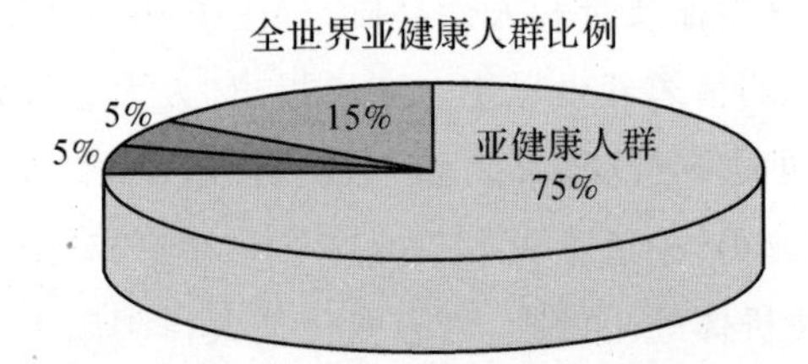

▫亚健康人群比例 ▫其他 ▫健康人群比例 ▪疾病人群比例

数据来源：世界卫生组织

图3-11

形成全球化的“亚健康”逆潮的主要原因来自于三个方面，一是自然生态危机，二是社会竞争激烈，三是个人信仰缺失。就我国社会因素而言，自20世纪90年代以来，随着社会变革和市场经济的不断深化，各种形态的竞争日趋激烈，人们的生存压力明显加大，传统概念上安居乐业生存图式的平静生活状态被打破，心理震荡和情绪冲突等非传统心身分裂问题逐渐增多，互相攀比、心浮气躁、无端郁闷、心力交瘁等现象已成为当代人一个绕不开的心理怪圈，由六志不畅所致的心理疾患越来越普遍。因此，“六志调畅”已成为医学界和养生学界的一大热点问题，中医情志调理和情志养生被社会广泛关注。2009年乔明琦教授主编的《中医情志学》问世，首次构建了中医情志学学科的理论框架。此后，以“六志调畅”为基本理念的情志病防治和情志养生学科以及相应业态得到了重大的发展。

二、情志养生的中医理念与实践

人是一个复杂而有序的有机体，如果六志异常、情绪失控，就会导致神经系统功能失调，引起人体内阴阳紊乱，累及五脏六腑，从而导致百病丛生、早衰志殇，甚至短寿殒命。故善养生者，宜注意六志调畅，情志平和，以臻达康寿之境。

（一）情志疾病的根源

人的六志与五脏有着密切的关系，六志不畅极易引发五脏疾病。《内经》有“怒伤肝，悲胜怒”“喜伤心，恐胜喜”“思伤脾，怒胜思”“忧伤肺，喜胜忧”“恐伤肾，思胜恐”等观点。（见图3-12）

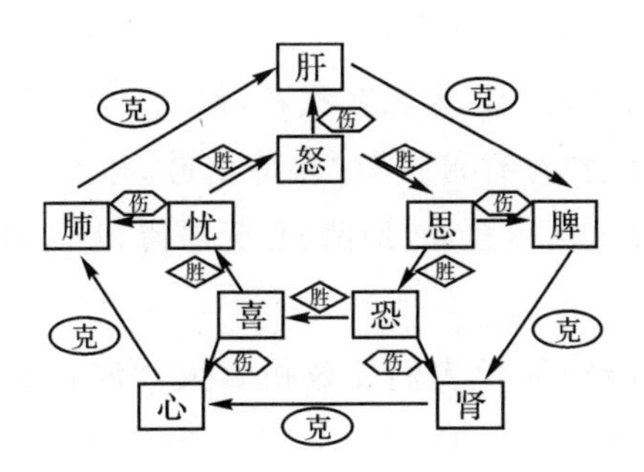

图3-12　六志—五脏胜克图

宋代医学家陈言在《内经》和《金匮要略》有关病因理论的启迪下，结合临床治疗详尽地阐述了“三因学说”，指出“六淫天之常气，冒之则先自经络流入，内合于脏腑，为外所因；七情人之常性，动之则先自脏腑郁先。”他认为情志致病是始于情，情志刺激可损伤机体脏腑气血，导致功能失调，引起情志病证。

情志养生学认为，心理健康是身体健康的精神支柱，身体健康又是心理健康的物质基础。良好的情绪状态可以使生理功能处于最佳状态，反之则会降低或破坏某种功能而引起疾病。身体状况的改变可能带来相应的心理问题，生理上的缺陷、疾病，特别是痼疾，往往会使人产生烦恼、焦躁、忧虑、抑郁等不良情绪，导致各种不正常的心理状态——六志不畅，情志失调。

（二）情志养生的基本范式

南朝时期的陶弘景在《养生延寿录》中提出："养性之道，莫大忧愁大哀思，此所谓能中和，能中和者必久寿也"。养生求平心静气，使身心处于万虑皆息独存一念的境地，要求人具有高尚的情操，心胸坦荡。中国古典中医学、养生学论著中记载了大量关于六志调畅的内容，可简要归纳为"五心"范式。

1.心态平和。清净少欲是保持心态平和的绝妙秘方。《内经》指出，"恬淡虚无，真气从之；精神内守，病安从来?"一个人只要心态清淡平静了，真气就会充溢周身，精神就能内守安稳。而心态平和清净的前提在于"杜绝非分之妄想，摒弃分外之欲望"。

2.心情快乐。人的欲望是一个无底洞，靠的是人自身的定力予以调整与控制，而这份定力来自于"知足"的平和心性。《内经》提倡，"适嗜欲于世俗之间，无恚嗔之心"，要调适嗜好，达到和世俗一样适度，没有任何贪婪与怨恨的不良情绪。

3.心地善良。《内经》提倡"天之在我者，德也；地之在我者，气也；德流气薄而生者也"。德全者就会"善有善报"，"淳德全道，和于阴阳，调于四时，去世离俗，积精全神。"德全者就活得自如、坦荡、心无滞碍，身无凶险，六志也就平和畅达了。

4.心胸开阔。《内经》倡导人们要效仿真人："游行天地之间，视听八达之外。此盖益其寿命强者也，亦归于真人。"人有豁达宽容的心境，学会了宽容他人就等于学会了善待自己，就不会为尘世琐事而斤斤计较，不会为眼前荣辱得失而戚戚于心，其情志也就平和顺畅了。

5.心灵纯净。《内经》讲"纯净"，与孔子的"仁爱"、老子的"静笃"、释迦牟尼的"虚空"是一致的。心灵纯净，不仅是健康、快乐、智慧的源头，更是人生的高超境界。人在滚滚尘世中，唯有心灵纯净才能拯救自我，以保心志免遭污染，人性免遭异化。

（三）情志养生的基本要术

唐代著名道医养生学家孙思邈提出，善养生要"勿汲汲于所欲"，"旦起欲专言善事，不欲先计较钱财”，情专善事、心无杂念，乃六志调畅之前提。他总结经验归纳出养生十大要术：“一曰啬神，二曰爱气，三曰养形，四曰导引，五曰言论，六曰饮食，七曰房室，八曰反俗，九曰医药，十曰禁忌。”其中“啬神”“爱气”为最典型的情志养生学范畴。

1. 平心啬神以养性。孙思邈看到了人们“孜孜汲汲，追逐名利，千诈万巧，以求虚誉”的弊端，这是造成人六志不畅、早衰夭逝的重要原因，提出养生者须“于名于利，若存若亡，于非名非利，亦若存若亡。”身居乱世纷争之中，视功名利禄轻如尘土，则能达到全德聚精会神，避灾消病。孙思邈认为，六志分属于五脏，但总为心神所运用，“心者君主之官，神明出焉”，故养生者不可不节制情志活动以养心神。人最重要的是要懂得知足常乐，勿以贫贱而自卑，切忌富贵而自傲，不可因顺逆境遇而改变心志性情，无论何时何地都不得有非分之求，多求则“心疲而志苦，伤神而害生”。故常须“内省身心”，使“志闲而少欲，心安而不惧，形劳而不倦”，以啬神养生。

2. 依时摄养以爱气。中医养生学认为，精、气、神乃人之三宝，精因气而活，神因气而彰，故欲得健康长寿，不可不谨养其气。孙思邈提出“一气调六志”的观点，认为人只要善于保养元真之气，就能调畅六志而延缓衰老，而达到“耳聪目明，身体轻强，老者复壮，壮者益强。”他备倡“依时摄养”，认为“天地合气，命之曰人。”人体之气与天地之气息息相通，人应依据自然界春生、夏长、秋收、冬藏的变化采取不同的生活方式以养阳气，“阳气者，若天与日，失其所则折寿而不彰”。保护阳气在于“衣食寝处皆适，能顺时气者，始尽养生之道。故善摄生者，无犯日月之忌，无失岁时之和。”若遇非时之气（与节令相逆的极端气候），须避之有时，并运用调气之法，使自身寒热平和，以保阳气充沛，运化正常。

孙思邈养生十大要术，以“六志调畅”为基本理念，按照人的日常活动的不同方面给出养生要术指导，每一要术皆有理论依据并切实可行，行之有效，故备受历代医家和养生者所推崇。囿于篇幅，文中不作一一表述。

三、武义全域化生态养生的情志场域布局

情志养生之要义为“明于事理，善知机趣，必能明哲保身，臻于上寿也。”（《素问·上古天真论》）人只要顺自然，畅情志，调饮食，慎起居，避邪气，就能保全六志

顺畅、身心健康，从而达到高龄长寿。武义布局全域化生态养生业态，应将情志阈界的构建作为基本图式的重要内容，以此彰显武义生态养生高地特色与亮点。

（一）自然山水怡情调志

“知者乐水，仁者乐山”（孔子《论语·雍也》），山水的自然特征与知者、仁者的品德情操具有某种类似性，因而国人素有乐水乐山之情。登清幽之山可令人情绪安宁，临万渊之水可令人心旷神怡。故古代文人遭遇逆境或厌倦尘世时，大多会选择回归自然以慰藉受伤或疲惫的心灵，找回自在恬然的心情，保持情志平和顺畅。

“采菊东篱下，悠然见南山”，陶渊明洁身自好的性格与灰暗的官场格格不入，弃官田居过自食其力的耕读生涯，山水田园是他一生的不了情，尽管物质上穷困潦倒，但精神上却怡然自得。“山水含清晖，清晖能娱人”，谢灵运是官宦之后，却正值门庭中落，人生坎坷多难，但他却在山水中找到人生乐趣。“相看两不厌，只有敬亭山”，李白性情洒脱，放荡不羁，空有抱负不得施展，山水孤高淡逸的景象正与诗人高蹈出尘的人格相契，从而成了不离不弃的知己。“江流天地外，山色有无中”，王维人在宫阙心系山水，静居辋川间领悟禅意，修成了淡然、玄远、空寂和与世无争、物我两忘的人生境界。“试问岭南应不好？却道，此心安处是吾乡”，苏轼遭遇乌台诗案几经贬谪，历尽人生苦难，但他即便在天涯海角也有自己的心灵栖息地。“我看青山多妩媚，料青山见我应如是。”辛弃疾满腔爱国热情却英雄无用武之地，却能在人与青山秀水互观互赏中审美生存。

武义素以自然禀赋优越而著称，县域内有武阳川、熟溪、南湖等秀水，有牛头山、大红岩、寿仙谷等名山。武义县可对原有的山水景观加以整合提升，有序地开发“山水怡情”生态养生项目。春天茶园踏青，可顺应生发之机，移情易性，调理肝木；夏天柳城避暑赏荷，则使心火顿消，暑热畅解；秋天牛头山登高，可令呼吸顺畅，增强心肺功能；冬天大红岩观落日，别有一番风情，可促进六志调畅。养生者在山水怡情的过程中，领略大自然的和谐与奇妙，感悟“道法自然”“天人合一”的真谛，人之情志将得到有益的调畅。

（二）农耕习俗怡情调志

古人养生，甚重起居习俗。《素问·上古天真论》提出“和于阴阳，调于四时，此盖益其寿命而强者也；法则天地，分别四时，也可使益寿而有极时”，认为天有四时气候的不同变化，地上万物有生、长、收、藏之规律，昼夜有阴阳消长、周而复始之序列，人之起居应“与天地相应”，重四季合序，按昼夜时辰，合理有序地做出安排。（见图 3-13）

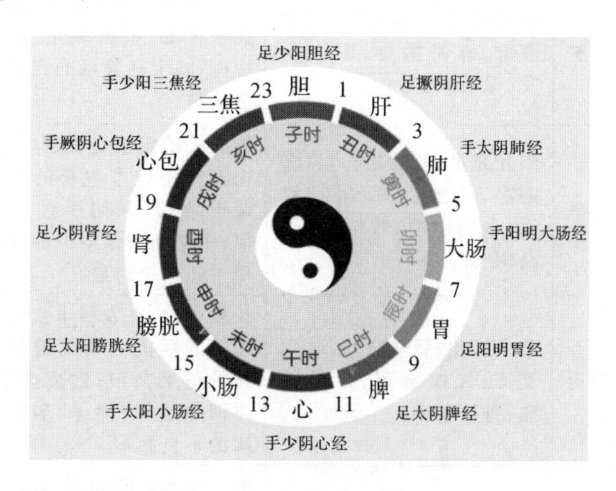

图 3-13　12 时辰养生轮示意

“鸡鸣问何处，风物是秦余”。（唐·孟浩然《宿武阳川》）武义县历史上是负有盛名的隐居养生胜地，千百年来诸多名士慕名来武义隐居。明招山、白洋山皆为隐居胜地，陶村、范村分别为古代名士陶渊明、范仲淹和李纲后裔的集住地，俞源、山下鲍及南部山区的许多古村落至今还保留着“日出而作，日落而息”的古老农耕方式和生活习俗。武义打造生态养生高地应充分发掘、整合和利用自然生态和隐居文化资源，开发以农耕习俗怡情调志为特色的农宿旅居养生业。武义要着力构建“五农模式”——走进农村，住入农家，充当农民，参与农事，体验农俗，让游客（养生者）在播种、耕耘、采摘、收藏、加工以及吃农家饭菜、与农民拉家常等全程体验中，调畅情志、调理机体，以达到舒心、怡情、养生的目的。这是武义发展全域化生态养生业的优势所在、特色所在和潜力所在。

中医养生学认为，情志直接关联五脏，而农耕习俗对情志调理的功能很明显。因为农耕习俗的节律是“跟着太阳走”和“顺着节气转”的，即曙光出来人醒来，太阳上山人出门，太阳运行人劳作，太阳落山人回家，暮色归藏人休息，以及春温播种生发，夏热耕耘成长，秋凉成熟收成，冬寒收藏储蓄。这种古老的农耕方式和生活习俗很符合情志养生规律。（见表 3-10）

表 3-10　节令时辰养生表

季节	时辰	对应	环境习俗	养生活动	效果
春季	23—05	肝脏	和风细雨、草木逢春、莺歌燕舞、春耕播种、阳气初发、绿茶飘香。	白天结伴踏青、古道问茶、插秧种菜、植树绿化、赏花探柳；晚上在静谧的农村安然入睡。	平和肝气 保肝造血 舒展机理
夏季	05—11	心脏	阳光充足、万物生长、白鹭翩翩、疏雨粉荷、耕耘锄禾、垂钓乘凉、牧歌晚归、高树鸣蝉。	清晨去田野感受农耕生活；白天食用应季生长的新鲜蔬果杂粮，采用手摇扇子风；中午在静谧清凉的农房里午睡一个时辰。	归园田居 远离空调 调理心气 补养心力
长夏	09—15	脾胃	节令转化、昼热夜凉、晴雨交叉、气候暑湿、瓜果趋熟、丹桂飘香。	长夏主化，在农村可食用新采摘的豆类等祛湿健脾养胃的蔬果杂粮；远离尘嚣，可消除嫉妒、忧虑、多思对脾的不良影响。	降暑减湿 祛烦化躁 健脾养胃
秋季	11—17	肺脏	秋高气爽、白露为霜、月圆星稀、菊花芬芳、瓜果收成、五谷丰登。	白天参与秋收农事，漫步山菊花盛开的山坡，傍晚登高远眺：观夕阳落山之洒脱，见秋叶飘零之静美。	平和淡定 滋润肺阴 消除忧悲
冬季	17—23	肾脏	天寒地冻、白雪纷飞、草木萧条、万物归藏、日短夜长、喜气洋洋	融入农村，与农民共享杀猪宰羊、蒸糕包饺、米麯酿酒、制衣纳鞋、赶集市、看社戏、迎灯笼、放鞭炮等欢乐，与农民一样穿棉戴帽，早睡晚起。	多静少动 多藏少耗 日晒保暖 温补肾精 以期春发

总而言之，山里农家这些最原始、最朴素、最环保的生活方式，往往是最简单、最有效、最健康的生态养生要术，养生者能在普普通通的农家里、平平常常的生活中，实现六志顺畅，健康益寿。

（三）宗教文化怡情调志

随着市场经济的快速发展，人们的生活节奏不断加快，工作压力不断加大，方方面面的竞争越来越激烈，在物质生活得到极大满足的同时，很多人的精神却陷入迷茫、浮躁和痛苦之中。可谓是“物质生活不断丰富，精神世界日趋荒芜”。在这种人文背景下，采用“法自然，守静笃”“和为贵，尚自在”等宗教思想来调畅情志，成了当代生态养生学重要的心性场域图式。我国古代情志养生是建立在道家“道法自然”“无为不争”等理论基础上的，笔者在“情志学基本概念与源考”章节中，对老庄情志养生理念作了阐述，这里将对禅宗情志养生理念作个简述，以供武义构建全域化生态养生精神阈界的基本图式作参考。

禅宗的修行是建立在“性空”理论基础上的。六祖惠能在得法偈语中说“菩提本无树，明镜亦非台，本来无一物，何处惹尘埃”，就是说佛性并非是某种实存之物，而是一种“性空”之境。在慧能那里，“空”并不是绝对空无，而是指“佛性”不能以某种固定的世相来表征，只能用心来体悟，即“佛性无形，悟即显，迷即隐。”[①]质言之，禅的心理生活追求的终极目标是空灵境界。《坛经》提出“常净自性，使六识从六门走出，于六尘中不离不染，来去自由，即是般若三昧自在解脱。”(郭朋《坛经校释》)也就是说禅修之人在心灵上任运自在，于万法不取不舍，不离不染，即“人在日常中，超脱世俗外”。在行为上则表现为“来去自由”，没有执着，没有滞碍。禅宗将这种“四大皆空”“一切放下”的开悟解脱归于人之“无念”，旨在构建凡即圣、世间即净土、此岸即彼岸等“即世超脱”的精神世界。禅悟作为一种心性解脱境界，它不同于西方宗教的上帝意志之终极关怀，而是自己关怀自己，自己超越自己，即人“身在此岸心度彼岸”，不离现实而臻及净土理想。禅强调人在现实生活中，自己体验、觉悟、解脱，达到一种心性自由的生存境界。禅宗倡导的这种自在解脱的心性境界，十分适合芸芸众生的修行。

总而言之，中国的宗教尤其是道教、佛教(禅宗)文化中，饱含着丰富的生态养生资源。健康的宗教文化能够满足当代人实现返璞归真、尚和向善、超脱尘器等生存范式之心理诉求。武义县宗教文化资源较为丰厚，唐代著名道家御医、养生养颜大师叶法善，是武义构建情志养生阈界的“千年老字号”金字招牌；始建于东晋、兴盛于唐五代的明招寺，还有著名的延福寺、台山寺等寺庙在佛教史上皆有一定的地位。武义县要善于发掘、整理和利用宗教资源，发展以“参禅悟道，怡情调志，修身养性”为主题的宗教文化生态养生业。

情志养生学是一门既古老又新型的学科，它既是独立的又与宇宙元气、时令向度、阴阳维度等生态养生学说互为照应，相辅相成。从总体来看，情志是以

---

① 石峻:《黄檗断际禅师宛陵录》，中国佛教思想资料选编(第 2 卷第 4 册)，中华书局 1983 年版，第 232 页。

气血为基础、气化为本质、心神为主导的脏腑功能整体协调活动的外在表现，只有五脏气血调和、气机通畅、心神平和，才能使人的情志稳定温顺。同样，也只有将六志调理顺畅，将外界对情志刺激的负面作用降到最低限度，才能促进人体脏腑功能的正常运行。这就是六志与五脏的辩证统一关系，也是中国古典中医学、养生学关于情志治疗和情志养生的立论基础。所以，研究和构建心性场域图式，布局情志养生阈界时空，是武义县培育和发展全域化生态养生业不可缺失的重要内容之一。

天人相应:叶法善医道兼修的生态观照

在中国哲学史上,一以贯之的核心思想是“天人合一”。而“天”是一种无限的概念,涵盖天体与地理所有自然万物,时间无限,空间无垠,相当于世界语境中的“宇宙”。中国传统医学与道教发生关联,有其深远的文化因缘。从思想渊源和历史演变分析,中国传统医学与道教的文脉起源、思维方式、体系建立等都有着共通之处——源于易学“天人相应”的生态观照。

中医学历来就有“易具医之理,医得易为用”“医易相通”之说。易学阐述天地万物阴阳动静变化之理,中医学旨在研究人体阴阳盈虚消长之机,两者立论基点皆源于对事物阴阳变化的认识。老子提出“道法自然”思想,庄子提出“通天下一气耳”理论,以及道教太极、气功、内外丹术和修行致仙的宗教神学理论,无不体现易学的系统性思维模式和象征型论说工具。概言之,中医学与道学都有着“易学”之血统——“天人相应”的生态观照。

一、“天人合一”道学思想诠释

老子曰:“人法地,地法天,天法道,道法自然。”(《老子》第二十五章)道家认为,人是宇宙自然之子,人体小宇宙与自然大宇宙是相应并贯通的,人生在世首要的生命原则就是“道法自然”,顺应天道,遵循生存规律,注重生态观照,涵养自然情怀。

(一)从“道法自然”到“天人合一”

1.“道法自然”的宇宙法则

“道法自然”是老子宇宙论、本体论和人生论哲学的核心思想。老子创立的道家哲学从不孤立地去思考人类的生存和社会问题,而是将这种思考放置于整个宇宙时空的大生态背景之中,具有无限的超越性和形而上品性。老子论道的旨归是把“道”从某一“具体之道”到“哲学之道”进行形而上的超越。他提出:“道,可道,非常道”(《老子》第一章),把“恒常之道”与具体“可言之道”区分开来,从而使“道”具有了形而上的品质与性格。老子认为,“道”比“天”“地”更根本,“天”和“地”皆出于道:“有物混成,先天地生。寂兮寥兮,独立而不改,周行而不殆，可以为天下母。吾不知其名，字之曰‘道’。”(《老子》第二十五章)老子天才地构思了“道”创生宇宙万物的生态图式：“道生一，一生二，二生三，三生万物。万物负阴而抱阳，冲气以为和。”(《老子》第四十二章)老子用一句话将远古哲学无解的宇宙创生问题说得明明白白——道生一，一为先天混沌、未分阴阳却蕴藏命根的东西；一生二，二为阴阳两极，则天地相分，但仍然未有生物；二生三，三为天(阳极)、气(中气，即元气的生化)、地(阴极)三大自然元素；三生万物，天和地在气的冲和(中和，即阴阳媾和交配)下孕育、诞生和衍化了自然万物。而“人”(人类)与万物一样都是自然之子，要安身立命于世界上就得遵循“道法自然”的宇宙法则。

2.“天人合一”的生存境界

自西汉以降，“天人合一”始终为道学文化的核心思想。“周易说的‘天地氤氲，万物化醇。男女构精，万物化生’包含了宇宙发生和生命发生同一原理的思想。”(阮元《十三经注疏》)道教讲“天人合一”主要是从人与自然的关系中探究生命之奥秘，以期在生命存在的终极层面上复归于自然。明代著名道士张宇初提出：“天地交合，本以乾坤相索而运行于道，乾坤相索而生六气，六气交合而分五行，五行交合而生成万物。至如父母交会，真气造化成人，如天地行道，乾坤相索而生三阴三阳。真气为阳，真水为阴。阳藏水中，阴藏气中。……真阳随水下行，如乾索于坤，上曰震，中曰坎，下曰艮，以人比之，以中为度，自上而下，震为肝，坎为肾，艮为膀胱。真阴随气上行，如坤索于乾，下曰巽，中曰离，上曰兑，以人比之，以中为度，自下而上，巽为胆，离为心，兑为肺。”(张宇初《道藏·钟吕传道集》)张宇初运用八卦象征符号体系，把“天”与“人”一一对应起来，从而论证了天与人生成程序的一致性。

(二)从生命之“气”到品性之“水”

1.“天下一气”宇宙生命观

“气”是道家宇宙起源论和生命存在观的核心概念。老子曰“天下万物生于有，有生于无。”(《老子》第四十章)在老子哲学范畴中“无”即“道”：“有物混成先天地生。寂兮寥兮独立不改，周行而不殆，可以为天下母。吾不知其名，强字之曰道。”(《老子》第二十五章)认为宇宙的本原是“道”。“道”的特性是虚无空寂的，是通过“一”来完成从“无”到“有”的。在老子那里，“一”乃本原之“道”的化身实体，“一”则“气”，道学称其为“元气”。通过哲学推理，道家找到了自然生命元素——“气”(元气)。《太平经》提出“一者，其元气纯纯之时也”(《太平经合校》)；北宋高道陈景元提出“天下万物皆生于元气”(《道藏》第13册)；北宋道学家张紫阳认为：“道自虚无生一气，便从一气产阴阳，阴阳再合成三体，三体重生万物昌”(《道藏》第2册)。庄子进而提出：“人之生，气之聚也；聚则为生，散则为死。……故万物一也……通天下一气耳。”(《庄子·知北游》)唐代道学家吴筠认为：“清通澄明之气浮而为天，浊滞烦昧之气积而为地，平和柔顺之气结而为人伦，错谬刚戾之气散而为杂类。自一气之所育，播万殊而种分。”(《道藏》第23册)气在运动过程中，表现出清浊等不同性质，化生出不同的物类，从而形成了宇宙生物的多样性。

2.“上善若水”人生德性观

老子曰：“上善若水。水善利万物而不争，处众人之所恶，故几于道。”(《老子》第八章)有德性者应具备水一样的品性，这是老子人生哲学的总纲。

首先，人生在世要学会“谦下不争，随遇而安”。在老子看来，上善若水就要：“居善地，心善渊，与善仁，言善信，政善治，事善能，动善时。夫唯不争，故无尤”。(《老子》第8章)“持而盈之，不如其已；揣而锐之，不可常保。”(《老子》第9章)“功遂身退，天之道也。”(《老子》第9章)人生的至高境界乃“复归于婴儿”(《老子》第28章)，使自己保持“赤子”般的淳朴厚道和天真烂漫的心态。

再者，人生在世还要懂得“择善从之，宁静守中”。老子说：“多言数穷，不如守中。”(《老子》第5章)道家以“无为”作为善举的准则，以宁静守中作为健身明神的修持之法。人要安身立命，就得像水一样懂得随遇而安，乐处众人所恶的卑下、无人相争之境；要学会宁静守中，心境似池水般的深沉平静而少私寡欲。上善若水者，则与世“不争”，否极泰来，没有怨咎，没有争斗，没有灾祸。人到了“上善若水”的境界，就可以真正复归于自然，实现随遇而安，修身养性，长生久视。

二、“天人相应”医学观念思辨

中国古代医学“天人相应”观，渊源于《周易》《老子》《管子》等古代朴素唯物论和自然辩证法思想，贯穿于整个中医理论体系。《淮南子·修务训》认为：人类受于自然的体性或气质，“各有其自然之势，无禀受于外”。(刘安《淮南子》)古代中医学也认为，人是自然界的一个组成部分，从自然界获得生存的必要条件，同自然界有着密切关联，人的生理、病理、体质、体魄无不禀受自然生态的观照。

(一)从天人合一到天人相应

“天人合一”哲学观认为，人为自然之子与万物一样皆是自然演化过程的产物，共同组成了一个生生不息的宇宙。宇宙是一个由自然万物共同构成的充满生机的生命体，这一生命共同体演化过程的状态可称之为“生态”。宇宙生命体在其演化过程中，是无限演进且具有时间不可逆性的，是一去不复返的单向过程。中医“天人相应”整体观认为，宇宙元气是生命的本源，人吸纳宇宙元气而成生命本源——精气，精气先于身而生而亡。精气具有遗传性即禀受父母的精气而形成生命体之胚胎。正因为人先天秉承宇宙之元气，后天依存自然条件，故中医十分强调人与自然的关系，认为人体必须顺应天地的变化规律，不断调整自身的饮食起居，只有这样才能维持生命旺盛、身体健康的状态。中医临床治疗的目的与手段是调整阴阳气血脏腑功能，使其恢复平衡协和的状态，以适应自然界的变化规律。“天人合一”观的唯物主义哲学思想，对中医“天人相应”整体观念的形成和发展起到了奠基石的作用。

(二)《内经》的“天人相应”观

《内经》思想力主“天人相应”观，强调人“与天地如一”(《素问·脉要精微论》)、“与天地相应，与四时相副，人参天地”(《灵枢·刺节真邪》)。认为客观外界的“天”与主体意识的“人”有着同一的本原、属性、结构和规律。

1. 天人同气观

《内经》提出“五运六气”的天人感应之道，并阐述这种感应是一种无形的“能”，中医名之曰“气”(即“炁”)。天人同气的实质是天人本源于一气，天人相应最重要的体现是合于“气”，“气”通过充溢、运行、贯穿等“相交”的过程，从而达到“天人合一”。《内经》将天与人通过“气”相交合的过程称之为“气交”。《素问·六微旨大论》提出“言天者求之本，言地者求之位，言人者求之气交。何谓气交？曰：上下之位，气交之中，人之居也。”又曰：“天枢之上，天气主之；天枢之下，地气主之；气交之分，人气从之，万物由之。”也就是说，人与万物，生于天地阴阳气合之中，禀授于天地之元气，人气从之则生长壮老已，万物从之则生长化收藏。人与万物虽有各自特殊的生命存在与运动方式，但基本形式——升降出入、阖辟往来，都是通过“气”与天地相通的。

2. 天人同律观

古人发现，天地之气的运动变化有着相互一致的特性，人体生理功能节律也随天地之气运动变化而改变。故先人提出“天人同律”观——人的生命存在与活动的节律与天地同一，与日升日降、月圆月缺、春夏秋冬、昼夜晨昏、潮起潮落之大气运转的规律存在着一致性。《内经》依据天人同律的原则创建了“五运六气”历。这种历法十分注重气候变化、人体生理现象与时间周期的关系，从广泛的时空角度反映了天人同律关系。《灵枢·顺气》提出：“春生、夏长、秋收、冬藏，是气之常也。人亦应之。”人的生理功能活动随春夏秋冬季节的变更而发生生长收藏的相应变化。《素问·生气通天论》认为：“阳气者，一日而主外，平旦人气生，日中而阳气隆，日西而阳气已虚，气门乃闭。”也就是说随着自然界阳气的消长变化，人体的阳气发生相应的改变。孙思邈的养生经十分注重“顺天时、合地利”，认为人与自然生物只有将自己的活动节律服从于天地自然节律，才能保证自己取得足够的能量，才能趋利避害、安身立命。

3. 人天同象观

“天人同象”指的是人与自然宇宙有着同类的“象数”，这是易学的重要概念。中医学钵传了易学“象数”文化，形成了与西方医学不同的医学理路与图式。《内经》十分注重“藏象系统”——通过生命活动之象的变化和取象比类的方法，说明五藏之间以及与其他生命活动方式之间的相互联系和相互作用规律。《素问·六节藏象论》提出：“阳中之太阳，通于夏气”为法象；阴阳四时“其华在面”为所见气象；“其充在血脉”为所见形象。“藏象”理论是《内经》最为重要的理论基础之一，它以“五行”理论阐释五大“象数”，将五藏联系六腑、五官、五体、五情、五志、五声，旨在指出人体内部与人体外部都是按照“阴阳五行”这一“象数”法则统一、整合起来的。中医学的医治原则依据“天人同象”的思想，借助于“天动地静”之“象数”，以“象天动”的人体之胃、大肠、小肠、三焦、膀胱为“腑”，主泻而不藏；以“象地静”的人体之心、肝、脾、肺、肾为“藏”，主藏而不泻。

三、叶法善医道兼修之正果

叶法善出生于唐代道学世家,自幼修道习医。应诏侍奉过唐高宗、武则天、唐中宗、唐睿宗和唐玄宗五朝皇帝,先后被敕封为金紫光禄大夫、鸿胪卿、越国公、灵紫见素真人,他与汉代张道陵是我国历史上仅有的两位受封公爵的宗教者。叶法善一生奉行医道兼修,两者皆修成正果,最终"功遂身退",臻及"长生久视"之超然境界。

(一)叶法善修道之路数

从现存史料考证,叶法善修道路数主要体现在孝道思想、内外丹修炼和劾鬼隶神道术这三个方面。

1. 孝道思想。叶法善的孝道思想,比较集中地体现于他的三通上呈唐玄宗的表中。

《真人乞归乡上表》:"前岁天,恩赐归乡里,残魂假息,获拜先茔,聚族联党,不胜悲庆。属亲姊莫年百余三岁,见臣还丘壑,载喜载悲,才逾一旬,奄忽先逝。虽死生有命,理则固然,而骨肉有情,岂无哀痛?积年之疹,一朝遂发,形容枯劣,殆不能胜。"(张宇初《道藏》第 4 册)

《真人乞归乡修祖茔表》:"伏惟陛下覆焘亭育昆蠡,遂性孝理之教。"(张宇初《道藏》第 4 册)

《真人乞回授先父表》:"臣闻孝道之大,人行所先。故洪覆无言,神女有卷,……伏惟皇帝陛下孝道叶天地,圣德符神祇,斋郡擢灵芝,陵寝降甘露,此陛下孝感之应。故当锡类及物,而臣幸生孝理之代,目视灵应之符,身无横草之功,虚受茅苴之锡。"(张宇初《道藏》第 4 册)

"百善孝为先",叶法善孝道思想感动了皇上,唐玄宗亲笔批复曰:"览所陈祈,情深大孝,朕敦风历俗,益所嘉称。"(张宇初《道藏》第 4 册)叶法善的孝道思想,是建立在庄子"万物一体"理论基础上的、涵盖自然万物的广泛孝道,这与儒家的"民胞物与"思想有其一致之处,获得统治者的特别赞赏。

2. 内外丹修炼。隋唐以降,道教在热衷于外丹炼制的同时,也注重寻求内修超脱之路——内丹修炼之道。叶法善与其他道教高人一样精于外丹炼制，但他对外丹炼制保持着相当谨慎的态度。根据《旧唐书》记载："法善上言：'金丹难就，徒费财物，有亏政理，请核其真伪。'帝然其言，因令法善试之，由是乃出九十余人，因一切罢之。"(《旧唐书·叶法善传》卷191)叶法善的内丹思想是在参悟外丹之理的基础上，通过对道教传统的存思、胎息等内修术作创造性的解释而转化而来。他认为，修炼内丹应以己身为丹鼎，在体之内寻找风鞴、炉炭、土模、砺石等炼丹用具。叶法善认为内丹两味大药——"水"与"火"皆出自于人身："水火者，古先圣人之大药也，不在于外而在吾身焉。心，火也，应于离；肾，水也，应于坎。故造金丹者，须凭龙虎水火者也。"(胡道静《正统道藏·道枢》)修炼金丹的药物出于人的心、肾两部位，这是一种典型的内丹思想。

3.劾鬼隶神道术。《旧唐书·叶法善传》记载：叶法善"自曾祖三代为道士，皆有摄养占卜之术。法善少传符箓，尤能厌劾鬼神。"(《旧唐书·叶法善传》卷191)《唐有道先生叶国重墓碑》记载曾祖叶道兴"性守宫庭，道敷邦国，居鬼从地，帅神从天，受箓以祖之，飞符以比之，扼魍魉之邪，刘台台之祟，有足奇也"。(徐春平《唐叶有道碑》)祖父叶国重"聪以知远，明以察微，达死生之占，体物气之变，故静贞动耗，息影归止，云卧牝壑，林巢仙居，人绝不邻，道阻且右，独往幽胜，永歌隐沦，放闲保和，习虚致静，捃五石之髓，颉三芝之英。"(徐春平《唐叶有道碑》)父亲叶慧明，则"代增其业，启秘箓之高妙，扬玄津之洪波，道征若声，心麽(通'幺')若气，吹律暖谷，运历知天，屡下辟书。"(徐春平《唐叶有道碑》)上述史料表明，擅长符箓、劾鬼隶神道术，是叶氏的祖传家学，是叶法善能够从同时代道士中脱颖而出的重要家学渊源。

(二)叶法善行医之实践

1.拜山访师学医

叶法善受家学的熏陶自幼便有学医济世救生的意愿，他潜心修道的同时，苦习医术，不辞辛苦踏遍千山万水访道学医，以提升自我道学医术的水平。

《唐叶真人传》记载："真人曰：不遇名师，将何度世？是时岁方十三，从括苍入天台、四明、金华、会稽、涉江浙。北入天柱、天目、姑苏、洞庭、勾曲、衡山、霍山。南游剑水、登赤城，至罗浮等处。凡名山胜地，自江汉之南，无不经历。"(胡道静《正统道藏·唐叶真人传》)少年时期的叶法善，为了寻求名师修道学医竟历尽险阻，跋涉了半个中国的名山大川。

《唐叶真人传》记载：唐高宗宣叶法善进京，“诏为上卿，真人力辞，不拜。曰：臣愿出家，请为道士。帝乃从之，度于景龙观。……心存仙道，志慕腾举，辞欲还山，帝乃许焉。归至茅山、姑苏、洞庭、天目、天台、括苍等处往来。于茅山修真炼丹，朝谒无亏。……遂入天台寻司马练师，访不死之福庭。去桐柏、入灵墟，谓司马练师曰：荫落落之长松，藉萋萋之纤草，今日是也。又登华顶望海云，蓬莱去此不远，与子当复应归彼，即司马练师负琴，真人抚剑……”（胡道静《正统道藏·唐叶真人传》）叶法善不图高官利禄，一心一意修道学医，跋涉千山万水，遍求名师，虚心好学，集思广益，甚至拜比自己年轻 31 岁的司马承祯为师，虚心向其学习炼内丹之功。

2. 方圆行医救生

《唐叶真人传》记载，有“神人”告诫叶法善：“今汝行三五盟威正一之法，诛斩魑魅妖魔，救护群品，惠施贫乏，代天行理。但以阴德为先，不须别有贡告。……宜广建功德。……功成行满，必当升举。”（胡道静《正统道藏·唐叶真人传》）叶法善当即“恭承教旨，精意奉行。由是潜行阴德，济度死生。及会稽理病，屡曾起死。”（胡道静《正统道藏·唐叶真人传》）

叶法善医术高超，曾多次使重病者起死回生。如扬州长史夫人、相国姚崇之女，都是叶法善使之在病危时复康。而且“人强与钱，则乞诸贫病。”（胡道静《正统道藏·唐叶真人传》）可见叶法善医术精湛、医德高尚。叶法善不仅自己布道行医，而且还广收弟子传授道学医术。《唐叶真人传》记载：“从真人受经法者，并后计数千余人。王公布施塞道盈衢，随其所得，舍入观宇，修饰尊像，及救困穷。每日炊米十余硕，以供贫病，来者悉无选择。”（胡道静《正统道藏·唐叶真人传》）与此同时，叶法善在更高层面上认识到，普济众生远比专治患者更有普世价值，他身居高位不忘百姓的疾苦，敢于为国为民而犯颜直谏。《唐叶真人传》记载：“真人常怀直谏，匡保社稷之心。”（胡道静《正统道藏·唐叶真人传》）

3. 提炼良药传世

中国中医学自古以来就有“药食同源”理论。最早反映“药食同源”思想的是隋朝著名道士、医学家杨上善编著的《黄帝内经太素》，书中写道：“空腹食之为食物，患者食之为药物。”（杨上善《黄帝内经太素》）。汉朝淮南王刘安《淮南子・修务训》说："神农尝百草之滋味，水泉之甘苦，令民知所避就。当此之时，一日而遇七十毒。"（刘安《淮南子》）可见神农时代药与食并不相分。唐代著名医学家王冰注《内经》时曰："大毒治病，十去其六；常毒治病，十去其七；小毒治病，十去其八；无毒治病，十去其九；谷肉果菜，食养尽之，无使过之，伤其正也。"（王冰《内经译注》）《内经》的这一学说，可称为最早的食疗原则。叶法善对"药食同源"理论有着深刻的认识，他十分注重药膳的研发与运用，研发了诸多具有强身健体、延年益寿明显功效的药膳。广泛流传于民间的有乌精饭、青草腐、煨盐鸡等药膳，宫廷秘藏的有端午茶药饮。

生态观照文脉源远流长，史料最早记载的是伏羲静坐观照万物而生发出来反映外在世界变化的物质现象，由此发明了八卦文化，从而萌生了易学思想。生态观照是中华民族一种古老的、朴素的、直观的自然情怀和思维方式。在道家那里，生态观照是一种修道的方法，用心光向心中看，向心中照，发现自己的自然本根，从而守静笃、致虚极，复归于自然的大化流行。在中医学家那里，生态观照是中医药学的信仰，它从天人相应的观念出发，讲究人体宇宙观，注重在自然界寻取天然的药物，并且推崇灵性关照的医学观。叶法善一生笃行医道兼修之实践，是中国历史上十分典型的生态观照的崇尚者、倡导者和践行者。医疗人文关怀与医学生态观照，是中国乃至世界医学发展的总趋向。正如赵美娟教授所言：医学需要审美，医学包含审美，医学是真善美的有机统一。当今最需要崇尚的是古老中医的信仰——医学自然生态元素的回归。

本章参考文献

[1] 孙雍长. 老子注译[M]. 广州：花城出版社，1998.

[2] 孙雍长. 庄子注译[M]. 广州：花城出版社，1998.

[3] 缪文远.《战国策》精粹解读[M]. 北京：中华书局，2004.

[4] 张湖德.《黄帝内经》养生全书[M]. 北京：中国轻工业出版社，2001.

[5] 李丰楙.《抱朴子》快读[M]. 海口：三环出版社，2004.

[6] 陶渊明. 桃花源记[M]. 上海：上海古籍出版社，2002.

[7] 陆羽. 茶经[M]. 哈尔滨：黑龙江美术出版社，2004.

[8] 李时珍. 本草纲目[M]. 北京：人民卫生出版社，2005.

[9] 孙思邈. 千金要方[M]. 北京：人民卫生出版社，2000.

[10] 余潇枫.人格之境[M]杭州:浙江大学出版社,2006.
[11] 黄寿祺.周易译注[M]上海:上海古籍出版社,1989.
[12] 陈鼓应.老子注译及评介[M]北京:中华书局,1984.
[13] 陈鼓应.庄子今注今译[M].北京:中华书局,1983.
[14] 王卡.老子道德经河上公章句[M].北京:中华书局,1983.
[15] 楼宇烈.王弼集校释[M].北京:中华书局,1980.
[16] 南怀瑾.老子他说[M].上海:复旦大学出版社,2002.
[17] 刘安.淮南子[M].北京:北京燕山出版社,2009.
[18] 王冰.黄帝内经[M].北京:中国科学技术出版社,2005.
[19] 许敬生.黄帝外经浅释[M].上海:上海第二军医大学出版社,2005.
[10] 爱因斯坦.爱因斯坦文集·第1卷[M].北京:商务印书馆 1977.
[20] 陈媛.人的全面发展的三个辩证统一[J].广西社会科学,2002(2).
[21] 朱熹.中庸集注[M].北京:北京平山堂书庄,2009.
[22] 龙树.龙树六论[M].北京:民族出版社,2000.
[23] 慕平.尚书译注[M].北京:中华书局,2009.
[24] 詹石窗.太平经研究[M].北京:社会科学文献出版社,2007.
[25] 王家葵.神农本草经研究[M].北京:北京科技出版社,2001.
[26] 刘衡如.本草纲目研究[M].北京:华夏出版社,2009.
[27] 刘毅.《千金要方》药方文献源研究[J],图书馆工作与研究,2011(4).
[28] 武跃进.从《千金要方》、《千金翼方》看孙思邈的养生理念[OL].知网空间,2007.
[29] 姚春鹏.黄帝内经译注[M].北京:中华书局,2010.
[30] 樊巧玲.中医学概论[M].北京:中国中医药出版社,2010.
[31] 杨力.医运气学[M].北京:北京科学技术出版社,1999.
[32] 曾振宇.张载气论哲学论纲[J].山东大学学报·哲社版,2001(2).
[33] 单厚昌.古代哲学气论对中医天人相应学说的影响[J].中国民族民间医药杂志,2006(9)
[34] 刘兆彬.古代"元气论"哲学的逻辑演进研究[J].东岳论丛,2010(6).
[35] 姚春鹏.中国传统哲学的气论自然观与中医理论体系[J].太原师范学院学报·社科版,2011(6).
[36] 施观芬.试论〈周易〉哲学对中医养生学的影响[J].中国中医基础医学杂志,1999(10).
[37] 孙旻亨.先秦诸子理论对《内经》养生理论形成的影响研究[D].北京中医药大学,2012.
[38] 蒋力生.中医养生的文化价值[C].第十一届全国中医药文化学术研讨会论文集,2008.
[39] 金惠贞.风水形气论中的天文思想[OL].周易文化网,2008-12-19.

[40] 张红梅. 森林：健康生命的源泉[N]. 中国绿色时报，2008-01-15.
[41] 樊巧玲. 中医学概论[M]. 北京：中国中医药出版社，2010.
[42] 李学勤. 商代的四风与四时[J]. 中州学刊，1985(5).
[43] 施观芬. 试论《周易》哲学对中医养生学的影响[J]. 中国中医基础医学杂志，1999(10).
[44] 余新华《内经》因时养生初探[J]. 湖北中医杂志，1988(5).
[45] 周少林. 从《黄帝内经》谈顺应四时养生[J]. 甘肃中医，2006(12).
[46] 王华. 浅谈中医养生与抗衰老[J]. 国医论坛，2008(2).
[47] 曹娜. 中医养生思想古今文献整理研究[D]. 广州中医药大学，2005.
[48] 布景林. 中医养生五大原则[C]. 第三届中和亚健康论坛论文集，2009.
[49] 冯磊. "疏堵"结合规范中医养生[N]. 中国中医药报，2011.
[50] 杨学鹏. 阴阳五行[M]. 北京：科学出版社，1998.
[54] 陆广莘. 中医学之道[M]. 北京：人民卫生出版社，2001.
[55] 张其成. 中医理论模型的特征、意义与不足[J]. 医学与哲学，2000(21).
[56] 许家松. 论〈黄帝内经〉的养生观与养生法则[J]. 中国中医基础医学杂志，2002(7).
[57] 庄庭兰. 论〈素问〉五行学说天人合一特性[J]. 东岳论丛，2009(2).
[58] 傅遂山. 浅谈五行学说对中医养生的指导作用[J]. 河南中医，2010(6).
[59] 禹金涛. 中国传统文化对中医治未病理论形成的影响[J]. 山东中医药大学学报，2010(5)
[60] 蒋力生. 中医养生学释义[J]. 江西中医学院学报，2007(1).
[61] 阚笑文. 基于中医养生理论的园林环境初探[D]. 中央美术学院，2012.
[62] 程薇薇. 中医五行学说与中医养生学说[C]. 第三次全国中医养生学研讨会论文集，2002.
[63] 褚柏思. 禅宗学与禅学[M]. 台北：新文丰出版社，1981.
[64] 乔明琦. 中医情志学[M]. 北京：人民卫生出版社，2009.
[65] 张其成. 精气神养生法[M]. 北京：北京科学技术出版，2011.
[66] 董湘玉. 中医心理学[M]. 北京：人民卫生出版社，2007.
[67] 苏华仁. 药王孙思邈道医养生[M]. 太原：山西科学技术出版社，2009.
[68] 薛芳芸.《黄帝内经》情志相胜原理及方法探究[M]. 北京：中国中医基础医学杂志，2012.
[69] 聂轩.《千金翼方》老年摄生思想述略[M]. 郑州：河南中医，2004.
[70] 尚德阳. 论亚健康状态与情志因素的关系[M]. 沈阳：辽宁中医药大学学报，2007.
[71] 蒋红玉. 论中医情志疗养[M]. 深圳：深圳中西医结合杂志，2003.
[72] 邝杰钊. 调摄精神情志是〈内经〉养生学说的精髓[M]. 广州：广州中医学院学报，1993.

[73] 王弼.周易注校释[M].楼宇烈,释.北京:中华书局,2012.
[74] 刘昫.旧唐书[M].北京:中华书局,1961.
[75] 杨上善.黄帝内经太素[M].北京:人民卫生出版社,1956.
[76] 张宇初.道藏[M].北京:文物出版社,1988.
[77] 阮元.十三经注疏[M].北京:中华书局,1980.
[78] 胡道静.正统道藏[M].上海:上海古籍出版社,1988.

第四章　生态之经纶

多规融合：生态文明的和合范式

——“多规融合”的当代武义价值非技术性解读

“武义·中国‘多规融合’理论与方法研究”，从生态思想、协同理论和规划技术的层面，第一次回答了当前中国在整体规划中所面临的经济社会发展、城市建设、土地利用一系列问题。对这些问题的解答，具有重大的生态文明伦理意义；与此同时，该实证研究的结果对区域未来的发展具有前瞻性的现实指导意义。

一、绪言

生态文明作为一种新的文明类型，是人类对自身危机状况进行检讨与反省后的一种理智选择。围绕生态文明生成、演化、社会价值以及与人类关系等问题的终极追问，哲学、生态学、社会学、经济学和规划学的研究眼光不约而同地投向了“和合”思想。吴次芳教授说：“深层次问题的解决必须依赖于科学和艺术的完美‘婚配’。这种解决既体现在认识论与方法论上，也体现在价值论与实践中”[①]，美国林肯土地政策研究院、美国马里兰大学、浙江大学、浙江省发展规划研究院的学者、专家经过几年的艰苦研究，疏通了当代规划理念与古老的“和合”思想之间的文化通途，给出了一个既适合于当代经济社会发展需要又顺应生态文明持久演进规律的优态范式。

---

① 吴次芳：《中国土地管理深层次问题的表现、成因及治理路径》，第三届中国城市发展与土地政策国际研讨会，2007 年 10 月 13 日。

二、"多规融合"理论与方法简述

(一)"多规融合"研究的时代背景

在现行规划体系中,一方面城市经济对国民经济的重要性随着工业化和城市化越加重要。另一方面,时下的规划体系相当程度上依然存在着制约城市发展所需要的土地、资本、劳动力等要素的自由配置。从而,这导致经济社会发展规划(简称"经规")、城市发展规划(简称"城规")、土地利用规划(简称"土规")不相协调,这既不利于可持续利用土地,也不利于区域经济社会可持续发展,进而不利于城市竞争力的提高。因而,我们需要有一个"多规融合"的宏观规划意向。

(二)"多规融合"的内涵与意义

"经规""城规""土规"之间有着密切的关系:"经规"通过项目和投资规模深刻地影响经济发展,进而影响城市人口规模和住房需求。人口、住宅、就业增长是影响城市基础设施和服务设施的重要因子。"土规"在"多规融合"中的作用主要体现为通过耕地和环境保护来影响可开发土地(总量及其分布)。"城规"则通过规划城市土地利用功能分区来推动土地利用与交通之间的整合,消除土地利用之间产生的外部效应。"多规融合"就是将三个模块有机地融合为一体,形成合理、科学、可持续的规划生态系统。

"多规融合"为全面落实科学发展观,建设和谐社会提供了理论依据与方法借鉴。(1)促进规划效率以及规划功能的实现,包括服务于市场需求和纠正市场失灵,实现经济社会又好又快发展;(2)促进城市空间结构优化,提高城市整体竞争力;(3)促进土地资源合理、高效、有序利用,保护生态平衡。

三、"和合"思想始发与历史演进

"多规融合"的理论渊源来自于中国古代的"和合"思想,可以说"多规融合"是"和合"思想在当代中国的成功实践。

(一)"和合"思想的文化渊源

和合思想在中国源远流长,最早可追溯到《易经》:"比,吉,原筮,元永贞,无咎。"(黄寿祺《周易译注》)《易经》所追求的和睦亲善与安定互助的理想社会环境，是“和合”思想的源头。而后的《管子》《墨子》《吕氏春秋》《太平经》《淮南子》等历史著作都有和合思想论述，而最早从哲学意义上诠释和合思想的是道家创始人老子。

“道法自然”是老子哲学的最高原则。程颐曰：“天地之化，自然生生不穷。”（《二程语录・卷十五》）“自然”即天、地、人及万物同道，和合共生，从而实现无穷无尽的演进。老子不仅诠释了“和合”思想的生成根源，更可贵的是给出了“不争”“相融”以实现“和合”优态范式的方法论。

（二）“和合”思想的继往开来

“和合”思想，是中华民族文化的精髓；“和合”之境，是中华民族千百年来孜孜追求的理想境界。程思远先生认为“中华民族已经形成了运用和合概念与和合文化研究自然界的生成和人的生成，研究事物发展变化的规律，研究人与自然和人与社会的关系，研究人的身心统一规律和养生之道的文化传统。”①

当前，和合思想广泛运用于各领域，呈现出欣欣向荣的文化景象。余潇枫教授说：“和合主义既跨越现实主义与理想主义的历史鸿沟，又超越物质主义与观念主义的二元对立，为世界未来的发展显示一条‘和而不同’的别具一格的坦途。”②“多规融合”正是在“和合”思想观照下的一次宏观规划学的实践。它必将在武义、中国乃至全球产生积极的影响。

四、生态文明的优态范式

生态文明是人类文明的一种新形态。它是以尊重和维护自然为前提，以人与万物和合共生为宗旨，以建立可持续发展观为内涵的优态范式。

（一）生态文明的焦虑与欣然

在以 GDP 为唯一绩效标准的误导下，现代工业无序发展，掠夺式的开发迅猛加剧，自然资源特别是土地与能源大量消耗，生态环境遭受严重破坏，气候变得越来越恶劣，引发了美国的飓风、泰国的海啸、中国南方的冰灾、全球气温变

---

① 程思远：《世代弘扬中华和合文化精神》，光明日报 1997 年 6 月 28 日。

② 余潇枫：《非传统安全维护的“边界”、“语境”与“范式”》，《世界经济与政治》2006 年第 11 期。

暖等等。最终，地球将沦为“寂静的春天”，人类也将无法生存演进。面对生态文明的异化与失衡，一些有识之士在茫然中焦虑，在焦虑中反思，在反思中探索生态文明的真谛。

1972年，罗马俱乐部提出了《增长的极限》的报告，第一次给世人敲响生态文明警钟。1987年，在布伦特兰夫人领导的世界环境与发展委员会的努力下，发表了《我们共同的未来》。1992年，联合国环境与发展大会通过了《21世纪议程》，中国政府积极响应编写了《中国21世纪议程》。从此，生态环境保护、可持续发展成了各国经济社会发展战略的关键词，人类与万物共同迎来了生态文明的曙光。

（二）生态文明的自我范式

生态哲学认为，“人的自我范式是一个与生物圈有着物质的、生态的、文化的和精神的联系的概念”[①]。生态主义倡导的生态大融合观与中国道学的“天地与我共生，万物与我为一”（《庄子·达生》）的整体观是一脉相承的。生态文明自我范式注重生物圈之间的融合性，为人类提供更好地“认识自然密码”的路径。“多规融合”对改变目前规划多头、重复建设、浪费资源所造成的生态危机和人类危机的现状，实现人类和地球持续演进具有重要的历史意义。

五、“多规融合”的当代武义价值说

协调好人与自然、人与人、人与国家社会的关系，是落实科学发展观，建设和谐社会与促进人的全面发展的基本途径。

（一）运用“多规融合”的理论与方法，协调经济社会各方界关系。

武义近十年工业经济在GDP中的比重逐年增大，工业成了武义的主导产业。但“由此产生的环境问题以及工农差别、城乡差别等矛盾日益显示出来，这就要求政府对经济社会发展作出统筹兼顾的规划。”[②]首先是要围绕经济社会发展总体目标进行统筹安排，以系统的方法谋划全局，全面推进经济社会发展，着重解决民生问题，促进社会和谐建设。其次是要协调当前利益与长远利益的关

---

① [英]布赖恩·巴克斯特：《生态主义导论》，重庆出版社2007年版。

② 陈柳钦：《和谐思想、和谐社会与和谐世界》，《学说连线》2008年第3期。

系，既考虑现在的发展需要，又考虑未来的发展需要；既遵循经济规律，又遵循自然规律；既讲究经济效益，又讲究生态效益。最后是把经济社会发展看作动态过程，把握经济社会发展中平衡与不平衡的辩证关系，既善于鼓励抓住机遇加快发展，又努力注重发展的协调性和稳定性。“多规融合”就是基于使各方界的利益和发展得到平衡，提高人的幸福指数这一终极关怀的目标而设计研究进路的。

（二）运用“多规融合”的理论与方法，打造“温泉名城”特色。

城市特色是城市的灵魂，可持续发展是城市的生命。“探索可持续的城市发展道路，协调城市化与工业化进程，是城市规划和管理的重要内容。”[①]一个完美的城市要按照城市的定位协调好各种关系，塑造出一种整体美观形象，还要具有与众不同的个性和风格。“多规融合”给出了一条长远的、整体的、协调的规划思路：发掘城市特色资源，探究城市文化内涵，注重温泉特色和生态形象的提升，把武义营造成“东方爱丁堡”、全国著名的旅游休闲之乡、温泉养生之城、会议培训之都。

在“多规融合”的引领下，武义“温泉名城”的规划注重突出三个特色：第一，充分利用山、水、林等自然色彩元素，倾力把“绿色”作为武义城市空间的主色调，以显示“生态武义”的特色；第二，注重“文化街”“文化村”的形象规划，加强对城市古建街区和俞源、郭洞全国历史文化名村古建筑的保护性修复、仿古改造，充分凸显汉、唐、宋、明、清各朝代的文化内涵；第三，注重名人文化发掘与利用，规划建设刘秀、叶法善、吕祖谦、李纲、徐滋以及现当代的汤恩伯、千家驹、潘洁兹、叶一苇等名人形象性建筑，充分展示武义的精神风貌。

（三）运用“多规融合”的理论与方法，提炼“养生武义”的主题。

从理论意义上说，“人们‘休闲养生’的核心概念是一种‘经历’，是人精神需求与社会活动方式”[②]。基于此认识，旅游规划应树立“吾离今人远，而离后人近”[③]的超前意识，力图将旅游规划还原到旅游是人的一种休闲养生活动方式的

① 丁成日：《城市增长与对策——国际视角与中国发展》，高等教育出版社 2009 年版。

② 徐迅雷：《生态文明需要生态伦理》，《观察与思考》2007 年第 21 期。

③ 吴国盛：《世界图景的重建》，《科学的历程》第 45 章，北京大学出版社 2002 年版。

层面上来。

时下，旅游市场已显示出“三大转移”的趋势：即从观光为主向休闲养生为主转移，从团队出游向家庭自驾车出游转移，从跟着导游跑向停下来自身体验转移。因而，旅游发展规划就要依据“三大转移”的走向，提升“养生武义”的主题。而支撑这一主题的基本要素是“生态资源”（温泉资源与自然环境），因此，生态文明就成了当代武义一个必须关注的课题。“多规融合”为生态文明伦理框架下的“养生武义”系统规划，提供了理论依据和方法借鉴。

六、结论

“多规融合”汇集了国际、国内规划领域一流专家的思想智慧，研究成果具有重大创新性。笔者从“生态哲学”的视阈和武义实践价值的层面进行非技术性解读，从一个侧面反映了“多规融合”理论与方法的价值。至此，我们有理由相信：“多规融合”系统并深刻地剖析了我国目前规划体系内存在的众多矛盾和问题，构建了众多规划融合为一体的理论与方法、模型，它必将为引导中国未来规划改革，促进生态文明和合范式的构建发挥积极作用和产生深远影响。

（2009 年 1 月 6 日在中国武义 & 美国林肯土地研究所“多规融合”研究成果报告会上）

浙中绿岛：新型经济发展的坐标定位

——《生态武义》课题选节

一、生态文明的文化背景

（一）生态意识的觉醒

1972 年发生在科学和政治两个领域中的两件事对生态、环境问题成为全球议题起到了非常重要的作用。[①] 一是罗马俱乐部于 1972 年出版的震惊世界的著名报告《增长的极限》。二是 1972 年联合国在斯德哥尔摩召开了“人类环境会议”，通过了《人类环境宣言》，提出了“只有一个地球”的呼吁。这是国际社会就环境问题召开的第一次世界性会议，标志着全人类对生态问题的觉醒，是环境保护运动史上的一个重要里程碑。会议催生成立了联合国环境规划署，后来成为推进国家和国际社会环境保护工作的重要国际组织。此后保护生态、保护环境的观念深入人心，生态、环境问题开始成为国际关系中关注的重要领域，进而也成为国内社会关注的重要议题。

（二）生态文明的演进与内涵

人类的生态观有一个漫长的历史演进过程。原始文明时期，人类的生态观是“自然生态观”，人在自然的主导下与自然“和谐共处”。农业文明时期，人类的生态观是“天定胜人观”，人从顺从自然逐步转向利用自然。工业文明时期，人类的生态观是“人定胜天观”，人从利用自然逐步转向征服自然，最终在对自然的征服和掠夺中造成自然资源枯竭和生态环境日趋恶化。生态文明时期，人类的生态观是“天人和谐观”，人从征服自然逐步转向呵护自然。

生态文明的内涵是“人类遵循人、自然、社会和谐发展这一客观规律而取得的物质与精神成果的总和”。生态文明是对现有人类传统工业文明的超越。生

---

① Charles W. Kegley, Jr. and Eugene R. Wittkopf, The Global Agenda: Issues and Perspectives, Sixth Edition , Peking University Press, Beijing, 2003. Part Four ecology and politics, p. 484。

态文明与传统工业文明的重大区别表现在:“一是在生产方式上,它追求经济社会与生态环境的协调发展而不是单纯的经济增长;二是在生活方式上,它倡导生活的质量而不是简单的需求满足;三是在社会价值上,它的归宿是人与自然关系的平衡而不是以人为中心;四是在社会结构上,它强调社会公平正义,并保障多样性。”①

(三)我国提出生态文明建设

党的十七大报告首次提出“建设生态文明,基本形成节约能源资源和保护生态环境的产业结构、增长方式、消费模式。循环经济形成较大规模,主要污染物排放得到有效控制,生态环境质量明显改善,生态文明观念在全社会牢固树立”。生态文明以可持续发展为目标,以资源节约型和环境友好型社会为特征,以知识经济和生态技术为标志,是基于农业文明、工业文明基础的高级社会形态,是统领物质文明、精神文明和政治文明的总体指导方针。中央十七届五中全会进一步指出要“加快建设资源节约型、环境友好型社会,提高生态文明水平”,要“树立绿色、低碳发展理念,以节能减排为重点,健全激励和约束机制,加快构建资源节约、环境友好的生产方式和消费模式,增强可持续发展的能力”。生态文明是党和政府继物质文明、精神文明与政治文明之后,特别提出的新型文明。

生态文明建设以科学发展观为指导,以建设资源节约型、环境友好型社会为目标,以加强生态建设和环境保护,调整产业结构,转变发展方式,优化消费模式为根本手段,着力加强生态建设和环境保护,大力开展污染防治和生态修复,加快发展特色优势产业,积极倡导绿色消费,不断增强资源环境承载能力,逐步形成人与自然和谐发展的生态文化,培育以生态经济为主体的经济发展模式,建立完善的保护自然生态安全的规章制度,促进经济效益、社会效益和生态效益相协调。

(四)浙江生态省建设概况

2002 年以来,浙江省全面开展生态省建设,成效显著。一是节能减排成效明显。“十一五”期间,全省万元生产总值能耗下降 20%,化学需氧量下降 16.2%,二氧化硫排放量下降 20.9%。二是城乡环境持续改善。2010 年,全省

① 陈一新:《生态文明理论与实践的八大问题》,《浙江日报》2011 年 4 月 22 日。

八大水系、运河和主要湖库地表水环境功能区水质达标率达到73.7%，全省跨行政区域河流交接断面满足功能要求比例达到61.1%，超过90%的县级以上城市空气质量达到二级标准。县以上城市污水处理率达到78%，生活垃圾无害化处理率达到96%。三是生态经济加快发展。创建国家级生态农业试点示范县3个、省级高效生态农业示范县30个，建成无公害农产品、绿色食品、有机食品基地910万亩，涌现出19个国家有机食品生产基地，已建成省级生态旅游示范区6个，创建旅游强镇89个、特色旅游村206个。四是生态文明创建活动活跃。到2010年底，全省累计建成1个国家生态县、43个国家级生态示范区、7个国家环境保护模范城市、238个全国环境优美乡镇。现有全国绿色学校49所、国家级绿色社区27个、全国绿色家庭22户、国家园林城市(县城、镇)21个。五是生态保障体系逐步完善。"十一五"期间，省级财政安排生态环保专项资金超过100亿元；落实政府外债资金2亿美元左右，开工建设一批生态环保项目。

十二五期间，浙江坚持生态省建设方略、走生态立省之路，打造"富饶秀美、和谐安康"的生态浙江，努力把浙江建设成为全国生态文明示范区。"十二五"时期浙江省推进生态文明建设的"四个主要目标"是：生态经济加快发展、生态环境质量保持领先、生态文化日益繁荣、体制机制不断完善。与此四大目标相应的评估指标有：分生态经济、生态环境、生态文化机制3大领域，9个关注方向，28项指标。一是生态经济方面，主要分产业结构、循环经济、节能减排等3个关注方向，设置9项指标，总权数为35%。二是生态环境方面，主要分空气质量、水环境质量、土壤质量、绿化、环境基础设施等5个关注方向，设置10项指标，总权数为35%。三是生态文化机制方面，主要从环保意识、生态创建和政策保障等角度反映生态文化和生态文明体制机制建设的情况，设置9项指标，总权数为30%。

二、生态武义建设的现状与问题

(一)生态武义的前置条件

1. 自然生态禀赋得天独厚

武义县地处浙江省中部，金衢盆地东南，东经119°27′～29°03′之间，总面积1577.2平方公里，其中山地1231平方公里，占78%，耕地170.2平方公里，占

10.8%;水域面积40.4平方公里,占2.6%,总体呈“八山半水一分半田”之格局。境内地形西南高,东北低,三面环山,峰峦连绵,中部丘陵蜿蜒起伏,形成武义和宣平两个河谷盘地。全县海拔千米以上山峰102座,最高峰牛头山为1560米,最低履坦镇范村57米。落差较大的地形形成了丰富的水力资源和众多壮丽的瀑布景观,河流以东西向横亘于中部新锦岭、樊岭、和大黄岭一带的分水岭,分属钱塘江和瓯江两大水系。武义县处于热带季风气候区,气候温和、湿润,年平均温度16.8℃。物种资源丰富,森林覆盖率72.1%,土壤富含有机质。武义县山清水秀,草茂木蕃,西北部山峦层叠,坡险岩陡,东南部山势磅礴,丘岗起伏,从而构成了多姿多彩的山体森林景观。自1991年5月总面积35平方公里的“龙潭—大莱口风景名胜区”被浙江省人民政府批准列入全省第二批省级风景名胜区名单以来,温泉资源和山水景点的开发,牛头山国家级森林公园、省级壶山公园的建成,以及十多个省级自然保护小区、生态公益林的建设,凸显了极强的生态旅游优势。武义是浙江省名特优经济林5个示范点(县)之一。目前,全县共有粮油作物播种面积20余万亩、茶叶12万亩、毛竹17万亩、水果3.64万亩、食用菌3000万袋、油茶6万亩、宣莲3000亩,还有板栗、猕猴桃、箬叶、药材和森林食品等20余万亩。

2.人文生态禀赋优越卓然

武义县人文历史悠久。自唐天授二年(691)建县以来,居住着汉族和畲、苗、回、白、壮、满、侗、藏等8个少数民族。武义文化积淀十分深厚。历史上文化教育事业有过兴旺时期,南宋乾道至淳熙年间,著名理学家吕祖谦会同朱熹、陈亮等人,在明招寺设堂讲学,形成了独树一帜的明招文化,培养出巩丰、巩嵘、洪无竞等一批人才。旧志记载:明招寺讲堂为“武义教化之策源地”。同时,历史文物及古建筑丰厚,既有延福寺、熟溪桥等重点保护文物20余处,有俞源“太极星象”村、郭洞古生态村、山下鲍古农耕文化村及县城古上街等多处保存完好的明清建筑。有历经八百年风雨的江南廊桥代表熟溪桥;有誉为“浙江第一、华东一流”的武义温泉,日出水量6000吨左右,水温42℃至45℃,温泉度假区是浙江省最佳休闲旅游胜地。境内还有大红岩、寿仙谷、刘秀垄、清风寨等10多处省市级景区。

3.武义民风民俗敦厚朴实

唐代著名山水诗人孟浩然曾旅居武义,欣然留下“川暗夕阳尽,孤舟泊岸初。岭猿相叫啸，潭嶂似空虚。就枕灭明烛，扣舷闻夜渔。鸡鸣问何处，人物是秦余”的名诗，俨然把武义比作陶渊明笔下的桃花源。吕祖谦称：武义“负山之民，气俗敦懿，乐田亩，而畏官府，遨嬉侈丽之习，独不入其乡”。武义人尚节俭、敦厚老实、注重礼尚往来、团结互助的传统民风，为当代生态文明建设提供了人文底蕴和精神资源。

（二）生态武义的历史回溯与现状基础

1.“生态立县”与“浙中绿岛”

武义县始建于唐天授二年，地处浙江中部，是革命老区县、少数民族聚居地区，是目前全省 28 个欠发达县市之一。总人口 33 万，辖 3 个街道、8 个建制镇、7 个乡。

据《武义县志》记载，直到清朝初期，武义县人口从未突破七万。及至清康熙、雍正年间，由于采取了“轻徭赋与民休息”“招集流民奖励垦殖”和“滋生人丁永不加赋”等政策，大大促进了人口的增长。从雍正九年（1731）到宣统二年（1910）年，武义县的人口数从 15308 人迅速达到 155329 人。人口的急剧膨胀，导致平原人满为患，大量人口迁移山区，刀耕火种，吃山用山，时日一久，原始森林植被遭受严重破坏。

从民国开始到 1949 年前这段时期，由于生产技术没有得到明显的提高，还是属于传统的刀耕火种；1949 年后一直到 20 世纪 90 年代初期，人口增长带来的粮食、燃料、畜牧业饲料等方面的压力，使人地的矛盾尤为突出，开荒种粮、砍柴当薪、伐木养菇等“人与自然之争”造成了生态系统的严重衰退。

直到 90 年代中后期，武义县出台了一系列强硬的保护政策，自然生态才开始复兴。1998 年起，武义县开始重视生态建设。2000 年，武义县委、县政府在欠发达县市的行列中率先确立了“生态立县”的发展战略。2001 年启动生态示范区建设。2003 年升级省级生态县建设，《武义生态县建设规划 2003—2020》提出了“打造绿色武义，建设生态家园”的战略目标，并将“浙中绿岛”作为生态文明建设的目标。2006 年提出“旅游富县”发展战略。2008 年 4 月被省人民政府命名为省级生态县，全县经济社会得到了快速的发展。

“浙中绿岛”指处于浙江中部绿色的、无污染的、无公害的、和谐的、可持续发展的生态区域，为形象起见故用“岛屿”作比喻。其内涵主要包括自然生态、经济生态、社会人文生态和居民精神生态四个方面。

首先是自然生态方面。自然生态主要由森林覆盖率、空气质量、水质等指标组成。由于“绿岛”是自然科学、社会科学、人文科学综合交叉的学科，是学术研究的前沿课题，目前还缺少统一的评估标准。一般来说，所谓“绿岛”，其三个基本指标要明显优于周边地区，且各项指标的下限分别不低于：森林覆盖率70%、空气优良率90%、Ⅱ类地面水达标率80%。

其次是经济生态方面，应具备“产业发展生态化、生态建设产业化”的特征，其中一个重要的发展目标就是“绿色产业”占GDP的比重，注重“过程绿色化”已成为业界的共识，即在产业发展过程中，注重资源的合理利用和污染物的有效控制，在生产过程中，从原料的选购到工艺设计，从节能节水到减少废气排放都考虑把对环境的损害降到最低，把污染消灭在生产源头和过程中，并将它转化为再生资源和附属产品，实现循环利用，绿色生产。

再次是社会人文生态方面。在政策层面上，政府把解决生态问题、建设生态文明作为贯彻落实科学发展观、构建和谐社会的重要发展战略，确定生态环境保护的职责、权利和义务，重视生态行政和生态民主建设；在行为层面上，生态建设成为各级干部和广大群众的广泛共识，自觉地承担起保护生态环境的责任和义务，并形成以文明、健康、科学、和谐生活方式为主导的良好社会风气；在文化层面上，人们对生态文化普遍认同，树立人与自然和谐发展的生态文化理念和生态道德观念，摒弃人类中心主义思想，尊重自然，善待生物、珍视生命。

最后是居民精神生态方面。人们在对传统观念进行深刻反思和精神生态的重建过程中，树立正确的生态价值理念，在生态化的文化艺术氛围中实现心灵的净化与美化，从而抛弃对物欲的过分强调与关注，对日益膨胀的干预自然生态能力进行自我克制，在人与自然的和谐氛围中达到身心的平衡。

“浙中绿岛”，实质就是充分利用武义县域的自然和人文生态资源，全面落实科学发展观，推进生态文明建设，形成独特的、持久的、领先周边地区的生态文明优势，率先实现县域范围内的人与自然、人与社会、人与他人及自我的和谐可持续发展，并形成自然环境、经济、社会人文、人的全面发展诸方面的生态效应。

2. 生态武义建设的现状基础

(1)生态农业模式。武义以农业产业结构调整为主线，以绿色基地建设为抓手，围绕茶叶、高山蔬菜、笋竹两用林、蜜梨、花卉苗木、宣莲等十二条产业带，实施一村一品的区域特色农业培育，取得了明显效果。

①有机茶——绿色产业链

武义县是传统的产茶大县，生产的大多是低档的大宗茶，茶叶经济始终在低位徘徊。20 世纪 90 年代初，武义县政府针对本地丰富的自然资源和优越的生态环境，提出了发展绿色农业的意见，制订了“抓好名优茶，开发有机茶，带动无公害茶”的茶叶生产工作思路。适时制定了优惠政策，广泛吸引外来资本、工商资本、民间资本投入发展有机茶产业，积极培育、扶持龙头企业，与国家环保局有机食品研究与发展中心、中国茶叶研究所等单位建立长期科技合作关系，帮助、指导茶农开发有机茶生产。大力实施标准化生产，在有机茶生产企业内部实行生产过程质量跟踪制度，积极创建品牌。先后获得了“中国有机茶之乡”“中国名茶之乡”“全国三绿工程示范县”等称号，涌现了一批中国驰名商标、中国名牌农产品、浙江省名牌产品等茶叶品牌。武义县“有机茶发展模式”，运用市场机制使参与“有机茶绿色产业链”的各方分别受益，最终实现“良性循环发展”的模式。以更香有机茶业发展模式为例，更香有机茶业开发有限公司是国内最早开发有机茶的企业之一，目前已有近万亩有机茶园，70 多块有机茶园遍布武义县 14 个乡镇，有数万名茶农参与有机茶经营劳作，形成了一条“有机茶绿色产业链”。

②超级稻——节约高效农业

20 世纪 80 年代初期，在袁隆平院士的指导下，武义县大面积推广杂交水稻。至 2000 年共实施面积近 4 万亩，形成了相应的高产栽培技术体系，建立各种高产示范方 69 个，推广旱育秧、直播、抛秧等轻型技术面积 5 万余亩。2004 年开始试种超级稻，面积连年翻番，亩产量提高到 650 公斤以上。2007 年，开始实施超级杂交水稻新组合“种三产四”丰产工程。至 2008 年，全县推广超级水稻 6 万亩，示范面积 1 万多亩，机插面积 8700 多亩，占粮食播种总面积的 24%。同时，该县发展了水稻工厂化育秧，全县工厂化育秧及机械化插秧示范方已达 2 万亩，育秧、插秧、收割实行全程机械化服务，既节约了劳动力和生产成本，又降低了生产风险，提高了生产效益。发展超级稻的生态农业模式不仅解决了广大农民吃饭问题，同时还节约了大量的耕地，有效地保护了生态环境。

③生态补偿机制——生态公益林

2004年,武义县建立了生态公益林补偿机制。根据省道、国道、水源地等区位条件,划定了44.62万亩省级以上生态公益林。对列入生态公益林的林地由省、县财政共同出资进行补偿。2008年度省以上重点公益林最低补偿标准为每亩15元,其中补偿性支出13.5元,公共管护支出1.5元。补偿性支出中,损失性补助11元,护林人员劳务费2.5元。2008年全县共发放森林生态效益补偿金629万元,涉及10953个农户。为保证农户及时足额拿到补偿金,该县全部通过"一折通"存折直接发放到户。从2004年到2008年,武义县直接发放给林业经营者的损失性补助资金从原来的5元提高到了13.5元,增加了1.7倍。列入省以上重点公益林的林地6年左右拿到的生态公益林补偿金就相当于采伐同等面积商品林得到的经济效益,6年以后得到的生态公益林补偿金相当于纯利润,长期享用,而商品林一次采伐后需26年后才可以采伐。实行这一补偿机制,广大林农觉得很实惠,要求将林地列入生态公益林保护的积极性很高。生态公益林补偿机制取得了良好的生态效益,有效地保护了山区植被绿化,促进了生态文明建设进程。

(2)生态旅游模式。旅游业已经成为武义经济的重要支柱,生态旅游则日渐成为武义旅游的特色追求。武义结合自身自然禀赋、人文遗产和生态农业优势,发展出了融历史名村、温泉养身、生态观光等于一体的生态旅游模式。

①历史名村——生态休闲旅游

一个古村落就是一部生态文明的发展史,武义县郭洞村的发展充分阐释了村落与自然生态的依存关系。郭洞村不仅保留了大量的明清建筑,更重要的是这个村的后山还保留了郁郁葱葱的原始森林,至今生机勃勃地耸立着大量的树龄在一千年上下的红豆杉、银杏树、枫树、栎树、针叶松等珍稀树木。为什么郭洞后山原始森林保护得那么好?一千多年前,郭洞村建立初始,人们发现后山满是乱石,很容易坍塌。山上的植被一旦破坏,水土流失造成泥石流,整个村庄就会被毁掉。所以,郭洞祠堂主拟定了乡规民约:无论谁砍了山上的一棵树,都要受到被砍掉一只手的处罚。[1] 这块禁令石碑至今还立在村头,这是郭洞先民

---

[1] 仇保兴:《生态文明时代的村镇规划与建设》,《小城镇建设》2009年第4期。

早期的生态保护制度，随着这一带有浓厚宗族色彩的严厉村规一代一代沿袭执行，久而久之就形成了广大村民的自觉生态意识。所以，这一原始森林和古村落才得以完整地保留至今。由此可见，村庄与自然环境是和合共生的，破坏了自然环境就等于破坏了村庄的生存环境。郭洞良好的自然生态系统以及与之共生的人文生态系统，演绎了人与自然和谐相处的“郭洞精神”。因此，郭洞村以“生态”“人文”兼备双优的条件，被选为首批全国历史文化名镇（村）。

②温泉——生态养生旅游

武义县温泉养生最早可追溯到唐朝天授年间。唐朝著名道士叶法善在武义修道行医时最早发现武义城北的壶山温泉（即唐风温泉），并利用温泉沐浴以治疗和预防关节炎、颈椎病、风湿痛等多种疾病，以及用于皮肤养颜、缓解疲劳等。由于叶法善有着精湛的医术和养生法，被招进皇宫成了皇帝御医，遂将武义壶山温泉治疗术和养生法在长安华清池发扬光大。

1998年，时任武义县长的金中梁出版了《寻找新沸点》一书，武义唐风温泉开始正式对外开放，用于面向大众的旅游养生业。经过几年的发展，武义县成功开发了塔山和溪里等温泉，兴建了唐风、清水湾、明招等多家温泉浴场。“武义温泉生态游”旅游品牌形象逐步树立，温泉旅游成了武义经济社会发展的“新沸点”。温泉开发，打开了武义县旅游通向外界的一扇“窗”，架起了“浙中绿岛”连通长三角乃至全国的桥梁。2006年底，武义县提出了“旅游富县”发展战略。2007年7月3日，武义县出台了加快旅游产业发展的政策，县财政每年安排500万元旅游专项资金，同年10月，成功举办了规模盛大的“第二届中国武义县温泉节”。2008年5月12日，武义县决定创建浙江省旅游经济强县，提出“打造中国温泉名城、构建东方养生胜地”宏伟发展目标。

③下山脱贫——生态观光旅游

武义是个山区县，境内海拔800米以上的高山有101座，贫困人口集中在南部山区，有8万人居住在贫困山区，其中有4万人生存环境特别恶劣，发展环境特别艰难。1994年，武义县在全国率先探索“下山脱贫，异地发展”的扶贫之路，目前全县已有353个自然村15355户4.7万人搬迁下山，占全县总人口的1/7，占南部山区人口的41.2%，下山农民就业转移率达70%以上，人均年收入增加十几倍，实现了“下山三五年胜过山上五百年”的快速发展。山民下山缓解了资源环境压力，促进了生态建设。上千年来，由于自然环境的制约，贫困山区农民靠山吃山，砍伐林木是其主要经济来源。而大多数山区由于山高坡陡土薄，育林十分困难，自然恢复更为缓慢，这样就形成了“越穷越砍、越砍越穷”的恶性循环。为了改善山区农民的交通条件，政府支持乡村修路，不断耗费了大量的资金，而且对生态环境造成了严重的破坏。实施下山脱贫的初衷是解决山区群众生活困难，结果却产生了良好的生态效应。山民搬迁下山后，武义县实施了“高山绿化”工程，先后退耕还林 2500 亩，宅基复垦 1700 亩，发展经济林 1 万亩，封山育林 3 万亩，取得了下山致富和生态保护共进共赢的效果。同时，武义县利用山区的生态、地理地貌和民族风俗成功开发了牛头山国家森林公园、小黄山畲族风情村和清风寨等一批生态旅游景点。牛头山主峰海拔 1560 米，为浙中第一峰。武义县委、县政府因势利导，引民资投入 8000 多万元建起了牛头山国家森林公园。

(3)生态工业模式。针对工业经济快速增长带来的环境、资源压力，武义县采取引、疏、堵、压的方法，积极推进生态工业建设。即，通过科学规划、布局园区、严把招商项目关、扶持节能减排项目以及加大生态工业宣传力度，引导企业走新型工业化之路；以工业企业清洁生产审核工作为着力点，疏通企业实施清洁生产和循环经济的渠道，目前全县已经有 37 家工业企业通过清洁生产审核，21 家工业企业正在开展清洁生产，6 家企业开展循环经济试点；通过组织实施产业导向目录，推行由国土、经贸、发改、环保等部门参加的土地联合预审制度，严把企业入园关，对不符合国家产业政策、环保不符合要求的项目一律说“不”；借助高新技术和先进适用技术改造传统产业，对高能耗、高污染的落后技术、工艺、设备和产品实行限期淘汰。武义县工业企业在政府的引导、鼓励下积极发展生态工业，探索了多种生态工业模式。

①三美化工——节能减排模式

浙江三美化工股份有限公司是一家采用国内外先进工艺技术生产氟化工产品的民营企业。企业是 ISO 14000 环境管理体系认证单位、浙江省清洁生产审核阶段性成果企业、浙江省安全标准化省级企业。

近年来，三美化工公司按照“绿色化工，生态三美”的产业发展目标，开展“三大创新”率先成为节能减排的标兵企业。一是以理念创新为先导，营造好节能减排的环境氛围；二是以技术创新为依托，大力推进节能减排技术改造；三是以管理创新为支撑，促进节能减排工作向精细化发展。2007年与2004年相比，该公司工业增加值增长了142%，而综合能耗仅增长76%，万元工业增加值能源消耗以年均11%的速度在下降。目前，该公司正在对AHF回转反应炉高温尾气回收用于鼓风机冷风的预热进行技术改造工作，把公司建成全面实施清洁生产的环境友好型企业。

②寿仙谷药业——道地生态链模式

有限公司地处"中国温泉之城"浙江省武义县，是一家百年传承的中华老字号企业，综合性现代中药国家高新技术企业。

金华寿仙谷药业按照"道地国药"的要求，突破了常规"企业＋农户"的生产模式，在远离污染、风景秀丽的源口、刘秀垄等地建立了同时通过欧盟有机认证、国家有机认证和GAP认证的铁皮石斛、原木赤灵芝、藏红花等名贵中药材标准化仿野生栽培基地，确保了药材纯天然无污染，实现了从中医中药基础科学研究→优良品种选育→仿野生有机栽培→传统养生秘方研究与开发→现代中药炮制与有效成分提取工艺研究→中药临床应用一整套完善的中药产业链，实施身份证可追溯制度，建立健全质量控制体系。

金华寿仙谷药业有限公司技术力量强大，汇集了一大批尖端生物科技、医学、药学、营养学、农学的专业人才，同时与高校联合打造科研合作平台，牵头建立浙江寿仙谷珍稀植物药研究院、浙江省食药用菌产业技术创新战略联盟、铁皮石斛浙江省工程研究中心，成为浙江省星火计划培训基地、清华大学博士生实践基地、浙江大学农业与生物技术实验基地。承担了"灵芝新品种栽培及精深加工产业化研究""灵芝孢子破壁新工艺研究和开发""精加工灵芝优良品种选育及栽培技术研究""铁皮石斛药材及相关产品质量标准研究"等数十项国家级、省、市重大科技项目，培育出了拥有自主知识产权的优良铁皮石斛和灵芝新品种："仙斛1号""仙斛2号""仙芝1号""仙芝2号"。七项国家发明专利，十多项成果获国家、省、市的科技进步奖，其中国家科技奖二等奖1项，全国工商联科技进步二等奖1项，浙江省科学技术奖二等奖2项、三等奖2项。

(4)生态人居环境模式。武义县在积极探索绿色产业发展道路的同时，高度重视人居环境的改善，根据农村、城市不同特点采取了不同的生态人居环境建设模式。

①生态村模式

武义县以“五整治一提高”为重点，把生态建设与村庄整治有机结合起来，最大化整合资源。首先在年初制订工作计划时，生态村与整治村就通盘考虑安排。原则上生态村先行，村庄整治跟进，凡是列入整治范围的，优先开展生态村建设。其次在建设内容上分工协同。生态建设着重解决生活污水、生活垃圾、露天粪缸等地下工程，村庄整治重点解决路面硬化、穿衣戴帽、绿化美化等地上工程。再次是资金补助上互补整合。按照一事一补的原则，生态建设与村庄整治资金不能交叉补助、重复补助，而是整合互补。武义县县财政每年安排 3500 万元资金，用于村庄整治和生态村建设补助，至 2010 年已累计投资 7600 万元，开展生态村建设 353 个村，其中 2010 年新开展 32 个，建成微动力生活污水生化处理系统 14 座，建成集中人工湿地 362 套，太阳能微动力生活污水处理设施 49 套，分户式人工湿地 4500 套，全县农村污水处理能力约 12600 吨/天。通过几年的努力，累计投资 1.65 亿元，开展村庄整治村数 372 个村，其中 2010 年开展 76 个村。村庄整治受益农户约 9.8 万户，受益人口约 20.8 万人。武义县累计有 249 个村开展生态村建设，受益人口达 10 多万人。农村环境整治扎实推进。全县共完成重点整治村 112 个，一般整治村 68 个，单项整治村 11 个，卫生整治 15 个村，创建省级全面小康建设示范村 10 个，市级全面小康示范村 24 个。启动农村垃圾集中收集处理工作体系的建设，基本形成“户集、村收、乡镇运、县处理”的城乡垃圾收集处理网络，从根本上解决全县农村垃圾污染问题。

②生态社区模式

武义县强化以城市园林绿化为重点的生态社区建设，优化人居环境。编制了《武义县城市绿地系统专项规划》和《武义县城市规划区生物多样性(植物)保护规划》。在城区建立了滨江广场、壶山公园等十几个广场公园，不断完善了街头、居住区和道路绿地，大力推进立体绿化，扩大屋顶、垂直和阳台绿化面积，城区人均拥有绿地达 9 平方米以上。理顺了市政园林管理处的管理体制，将主城区 10 余万平方米范围的绿化管养工作纳入县建设主管部门统一管理养护，纳入财政预算。2008 年共安排 380 万元市政绿地管养等经费。

加强市容市貌和环境卫生的日常管理工作。实施雨污分流，不断完善污水管网配套，2008年底处理污水量达到1.9万吨，集中污水收集处理率达40%。城区13个社区的清扫保洁委托给环卫所代包代管，避免清扫保洁职责不清的问题。以社区居民委员会为单位，发动社区内所有企事业单位和居民群众共同参与社区精神文明建设活动，形成资源共享、优势互补的整体合力，创造“整洁、便利、安全、祥和”的社区生态环境，努力建成设施配套、环境舒适、管理规范、保障功能完善的生态文明社区。

3. 生态武义建设的主要成效

生态武义建设，包括了三种探索。首先，探索欠发达地区以生态优先的新型发展模式，主要包括两点：一是基于产业优化布局考虑的生态产业优先发展战略，避免“先污染后治理”之老路；二是基于经济、社会均衡发展与生态环保相协调考虑的富民战略，避免“生态富县—经济穷县”的不均衡结构。其次，创造“大保护、小开发”的空间集聚布局模式，释放生态保护空间，探索新型小城镇、美丽小乡村建设之路：一是根据农村、牧区土地、水资源的人口和产业承载力，结合国家大战略下乡村人口城镇化特点，有选择地发展小城镇，有重点地建设美丽乡村；二是重点管治沿河、沿路、沿边（与周边县市接壤处）的工业化、城镇化空间发展，维护生态平衡，保障人居环境，实现工业化与城镇化互动协调发展。再者，探索经济欠发达地区进行生态保护和环境示范的可能性路径，主要包括两点：一是如何通过生态文化的推广、生态理念的落实来构建资源节约型社会，获得可持续发展动力；二是如何调和“保护与开发”的矛盾，处理好“发展需要”与“开发限制”的关系，实现经济增长，又实现生态良好，既获得短期发展利益，又获得永续发展基础。

武义县曾是浙江省8个贫困县之一，工业经济发展严重滞后于邻县。武义县基于以上探索，在近几年来在大力发展工业经济的同时，致力于生态文明建设，一方面积极开展环境治理，改善人居环境，另一方面大力发展生态工业、生态农业、生态旅游等生态产业，初步实现了人与自然的良性互动，在浙江中部形成了别具一格的“绿岛效应”。

(1)生态环境全面改善。

武义县深入实施城乡生态治理示范工作，全面改善生态环境。至2010年累计完成规模化畜禽养殖场治理258家，其中2010年完成97家，建成沼气工程容积201803立方米、贮粪设施1837平方米、雨污分流设施16355米。年处理污水能力26.6万吨，年产沼气75.1万立方米，规模养殖场粪便综合利用率达91.6%。完成65个废弃矿山的生态恢复治理工作，占应治理矿山总数69个的94.2%。累计治理水土流失面积27.25平方公里，其中2010年完成9.89平方公里；完成河沟疏浚、清障、护岸、绿化等整治91公里，其中2010年完成33公里；"三沿五区"坟墓治理率达71%，生态葬法行政村覆盖率达96%。森林覆盖率保持72.1%，累计建成省级重点生态公益林64.3万亩。城市建成区绿化覆盖面积746公顷，覆盖率40.54%；绿地面积656公顷，绿地率35.65%；公园绿地面积200公顷，人均12.59平方米。多绿示范创建工作持续开展。累计建成省级绿色学校8所、市级绿色学校19所，县级绿色学校10所；省级绿色家庭7家，省级绿色企业1家，省级绿色饭店2家；创建省级绿色社区1个，市级绿色社区1个；上报省级绿色医院1所，建成县级绿色矿山1个，省级绿色示范村3个。

武义县空气环境质量良好，城区空气质量常年保持在国家二级标准以内，农村则保持在国家一级标准以内。宣平溪及其支流出境水质常年保持Ⅰ类水质，熟溪河水质达到Ⅱ类标准，武义县江出境水质明显好于入境水质。全县森林覆盖率72.1%，比全省平均覆盖率高出14个百分点。县域内拥有共有维管植物1530种，隶属184科712属，属国家一级保护植物2种，国家二级保护植物9种，国家三级保护植物6种，在浙中地区位列第一；各种野生动物24目40科265种，其中国家Ⅰ级保护动物4种，国家Ⅱ级保护动物32种，其丰富程度大大高于周边县市。

(2)生态基础设施加强。近年来(至2010年)，武义累计投入3281.4万元用于完善环保基础设施建设，兴建了一大批生态基础设施项目。

一是城市污水处理工程。武义县城市污水处理工程是省重点A类项目。工程于2005年开工建设，2007年11月完成主体工程投入试运行。城市污水收集处理率稳步提高。至2010年污水处理厂实际处理污水量605万立方米，其他污水处理装置处理量为353万立方米，合计处理量958万立方米；城市污水排放总量1377万立方米，城市污水处理率达69.57%。城市污水处理厂运行情况良好，CODcr、BOD5、SS、PH等主要指标综合合格率达99.18%。污泥处置采用机械浓缩脱水方式处理，达到《城镇污水处理厂污泥处置混合填埋泥质》标准要求后，送县垃圾填埋场卫生填埋。

二是城市生活垃圾无害化填埋场。处理能力 200 吨/日，总库容 320 万立方米，占地 8.9 万平方米的垃圾填埋场于 2007 年底建成投入使用。投资 500 万元修建的垃圾填埋场渗滤液工程，于 2010 年 8 月建成投入使用。通过处理后的渗滤液达到污水排放三级标准后接入城市污水管网。投资 900 余万元建成乡镇垃圾中转站 11 座、焚烧炉 11 个。投资 3103 万元开展了雨污分流工程建设，新建改建城市污水收集管网 21 公里。督促武义县中成污水处理有限公司安装了在线监测装置，并实现省级联网。

三是城市管道燃气工程。已建成天然气站一座，管道覆盖 6 平方公里，城区主要规模饭店及部分居民小区都已用上清洁环保的天然气。

四是污染源在线监测监控系统。该系统总投资 570 万元，于 2006 年正式开通运行，目前已接入 116 家重点污染企业实施在线监测监控。

五是建成桐琴桥地表水自动监测站、县城大气自动监测站和县城噪声监控屏。

六是清泉工程建设。至 2010 年已累计投资 1.34 亿元，实施了清溪水厂及城市水厂管网延伸工程一、二期，桐琴泉溪片农村供水工程建成投入使用，全县共解决和改善 270 个村 15.1 万农村人口的饮用水安全问题。

(3)生态建设机制拓展。自实施“生态立县”发展战略以来，全县生态建设机制初步确立：一是领导机制。县、乡镇、街道和村分别成立相应的领导机构，形成纵向到底，横向到边的工作网络，解决了有人办事的问题；二是投入机制。县财政每年安排 1000 万元，专项用于生态建设的补助和奖励，各乡镇街道也出台了相应的配套补助政策，解决了有钱办事的问题；三是建设机制。县政府出台生态建设资金管理办法，生态村验收办法，办法明确排污管材补助材料费的 80%，生化处理池补助 400 元/立方米，湿地池补助 200 元/立方米，生态公厕补助 900 元/平方米，全县已配备村庄保洁员 346 名，初步形成了农村长效保洁机制。四是补偿机制。通过生态补偿机制，建设了省级以上生态公益林 44.62 万亩。建立了牛头山国家森林公园、壶山省级森林公园和郭洞次生林自然保护区、华山南方红豆杉自然保护区、方坑鸳鸯自然保护区等 12 个自然保护区。

(4)生态意识普遍强化。武义县从 2006 年开始，县人大常委会把每年 3 月 25 日确定为“武义生态日”，该日所在的周为“生态宣传周”。2006 年，以“保护母亲河，创建生态县”为主题开展的生态日活动，共有6800多人参加，共清理河道49公里。2007年又开展以“建洁净道，创生态县”为主题的生态日活动，参加活动人员达9300多人，仅网上报名参加的志愿者就达3000多人，共清理道路243.7多公里，河道55.7公里，清理垃圾640余吨。武义每年都开展“6·5”世界环境日等系列宣传实践活动，并积极开展文明社区、文明村、文明单位创建活动。武义县在重点抓好节能减排生产的同时，在转变消费方式上采取了一系列措施。一是积极推进照明节能，二是推行节约空调用电，三是开展建筑节能，四是积极倡导健康的生活方式和科学的消费理念。

(5)生态建设指标领先。武义县先后建立了12个自然保护区和2个国家级、省级森林公园，保护区面积达10万多亩，建设省级以上的生态公益林44.62万亩。下山脱贫退耕返林8000多亩。1994年被省政府授予“绿化造林先进县”称号；2000年通过省级绿化达标验收，被授予浙江省“绿化合格县”称号；2001年获得全国首家“中国有机茶之乡”称号，2005年被评为市级“生态建设先进单位”；2006年4月，武义县政府被国家授予“全国绿化先进集体”称号；全县15个乡镇全部建成市级生态乡镇，其中省级生态乡镇12个，2008年被省政府命名为第一批省级生态县。2008年10月28日，武义县被公布为“中国温泉养生生态产业示范区”。围绕“两型社会”建设，全面实施循环经济“991”行动计划和工业循环经济“4121”工程，据初步测算，2009年全社会单位GDP能耗、化学需氧量和二氧化硫排放量分别比2005年下降16.69%、14.94%和15.72%。2010年，我县预计化学需氧量(COD)排放量为2677.6吨，比2009年下降了6.9%，二氧化硫(SO_2)排放量为1040.5吨，比2009年下降了8.5%。2009年我县单位GDP能耗为0.74吨标煤/万元，2010年预计单位GDP能耗降低率达3.5%以上。2010年1月至10月，全县共接待游客227.24万人次，实现旅游总收入17.13亿元，分别增长32.8%和33.5%。先后被命名为国际养生旅游实验基地和省旅游经济强县，并荣获浙江省十大生态旅游名城称号。

武义县的生态文明建设的经验颠覆了长期以来“先发展，后治理”和“边发展，边治理”的传统发展模式，探索了一条人与自然相互依存、和合共生的可持续发展新道路。

4.生态武义建设的制约条件

(1)缺乏足够的经济支撑。武义县经济总量偏小，同时缺少大项目、好项目支撑，固定资产投资不足，发展后劲有待增强。2009年武义县全年一般财政预算总收入达到14.37亿元，比上年增长4.8%。其中：地方财政收入7.34亿元，增长6.0%。地方财政支出12.74元，增长17.0%。其中教育支出、文化体育与传媒支出、社会保障和就业支出、医疗卫生支出、环境保护支出分别比上年增长6.2%、−11.1%、7.1%、56.5%、46.6%。地方财政支出比收入要多5.40亿元。因此，在目前的财力下，社会还无力集中更多的资金来改善环境质量、深层解决生态问题。

(2)生态文明建设处于整体素质较薄弱的起步阶段。武义县工业结构性、素质性矛盾比较突出，服务业发展滞后、增速不快，产业综合竞争力仍然不强；经济发展主要依靠物资消耗、投资驱动，土地集约利用水平较低，转型提质、节能减排和环境保护的任务艰巨。与此相应，省级生态乡镇建成比例不够。根据新的省级生态县建设标准，要求全县80%的乡镇(街道)建成省级生态乡镇，武义县的省级生态乡镇为12个，建成率只有66.7%，还不能达到创建比例要求。另外生态文明建设某专项调查问卷显示，接受调查的武义县居民认为武义人的整体生态文明素质表现好、一般、差的比例分别为15.30%、73.77%、11.48%。可见，对于实现在全社会牢固树立生态理念，养成良好的生活方式、卫生习惯等目标，我们还任重道远。

(3)发展经济与保护生态的矛盾。武义县正处于工业化和城市化的迅猛推进期，也是能源消耗和污染物排放总量的快速增加期，结构调整和转变经济发展方式任务非常艰巨。同时，经济社会发展不够平衡，城乡区域发展不够协调，农民和城镇低收入群众持续增收难度较大，改善民生的任务仍然繁重，特别是在加快发展过程中人口、资源和环境的矛盾进一步突显，生态环境保护压力日益加重，传统的经济发展方式对环境承载力提出严峻挑战。

(4)局部区域污染问题突出，治理任务繁重。武义江流域水污染整治工作还需加强，由于县产业结构不合理，排污总量过大与武义江流域水环境容量不足矛盾十分突出，总磷和氟化物的总量控制较为困难，整治任务艰巨。武义县局部区域农村污染问题突出，农村面源污染治理进展缓慢。河流污染依然严重，部分集中式饮用水水源地和水库存在污染隐患。城市环境问题严重，环境基础设施建设滞后于城市发展。城市化进程加快建筑工地施工扬尘，汽车尾气污染，导致大气污染有加剧趋势。固体废物污染存在潜在威胁。生态环境面临建设和破坏并存的复杂状况，点源污染与面源污染共存，生活污染与工业污染叠加，制约了经济发展，影响了社会稳定。

(5)生态文明建设的基础设施与监督机制不足。公共文化教育基础设施不足，环境宣传教育活动、生态创建和绿色创建活动力度不够。城镇生活污水集中处理率偏低。部分乡镇对污水处理设施监管不力，出现设备损坏没及时修复、污水收集管网损坏等情况，需进一步加强监管。居民消费方式不当，浪费现象难以禁绝，绿色消费、绿色采购、绿色信贷等尚未真正发挥促进环境保护的作用。环境保护仍然以政府主导、以行政手段为主线，尚未转化为企业和公众的自觉行动。此外，约束机制和监督机制也尚未完全建立，生态设施长效管理机制不健全，但乡镇生活污水处理设施尚未列入考核，运行、维护、管理费用由各乡镇自筹，运维积极性不高。

三、生态武义建设的方略与对策

(一)生态武义建设的方略

1.定位：生态优先

从浙江省定位看，《浙江省城镇体系规划》(2008—2020 年)明确提出建设杭州、宁波、温州、金义四大都市区，省“十二五”规划思路明确提出要开展金华现代服务业综合配套试点、开展义乌国际贸易和统筹城乡发展综合配套改革试点等，进一步提高浙中城市群的综合功能，增强集聚辐射作用。这标志着金华在全省城镇体系、经济布局中的战略定位更加提升，将作为全省第四极加快培育和发展，武义作为浙中城市群的重要组成部分，必将迎来难得的发展机遇。《浙江省土地利用总体规划(2006—2020 年)》将金华规划为采用“带状组团”模式，以金华中心城区和兰溪中心城区、以义乌和东阳、浦江的中心城区分别形成都市区的两个核心区，以永康和武义的中心城区构成都市区外围的人口和产业聚集点，形成“双核多点”的空间形态。武义县城区属于优化建设区，浙江武义经济开发区属于重点建设区，将浙西南盆地的所有山林地、一般农田区、优质园地、水产养殖区、风景旅游区、300 人以下的农村居民点及荒草地等规定为限制开发区；禁止建设区则包括该区域内的基本农田、横锦水库、雅溪水库等水库及相应的水源保护地、森林保育区、特色果园、永久性绿地和菜地等。

从浙中城市群内部定位来看，区域经济一体化进程不断加速，区域内以产业分工、交通相接、功能互补、错位发展为主要特征的都市经济圈格局基本形成，区域要素进一步整合与重组，这将为武义彰显交通区位、生态环境、旅游资源等优势，积极推进区域合作寻求新增长点，实现跨越式发展创造条件。

从武义自身发展定位来看，随着经济社会发展的阶段性变化，武义长期依赖的土地、劳动力等低成本竞争优势逐渐丧失，但顺应发展低碳经济、绿色经济的必然要求，以及人民对绿色食品、生态旅游等生态型产品需求大幅增加，武义良好的生态环境尤其是温泉资源优势将逐步显现，并伴随着生态补偿机制、生态文明考核体系等方面的不断探索，生态基础将逐步转化为经济发展优势，生态资源和生态资产转化为生产力的可能性路径不断增多。

2.原则：科学发展

(1)转变观念，科学发展。生态文明建设必须以科学发展观为指导，树立“人与自然和谐相处”的理念；从过去粗放型以过度消耗资源破坏环境为代价的增长模式向增强可持续发展能力、实现经济社会又好又快发展的模式转变。从把增长简单地等同于发展的观念、重物轻人的发展观念，向以人的全面发展为核心的发展理念转变。

(2)统筹兼顾，突出重点。正确认识县情，发挥比较优势，根据资源禀赋和经济社会发展需要，有所为有所不为，突出生态文明建设重点和保护重点。既全面统筹、积极推动深层次的转变，又循序渐进、集中力量优先抓好重点区域、重点领域的生态文明建设，坚持区别对待、分类指导。

(3)合理开发，有效保护。正确认识保护资源环境与发展生产力的关系，按照功能区划科学合理地开发利用自然资源，在保持经济持续稳定增长的同时，不断增强资源环境对经济社会发展的支撑能力。坚持“谁开发谁保护，谁破坏谁恢复，谁使用谁付费”原则，明确生态环境保护的责权利关系，充分利用法律、经济、行政和技术手段促进生态文明建设。

(4)实事求是，注重实效。突出有限目标和重点任务、重点领域、重点区域，突出规划指标的约束性和可操作性，便于统计、考核、检查和评估；充分考虑国情、市情、县情和发展阶段，考虑经济和技术支撑能力，考虑资源承载力和环境容量,规划任务有针对性,能够实施;政策和保障措施要实用,能够执行。

(5)政府主导,公众参与。强化以政府为主导、各部门分工协作、全社会共同参与的工作机制,促进生态文明建设深入、扎实、有序地向前发展。政府通过制定相关的政策和标准,强化管理,加强宣传和教育,提高全民生态文明意识。尊重公众的知情权、参与权和监督权,积极为公众参与生态文明建设创造条件。通过全民参与生态文明建设,形成合力。

3.目标:“浙中绿岛”

基于以上规划定位和原则,武义将在新起点上实现经济社会的新一轮持续、协调、跨越式发展,基本建成惠及全县人民的小康社会,率先进入体现生态优先的生产方式转变,进入全省中等发达县市行列。按照“创业富民、创新强省”总战略的要求,深入实施“生态立县、工业强县、旅游富县、科技兴县、开放活县”战略,探索“打造中国温泉名城,构建东方养生胜地”,最终实现“浙中绿岛”。

发挥优势,整合和优化各类要素资源,坚持农业现代化、新型工业化、城乡一体化“三化”并举,推动农业生产向无公害、绿色、有机转型,工业基地从聚合工业要素向支撑区域竞争转变,城市建设从集聚城镇人口向塑造宜居内涵升华,生态工业基地和生态文化名城转型,努力把武义建设成为经济良性循环、社会文明进步、人们生活富裕、生态环境优良、人居环境舒适、人与自然和谐相处、具有鲜明特色的“浙中生态共建共享示范区,中国有机茶之乡,全国生态养生休闲名城”。

(1)打造生态名片。

第一,浙中生态共建共享示范区。武义的生态文明建设,既立足于本县实现生态保护,又立足于周边县市实现生态辐射和生态带动,也立足于片区区域实现生态融合。充分发挥区位相邻、资源互补等优势,在立足本县生态保护的基础上,加强生态建设、生态经济发展等方面的合作与交流,共同推进建立生态辐射和生态带动的机制体制,以浙中区域大合作、大交流促进生态共建,实现生态融合,最终建成浙中生态共建共享示范区。

第二,中国有机茶之乡。坚持“优质、高效”的发展理念,按照“点、线、面”的发展格局,实施“大茶园”“大品牌”“大市场”战略,重点发展以绿色、有机为主的茶叶产业基地,打造以茶叶为龙头,荷花、名贵药材基地等为核心构架的特色农业观光区,成产销化一体的绿色有机农业基地。

第三，全国生态养身休闲名城。以良好的生态环境为基础，重点发展“美丽乡村游、温泉养身游、绿色茶乡游、历史古镇游”四大系列，建设旅游公园、温泉城、古村生态园等景区，成为长三角重要旅游节点和浙中休闲养身旅游核心目的地，成为全国生态养身休闲名城。

(2)明确建设目标。

第一，经济集约高效的现代武义。落实节约优先，在现有产业转型、整合和提升基础上，积极推进清洁生产，大力发展生态经济，运用高新技术和生态学理念集约利用水、土地、能源、原材料等基础资源，加快产业结构调整和生产方式转变，提高经济增长质量、减少资源消耗和污染排放，建设资源集约利用、经济充满活力、人民富庶幸福的现代武义。

第二，环境优良清洁的绿色武义。落实环保优先，坚持经济社会发展与生态环境保护相协调的原则，加强生态安全网架的保护和建设，强化自然生态景观保护和城乡绿色景观建设，深化城乡环境整治和污染治理，着力提升城乡环境质量和生态服务功能，使武义成为环境清洁优良的绿色武义。

第三，人与自然和谐的宜居武义。落实和谐优先，坚持城乡建设与自然生态有机结合，把绿色生态环境作为城市规划的生命线和高压线，加强对城市细节的形象设计，城市的道路、街景、水系、建筑单体、园林绿地、楼宇配置、建筑色调等元素的构建，形成山在城中、林在四周、绿在家园的人居环境，建成山、水、城、园和谐共生的宜居武义。

第四，生态文化繁荣的文明武义。努力形成生态文化价值体系，树立生态价值观、生态消费观、生态政绩观。积极弘扬生态文化，倡导绿色生产和绿色消费方式；开展多形式、多层次的以普及生态环境知识和增强保护意识为目标的全民文明素质教育，提高公民环保意识，提高社会公众参与可持续发展的积极性。推进科技、教育、文化、卫生等社会事业全面发展，形成历史风貌与现代文明交相辉映、生态文化特色鲜明的文明武义。

(二)生态武义的建设路径

1.规划导前，优化生态区域功能

(1)做强做优一个中心城市。逐步形成“一廓、双心、双脉、双环、五组团”的空间结构形态，期末建成区面积达到 25 平方公里，集聚人口 20 万人以上。

(2)提升发展东北部城镇集聚区。以武义中心城区功能建设为核心,联结、整合周边发展要素,促进现代服务业、先进制造业向本区域集聚;以经济开发区为基础,整合提升履坦岗头区块、白洋百花山和深塘区块、桐琴凤凰山区块、泉溪金岩山区块、壶山黄龙区块、茭道等城镇工业功能区,强化与金华、永康、义乌的产业对接,合力打造金武永汽摩配产业基地和永武缙五金产业集群;以温泉旅游度假区为依托,整合熟溪东南区块,逐步开展"退二进三"改造工作,打造"国际养生旅游实验基地",推进现代体育运动公园、山地休闲运动公园建设,大力发展休闲养生旅游和配套服务业。

(3)加快建设中南部生态旅游经济区。中南部地区是生态农业和旅游业资源富集区,由柳城、王宅、桃溪、新宅、俞源、大田、白姆、坦洪、西联、大溪口、三港这四镇七乡组成。在主体功能划分上属于生态经济区,在发展中要积极发挥区内生态条件好、旅游资源禀赋佳及农业生态水平高的优势,引导旅游休闲、有机农业等生态环境友好型产业在区内集聚。

(4)大力推进金武永经济带与44省道城镇带建设。以金丽温高速公路、金温铁路为纽带形成的金武永经济带是武义内聚外联的主轴线,沿线凝结着中心城区、履坦镇、泉溪镇和桐琴镇的经济发展主体。"十二五"时期,要在巩固提升与永康的经济联系基础上,加强与金华市区的联动。同时要重视穿南北主通道的44省道城镇带建设,发挥好沿线茭道镇、履坦镇、中心城区、王宅镇、俞源乡、桃溪镇和柳城镇与两大经济区的主要联系纽带作用。

(5)继续优化生态功能分区的布局。在城市建设中要明确生态环境保护与建设定位,规划特殊生态功能保护单元,如集中式饮用水源保护区、旅游资源保护区、工业园区。在农村建设中也要明确生态环境保护与建设定位,规划特殊生态功能保护单元,如村镇集中式饮用水源保护区、基本农田保护区、林业用地保护区、重要旅游景点保护区。同时还要加强包括森林工程、环境综合整治工程、节能减排工程、绿色生态产业工程、生态文明推广工程等的生态建设工程布局优化,加强体现武义特别与优势的生态产业发展布局,加强土地用途分区(基本农田保护区、一般农地区、林业用地区、城镇村建设用地区、风景旅游用地区)和建设用地空间管制分区(允许建设区、有条件建设区、限制建设区、禁止建设区)等土地利用总体布局优化。

(6)继续落实生态环境功能区规划。根据《武义县生态环境功能区规划(2008)》,武义县共划分为28个生态环境功能小区,其中禁止准入区13个,限制准入区6个,重点准入区3个,优化准入区6个。其面积分别为628.75 km^2、781.94 km^2、62.71 km^2、103.70 km^2,分别占全县面积的39.87%、49.58%、3.98%、6.57%。划分情况详见表4-1。

表4-1　武义县生态环境功能区划表

类别	序号	名称	面积/km^2	占分比/%
禁止准入区	Ⅳ2-40723A01	百丈泄—东垄—双源口水库饮用水源保护生态环境功能小区	19.76	1.25
	Ⅳ2-40723A02	内庵水库饮用水源保护生态环境功能小区	11.94	0.76
	Ⅳ2-40723A03	源口水库饮用水源保护区生态环境功能小区	109.57	6.95
	Ⅳ2-40723A04	清溪口水库饮用水源保护生态环境功能小区	39.72	2.52
	Ⅳ2-40723A05	溪里水库饮用水源保护生态环境功能小区	29.96	1.89
	Ⅳ2-40723A06	车门水库饮用水源保护生态环境功能小区	1.72	0.11
	Ⅳ2-40723A07	马岭足水库饮用水源保护生态环境功能小区	1.24	0.08
	Ⅳ2-40723A08	坑底水库饮用水源保护生态环境功能小区	1.27	0.08
	Ⅲ2-10723A09	方坑水库饮用水源保护生态环境功能小区	3.57	0.23
	Ⅳ2-40723A10	泉岩水库饮用水源保护生态环境功能小区	7.24	0.46
	Ⅳ2-40723A11	水碓坑水库饮用水源保护生态环境功能小区	1.14	0.07
	Ⅳ2-40723A12	牛头山自然保护区生态环境功能小区	46.78	2.97
	Ⅳ2-40723A13	瓯江流域生态防护及水源涵养生态环境功能小区	354.84	22.50
	小计		628.75	39.87

续 表

类别	序号	名称	面积/km²	占分比/%
限制准入区	Ⅳ2-40723B01	中南低山生态防护及水源涵养生态环境功能小区	373.38	23.66
	Ⅳ2-40723B02	牛头山国家森林公园生态环境功能小区	37.77	2.39
	Ⅳ2-40723B03	郭洞村古村落保护生态环境功能小区	2.37	0.15
	Ⅳ2-40723B04	俞源太极星象村生态环境功能小区	4.26	0.27
	Ⅲ2-10723B05	中部平畈低丘农业开发生态环境功能小区	252.03	15.98
	Ⅲ2-10723B06	武义江水源涵养生态环境功能小区	112.13	7.11
	小计		781.94	49.58
重点准入区	Ⅲ2-10723C01	武义经济开发区工业发展生态环境功能小区	52.68	3.34
	Ⅲ2-10723C02	熟溪街道工业发展生态环境功能小区	6.77	0.43
	Ⅳ2-40723C03	柳城镇城镇及工业发展生态环境功能小区	3.26	0.21
	小计		62.71	3.98
优化准入区	Ⅲ2-10723D01	武义县中心城市综合服务发展生态环境功能小区	19.75	1.25
	Ⅲ2-10723D02	桐琴镇城镇及工业发展生态环境功能小区	20.66	1.31
	Ⅲ2-10723D03	泉溪镇城镇及工业发展生态环境功能小区	14.37	0.91
	Ⅲ2-10723D04	王宅镇城镇及工业发展生态环境功能小区	23.08	1.46
	Ⅲ2-10723D05	履坦镇城镇及工业发展生态环境功能小区	18.36	1.16
	Ⅲ2-10723D06	茭道镇城镇及工业发展生态环境功能小区	7.48	0.47
		小计	103.70	6.57
	小计		1577.1	100

2. 产业转型，发展现代生态经济

生态经济是当今世界经济发展的大趋势和必然选择，也是生态文明建设的中心任务。要按照发展循环经济的规律要求，以生态农业、生态工业、生态旅游和现代服务业为重点，坚持“政府引导，企业为主；科学规划，点上突破；制度规范，全民参与”的发展思路，转变生产环节模式和消费环节模式。

(1)发展高效生态农业。高效生态农业、休闲观光农业、生态林业产业是武义县发展中极富潜力的增长点。一是打生态牌，强调生态、绿色、有机、天然等特色，加快发展有机茶叶、精品果蔬、花卉苗木等高效生态农业，既适应现代社会的消费时尚，又充分发挥武义的生态比较优势；二是培育品牌，积极发展绿色产品，大力发展无公害农产品、绿色食品和有机产品，在提高农产品品质的同时，积极注册武义农产品的商标，并通过各种有效的公关、宣传、策划活动，打造中国有机农业第一品牌；三是突出产业意识，围绕特色农产品来发展农产品加工业，以延伸农业的产业链，提升农产品的附加值；四是突出服务意识，做好生态农业的服务配套工作，改善农业生产条件、运输条件、保鲜贮藏条件，大力发展产前、产中、产后一条龙服务，强化对农民现代农业科技知识方面的教育与培训；五是加快发展生态林业产业，要不断适应生态建设和市场需求的变化，以森林资源保护和培育为基础，以木竹原料加工业、特色经济林产业、森林旅游产业为重点，建立起既切合实际又富有市场竞争力的生态林业产业发展体系。

(2)发展新型生态工业。一是加快生态工业园建设。武义经济开发区(也是浙江省文教旅游休闲用品重点专业工业园区、金华市重点特色工业园区)地处浙江中部，金衢盆地东南，“长三角”经济圈南缘，是金温铁路、金丽温高速公路的第一站，区位优势明显。目前，五金机械、电动工具、汽摩配件、文旅休闲用品等行业已成为武义的区域规模产业，占有一定的市场份额。但缺乏企业间的层次、分工、协作、配套关系，产业的前向、后向、旁侧关联度还不高，产业的链条还很短，尤其是与“资源节约型、环境友好型”的生态园区的要求距离甚远。因此，必须在做大工业园区的同时，对工业园区及整个工业进行有效整合，促进园区内企业的分层、分工、协作关系的发展及产业关联度的增强；科学规划与布局武义县域内的园区，形成各具特色又相互合作的园区体系，逐渐形成具有武义特色的生态型工业产业集群。二是大力培育生态型企业和构建生态产业链。

开展循环工业企业建设示范，并建成一批示范生态型企业。坚持以龙头产业为核心，发展技术含量高、附加值高、物耗低、污染少的产品，构建上下游紧密相连的产业生态链；以龙头企业为核心，优化配置各类资源，最大限度地提高资源的循环利用率和生产率；还要坚持以节能、节水、节材、节地、减排、加强资源综合利用为方向，完善公共基础设施、优化产业空间布局。三是积极发展低碳经济，加快低碳技术研发和应用，应用高新技术和先进适用技术改造提升五金机械、文旅休闲、汽摩配等传统制造业，促进单位生产总值二氧化碳排放强度不断下降。四是围绕五金机械、文旅休闲、汽摩配等重点行业，大力推行清洁生产，鼓励企业内部资源循环，推动企业建立以绿色技术为核心的生产模式。

表 4-2　武义经济开发区生态化建设与改造指标体系

项目	序号	指标	单位	指标值	2007 年	现状值	2010 年	2015 年
经济发展	1	人均工业增加值	万元/人	≥15	5.43	9	15	—
	2	工业增加值增长率	%	≥25	23.31	25	≥25	—
	3	单位开发面积产出率	万元/公顷	5800	1226	≥3000	5800	循环经济
循环经济	4	单位工业增加值综合能耗	吨标煤/万元	≤0.5	0.65	0.6	0.5	—
	5	单位工业增加值新鲜水耗	立方米/万元	≤9	4.45	≤4	≤3.5	—
	6	单位工业增加值废水产生量	吨/万元	≤8	3.55	≤3.2	≤2.8	—
	7	单位工业增加值固废产生量	吨/万元	≤0.1	0.31	≤0.2	≤0.1	—
	8	工业用水重复利用率	%	≥75	40	50	75	—
	9	工业固体废物综合利用率	%	≥85	80	82	≥85	环境保护

续　表

项目	序号	指标	单位	指标值	2007年	现状值	2010年	2015年
环境保护	10	单位工业增加值化学需氧量排放量	千克/万元	≤1	1.27	≤1	≤1	—
	11	单位工业增加值二氧化硫排放量	千克/万元	≤1	1.33	≤1	≤1	—
	12	危险废物处理处置率	%	100	90	100	100	—
	13	生活污水集中处理率	%	≥70	0	50	70	—
	14	生活垃圾无害化处理率	%	100	40	70	100	—
	15	废物收集系统	/	具备	需完善	具备	具备	—
	16	废物集中处理处置设施	/	具备	具备	具备	具备	—
绿色管理	17	环境管理制度	/	完善	未完善	完善	完善	—
	18	信息平台的完善度	%	100	25	50	100	—
	19	开发区编制环境报告书情况	/	1期/年	无	1期/年	1期/年	—
	20	公众对环境的满意度	%	≥90	90	92	95	—
	21	公众对生态工业的认知率	%	≥90	30	50	90	—
	22	规上企业通过 ISO 14001 占比	%	50	3.8	20	50	—
	23	规上企业清洁生产占比 *	%	50	7.6	30	50	—
	24	开发区开展 ISO 14001 认证 *	/	是	持续改进	是	总量减排	—
	25	化学需氧量排放总量	吨/年	97.5	90			—
	26	二氧化硫排放总量	吨/年	125	114			—

(3)发展生态友好型服务业。一是开拓绿色物流服务业，加大物流业基础设施建设和政策扶持力度，建成发展现代物流的硬件设施，在配套性、系统性、标准化、专业化方面形成规范，构建信息通达、物畅其流、快捷准时、经济合理的

社会化、专业化现代物流服务体系。重点畅通以金丽温高速公路、金温铁路、44省道为主的物流“大动脉”，引进和培育一批现代物流优势企业，与商贸企业互动，发展都市配送型物流；与旅游企业互动，发展观光、休闲客运；与农村互动，发展农资配送网络，促进农村物流业发展。二是开拓环境友好型商贸服务业，建设大市场、发展大贸易、培育大集团、搞活大流通，扶持发展一批交易量大、管理水平高的区域性、全国性的大型工业品和农副产品批发市场。三是适时开拓金融服务业，探索统筹城乡金融服务体系，推进农村金融产品和服务创新。

3. 文化推动，建设生态和养生文化

（1）发展生态养生旅游文化。以“打造中国温泉名城、构建东方养生胜地”为生态养生旅游业的目标，提供丰富的生态文化产品（如畲族风俗婚姻文化产品、武义风俗文化产品），完善、配套旅游娱乐设施，增加特色旅游商品促进生态旅游产业发展。充分利用“一泓温泉”“十里荷花”“百里茶园”“千年古刹”“万顷森林”等生态优势，创建国家级养生旅游目的地；以刘秀垄丹霞地貌为主，整合相关资源，创建国家级汉文化风景名胜区；以叶法善唐代养生文化、吕祖谦南宋明招文化、徐兹明代水利文化为历史文化底蕴，申报国家级非物质文化遗产；以潘洁兹、叶一苇、吴远谋、吴舫、赵恩等书画印文化为基础，申报国家级书画之乡；以大红岩、郭洞景区等为基础，创建国家级4A景区；以中国第一有机国药基地、有机茶示范基地为核心，创建国家级休闲农业旅游示范区。

加快建设中南部生态旅游经济区。中南部地区包括柳城、王宅、桃溪、新宅和俞源、大田、白姆、坦洪、西联、大溪口、三港等四镇七乡，是全县生态农业和旅游业资源富集区。要发挥区内生态条件好、旅游资源禀赋佳及农业生态水平高的优势，充分挖掘历史文化名村、少数民族风情等地域文化内涵，加快发展生态旅游、休闲养生、有机农业、特色农业和农副产品、特色旅游产品加工业，集聚集约建设生态旅游经济区。

还要依托森林资源发展森林旅游、森林养生等森林经济。同时要建立科学、严格的管理制度和保护开发机制，保障旅游资源的永续利用。要开展温泉、古木、古建筑和非物质文化遗产等旅游资源调查，完善旅游资源开发利用规划，坚持统一规划、统筹安排、联动开发的原则，加强对旅游资源的科学管理与利用，确定合理的保护措施和开发时序，促进旅游资源在保护基础上的科学合理开发。

(2)加强生态养生文化理论研究。注重挖掘武义山水、森林、历史、养生文化中丰富的生态思想。在成功举办三届国际养生旅游高峰论坛以及出版相应学术研究成果的基础上，形成国际养生文化研究高地。进一步发挥国际养生旅游文化研究院的导向作用，深入探讨生态休闲养生文化，丰富武义养生旅游内容，传承与弘扬了传统养生文化，并为开拓健康养生服务业提供理论前导。

(3)创设生态养生文化载体。要筹资建设武义生态养生馆、武义森林养生公园、武义景区养生公园，提升生态养生文化旅游品位。拥有得天独厚的温泉资源的武义，要以养生为主题，把旅游业作为武义发展现代服务业的战略性支柱产业进行重点培育。逐步构筑以“三大组团、一城两翼”为主，人文风情为辅的旅游格局，基本形成集温泉养生、旖旎景观、历史文化、民俗风情为一体的“名泉、奇景、大文化”旅游产业。精心举办、承办“一节两赛”以及养生休闲的相关论坛，努力提高温泉品牌知名度。实施“‘一湖四园’满地星斗”文化工程。深入整合景区资源，加快实现大红岩景区与刘秀垄景区、俞源景区、寿仙谷景区，清风寨景区的融合，力争建设成为我省一流的丹霞旅游区。

(4)推行绿色生活方式。积极推进“绿色城镇”“美丽乡村”创建活动，加快城镇污水处理设施、垃圾处理设施建设，推行农村生活垃圾“户集、村收、镇中转、县处理”。大力开展“节能减排家庭社区行动”，抓紧开展垃圾分类处理试点并逐步在全县推广，积极引导鼓励绿色消费。加强山区绿色生态屏障建设。努力健全生态安全保障体系。

进一步实施政府绿色采购与绿色消费计划，优先采购再生材料生产的产品、通过环境标志认证的产品、通过清洁生产审计或通过 ISO 14000 认证的企业产品，逐步提高政府采购中绿色产品、绿色企业的比例。完善政府采购制度，优先选择列入国家、省、市“环境标志产品采购清单”和“节能产品政府采购清单”的产品。

倡导绿色出行，做好“使用节水型洁具、使用节能型电器、使用无磷洗衣粉、购物使用布袋子、拒绝一次性日常用品、注意一水多用”等家庭节能环境保护 6 件事，节约每一度电、每一滴水、每一张纸。继续推进“节能减排进家庭、进社区、进学校”活动，开展“节能环保家庭”“节能减排行动示范社区”创建活动。推广应用生态环保建材，推广使用节能、可循环利用的绿色建材、构配件和装饰材料，淘汰高能耗、有污染的建材和设备。倡导开展健康向上的群众性文化、体育、科普等活动，普及生态文化，开展“区区中树，家家种花”的生活美化工程。

治理“白色污染”。按属地管理原则，以交通干线、城市、旅游景区等为重点，全面治理“白色污染”。严格控制生产、销售和使用一次性不可降解的发泡塑料餐具、塑料袋和农用薄膜等塑料制品。不得新建生产一次性使用的不可降解的发泡塑料餐具、塑料袋等塑料制品项目。对已建的此类企业限期进行技术改造，使其生产产品符合国家标准和国家环境标志产品技术要求。加强不可降解农用薄膜回收和综合利用。

治理“餐桌污染”。开展“食品放心工程”建设，强化对畜牧业产品、种植业产品、水产品、饮用水、加工食品和餐饮业“五类产品、一个行业”主要食品的污染治理，加强建章立制、源头治理、市场准入、行政执法、企业自律和舆论宣传工作，建立健全食品生产加工、食品安全流通、食品安全标准和认证、食品安全监管和预警、食品安全法律保障五大体系，加强食品生产、加工、流通各环节监管，逐步实现对食用农产品实行“从农田到餐桌”的全程安全监控。

(5)开展生态武义宣传教育。

一是要加强党政管理人员生态武义宣传教育。首先要在有关的领导，尤其是与生态环境保护和建设密切相关的领导中进行，在县党校中设立生态环境或环境保护课程，或者开设环境保护专题讲座，根据武义县生态环境保护的重点和任务，每年组织乡镇环保、农林水利、国土资源、计委等部门的领导参加各种有关生态环境保护的培训班、研讨会和实地考察。二是加强学校生态武义宣传教育。在学校普及生态环保知识、弘扬生态文明、倡导环保行为、增强环保意识。在中小学广泛开展生态环境保护与建设的基础教育，把生态文化教育纳入素质教育和义务教育的必须课程。其他各类学校也应开展生态环境保护与建设的教育。三是加强社会生态武义宣传教育，动员全社会力量参与生态武义建设。广泛深入宣传《中华人民共和国环境保护法》《中华人民共和国森林法》《中华人民共和国水法》等资源环境法规，增强生态文明意识。在每年的世界水日、世界地球日、世界无烟日、世界环境日、世界人口日等纪念日或活动日，通过电视、广播、报纸和互联网等媒体，积极开展群众性生态科普教育活动，向社会和家庭广泛普及生态知识，传播绿色消费理念，宣传绿色产品等。发动党委、团委、工会、妇联、绿色社团等组织的力量，采用灵活多样的教育方式，使生态文明的理念深入人心。四是开展生态武义的专题教育宣传活动。广泛开展生态武义建设金点子征集、市民评论等形式多样、寓教于乐的生态文明教育宣传活动。新闻媒体要开设生态文明示范工程建设专题或专栏，各社区（村）宣传栏要定期刊登生态武义建设有关内容。重要公共场所设置宣传示范工程建设活动和道德建设的大型公益广告。

4. 治理环境，提升生态人居环境

（1）加强环境治理。

加大环境治理与绿化，加强饮用水源保护与城市水系治理。把单位 GDP 能耗和水耗、规模化企业通过 ISO 14000 认证率、水质达标率、城市生活垃圾无害化处理率、城镇人均公共绿地面积等指标作为生态文明建设目标。

一是工业污染治理。搭建企业评价体系和监测体系，研究制定企业准入标准和退出机制，加强对企业的排污监测。建立、完善园区污水处理设施。结合产业结构调整，有计划、有步骤地淘汰污染严重的企业和产品。大力降低高能耗产业比例，淘汰落后工艺，把大幅度提高资源利用效率、提高科技含量、降低污染排放，作为建设新型工业化的根本途径。在结构调整中优先注入循环经济理念，优化产业的合理布局，优先发展循环经济和循环产业，在招商引资中加强选商力度，树立绿色招商理念，大力引进清洁生产、循环经济项目。严格资源环境执法，严惩资源环境违法行为。

二是农村面源污染治理。遵循“减量化、生态化、无害化”的原则，采取综合治理的方法治理农业面源污染。实行测土配方工程，推广生物、物理防治病虫害技术，减轻农药化肥施用量。对于畜牧业较发达的农村，采用沼气处理技术，结合改厨、改厕、改栏，综合处理生活污水和畜禽粪尿。推广生活污水湿地处理模式，充分利用农村池塘、水田的自净能力，结合农村景观建设，开展清淤清洁、养鱼养萍行动，严禁用畜禽粪便养鱼，恢复和重建湿地生态系统。

三是社区生活污染治理。加强城区、工业功能区垃圾高垃圾无害化、减量化、资源化处理水平。大力提倡节约型消费，改变“一次性消费”和“类一次性消费”的生活习惯，减少环境污染和资源浪费。通过完善体制机制、出台政策及完善相关配套等措施，全方位完善物业管理和对老住宅小区改造，加强小区绿化和保洁。积极引入大型(品牌)物业管理企业，采取以奖代拨方式给予物业公司管理支持，激励物业尽职尽责，提供保洁、保绿、保安、保修和保无违章的"五保"服务。同时要充分调动居民参与改造和管理的积极性，共建绿色、洁净、和谐、健康的家园。

四是抓好环境综合治理工程。全面推进环境综合治理，实施水环境治理和修复工程，积极开展土壤和湿地生态修复。强化源头控制，实行空间、总量、项目"三位一体"准入制度。全面落实综合减排措施，加大对武义江、熟溪等重点流域、重点区域及化工、电镀、浮选、造纸等重污染企业的综合整治力度，全面控制污染物排放总量。加强对水体污染、大气污染、固体物污染、放射性污染和噪声污染的综合整治，积极推进工业废气、城市机动车尾气和噪声治理，加强餐厨废弃物资源化利用和无害化处理，全面提升城市环境质量。加强环保设施和生态屏障建设。同时要加强水土流失和小流域综合治理，继续抓好"万里清水河道建设工程"和"熟溪碧水行动"。加强绿化造林、重点生态公益林建设，积极开展森林抚育、平原绿化和城乡森林一体化建设，全面完善和落实生态补偿机制，严格实施树木采伐审批制度，强化森林资源管理和森林消防机构队伍建设，不断推进森林扩面提质和资源保护，打造"浙中绿岛"。

五是有效控制各类噪声。开展城区环境噪声综合整治，从源头预防、传播途径控制、噪声敏感目标保护三个层面，积极采取措施，打造宁静居住环境。首先，针对建筑施工噪声，建筑施工单位使用低噪声机具和工艺，合理安排施工方式和施工时间，采用增加施工设备等方式缩短施工时间。加大建筑施工现场检查的力度和频率，重点加强夜间施工的巡查，制止和严肃查处夜间噪声违规施工作业行为。其次，针对交通噪声：将道路交通噪声控制工程纳入城市基础设施建设，综合考虑景观、安全、降噪效果等因素。交通项目规划设计时路线选择尽量避开噪声敏感建筑物，新建道路时设置合理的噪声防护距离，建设单位严格按照环评意见落实降噪设施建设；在现有道路两侧进行开发建设时，噪声防护距离以内严格限制建设住宅等噪声敏感建筑物，新建住宅时，开发商应根据环评意见采取隔声窗、声屏障等降噪措施确保声环境质量达标。再者，针对社会生活噪声污染，禁止在居民楼等噪声敏感建筑物内和居民住宅区及学校、医院、机关周围开办迪吧、卡厅等产生噪声和振动污染的娱乐场所。对现有营业性文化娱乐场所开展专项合整治，取缔无证(照)经营，督促娱乐场所采取有效措施确保噪声排放达标；依法查处超经营范围的酒吧、水吧等。加强商业活动噪声污染监管，禁止在商业经营活动中使用高音广播喇叭或者其他高音响器材招揽顾客。强化社区复合型噪声污染监管，实行限时装修，限制社区内茶室、棋牌房、卡拉OK、露天夜市和农贸市场等产生的噪声。最后，推进工业噪声污染防治，严禁在居民密集区、学校、医院等附近新、改、扩建有噪声或震动污染的企业、车间和其他设备装置，避免出现工业企业与居住区、文教区混杂。引导工业企业进园区，工业园区与居住区建设合理的生态隔离带，实现工业区与居住区的分离。

(2)开展不同类型的生态单元创建工程。

一是深化生态型城镇建设。围绕“生态立县”的发展战略和“打造中国温泉名城，构建东方养生胜地”的总体目标，绿化、美化、净化城镇环境。充分发挥青山、秀水、绿化、古建等生态优势，构筑以旅游、休闲、娱乐、居住为主的“山水生态城市”“温泉养生城市”“休闲宜居城市”。第一，充分利用山、水、林等自然色彩元素，倾力把“绿色”作为武义城市空间的主色调，以显示“生态武义”的特色；第二，注重“文化街”“文化村”的形象规划，加强对城市古建街区和俞源、郭洞全国历史文化名村古建筑的保护性修复、仿古改造，充分凸显汉、唐、宋、明、清这五个朝代的文化内涵；第三，注重名人文化发掘与利用，规划建设刘秀、叶法善、吕祖谦、李纲、徐滋以及现当代的汤恩伯、千家驹、潘洁兹、叶一苇等名人形象性建筑，充分展示武义的精神风貌。第四，积极创建文明城市、卫生城市、园林城市，不断深化“生态型、个性化、精品城”的内涵。

二是深化生态型新农村建设。以建设社会主义新农村为载体，以改善农村生态环境为重点，建设中心村镇为龙头，合理规划，科学配置自然资源，走农业和农村现代化之路，从而改善农民生活条件，提高农民生活水平。增强农村在科教社会保障、资源利用、环境治理、科学规划、法规保障等诸多方面的可持续发展能力以及城乡间发展的协调程度。生态村建设和村庄整治等新农村建设要进一步充分挖掘、展示农村的历史、文化与自然生态资源。既包括茂密的森林、清新的空气、洁净的水源和无噪音的环境等原生态的资源，也包括人造的树林、水塘、田园、公园等资源和景观，还包括农耕文化、风土人情、风俗节庆和土特产品等。尽可能地保留乡村原有的自然和人文形态，即生物的多样性及人与自然、生物之间的紧密不可分离的共生共存关系。要加强规划引导，尊重农民意愿，因村制宜、量力而行地实施村庄整体改造，努力建设布局合理、环境优美、设施配套、生活舒适的生态村。同时加大力度建设包括文化、教育、医疗以及各种服务在内的配套设施，建立和完善农村卫生保洁制度，培育农民的文明习惯，不断增强人们对新农村的认同感、友好感和安全感，进一步增添乡村魅力。

三是推进绿色社区建设。绿色社区是指具备了一定的符合环保要求的硬件设施、建立了较完善的环境管理体系和公众参与机制的社区。绿色社区的含义就硬件而言包括绿色建筑、社区绿化、垃圾分类、污水处理、节水、节能和新能源等设施。绿色社区的软件建设包括一个由政府各有关部门、民间环保组织、居委会和物业公司组成的联席会；一支起骨干作用的绿色志愿者大队；一系列持续性的环保活动；一定比例的绿色家庭。绿色社区的目的是通过政府与民间组织、公众的合作，把环境管理纳入社区管理，建立社区层面的公众参与机制，让环保走进每个人的生活，加强居民的环境意识和文明素质，推动大众对环保的参与。在建设绿色社区的过程中，通过各种活动，增强社区的凝聚力，创造出一种与环境友好、邻里亲密和睦相处的社区氛围。创建绿色社区具体要做到“六个一”，即：建立一个由政府各部门和社会各界参与的联席会；一个垃圾分类清运系统；一块有一定面积和较高水平的绿地；一支起先锋骨干作用的绿色志愿者队伍了；一个普及环保科学知识的宣传阵地；一定数量的绿色文明家庭。加强生态小区的创建和认证工作。新建小区应以生态小区为目标，从小区环境规划设计、建筑节能、室内环境质量、小区水环境、材料与资源、废弃物管理与收集系统等方面进行综合考虑，努力将其建设成安全、文明和美观的生活场所。

四是深化生态文明企业建设。以诚信守法、文明生产、节能高效为主要内容，建立和完善生态文明企业创建标准。推动企业依法生产、依法经营、依法管理，自觉承担社会责任。引导企业树立生态环保理念，采用有利于保护生态、清洁生产的工艺流程，使用绿色原料，生产绿色产品，减少资源能源消耗及废弃物排放。积极构建和谐的企业经营环境、劳资关系。

五是深化生态文明机关建设。以公开透明、执行有力、便民利民为主要内容，建立和完善生态文明机关创建标准。继续开展“建设服务型机关”等专项活动，努力为群众提供方便、快捷、优质、高效的公共服务。厉行节约，勤俭办事，大力压缩公用经费和一般性开支，降低行政成本。推进无纸化办公，提高办公设备节能效果。建立健全政府绿色采购制度，逐年提高政府采购目录中的绿色产品的比重。

六是深化生态文明学校建设。以校园整洁、校风良好、文明向上为主要内容，建立和完善生态文明学校创建标准。开展生态文明教育和社会实践活动。加强师德师风建设，探索教师职称评定师德“一票否决制”。全面实施素质教育，减轻学生课业负担。中小学校(含幼儿园)、中等职业学校和大专院校要尽早达到生态文明学校标准，学生生态文明知识普及率要相应达100%。

七是深化生态文明医院建设。以医德高尚、医技过硬、医患和谐为主要内容，建立和完善生态文明医院创建标准。打造绿色医疗环境，加强“平安医院”建设。严格控制放射性污染，医疗废弃物无害化处理率达100%。完善医德医风检查考核制度，建立医德医风档案。建立医患沟通制度，优化服务质量，提高患者满意度。

5. 节能减排，提高资源集约利用水平

(1)集约节约利用土地。实行严格的土地管理制度和矿产资源开发准入制度，强化土地利用规划和用途管制，引导工业向园区集中，人口向城镇集聚。建立合理的开发区(园区)地价评价体系，进一步完善工业用地出让和流转制度，提高土地利用率。有序推进低丘缓坡资源综合开发，开展农村建设用地整理、宅基地复垦，确保耕地总量动态平衡。积极盘活闲置土地，开展土地综合整治，争取用地指标，确保“十二五”规划实施的用地需求。

重点提高生态用地保障能力。生态用地是依据生态网架、生态保护区、各重点保护区确定的必须用地，属禁止和限制开发的土地，体现为各类保护区和绿化用地。加大力度保护现有自然保护区、风景名胜区、森林公园、湿地生态系统及生物多样性保护区。将涪江、琼江段的饮用水源保护区，涪江国家湿地公园、双江古镇、大佛寺景区、马鞍山森林公园等作为重要生态功能区，落实保护措施。不断保育生态用地，实现生态保护功能的持续积累和提升，保障生态安全。

(2)强化节能工作。加快产业结构调整步伐,严控高耗能、高排放、高污染的"三高产业"发展。落实节能降耗工作目标责任,推进重点行业加快技术升级改造,淘汰消耗高、污染重的落后生产工艺、设备,引导鼓励资源综合利用,降低单位产值能耗。积极推广建筑节能、交通节能、照明节能。鼓励开发利用太阳能、生物质能等新能源,调整能源消费结构。组织编制资源综合利用、再生资源回收利用等专项规划,加快废弃物资源化进程,重点解决工业"三废"的回收利用,利用以三剩物和次小薪材为主要原料生产林产品的加工技术,促进资源综合利用水平。发展壮大新型建材企业和林产加工企业;加大再生资源回收利用力度,建设废旧铬镍电池无害化处理、废电子产品再制造、加工处理等一批示范工程;推广混凝土空心砌块和利用废渣生产墙体材料的国产化技术与装备,推进墙体材料革新。

重点推进农村清洁能源工程。合理利用农作物秸秆资源,促进综合利用,开展秸秆禁烧,大力推广秸秆还田、秸秆气化等综合利用措施,发展沼气、节能灶等新能源和新型节能技术。综合利用养殖场粪便,发展农村沼气工程。

(3)建设节水型社会。大力推动资源节约技术的开发、示范和推广应用,重点更新改造高耗水、高耗能的行业的节水、节能工艺技术和设备,推进工业节水、节能。以建设"节水型武义"为目标,大力推进农田水利工程建设,积极实施节水工程,加强中小水库灌区节水配套改造,推广农业节水技术,推进农业节水。加强产业结构调整,合理控制高耗水产业发展,降低单位产值耗水量水平。完善城镇供水管网,推广使用节水型器具。制定支持中水、雨水开发利用和循环用水的相关政策,环卫、绿化等市政用水逐步使用中水、雨水,洗车、洗浴、游泳等经营单位,应采用低耗水技术,安装使用循环用水设施。清理整顿自备水源,并逐步关闭。同时要倡导家庭节能节水。使用无氟冰箱、节水便器、节水龙头等节能节水电器和设施,尽量减少资源消耗。绿色社区提倡建立雨水收集回用系统,提高雨水浇灌绿地的使用比例。还要加强饮用水源地建设和保护,优化饮用水源地空间布局,以集中供水为主、分散供水为辅,保障城乡饮用水安全,基本建成全面覆盖城乡的饮用水源安全保障体系。

6.科技支撑,增强科技能力

在生态武义建设中,充分发挥科技作为第一生产力和教育的先导性、全局性和基础性作用，依靠科技进步，加强科研开发和应用力度，加快科技创新步伐，提高建设生态武义建设的科技含量。

(1)继续加强与科研院所和高校的联系。积极推进企业和生态文明建设单位与有关研究所和国家环保、农林等部门的一批直属科研机构以及有关高等院校的联系，并和这些单位建立稳定的或阶段性的项目合作关系，建立起跨地区的松散型科研联合体，以增强科研能力，促进产学研的紧密结合和科技水平的提高；通过筛选专利和信息查询等方式引进成熟的新技术和新方法，以提高生态文明建设的起点和质量，促进一些重大项目的开展。大力推进产学研结合，建立地方企业生态转型研发中心，组织实施当地可持续发展的科研项目。

(2)加强各类研究成果推广应用。积极引进各种有利于生态文明示范工程建设的新技术、新工艺、新材料、新产品，以促进武义生态产业的发展和技术水平的提高，加速科技成果转化。积极进行新技术、新工艺、新材料、新产品的研究和开发，形成自主知识产权；对引进的新技术、新工艺，在消化吸收基础上，进行二度开发，并对外输出和进行交流，形成良性循环；建立和完善科研成果推广队伍，推动产学研转化。

(3)加强环境科技研究与攻关。与浙江大学、浙江工业大学等知名院校开展科技合作和公关，开展区域经济与环境保护、循环经济、环境容量与生态环境承载力等环境战略研究。加强生物多样性保护、农业面源污染防治以及生态治污、生态修复、废水处理工艺等重大关键技术的创新研究和科技攻关。拓宽生态环保科技成果转化渠道，加大扶持力度，切实把环保科技开发和利用作为重点，加大投入。

(4)重视培养生态文明建设的专业队伍。优先发展国民教育，重视发展继续教育，培养大批具有创新精神和实践能力的生态文明建设应用型、复合型、研究型人才。重点培育三支队伍：环保志愿者队伍、生态事故应急队伍、农技推广队伍。并在人才培养的基础上，加强交流与合作，学习、借鉴国内先进省市在发展循环经济、建设生态文明方面的成功经验和做法。发挥专业人才的积极性，推动国内外环保合作和科技合作，引进、消化、吸收国外先进技术、经验。

7. 制度保障，推进体制机制创新

体制机制的完善与创新是生态文明建设的重要保障。必须通过体制完善和机制创新，建立有利于促进生态文明建设的运行和保障机制。

（1）建立健全党政领导班子和领导干部综合考评机制。完善干部政绩考核制度和评价标准，把生态文明建设成效纳入干部考核评价体系中，建立科学的干部考核指标体系。落实一把手亲自抓、负总责制度，各级政府对本行政区域内生态环境质量负责，推进政府任期和年度生态文明建设目标责任制，使各地、各部门对本行政区域、本行业和本系统生态文明建设责任落到实处。按照各级行政区的主体功能定位，实施分类考核评价。

（2）建立健全生态补偿机制。完善生态环保财力转移支付制度，逐步提高生态公益林补偿标准，探索建立饮用水源保护生态补偿机制，健全生态环境质量综合考评奖惩机制。重点要制定或完善符合武义生态产业发展定位的产业导向政策，特别要尽快出台长效防止和遏制破坏性经营的刚性约束政策和有利于快速恢复和保护生态植被的资源补偿性政策。

（3）建立健全市场化要素配置机制。积极探索农村宅基地空间置换和工业存量用地盘活机制，率先开展水权制度改革试点，完善分类水价、分类电价制度，率先建立省内森林代保机制和林业碳汇交易机制。同时，要探索统筹城乡金融服务体系，推进农村金融产品和服务创新。优化金融业态，争取更多金融机构在武义设立分支机构，拓宽服务领域，提高服务效率。规范发展适合农村特点的金融组织，探索组建农村资金互助合作社，发展农业保险，推广农村土地承包权、农房、林权等农村“三权”抵押融资，改善农村金融服务。加强政府、银行和企业对接与合作，强化对金融机构的引导、管理和激励，集聚资金支持重大项目建设、中小企业融资和消费贷款。

（4）建立健全投融资体制和财税金融扶持机制。在争取国家和省市有关部门大力支持的同时，多渠道、多层次、多形式地筹措建设资金。积极引导社会资金参与生态环保基础设施建设和经营，鼓励金融机构加大对清洁生产企业的信贷支持和保险服务，鼓励和支持有条件的清洁生产先进企业通过资本运作筹措发展资金。制定和完善各种优惠政策，积极引导和鼓励企业和民众将资金投入到生态文明建设中来。在国家及武义县已有产业政策、技术改造管理政策的基础上，对投资生态工业、生态农业，兴办交通、能源、基础设施、生态建设项目和社会公益项目的投资者，在基础设施使用、土地、税收以及项目审批方面给予适当的优惠和政策倾斜，从而创造良好的投资环境。还要把利用外资与发展循环经济和生态建设有机结合起来，吸引外资投资高新技术、污染防治、节约能源、原材料和资源综合利用的项目。同时，为了保证生态产业、生态文化和生态环境建设所需资金，需要建立有效的资金监管制度，并将制度落实到实处。这些制度包括资金来源、资金使用的申请和审核、资金使用过程的监督、资金使用效率的审核与检查、失误的责任追究等。

(5)要健全生态安全保障体系的评估机制。落实国家有关法律法规的要求，对工业、交通、城市、水利等重大建设工程全面实施环境影响评价制度，将生态环境监督管理纳入建设项目的日常监管范围。建立与完善生态环境动态监测系统、建立预警制度。加快形成联网、全天候实时监控的现代化环境监测体系，加强气象、地质灾害预警服务体系建设。在生态武义建设实施过程中，要对全县范围内、包括各区域各类生态环境进行动态监测，并在此基础上建立生态环境的预警制度，为生态环境保护、各类生态工程项目建设提供全面、准确的科学依据。在建立全县生态环境动态监测系统中，应采用现代化的地理信息技术，结合各类生态环境与自然资源的地面监测数据，建立全县生态环境与资源变化的动态数据库。

县政府在进行城市规划、土地规划、区域资源开发、产业结构调整等重大决策时，严格按照《环境影响评价法》的要求进行环境战略评价。切实加强对开发区和工业园区的环境监督管理，实施区域环境影响评估。特别是在制定产业政策、产业结构调整规划、区域开发规划时，要充分考虑生态文明建设的目标要求，探索政策、制度等战略层面的环境影响评估，加强专项规划的环境影响评估。制定对环境有重大影响的政策、规划和计划，以及实施重大开发建设活动时，要组织开展环境影响评估，最大限度地降低不良环境影响。依法对各类建设项目进行环评预审，未通过预审的项目，相关部门不得办理有关手续。

(6)要健全公众参与机制与社会监督机制

一是逐步建立政府引导下的公众参与机制，以及政府、企业和民间组织的互动机制。完善公众信息和意见的反馈渠道和机制，使广大人民群众的意见和建议能及时便捷地反馈到有关部门，通过设置公众参与的内容、形式和程序，实现政府信息化公开化、政务公开化，保障公众的环境监督权、知情权、索赔权和议政权。通过大众媒体发布信息，介绍决策情况和目标，使公众获得政府及其环境保护部门生态环境信息；通过访谈、通信、问卷、热线电话和召开听证会、座谈会等形式，让公众参与政府环境政策和环境规划编制，参与建设项目环境影响评价工作；对政府及其环境保护部门的工作提出批评和建议，使公众在参与中不断强化生态理念和环境保护意识。

二是建立和完善生态文化建设的社会监督和舆论监督机制，建立健全生态文化建设群众监督举报制度，各有关部门和人员要具体落实设立举报接待日、举报热线、举报信箱等，并对群众举报的具体问题做出明确答复。加强环保法律、政策和技术咨询服务，完善信访制度，建立环境投诉互动平台，完善环保投诉接听、分解、处理、追踪、办结、公示等相关机制，认真处理群众反映的各类环保问题。

(7)加强生态武义建设的管理协调机制。切实加强组织领导，坚持党政一把手亲自抓、负总责，完善目标管理责任制，确保认识到位、责任到位、措施到位、投入到位，形成县、乡镇分级管理、部门分工负责、横向到底、纵向到边的组织管理系统。同时由县委、县政府组织宣传、文化广播电视、林业、环保、人口、教育、城建、工商等相关部门，成立县生态武义推广领导小组，负责全县生态武义建设和推广的研究部署、组织协调、检查督促、考核评议等工作，重点就生态武义建设的具体内容和目标进行协调合作，防止因种种原因而导致生态武义建设的不一致。

（系浙江大学非传统安全与和平发展研究中心·浙江大学生态安全与生态文化研究所2011年生态课题的选节。该课题组长为余潇枫教授，笔者任副组长、主要执笔人。）

绿色产业:实施生态战略的必然选择

——《武义县培育“绿色产业”路径研究》选节

在新的历史条件下,人类社会要真正实现和平发展就必须保证“崛起”是和谐的、健康的、可持续的,也即“绿色崛起”。发展绿色产业是21世纪中国实施“绿色崛起”战略的必然选择。作为地方政府要对国家的大政方针有着足够的认识,认识得越早、布局得越早、实施得越早,就越能抢占政策先机、越能掌握新一轮发展的主动权、越有利于构建持久的核心竞争力。

一、绿色发展概述

(一)绿色发展特征与内涵

绿色发展是以和谐性、低碳化、节约型、可持续为主要特征的经济增长和社会发展方式。

绿色发展的内涵:绿色发展是在传统发展基础上的一种模式创新,是在建立在生态环境容量和资源承载力的约束条件下,将环境保护作为实现可持续发展重要支柱的一种新型发展模式。首先是要将环境资源作为社会经济发展的内在要素;其次是要把实现经济、社会和环境的可持续发展作为绿色发展的目标;再者是要把经济活动过程和结果的和谐性、低碳化、节约型、可持续作为绿色发展的主要内容和途径。

(二)我国绿色发展的基本模式

绿色发展涵盖节约、低碳、循环、生态环保、人与自然和谐等内容,而基本发展模式是循环发展和低碳发展。循环发展就是通过发展循环经济,提高资源利用效率,其基本理念是没有废物,废物是放错地方的资源,实质是解决资源可持续利用和资源消耗引起的环境污染问题;低碳发展就是以低碳排放为特征的发展,主要是通过节约能源提高能效,发展可再生能源和清洁能源,增加森林碳汇,降低能耗强度、碳强度以及碳排放总量,实质是解决能源可持续问题和能源消费引起的气候变化等环境问题。只有在经济建设和社会发展的各个方面充分考虑自然资源和生态环境承载能力,推动城乡建设和生产、流通、消费各环节的循环化、低碳化，大力推进节能减排，实施循环经济，加大环境保护力度，加快生态修复保护，才能有效促进生态文明建设。

（三）绿色发展的指标体系

“绿色发展指标”主要包括单位国内生产总值用水量、利用清洁煤炭比例、自然灾害直接经济损失、环境污染治理总投资占 GDP 比重等指标。自 2010 年起，我国已持续 4 年颁布了“中国绿色发展指数报告”，它揭示了中国当下和今后经济社会发展的方向与趋势，对于推动学术界进一步开展中国绿色发展研究起到了积极的作用，对于推动各地政府改进工作有着实际指导意义。

《2010 中国绿色发展指数报告》有三个一级指标：经济增长绿化度、资源环境承载潜力和政府政策支持度，分别反映经济增长中生产效率和资源使用效率、资源与生态保护及污染排放情况、政府在绿色发展方面的投资、管理和治理情况等。此三指标之下又分为 9 个二级指标和 55 个三级指标，形成了中国绿色发展的指标体系。

《2011 中国绿色发展指数报告》在对上年绿色发展指数测算体系的基础上，新增“城市绿色发展水平的测算”的内容。数据所组成的三部分中，经济增长绿化度占 30%，其中绿色增长效率指标占 40%、第一产业指标占 10%、第二产业指标占 35%、第三产业指标占 15%；资源环境承载潜力占 45%，其中资源与生态保护指标 20%、环境与气候变化指标 80%；政府政策支持度占 25%，其中绿色投资指标 40%、基础设施和城市管理指标 30%、环境治理指标占 30%。

《2012 中国绿色发展指数报告》重点分析了中国城市绿色发展指数一二级指标及权重，更便于各地经济社会发展的“绿色体检”。（见表 4-2）

表 4-2　中国城市绿色发展指数一、二级指标及权重

一级指标	权重/%	二级指标	权重/%
经济增长绿化度	33	绿色增长效率指标	50
		第一产业指标	5
		第二产业指标	30
		第三产业指标	15

续 表

一级指标	权重/%	二级指标	权重/%
资源环境承载潜力	34	资源丰裕与生态保护指标	5
		环境压力与气候变化指标	95
政府政策支持度	33	绿色投资指标	25
		基础设施指标	45
		环境治理指标	30

《2013中国绿色发展指数年度报告》指标体系有了较大变化，测评城市由38个增加为100个；增加"绿色发展实地调研与考察""可吸入细颗粒物(PM2.5)浓度年均值"等重要指标；适当调整"环境压力与气候变化"下属三级指标权重等。报告公布了国内30个省(市、区)和100个城市的绿色发展指数，并继续推出各地区的"绿色体检表"、城市绿色发展公众满意度问卷调查等内容。

(四)武义县绿色发展的战略目标

绿色发展是武义保护生态环境，提升区域经济持久竞争力，促进经济社会文化生态全面、和谐、可持续发展的必由之路。武义县只有先人一步抢抓机遇，理清绿色发展思路，转变低科技、高能耗、高污染的生产方式，发挥本地优势因地制宜培育绿色产业，才能深入实施"生态立县"战略，从而实现"绿色崛起"的宏伟目标。武义县构建绿色经济产业体系，要以绿色文化为先导、绿色创新为动力、绿色政策为支撑、构筑"生态高地"为载体，牢固确立"生态立县，和谐发展"的战略定位，按照"生态武义，绿色崛起"的战略方针，通过构筑"生态高地"全面推动产业结构优化升级，形成以绿色农业为基础、循环工业为突破点、绿色现代服务业为重点的绿色产业体系，加快实现"生态家园，养生胜地"战略目标。

二、绿色产业概述

绿色产业是在绿色思潮历史背景下新兴的生态环保产业，它是实施"绿色崛起"战略的引擎与基础。

(一)绿色产业的定义与内涵

绿色产业一般是指人类积极采用清洁生产、无危害的新工艺、新技术，大力降低原材料和能源消耗，实现少投入、高产出、低污染，尽可能把对环境污染物的排放消除在生产过程之中的新型产业。绿色产业生产的物品称为绿色产品，绿色产品的生产、使用及处理过程均符合环境保护的要求，不危害人体与自然生物的安康，其废弃物无危害，可实现资源再生和回收循环利用。

针对绿色产业的定义，国际绿色产业联合会于 2007 年发表声明："如果产业在生产过程中，基于环保考虑，借助科技，以绿色生产机制力求在资源使用上节约以及污染减少的产业，我们即可称其为绿色产业。"由于绿色产业的概念非常宽泛，业内有关专家又把绿色产业划分为"狭义绿色产业"与"广义绿色产业"。

狭义绿色产业包括：清洁生产技术、回收再生资源、应用再生资源、生产再生产品、创新环保技术、再生能源产品与系统制造、关键性环境保护相关产业等。

广义绿色产业涵盖两大系统：一是通过技术革新、原料替代、流程再造、服务优化等"绿化"改造，采用循环生产方式，达到低消耗、低排放、高效益绿色指标的传统产业；二是符合"两型"(资源节约型、环境友好型)标准，包括高科技无污染工业、有机无害农林业、生态休闲旅游业、绿色金融保险业、绿色物流运输业、绿色贸易零售业、绿色房地产建筑业，以及医药、康美、文化、艺术、教育、体育、会展、律师、会计、中介等非物质服务业。也即所有在企业经济形态中，遵循绿色理念，崇尚绿色文化，实施节能降耗减排生产，倡导绿色消费，注重人与自然和谐，追求经济社会文化全面、健康、可持续发展的产业，均可视为广义的绿色产业。

(二)绿色产业兴起的背景

绿色产业兴起的背景主要表现在经济、社会和文化三个层面上。

1.自然资源日益匮乏严重制约了经济发展。自从工业革命以来，世界各国为了获得即时效益追求更快的经济增长速度，不惜过度开发自然资源以满足生产的需要，从而导致了非再生自然资源的严重匮乏，生态环境危机重重，经济发展面临资源制约的瓶颈。为了合理使用自然资源，确保经济社会的可持续发展，绿色产业成了新一轮经济发展的必然选择。

2.生态环境不断恶化严重地影响了生存条件。传统工业产业高消耗、高污染、高排放的生产和与之相应的生活方式导致全球性的生态危机，严重威胁着包括人类自身在内的自然万物的生存与发展。为了保护人类及自然万物的共同家园，国际组织和各国政府、政党以及社会力量自觉或非自觉地接受和推行和谐发展、低碳经济和绿色消费的理念，从而绿色产业成了全球的朝阳产业。

3.绿色理念重新复归为当代世界的主流文化。无论是中国还是西方国家，在漫长的远古时代和农业文明时期，生态文化始终都是人类社会的主流文化。人类疏离生态文化，是工业革命以来近200多年的事。20世纪70年代开始，人类面临生态危机、生存困境而引起对现代性的反省，运生了绿色思潮运动，使古老的生态文化重新复归为全球的主流文化。生态文化价值观引导世人用“绿色观点”来选择消费品并向生产者施加影响，从而引导了绿色生产方式和产业结构。

三、绿色产业的模式与流程

（一）绿色产业与环境友好型社会

我国建立环境友好型社会的总体目标是：以环境承载力为基础，以遵循自然规律为核心，以人与自然和谐为目标，以绿色科技为动力，倡导环境文化和生态文明，构建经济社会环境协调发展的社会体系，实现可持续发展。

环境友好型社会主要包括：符合环境容量约束条件的生产力布局；可实现持续发展的绿色生态型产业；低消耗、低污染、高效率的产业结构；对环境和人体健康不利影响最小化的开发建设活动；有利于环境的生产方式和消费方式；无污染或低污染的技术与循环利用的生产流程；绿色生产工艺与绿色产品；人人关爱环境的社会风尚和文化氛围。

绿色产业是环境友好型社会的基本模式，其目标是实现经济发展速度、质量、效益与资源承载力和环境容量协调统一，形成符合环境友好要求的区域功能定位和发展格局；形成原料供应、生产、储存、流通、消费等环节主动选择低消耗、低污染、高效益的环境友好型发展方式。

（二）培育绿色产业的流程

在构建绿色产业模式的过程中，要按照“规划先行、循序渐进、重点突破、层层推进”方针，一步步实施到位，注重实际效果，逐步形成绿色产业体系。

1.开展资源承载力和环境容量的调查研究，科学编制绿色产业发展中长期规划和阶段行动计划。要将资源承载力和环境容量作为区域布局规划的重要依据，坚持保护优先、多规融合、开发有序的原则，划定优化开发、重点开发、限制开发、禁止开发的区域，严格控制一切不合理的开发活动。

2.以环境保护为市场准入的重要条件，建立起环境准入和淘汰制度。产业项目前期严格实行“生态环境问题一票否决制”；停止国家明令淘汰产品和严重污染环境项目的土地使用权，严格控制对采用落后工艺技术项目的土地使用权；实施污染物排放强度行业准入制度，促进环境友好型生产技术和工艺的研发和推广；大力推行实施环境标志认证制度，促进绿色采购和消费；完善再生资源回收利用和安全处置体系，促进资源再生利用和无害化处置水平。

3.建立不同地区和不同类型的工业园区循环经济发展模式。编制区域重点行业、产业、企业的发展循环经济指南和污染物排放强度的环境准入标准，强化新建项目环境准入管理，控制新增污染；运用经济手段和市场机制，引导和鼓励各行各业严格按照“节能、降耗、减排、除污”的有关规定开展生产，减轻对生态环境的危害；在生产、流通、消费等各个环节杜绝资源浪费现象，奉行最大限度地节约资源消耗，促进废弃物再生、循环利用，并确保废弃物最终实现无害化处置。

4.大力推动产业结构优化升级，形成有利于资源节约和环境保护的产业体系。对资源消耗高、污染严重的企业强制实行清洁生产审计；对各类经济开发区、工业园区进行绿色改造和建设，推进绿色工业园、ISO14000产业示范区、环境友好企业的建设；培育绿色工业、绿色农业、绿色服务业孵化区，建设循环经济试点示范区；创新区域循环经济的发展模式，确立重点绿色行业、绿色园区和绿色企业在建立环境友好型绿色产业链中的地位和作用。

5.研发、引进和推广各产业、行业所需要的绿色技术。支持重点产业、行业加快污染治理，推广运用环境友好型新技术和设备，淘汰高耗能、重污染的落后工艺、技术和设备；重点引进、推广和应用工业资源循环利用、资源替代、废物利用、污水集中处理、“零排放”等绿色技术，提高资源生产效率和效益，实现污染物低排放目标。

四、构建绿色产业体系

（一）绿色产业体系构建的基础

绿色产业体系构建的基础，就是通过绿色生态环境建设，加快建设生态屏障工程，营造绿色生态环境；通过绿色消费的带动，培育和发展绿色产业。构建绿色产业体系，要充分发挥生态资源优势，围绕市场需求，以科技进步为动力，以经济效益为目的，强化绿色产业链的建设，发挥绿色龙头产业的带动作用，积极开发绿色产品，培育出具有较强影响力和竞争力的绿色企业，并充分发挥绿色企业的推动和带着作用，积极引导产业创新，将整个产业链条中的开发、生产、流通、消费有机融合起来，通过构建绿色产业文化、加快绿色技术的创新，加快绿色产品的市场投入速度，分步骤地改善产品结构和体系，全面地、整体地构建和完善绿色产业体系。

（二）培育绿色产业的基本体系

1.末端控制产业。推进产业生产的末端控制技术应用、清洁产品生产及再生资源生产等的绿色产业的发展，控制和减少生产活动对生态环境的影响。该层次的绿色产业包括在产品生产链终端采用末端控制技术，以减轻与治理污染产业和废弃物回收与再生产业。

2.绿色工业过程与绿色终端产品工业。通过提升新兴绿色产品和以“减量化、再利用、资源化”为基本原则的循环生产，以及生产过程的技术创新，改造生产工艺与流程，创新绿色产品特性，减少生产过程中的物质消耗，减小对生态环境的影响。该层次产业涉及每个产业的生产过程与产品。

3.新型绿色服务业。结合区域的旅游资源优势，发展生态休闲养生旅游业与生态农业观光旅游业等；推进物流的信息化建设，发展绿色物流信息系统，促进产业内部、产业之间的信息交流，减少物流活动对环境破坏；发展绿色房地建筑业，在规划设计、建材选购与使用、园林绿化与环保设施布局、施工与监管程序、拆迁废物处置与再利用等环节中，全过程实施绿色控制管理。

4.生态环境保护产业。研发、启动和发展生态工程建设业、环境绿化工程业、水土流失防治业、生态农林牧业、生态旅游业等与自然环境关联度高、影响广泛和深远的产业。

（系浙江大学非传统安全与和平发展研究中心·浙江大学生态安全与生态文化研究所2014年生态课题的选节。该课题组长为余潇枫教授，笔者任副组长和主要领衔人、撰稿人、综合审稿人。）

生态高地：培育绿色产业的目标指向[①]

——《武义县培育“绿色产业”路径研究》选节

一、生态高地概述

（一）生态高地的含义与特征

“生态高地”是指在经济社会发展进程中合理利用区域自然和人文生态资源，大力推进生态文明建设，打造发展绿色产业坚实基础和拥有生态文化良好氛围，形成独特的、持久的、领先周边地区的生态文明优势，率先实现人与自然、人与社会和人自我的和谐永续发展的具有示范效应的区域。“生态高地”最主要的特征是和谐性，即表现在自然生态、经济生态、社会生态和文化生态四个方面的和谐发展状态：

第一，自然生态和谐。自然生态主要由森林覆盖率、空气质量、水质达标以及噪音控制等要素指标组成。“生态高地”最为基础的要素就是自然生态和谐性，生态环境基本指标要达到国家级生态县的标准，明显优于周边地区，其指标为（见表 4-3）：

表 4-3　自然生态和谐指标

序号	生态要素	指　标
1	森林覆盖率	70%以上
2	空气优良率	90%以上
3	Ⅱ类地面水达标率	80%以上
4	噪音控制（居区/景区/城区）	30/40/50dB 以下

第二，经济生态和谐。经济生态和谐包含“经济生态化”和“生态经济化”两个方面。首先，要大力实施经济生态化战略，在产业发展过程中注重资源的合

① （系浙江大学 NTS-PD 生态安全与生态文化研究所 2014 年生态课题的选节。该课题组长为余潇枫教授，笔者任副组长和主要领衔人、撰稿人、综合审稿人。）

理利用和污染物的有效控制，突出循环利用、低碳工艺和清洁生产；其次，合理布局和优化生态经济化流程，把生态资源转化为绿色竞争优势。目前，国际上衡量经济生态的通行指标主要有两个：一个是绿色 GDP 或可持续收入。我国于 2006 年首次发布了绿色 GDP 核算，代表的是国民经济增长的净正效应，其计算公式为：绿色 GDP＝GDP－资源消耗成本－环境损害成本＋生态效益。绿色 GDP 占 GDP 的比重越高，表明国民经济增长的正面效应越高，负面效应越低。另一个是“绿色产业”增加值占 GDP 的比重。由于绿色产业的界定还比较模糊，计算的严谨性相对差些。所以，各国统计部门通常采用绿色 GDP 核算指标来衡量国家或某一地区经济生态和谐净正效应。

第三，社会生态和谐。在政策层面上，政府把建设生态文明作为推动区域发展的重要战略，确定生态环境保护的职责、权利和义务，重视生态行政和生态民主建设；在行为层面上，生态建设成为各级行政官员和广大民众的广泛共识，对日益膨胀的干预自然生态能力进行自我克制，自觉地承担起保护生态环境的责任和义务，形成以“绿色消费，健康生活、和谐发展”为主流思想的生活方式和社会风气。

最后，文化生态和谐。人们在对传统的生产方式和生活观念进行深刻反思和人文精神的重塑过程中，确立正确的生态价值和生态伦理观念，对生态文化普遍认同，自觉尊重自然、善待生物、珍视生命，自觉摒弃人类中心主义思想，避免对物欲的过分强调与关注，树立人与自然和谐发展的生态安全、生态文化与和谐发展的理念，在生态文化氛围中实现心灵的净化与美化，在人与自然的和谐氛围中达到身心的平衡。

（二）构建生态高地的意义与价值

20 世纪 90 年代末，武义县立足自身资源禀赋，着力打造经济发展的“投资洼地”——优化发展环境、强化服务质量、降低投资门槛，主动接受周边发达地区的经济辐射，大力吸引产业流、资金流、技术流和人才流，快速形成区域工业集群和产业体系。同时，注重培育特色支柱产业，经济社会步入发展的快车道，主要人均经济指标自 2005 年来一直稳居全省欠发达县市前列，实现了从传统农业向工业化中期的历史性大转变。然而，由于地处钱塘江和瓯江源头地区，生态敏感性较强，环境容量很有限，同时受宏观调控政策的影响，工业用地、资源供给、城市设施等要素制约瓶颈问题越来越突出，持续快速发展面临严峻挑战。武义要在新一轮发展中掌握主动权，就必须立足长远，放眼全局，抢占先机构筑生态高地，以谋求新的发展道路与空间。从工业化初期的“洼地效应”到绿色发展时期的“生态高地”，这一变化是历史的必然选择，是当代武义人的明智之举，是武义发展理念上一次质的飞跃。

武义县委、县政府针对区域经济社会发展优势和劣势、机遇和挑战，厘清了新一轮发展的思路，创造性地提出了“生态高地”的前沿概念，为武义的当代与未来提出了全新的发展理念。

二、构建生态高地的目标指向

“生态高地”是自然科学、社会科学和人文科学综合交叉的命题，属当代世界的前沿概念，目前国内外还缺少统一的定义和评估标准，而各国政府对构筑“生态高地”相关的战略和政策措施却已先行了。正因为如此，国家间、区域间竞相构筑“生态高地”更显抢占先机的意义与价值。

（一）生态高地战略指标总述

从总体上分析，武义县有条件从四个方面打造“十大国字号生态品牌”，率先赢得构筑浙中“生态高地”主动权和掌控权，从而提升“生态家园，养生胜地”的影响力和经济社会发展的持久核心竞争力。（见表 4-4）

表 4-4　武义县构筑“生态高地”十大战略指标

方面	生态品牌		战略指标	达标时间
生态文明	1	全国生态县	《全国生态县、生态市创建工作考核方案》和《生态县、生态市、生态省建设指标(修订稿)》，全国生态县考核指标包括 5 项基本条件和 22 项建设指标，每项指标都有量化分值。	“十三五”期间
	2	国家生态文明建设试点示范区(或)先行示范区	国家环保部 2013 年发布《国家生态文明建设试点示范区指标(试行)》，目前共批准了六批 125 个全国生态文明建设试点示范区；2013 年 12 月，国家发改委、财政部、国土资源部、水利部、农业部、国家林业局等六部委印发了《国家生态文明先行示范区建设方案(试行)》，提出五年之内在全国建设 100 个生态文明先行示范区。	2015—2016

续　表

方面	生态品牌		战略指标	达标时间
人居环境	3	中国宜居城市(及)国家园林城市(和)国家森林城市	国家建设部2007年发布《宜居城市科学评价标准》,全国已有100多个城市建成或正在申报中国宜居城市;建设部发布《国家园林城市标准》,自1992年至今已公布十六批、299个城市,其中县级城市92个;全国绿化委员会、国家林业局2004年发布了《国家森林城市评价指标》和《国家森林城市申报办法》。我省的临安市是全国首批"国家森林城市"。	2015—2016争取国家园林城市或国家森林城市;"十三五"期间争取中国宜居城市。
	4	全国美丽乡村建设标准化县(乡村)	国家标准委和财政部2013年发布《关于开展农村综合改革标准化试点工作的通知》,提出进行美丽乡村建设标准化试点,首批确定了25个试点单位;农业部2013年启动全国"美丽乡村"创建试点乡村建设,浙江省40个,金华市5个,武义县1个。	每年1个美丽乡村;"十三五"期间争取全国美丽乡村建设标准化县。
文化建设	5	全国历史文化名城	国务院2008发布《历史文化名城名镇名村保护条例》。截至2013年,全国116座城市列为中国历史文化名城,浙江省杭州、绍兴、宁波、衢州、临海、金华、嘉兴榜上有名。	"十四五"期间
产业发展	6	中国旅游强县	国家旅游局2003年发布《创建旅游强县工作指导意见》和《创建旅游强县工作导则》,2007年发布中国旅游强县标准(试行)。截至2013年底,被命名为中国旅游强县的有17个。	"十四五"期间
	7	全国养生产业发展示范区	"中国最佳养生休闲旅游胜地"由中国旅游媒体联盟等推选颁布,其宣传力度很大,对旅游业促进很强。"全国养生产业发展示范区",目前还没有明确的评定标准,但各地利用各自的资源优势纷纷试水,预计不久国家将出台相关政策支持。	"十三五"期间
	8	国家有机产品认证示范区	国家认监委2011年启动"有机产品认证示范区(县、市)"创建活动,申报条件对有机产品示范区的地理环境、基地规模、产业链、产品质量、发展规划、配套政策、管理措施等方面有明确的规定。2012年武义认定为"国家有机产品认证创建示范区"。根据创建工作规程,创建示范区还须经历3年的创建方可申报示范区的考核验收。	2015—2016年

续　表

方面	生态品牌		战略指标	达标时间
产业发展	9	国家循环经济示范区	国家环保部2003年发布《国家生态工业示范园区申报、命名和管理规定(试行)》(环发〔2003〕208号),明确了国家循环经济示范区的申报、命名和管理。	“十三五”期间
	10	中国电子商务发展强县	中国电子商务研究中心对全国各县市(区)电子商务市场数据进行检测,检测项目涉及交易规模、从业人员、市场营收等指标。据阿里巴巴集团研究中心公布2013年度“中国电子商务发展百佳县”,武义县排行榜居第6位。	已经实现,继续巩固与提升

(二)生态高地战略指标分述

依据武义的自然禀赋、人文资源、产业基础和配置要素等实际现状,我们对生态高地四个方面10个战略指标进行分解表述。

1.生态文明方面

①全国生态县。全国生态县是反映一个县实现发展与保护双赢的金字招牌,是绿色崛起综合实力的荣誉奖章。生态县创建是当前和今后一个时期我省推进生态文明建设的工作重点。目前,我省已有安吉县、义乌市、临安市、桐庐县、磐安县、开化县先后被命名为国家级生态县。武义县是我省首批省级生态县,生态条件比较好,但由于没有趁势及早启动国家级创建,生态乡镇(村)建设等一些基础性工作和单位工业增加值新鲜水耗、工业用水重复率、城镇污水集中处理率等部分约束性指标距离创建标准还有一定差距。武义深入实施“生态立县”发展战略,应抓紧启动国家级生态县创建工作,重点抓好国家级生态乡镇建设、市级生态村创建、清洁生产和循环经济推广、重污染高耗能行业整治、环保基础设施完善等针对性工作,通过3～5年的克难攻坚,力争在“十三五”期间申报并通过国家级生态县验收。

②国家生态文明建设试点示范区和国家生态文明先行示范区,是隶属不同部委的两大示范区评选,是中共“十八大”把生态文明建设上升到国家战略之后才开展的,其牌子含金量很高,宣传推广效应很强。环保部的“国家生态文明建设试点示范区”每年可申报。浙江省目前已有杭州、嘉兴、舟山、丽水4个市和嘉善县、淳安县、西湖区、镇海区、洞头县、天台县、长兴县、云和县、遂昌县、泰顺

县、德清县11个县(区)先后被列入,金华市迄今尚无。六部委的"国家生态文明先行示范区"虽于2014年2月17日已完成省级申报与报送,但随着创建工作的深入,扩建的可能性很大。鉴于武义县要启动国家级生态县建设,建议同时密切关注上述两大示范区的申报与创建,协同推进,力争在2015—2016年争创其中一个示范区,在此基础上进一步申报与创建全国生态县,其达标的概率会更高。

2.人居环境方面

①中国宜居城市及国家园林城市、国家森林城市。国务院于2005年首次出"宜居城市"概念,要求各地"把宜居城市作为城市规划的重要内容。"建设部发布《宜居城市科学评价标准》由社会文明度、经济富裕度、环境优美度、资源承载度、生活便宜度、公共安全度六大部分构成,涉及23个子项、74个具体指标,在总分100分中,生态环境指标占比最大,其次为城市住房、市政设施和城市交通,体现宜居城市"易居、逸居、康居、安居"的内涵和基本特征。我省的临海市、淳安县分别于2012、2013年被授予宜居城市牌匾。从创建情况来看,宜居城市和城市规模无关,重点是看居住在该城市里的居民幸福指数,这使中小城市的申报与创建更具可能性。根据各地经验,宜居城市与园林城市、森林城市"三城共建",其成功概率很高,因为有许多指标是相同或相近的。武义县早在2009年已成为省级园林城市,目前正在争创省级森林城市,应拉升标杆,趁势而上,同时或选择其一开展国家级创建,争取在2015—2016年成为国家园林城市或国家森林城市,为创建中国宜居城市奠定基础。当前着重要做好"一江三山"的优化文章,将熟溪两岸打造成"城市园林",将壶山、梅郎山、白洋山提升成"城市森林"。在此基础上,启动中国宜居城市创建工作,争取在"十三五"期间摘取宜居城市的牌匾。

②全国美丽乡村建设标准化县。全国美丽乡村建设标准化主要围绕美丽乡村建设、农村公共服务运行维护和农业社会化服务三大方面。目前我省有安吉、海盐、遂昌3个县列入试点。武义县的乡村形态多样,美丽乡村建设已有一定的基础,农业农村发展总体较好,特别是"中国历史文化名村"俞源和郭洞、"后陈经验"后陈村、"十里荷花"祝村等乡村,在社会上有一定的影响力,对武义创建"美丽乡村"能产生示范效应。当前,应充分利用一切可用的资源和载体,

加快推进城乡一体化发展，每年建设一个国家级“美丽乡村”，力争在“十三五”期间成为全国美丽乡村建设标准化县。

3. 文化建设方面

⑤全国历史文化名城。根据《中华人民共和国文物保护法》，历史文化名城是指“保存文物特别丰富，具有重大历史文化价值和革命意义的城市”。目前，我省县级层面已有临海市被列为全国历史文化名城，普陀、桐乡、桐庐、江山、龙泉、天台、永嘉、乐清等县市正在积极创建。武义县相对于一些历史人文沉淀深厚的地方来说优势不是很明显，但武义是文物大县，可供挖掘的历史文化资源不少，其中“明招隐逸耕读文化”和“叶法善道医养生文化”是武义文化两大厚重的基石。近年来，“江南养生旅游文化研究院”和“中华明招文化研究院”，借助浙江大学、浙江师范大学、杭州西博会、台湾·中华吕祖谦文化研究会等学术平台和传播渠道，以举办研讨会、学术交流、课题研究、出版文集、设坛讲学、博览传播等方式，对武义养生文化和明招文化开展深层次研究与传播，在浙江、全国乃至国际上产生了较大的影响。武义县应高举叶法善养生文化和明招文化的“两面旗帜”，进一步加大历史文化的传承、传播和转化的力度，适时启动创建与申报工作，通过10年的努力成为全国历史文化名城。

4. 产业发展方面

①中国旅游强县。《中国旅游强县标准(试行)》由旅游经济发展水平、旅游产业定位与政府主导机制、旅游产业综合功能和效益、旅游开发与环境保护、旅游设施与服务功能、旅游市场监管与游客满意度、旅游行业精神文明和教育培训、旅游安全和附加项目这九大项构成。武义县2007年提出“旅游富县”发展战略，2009年荣获“浙江省旅游经济强县”称号，2010年被省政府列为全省6个旅游综合改革试点县之一，同时是我省首个由国土资源部命名的“中国温泉之城”，也是国内目前唯一获此殊荣的县，理应把早日创建成为中国旅游强县，作为做大做强旅游经济的目标取向、提升旅游品牌的现实需要来抓。为此，要加快高等级大型景区建设，实施养生旅游综合体项目，全力推进生态景区全域化发展，不断提升旅游业总收入与全省县相比的领先度，争取用10年的时间摘取“中国旅游强县”的桂冠。

②全国养生产业发展示范区。健康与长寿是人类的永恒主题，随着经济社

会的发展和生活水平的提高,养生产业将不断繁荣。武义县自 1995 年来先后成功举办了七届温泉节,连续四 4 举办了“国际养生博览会”,连续 5 年成功举办了中国武义“养生旅游文化高峰论坛”,积极探索旅游养生、温泉养生、道家养生、生态乡村养生、有机国药养生和生态全域化养生等理论与方法,“生态武义,养生胜地”品牌日益响亮,养生产业初具规模。下一步,武义县应从自身资源优势与产业基础出发,通过实施全国养老基地、全国婚旅基地和全国青少年夏令营基地等重大项目,利用 5 年左右的时间,争取成为“中国最佳养生休闲旅游胜地”,进而在“十三五”期间建成全国养生产业发展示范区。

③国家有机产品认证示范区。有机产品追求“回归自然,保护环境”的目标,是绿色农业的最高规格产品,将日益成为绿色消费的主流。国家认监委 2011 年启动“有机产品认证示范区(县、市)”创建活动,2012 年武义认定为“国家有机产品认证创建示范区”。根据创建工作规程,“创建示范区”须经历 3 年的创建方可申报“认证示范区”的考核验收。目前,武义县因受有机产品市场空间和有机生产成本、认证管理成本过高等问题影响,企业的有机生产积极性不高,建议加大工作力度和扶持力度,确保 2015 年成功通过考核验收。

④国家循环经济示范区。园区化是新型工业化的主要形式,循环经济是工业园区发展的根本方向。国家环保总局 2003 年印发《国家生态工业示范园区申报、命名和管理规定(试行)》,明确了国家循环经济示范区的申报、命名和管理。“长三角”“珠三角”以及北京、天津、山东半岛、福建等地区的工业发达县市,对创建“国家循环经济示范区”的积极性很高,政府扶持政策力度很大。武义县要构建生态高地,必须大力发展循环经济,尽快把武义(百花山)经济技术开发区创建成“国家循环经济示范区”,力争在“十三五”期间通过验收。

⑤中国电子商务发展强县。电子商务具有普遍性、方便性、整体性、安全性、协调性、集成性等特点,发展前景不可估量,我省已做出了“电商换市”的战略部署。武义县依托阿里巴巴、淘宝等商务平台和丰富的工、农产品资源,电子商务业态快速发展,2013 年度“中国电子商务发展百佳县”,武义县居排行榜居第 6 位。武义县是“中国超市之乡”,在全国各地的超市达 7000 多家,从业人员达 5 万多人。武义要进一步拓展绿色产品市场,就必须坚持“线上”与“线下”两大营销渠道,保持中国电子商务发展强县的领先地位。

三、构筑生态高地 SWOT 分析

为寻求构建生态高地的发展战略与科学路径,我们对武义县实施绿色发展的优势(strength)、劣势(weakness)、机会(opportunity)和威胁(threat)进行分析,即进行 SWOT 分析。

(一)SWOT 具体分析

1.优势

①区位交通比较畅达。武义县地处浙中腹地,位于长三角经济圈南缘,金温铁路、金丽温高速公路横贯,距杭州、宁波、温州等省内大中城市均约 2 小时车程,离上海、苏南等主要城市约 3 个多小时车程,同浙、赣、闽、皖四省经济圈主要城市都在 4 小时交通圈内,从首都至武义陆空链接 4 个小时抵达,高铁 8 小时抵达。330 国道、43 省道、44 省道和正在兴建的义武公路,将武义与"国家历史文化名城"金华、"中国小商品城"义乌、"中国好莱坞"东阳、"中国五金之都"永康等周边城市形成了"一小时城市圈","同城效应"日益明显。

②自然禀赋相对优越。武义县总面积 1577.2 平方公里,其中山地 1231 平方公里、占 78%,耕地 170.2 平方公里、占 10.8%,水域 40.4 平方公里、占 2.6%,总体呈"八山半水分半田"之格局。境内西北部山峦层叠,坡险岩陡,东南部山势磅礴,丘岗起伏,构成了多姿多彩的山体森林景观。全县森林覆盖率 72.1%,空气质量优良率 90%以上。河流属钱塘江和瓯江两大水系,落差较大的地形形成了丰富的水力资源和众多壮丽的瀑布景观,75%的地面水达到Ⅱ类水质标准。2008 年,武义县被浙江省政府命名为全省首批生态县。武义地下蕴藏丰富的温泉资源,现探明温泉地热异常点 13 处,日出水量可达 24150 吨,水温 36~45℃,富含偏硅酸、氟元素、硫化物等矿物质及 20 多种对人体有益的微量元素,有良好的保健和辅助治疗作用,堪称"浙江第一、华东一流"。2012 年,依靠森林和萤石等自然资源优势,武义县跻身国家发改委公布的全国资源型城市(成熟型)。

③历史人文资源丰厚。武义县始建于三国吴赤乌八年(公元 245 年),历史悠久,遗存丰富。有延福寺、俞源明清古建筑群和明招山吕祖谦及家族墓 3 处国家级重点文物保护单位,郭洞、俞源两个中国首批历史文化名村,山下鲍等 4

个省级历史文化名村，历经800年风雨的熟溪桥被誉为“中国廊桥之祖”。境内出土的“宋史奇卷”徐谓礼文书，是近代史学创立以来首次从墓葬中发现的宋代文书，为国家一级珍贵文物。以东晋镇南大将军阮孚为代表的山水隐逸文化，唐代五朝御医、著名道士叶法善为代表的道医养生文化，南宋名儒吕祖谦为代表的经世务实文化以及巩庭芝、何德润等本土名士为代表的居士耕读文化，构成了厚实的武义传统文化——明招文化。唐代著名山水诗人孟浩然旅居武义时留下《宿武阳川》一诗，其中“鸡鸣问何处，人物是秦余”的名句，概括地评述了武义的社会人文风貌。

④发展的软环境良好。全县对“生态立县，绿色崛起”宏观战略理念认同度比较高。政策层面，相继出台了一系列加快经济转型升级、加快绿色产业发展的扶持政策，绿色创新成为引领发展的主旋律，有利于资源节约集约的生产方式和产业结构加快形成。行为层面，人们对生态文明和“两富”现代化普遍认同，倡导低碳经济、健康生活和绿色消费的理念和方式。据《生态武义研究报告》的专项问卷调查显示，本地居民认为武义人整体生态文明素质表现好、较好和一般的分别为15.3%、73.7%和11.5%。企业主对绿色发展认知程度不断提高，实施传统产业“绿色改造”和发展新兴绿色产业的企业越来越多。

⑤绿色产业势头较好。近年来，武义县深入实施“生态立县”发展战略，初步形成了绿色产业的良好势头。

首先，绿色农业方面。通过近20年的产业化、规模化、精品化发展，武义县基本建成优质米、茶叶、山油茶等12条特色农业产业带。有机农业全国领先，截至2013年底全县有机认证生产企业28家，获得有机认证证书30多张，有机颁证面积3.7万多亩，涉及16个种类优质农产品，“武阳春雨”茶是浙江省十大名茶、中华文化名茶、浙江省名牌产品，“桐琴蜜梨”获国家级绿色食品标志使用权，“武义宣莲”为国家地理标志证明商标，武义铁皮石斛是全国首个铁皮石斛国家地理标志产品。现代设施农业加快发展，已建成省级现代农业综合区1个、主导产业示范区4个、特色农业精品园5个、示范基地45个；建成粮食生产功能区6.42万亩。全县绿色农产品、有机茶和有机国药等品牌的市场知名度和美誉度越来越高。如寿仙谷药业公司本着“为人们的健康、美丽和长寿服务”的宗旨，通过铁皮石斛“仿野生”育种技术创新、灵芝“破壁”技术绿色创新和“名医名馆名药”绿色消费市场创新，打造“中国有机国药第一品牌”。全县涌现了更香茶业、田歌实业、乡雨茶业、兴森科技、海兴生物等一批知名的绿色农业龙头企业。

其次，绿色工业方面。武义县深入实施“工业强县”战略，坚持做大总量与提升质量同步推进，2013 年实现工业总产值 590 亿元，其中规上工业总产值 441 亿元，实现工业增加值 79.58 亿元。集约集群发展特征日益明显，全县开发区和工业功能区累计建成面积 21.2 平方公里，进区企业 1752 家，竣工企业 1408 家，是中国旅游休闲产品出口基地、中国文教用品生产基地、中国电动工具制造基地、中国门业产业基地、中国扑克牌生产基地，武义特色装备产业集群 2013 年单独成为浙江省 42 个现代产业集群转型升级示范区之一。绿色创新驱动发展不断增强，全县已有省级技术中心 4 个、省级高新技术企业研发中心 3 个、省级工业设计中心 1 个，以企业技术中心为主要载体的企业绿色创新体系基本形成。如三美化工公司在全国率先实施“生态三美，绿色化工”战略计划，引进美国“杜邦安全管理体系”，环保与供应、生产、仓储、物流、销售全流程安全的各项指标达到国际领先水平，为全国化工行业转型升级和武义传统产业绿色改造做出了表率。全县涌现了神龙浮选公司尾矿砂制砖发展循环工业、业盛新型材料公司电镀无排放技术、浙江捷达油脂公司利用地沟油生产生物柴油等一批绿色发展的典型企业。目前，全县共有国家高新技术企业 17 家，市级以上创新型企业 10 家，已经有 92 家企业通过清洁生产企业审核，7 家企业被授予浙江省绿色企业称号。

第三，绿色服务业方面。自 20 世纪 90 年代末以来，武义县接力推进旅游业发展，打造“北部温泉度假、中部丹霞探古、南部生态风情”三大生态养生旅游板块，形成了“冬有温泉之温暖、夏有森林之清凉、春有农耕之风貌、秋有丹霞之奇丽”的生态特色养生旅游格局，先后荣获中国最具国际影响力旅游目的地、国家旅游名片、美丽中国·生态旅游(十佳)示范县、中国温泉养生生态产业示范区、长三角 100 个最佳旅游休闲城市和浙江省旅游经济强县、最佳休闲旅游胜地、首选避暑胜地、十大生态旅游名城、十大欢乐健康旅游城市、十大养生胜地等称号。目前，全县共有景区(景点)15 个，其中国家 4A 级景区 1 个、3A 级景区 3 个，有四星级酒店 2 家、三星级酒店 2 家，旅行社 16 家。2013 年，全县接待游客491.2万人次,旅游总收入38.45亿元;其中乡村休闲旅游接待游客206.8万人次、占全县总量的42.1%,温泉旅游接待游客62.5万人次、占全县总量的12.7%,牛头山国家森林公园的生态旅游接待游客60.9万人次、占全县总量的12.4%。此外,异地超市、电子商务、贸易经纪等绿色商业模式渐成气候,绿色金融、绿色物流、绿色房地产、绿色物管、会计统计,以及才艺教育培训、艺术品交易等新兴绿色服务产业初露端倪。

2.劣势

①经济实力仍然不强。近20年来,武义县经济虽然连续"五年一个倍增",但由于原基数较小,目前经济总量仍然偏小。人均生产总值只有浙江省平均的3/4,低于金华市平均水平,不到先进县(市、区)的50%(见表4-5)。

表4-5　2013年浙江省、金华市及部分县(市、区)生产总值

(单位:元,按户籍人口计算)

浙江省	金华市	柯桥区	鄞州区	萧山区	义乌市	永康市	武义县
68462	62688	151244	141000	134182	116688	72547	53487

*数据来自各地统计公报。

城镇居民人均可支配收入和农村居民人均纯收入在全省26个欠发达县(市、区)中分别排第20位和第13位,只有浙江省、金华市平均水平的2/3左右,仅为发达地区的1/2(见表4-6)。

表4-6　2013年浙江省、金华市及部分县(市、区)居民收入　(单位:元)

项　目	浙江省	金华市	义乌市	柯桥区	武义县
城镇居民人均可支配收入	37851	36423	48962	44821	24530
农村居民人均纯收入	16106	14788	21273	24173	10872

*数据来自各地统计公报。

②发展质量总体偏低。总体还处在粗放型增长阶段,经济结构性、素质性矛盾比较突出,企业"低、小、散"现象和落后产能普遍存在。从三次产业结构来看,2013年增加值为8.3∶55.1∶36.6,三产比重低于浙江省、金华市平均近10个百分点,在全省26个欠发达县(市、区)中排名第18位(见表4-7)。

表 4-7 2013 年浙江省、金华市和武义县三次产业增加值结构 （单位：%）

产 业	浙江省	金华市	武义县
第一产业	4.8	4.7	8.3
第二产业	49.1	48.9	55.1
第三产业	46.1	46.4	36.6

* 数据来自各地统计公报。

从拉动经济的三驾马车来看，外贸依存度过高，2013 年外贸出口 23.54 亿美元，出口占 GDP 比重为 80.25%，居全省第一。从资源要素产出来看，2012 年全县建设用地（不包括水库水面）14.85 万亩，单位建设用地 GDP 为 11 万元/亩，不到浙江省平均（19.6 万元/亩）的五分之三、金华市平均（16.6 万元/亩）的三分之二，其中规上工业单位工业用地增加值 41.08 万元/亩，低于浙江省平均水平 36.52 万元/亩，综合评价居全省第 84 位，排在金华市第 8 位，仅为金华市最高水平永康的 42.4%；规上工业单位水耗工业增加值 187.29 元/立方米，低于浙江省平均水平 65.21 元/立方米，综合评价居全省第 70 位。从产业经济效益来看，据浙江省经信委和统计局发布的《浙江省 2012 年度工业强县（市、区）综合评价分析报告》，武义县 18 个指标中有 12 个指标值低于全省平均水平，有 10 个指标排序在 60 位之后，其中规上工业增加值率 17.01%、主营业务收入利润率 4.99%、全员劳动生产率 8.92%，分别低于全省平均水平 1.29、0.41、5.98 个百分点，综合评价分别居全省第 69、61、83 位。从科技支撑来看，创新投入、创新能力、创新效率和创新体系建设仍有较大差距，2012 年全社会 R&D 经费支出占 GDP 的比重 1.43%，居金华市第 8 位，其中规上工业 R&D 经费支出占主营业务收入的比例为 0.64%，比浙江省平均水平低 0.36 个百分点，综合评价居全省第 74 位，企业科技研究与开发（R&D）活动人员占企业从业人员比重为 2.12%，居金华市第 9 位；战略性新兴产业增加值占规上工业增加值比重 15.93%，比浙江省平均水平低 7.97 百分点，综合评价居全省第 67 位；科技成果评价指标排在浙江省第 80 位。

③发展要素制约较多。由于总体还属欠发达地区，受市场经济资本趋利性等因素的影响，武义县的资金、人才、技术比较缺乏。2013 年末，全县金融系统存款余额（本外币）281.68 亿元，贷款余额（本外币）291.30 亿元，存贷比

103.4%，存贷余额出现倒挂现象；科技人才和高素质产业工人仍然比较短缺，特别是绿色创新型人才奇缺，“招工难”在三种产业均不同程度地存在；土地后备资源不足，建设用地增量极为有限，“项目缺地”问题突出。劳动力、土地等价格的快速上升使得区域生产成本优势不断弱化，经济“洼地效应”已不复存在。

④环保问题面临挑战。空气质量方面，近年来受工业燃煤、汽车尾气、餐饮排放、施工扬尘和地处盆地污染物容易积聚、大气“逆温”现象等诸多因素影响，雾霾天气明显增多，大气降水年平均 pH 值连年下降，2013 年平均 PH 为 4.47，酸雨频率 70.5%，被列为重酸雨区。水环境方面，全县源头和流经水系只有宣平溪、菊溪的出境水质达到Ⅱ类水质，主要河流武义江只有Ⅳ类水质，而且从指标数据上看，与Ⅲ类水质的差距还比较大，8 个地表水监测断面中也有 50%以上没有达标，小白溪、白鹭溪等水质恶化程度严重。环保基础设施方面，污水处理厂、污水收集管网等治污基础设施建设欠账比较多，城市生活污水集中处理率仅为 78.2%，工业园区污水截污纳管率低，农村生活污水处理设施不完善。

⑤城市化进程较滞后。2012 年城镇化率为 62.54%，县城建成区面积 18.9 平方公里。城镇的承载能力总体仍比较弱，县城的功能和品位比较低。主要问题有：城市路网不清晰、断头路多，整个城区尚未形成便捷、完整的城市道路网络系统，行车难、停车难等问题突出；教育、医疗卫生、文化艺术、体育健身等基础设施建设历史欠账比较多，不能有效满足现代城市发展的需求；商业区、旅居区和园林建设等缺乏风格、缺少个性，文化氛围不浓，生态休闲特色不强；环境脏乱差问题比较突出，市容市貌与宜居城市和旅游城市指标差距较大。

3. 机遇

①绿色发展成为全球可持续发展的大势。世界各国有利于绿色发展的一系列具有里程碑意义的纲领性文件和国际公约相继问世，标志着全世界对走可持续发展之路、实现人与自然和谐发展已达成共识，生态与经济、社会、文化一起成为可持续发展不可或缺的四大支柱。目前，国际社会正努力建立一套完整的、可量化的可持续发展目标，进一步提高生态环境在各国发展决策中的地位。以新能源、新材料、新工艺、数字化制造和互联网技术为特征的第三次工业革命方兴未艾，以绿色崛起与和谐发展为主题的全球第四次浪潮正蓬勃兴起，世界经济正加快进入绿色发展时代。新的技术机遇使得落后地区绿色发展不仅有

可能成为现实，而且使其成为经济增长的后发优势。首先，绿色发展可解放落后地区的发展束缚。通过发达的ICT技术、交通物流体系等，可以把落后地区的优美生态环境和发达地区的外部市场直接进行连接，新的商业组织模式对其传统经济产业进行改造提升；其次，在较完善的生态环境服务受益者付费机制的基础上，落后地区可以利用良好的生态环境，提供有偿生态服务，在获得高回报的同时增加总体社会产出；再者，在碳交易等其他绿色金融机制的配合下，可充分利用落后地区蕴藏的丰富可再生能源，并将其改造为绿色能源基地，从而实现赶超发展。

②绿色新政构筑美丽中国梦。中共“十八大”把生态文明建设纳入中国特色社会主义事业“五位一体”总布局。十八届三中全会提出，要紧紧围绕建设美丽中国，深化生态文明体制改革，加快建立生态文明制度，健全国土空间开发、资源节约利用、生态环境保护的体制机制，推动形成人与自然和谐发展的现代化建设新格局。国家制定了一系列节约能源资源和保护生态环境的法律和政策，加快发展绿色经济的体制机制正逐渐形成。同时，各级政府重拳出击整治环境污染，推动能源生产和消费方式变革，强化环保、能耗、技术等标准，推进产能严重过剩行业加快淘汰落后产能。2012年，浙江省第十三次党代会提出了建设“物质富裕、精神富有”现代化目标，大力推进生态文明建设，着力深化城乡统筹、区域统筹，为武义县构建生态高地、早日建成生态良好、社会和谐、中等发达的县市提供了良好的政策环境。

③绿色消费渐成社会共识。随着我国工业化中前期任务的完成，人均生产总值跨入了世界中等偏上收入国家行列，居民的消费需求发生重大变化，在吃穿用等基本生活需求得到较好满足后，绿色消费、生态人居、健康养生成为现代人全新的追求目标。与此同时，人类社会已进入信息时代，形成了旺盛的生产性和生活性信息需求，“美丽中国”建设中的智慧城市建设、都市圈规划调整、城镇化和美丽乡村建设协调推进等涌现巨大商机，为绿色发展和现代服务业发展带来新一轮机遇。

④绿色领域成为民资重点投向。绿色新政引发绿色投资热潮，特别是“环境问题一票否决制”和“负面清单”制度的实施，进一步激发了民间投资绿色领域和现代服务业的活力。据不完全统计，2013年我国旅游直接投资达5144亿

元，增长 26.6％，增幅比全社会固定资产投资高出 7.7 个百分点；其中民间资本约占 57％，休闲度假、养生旅游、文化艺术、体育健身、农耕体验等绿色养生项目是民间投资的新亮点。据有关统计，今年一季度浙江省民间投资 2577 亿元，增长 15.5％，总量占全省固定资产投资的 62.6％；一、二、三产业投资分别为 18 亿元、1095 亿元、1464 亿元，增幅分别为 16.2％、6.2％和 23.6％。

⑤浙中城市群建设提速。2011 年 6 月浙江省政府批准实施《浙中城市群规划》，把金华定位为继杭州、宁波、温州之后的第四大城市——浙江中西部中心城市，目标建成雄踞于长三角经济区南翼和四省九方经济协作区之间的浙中大都市区。国家和浙江省在金华市开展金华现代服务业综合配套改革试点、义乌国际贸易和统筹城乡发展综合配套改革试点等，为浙中城市群建设注入巨大活力，武义的地理位置、生态资源和产业布局等优势，有条件与金华、义乌形成“金三角”城市圈，这对武义县构筑生态高地、实施绿色发展战略带来难得的历史机遇。

4. 威胁

①国际经济形势复杂。全球进入后危机时代，国际产业分工格局面临大规模分化整合，各国投资和贸易环境不确定性增加，人民币汇率双向波动幅度加大。同时，国内经济处在增速换挡期、结构调整阵痛期、前期刺激政策消化期“三期”叠加的复杂时期，无论是国外市场还是国内市场，都对武义县构筑生态高地和培育绿色产业提出了更高的要求和面临巨大的挑战。

②生态文明体制缺漏。推进生态文明建设需要破除体制机制障碍，特别是环境经济政策体系亟待健全。环境产权制度不明晰，排污权、碳排放权交易制度刚刚起步，生态补偿机制不完善，有利于传统产业绿色改造、构建循环经济产业链、培育新兴绿色产业，以及与之相配套的资源节约、环境保护的价格体系尚未形成。

③绿色发展成本高昂。绿色发展面临绿色技术还未成熟、绿色产品认证和监管体系不完善、绿色品牌市场共识度偏低、绿色消费公众习惯尚未形成、绿色营销终端市场脆弱等不利因素的影响，绿色发展的经济成本较高，虽然绿色发展远期前景看好，但中短期内形成绿色产业市场竞争力还比较困难。

④同质产品竞争激烈。武义县把温泉养生作为主要的养生业态来开发，把上海作为主要的客源地市场，从长远的角度看，势必陷入同质竞争的困局。从温泉养生产品来看，汤山颐尚温泉、天目湖御水温泉、宁海森林温泉、黄山醉温

泉、常州恐龙谷温泉、泰州云海温泉、扬州天沐温泉等温泉开发已比较成熟，规模很大，特色鲜明，区位优势明显；更有一批后发者来势很猛，如嘉善县总投资20亿开发云澜湾温泉，由国际顶尖专业团队进行规划设计和开发建设；婺城区投资4.5亿美元建设集禅、养、福文化于一体的浙中最大养生温泉度假区——中华福园·金西国际养生温泉度假区。地质学理论认为，一定深度的地层都储存地热水，具有相关矿物元素的地热水就可以用于泡浴疗养。温泉养生效果在短期内是非显然的，加之经营者与游客之间的信息不对称，游客对温泉内在元素的关注度并不高，而地理区位、交通条件、度假村硬件、服务质量以及价格因素却是顾客关注的焦点。所以，各地投资者对温泉产品的开发越演越烈，全国尤其是沿海发达地区和旅游资源较丰富的内地，将会有更多的“温泉养生度假村”诞生。专家预测，以温泉为主题的旅游业态，拼规模、拼硬件、拼价格的恶性竞争已悄悄形成，2020年后温泉产品的同质竞争将达到白热化程度。武义地理区位与交通优势并不明显，硬件基础、大型综合体等条件处于劣势，简陋化、单一化、零散化的“温泉养生”产品面临严峻的挑战。

⑤后起追兵日趋逼近。从面临的区域竞争看，武义县绿色发展处于“标兵渐远、追兵日近”的局面。同属浙中经济圈中的义乌、永康、东阳等市凭借其经济实力的优势进一步集聚优质生产要素，加快绿色产业体系构建领跑发展，经济社会绿色发展程度越来越高。义乌市围绕建设“国际商贸名城”的战略目标，大力推动工业化转型、城市化加速、国际化提升，着力打造区域经济中心城市、全球领先的小商品贸易中心、先进小商品制造中心、全省改革开放先行先试区、全国美丽乡村建设示范市；永康市正在倾力打造会展中心、总部中心、物流中心、五金科技创新服务中心和通关中心，加快建设“中国五金名城”；东阳市大力推进“工业强市、商贸新市、影视名市、建筑大市、文教优市”建设，全市目前新建、在建的重大旅游项目10多个、总投资近300亿元，创设了浙江省横店影视文化产业实验区，吸引了520余家影视文化知名企业入驻，2013年实现营业收入92.7亿元、上缴税费10.8亿元。磐安、缙云等县经济社会发展相对落后，属于武义县的追兵行列，但近年来该两县充分利用各自的生态和文化特色资源，谋求绿色赶超式发展，与武义县的距离步步逼近。磐安县积极打造休闲养生城，2013年接待游客400万人次，增长29%，增幅比武义县高出12个百分点，

旅游总收入增长60%，增幅比武义县高出40个百分点，2014年荣获"全国生态文明先进县"称号，全县19个乡镇均为省级生态乡镇，其中18个为国家级生态乡镇。缙云县结合仙都山水旅游主题和缙云黄帝文化品牌，打造全国唯一的黄帝温泉养生基地和浙江省知名的温泉旅游休闲养生基地，2013年接待游客总人数增长27.2%、旅游总收入增长28.4%，分别高出武义县9.7和7.9个百分点，引入开元旅业集团投资40亿元建设集五星级酒店、温泉养生、休闲运动、会议中心和景观房产于一体的旅游综合体，预计2015年完工，其绿色发展业态大有超越武义之势。

（二）**SWOT**矩阵分析

本课题研究采用国际上通用的SWOT矩阵分析法，通过对武义内部优势、劣势与外部机会、威胁的全面分析，选择适合武义绿色发展的战略。（见表4-8）

表4-8　武义县绿色发展SWOT分析及战略指向

内部 战略 外部	优势S 1.区位交通比较畅达 2.自然禀赋相对优越 3.历史人文资源丰厚 4.发展的软环境良好 5.绿色产业势头较好	劣势W 1.经济实力仍然不强 2.发展质量总体偏低 3.发展要素制约较多 4.环保问题面临挑战 5.城市化进程较滞后
机会O 1.绿色发展大势趋向 2.绿色经济利好政策 3.绿色消费社会共识 4.民间投资转向绿色 5.浙中城市集群建设	SO战略 1.调整区划布局，规划建设温泉小镇 2.整合资源，提升产业带、区绿色化 3.加强"四城"合作，融入浙中绿色经济圈	WO战略 1.强化传统产业绿色改造，淘汰落后产能 2.鼓励绿色创新，集中扶持新兴绿色产业 3.营造绿色社区，优化城乡人居环境
威胁T 1.国际经济形势复杂 2.生态文明体制缺漏 3.绿色发展成本高昂 4.同质产品竞争激烈 5.后起追兵日趋逼近	ST战略 1.调整产业结构，提高绿色产品比重 2.引进循环技术，建设循环工业示范园区 3.引进综合体项目，构建养生产业体系	WT战略 1.实施错位发展，培育绿色服务业 3.加强县校合作，构建绿色链接中心 3.弘扬生态文化，优化绿色发展软环境

四、构建生态高地的战略选择与指向

通过以上对的SWOT分析,可以看出,武义县构建生态高地既有良好的机遇和明显的优势,也面临巨大的挑战和严重的制约,需要科学的发展战略予以指导。

(一)构建生态高地的战略选择

表4-6中,将绿色发展的外部因素(机会、挑战)分别和内部能力(优势、劣势)两两组合,得到四个发展战略方案:

第一,增长型战略(SO战略)。

发挥优势,抓住国家推进生态文明建设等一系列重大机遇,加快绿色发展。①调整区划布局,规划建设温泉小镇,制定"特区""特优"政策,加快"中国温泉名城"建设。②整合有效绿色资源,发挥绿色品牌作用,加大有机、绿色农产品产业带、精品区建设;提高环保公共设施效率,发展生态工业园,从区域层面构建循环型工业;充分利用自然、人文资源发展养生旅游业,将资源优势转变为产业优势。③深化区域协作,实现由产业接轨永康、市场接轨义乌、城市接轨金华"三大接轨"向国家历史文化名城(金华)、中国小商品城(义乌)、中国影视城(东阳)、中国温泉名城(武义)"四城合作"转变,用区际"绿色合作"的理念主动融入浙中绿色经济圈。

第二,扭转型战略(WO战略)。

实施扭转战略,加强生态保护与修复,加快经济转型升级,谋求"弯道赶超"型快速发展。①把生态保护与环境修复放在首要位置,彻底改变"以牺牲环境为代价换取GDP"的错误行为,率先推行绿色GDP考核机制,全面实施"环境问题一票否决制",强化传统产业绿色改造,制定实施淘汰落后产能行动计划,坚决摒弃破坏环境的粗放型、低层次的发展。②鼓励绿色创新,充分发挥财政"四两拨千斤"的作用,集中政策优势扶持新兴绿色产业,大力推进清洁生产、集约发展和循环经济。③优化城乡人居环境,广泛开展绿色社区、绿色村庄创建,加快绿色房地产、绿色物管发展,统筹新型城镇化步伐,建设美丽武义。

第三,多维发展战略(ST战略)。

多维发展战略就是在发展中回避威胁、利用优势,迂回发展。重点要加快产业结构调整,不断提高绿色产业比重。①工业方面,充分利用浙江省高端装备制造业(大型数控专用机床)特色基地的优势，打造装备制造业强县，努力从与永康、缙云等周边县市的同质竞争中解脱出来；大力引进循环技术，制定实施《百花山循环经济示范园区规划》。②农业方面，加快绿色农产品结构调整，实施“品种化”计划，淘汰落后品种，以有机茶、有机国药、高山蔬菜、高山水果、毛竹、油茶、莲子等特色产业为主，加快绿色、有机农业基地建设，加快农产品精深加工和鲜品储藏技术的研发与引进，提升农产品附加值。③养生旅游业方面，着力实现优势资源与优质资本的有效对接，以最优势的资源、最优惠的政策、最优质的服务引进大型综合体养生旅游项目，加快构建生态全域化养生产业体系。

第四，防御型战略(WT战略)。

武义县必须正视产业基础薄弱、科技支撑力不强等劣势，以及周边区域同质竞争的威胁，积极应对挑战，采取防范措施，实施错位发展。①加大产业结构调整力度，最大限度回避同质竞争，实施以绿色为产业特征的错位发展战略，重点培育绿色服务业，突出发展生态养生旅游业。②加强县校合作，开展绿色发展系列研究，构建绿色链接中心，一方面以设立绿色产业孵化区为平台注重绿色产业的链接；一方面以“武义骄子”回归工程和“武川精英”引才工程为载体，加强绿色创新人才的引进、培育、和使用，为绿色发展提供人才保证和智力支持。③大力弘扬生态文化，加强明招文化的生态内涵和当代价值研究与传播，编写《武义生态文化与和谐发展》本土教材，在行政部门、学校、社区、企业等全面实施绿色教育计划，在全社会形成绿色发展的良好氛围，深化行政审批制度改革，进一步优化绿色发展软环境。

(二)构建生态高地的战略指向

根据构建生态高地SWOT分析提供的四种战略，我们认为，武义县实施绿色发展、构建生态高地的战略指向总体上采取扭转型战略(WO战略)——不断寻找和发现外部机遇、克服内部劣势和弱点、扭转所处的不利地位的战略。武义县一方面正面临着我国绿色发展和实践方兴未艾、蓬勃发展的大好机遇；另一方面，又存在着许多内部问题，故总体上应采用扭转型战略。又因为武义县具有绿色农业和养生产业资源禀赋、产业基础、市场网络与政策环境，发展养生产业和绿色农业的优势大于劣势，机遇多于挑战，故同时可采用增长型战略(SO战略)等多种战略，规避激烈的同质竞争，利用绿色资源加快实施错位发展，加大养生产业和绿色工业、绿色农业的综合开发力度，着力打造“生态武义”品牌，快速提高绿色产品市场占有率。

构筑“生态高地”是绿色发展时代全新的理念与实践，需要对原有的发展理念进行深刻的反思和对原有的发展战略进行调整与创新。为此，我们提出，武义县构建生态高地的战略定位是“生态立县，和谐发展”，战略方针是“生态武义，绿色崛起”，战略目标是“生态家园，养生胜地”。总体的战略指向主要在五个方面：

1.保护自然资源。巩固资源高地是构筑生态高地的基础，而巩固资源高地的关键在于持守自然生态禀赋。要牢固树立自然禀赋是第一资源、生态环境是永续生产力的绿色发展理念，在经济社会发展中正确处理好经济发展与生态保护、社会和谐的关系，坚持生态保护与资源利用并举、眼前利益与长远利益兼顾、优化环境与关注民生并重，坚定守护蓝天白云，精心呵护青山绿水，努力彰显生态武义、绿色发展特色优势。

2.健全生态体制。健全生态体制是构筑生态高地的保障，而健全生态体制要善于运用改革的办法来解决绿色发展的现实问题，立足于长效机制的形成。坚持以改革为统领，把改革贯穿于绿色经济发展与和谐社会建设的各个领域、各个环节之中，从制约武义绿色发展最突出的问题入手，从群众期盼、社会关注的热点难点问题落脚，健全市场主导与政府调控“两只手”协调的作用，合理配置资源要素和科学布局产业体系，重塑生态武义新形象，再筑绿色服务新高地，为武义绿色崛起提供体制保障。

3.强化绿色创新。强化绿色创新是构筑生态高地的引擎。牢固树立“科学技术是第一生产力”“绿色创新是和谐发展的引擎”理念，加强“生态立县”与“科技兴县”发展战略实施的黏合度，科技创新要以“绿色”为核心指标。坚持自主创新与引进协作“两条腿”走路，坚持企业主体与政府引导“两个作用”，大力开展“十倍增、两提高”科技服务专项行动等活动，以科技创新支撑“生态高地”构筑的全过程，以科技创新推进绿色发展的进程，打造武义绿色经济升级版。

4.培育创新人才。人才培育是构筑生态高地的关键所在，而人才的培育重点在于人才长效机制的健全。坚持以事业引才、平台聚才、舞台育才、机制用才、关爱留才，着力打造“武义骄子”回归品牌和“武川精英”引才品牌，大力引进产业领军型、管理创新型、技术专业型、一线紧缺型的各类人才，充分发挥武义生态资源优势，促进高端人才的“磁场效应”和“聚合反应”，快速形成绿色创新人才高地。充分发挥国家大院名校武义联合技术转移中心、浙江大学与武义县全面合作以及外设人才工作站等平台作用，充分利用咨询委、同乡会、商会以及“武义籍”人才资源优势，在杭州、上海、北京以及深圳等城市设立“武义绿色发展研究所(联络站)”，深化产学研合作，健全“不求所有、但求所用”的柔性引才机制，加大借才借智力度。加快城市化进程，着眼于长远利益，以联合办学、开设分校等形式，适时引进高等院校在武义落户办学。

5.彰显生态人文。生态文化是生态高地的灵魂，彰显生态人文着重要树立“明招文化”和“养生文化”两面旗帜。大力开展以“明招文化”和“养生文化”为特色的生态人文建设，打造“生态武义”主题文化品牌，快速抢占全国生态文化制高点。积极创设平台和载体，加强中华明招文化研究院、江南养生旅游文化研究院的建设，密切与浙江大学、杭州西博办、浙江师范大学、台湾中华吕祖谦文化研究会等单位的人文合作，努力汇聚国内外生态、养生文化研究精英，为武义构筑生态文化高地建言献策、著书立论，提升武义生态文化与养生文化的话语权，为武义绿色崛起与和谐发展提供理论前导。始终把促进人的全面发展作为推进绿色发展的核心目标，继续利用学校和主流媒体的教育、传播渠道，广泛开展形式多样的宣传教育活动，引导民众树立自觉自信自强的生态观，提升健康、和美、幸福指数。积极探索影视文化传播模式，适时将叶法善、吕祖谦等武义历史名人推向银幕，快速扩大“生态武义”文化品牌的社会影响力。

五、构筑生态高地的基本原则

为确保武义县构筑生态高地的效率与质量，在构筑生态高地的过程中，要始终遵循生态优先、多规融合等六项基本原则。

(一)生态优先原则

牢固树立“既要金山银山更要绿水青山”的发展理念，坚持生态优先原则，加强生态保护，优先发展绿色产业，优化产业布局，全面实施“环境问题一票否决制”，决不走“先污染后治理”“边污染边治理”的错路。把“治穷”与“治山、治水、治污”紧密联系起来，推进经济社会均衡发展与生态环保相协调，加快改变“经济富县—生态穷县”或“生态富县—经济穷县”两极失衡局面。充分利用生态优势，变竞争为错位、变同质为互补，增强差异化发展的核心竞争力。

（二）多规融合原则

“多规融合”是指区域发展规划、土地利用总体规划、城乡规划、产业发展布局规划和环境保护利用规划等重大规划从基础数据、规模、布局、时序、保障措施这5个方面作全面、深度、协调的融合，最终实现一张规划蓝图纵到底、横到边、多维使用、长期管用。北京市和武义是全国“多规融合”试点城市，武义县构筑生态高地要始终坚持“多规融合”原则，按照生态高地战略指标和环境保护法规的要求，全面梳理与调整现有的各类规划，精心编制与完善符合绿色发展的规划体系。在制定产业导向政策、产业结构调整规划、区域开发规划等具体实践中，自觉系统地运用“多规融合”的理论与方法，充分考虑生态文明建设的目标要求，探索规划、政策、制度等战略层面的环境影响评估机制，最大限度地降低重复建设、浪费资源和不良环境影响。

（三）创新驱动原则

积极构建由技术创新、商业模式创新、管理创新、制度创新、产品创新、服务创新、流程创新、营销创新、组织创新、品牌创新和文化创新等组合的多维度多层次创新体系。大力推进由粗放型、外延式发展模式向集约型、内涵式发展模式转变，从“要素驱动”向“创新驱动”转变，实现低消耗、低排放、低污染、高效率、高效益、高循环的发展，努力用最少的资源投入、最小的能源消耗、最小的环境代价，实现最大的经济社会效益。“十三五”期间，要加强五个方面创新：一是加强绿色机制创新，不断激发生态立县、和谐发展的活力和创造力；二是加强绿色技术创新，走创新驱动、内生增长的绿色产业发展道路；三是加强绿色管理创新，更好发挥政府对绿色发展的引导作用，大力提升企业绿色经济管理的精细化和现代化水平；四是加强绿色商业模式创新，提高企业的绿色流通与绿色服务的价值创造能力；五是加强绿色合作创新，增强利用区域乃至全国、全球资源的能力，积极招商引资、招才引智，推进单一的出口创汇向价值链升级为主转变，同时加强与金华、义乌、东阳、永康等周边县市的分工合作，借势借机借力发展绿色产业。

（四）集约化发展原则

坚持“小开发，大保护”，深入实施功能区战略，优化“东北部机声隆隆（重点发展绿色工业、绿色物流业)，中部车水马龙(重点发展生态旅游业、绿色农业)，西南部满目葱茏(重点发展绿色农业、生态休闲养生业)”的区域发展布局，尽量释放生态保护空间。坚持产业集群化发展，通过产业规划、园区规划推动和促进产业集聚，通过绿色龙头企业构建和完善绿色产业链，通过产学研合作与行业协会及中介机构的纽带作用强化产业集群创新，从而进一步做大做强绿色产业集群，嵌入全球产业分工体系。强化成链闭环的循环经济模式，实现资源节约利用、综合利用、循环利用，努力提高资源要素利用效率。强化传统产业的改造升级，正确处理好发展高新技术产业和优势传统产业、资本技术密集型产业和劳动密集型产业的关系，推进绿色科技产业化和传统产业绿色化。

(五)养生产业统领原则

养生产业具有产业关联度高与生态依赖性强双重特征，以养生产业统领一、二、三产发展是构建武义生态高地的战略选择与根本路径。首先，要强化规划融合与资源整合的力度，大力推进实现“生态家园，养生胜地”总体目标下的融合发展和联动发展，不断开发生态型、人文化、健康性的养生产品——医疗卫生、文化艺术、教育培训、体育运动、社会风俗、生态人居、农耕体验、农业观光、工艺制作、工业观光等涵盖一、二、三产全方位、多维度的养生系列产品；其次，要不断完善绿色产业链，既做大做强养生产业，又发挥产业融合的相互交叉、相互渗透、相互介入、共生共荣作用；其三，要大力发展智慧产业，加快城镇化步伐，通过智慧现代网络和城镇要素集聚平台的支撑作用，促进养生产业统领下的绿色产业体系的形成。

(六)美丽武义推动原则

以加快新型城镇化和美丽乡村建设为契机，加快“美丽武义”建设。把“美丽武义”作为实施绿色发展、做大养生产业的重要推动力，实现由工业化促进城镇化向城镇化带动绿色化转变，走生态文明建设和新型城镇化协同互动之路。按照“生态武义，绿色崛起”的战略方针，以满足居民对“生态家园”的需求和游客对“养生胜地”的向往为绿色发展为总目标，提升全县城乡的自然生态和人文生态的内涵。县城深化“三山立城中、三水穿城过”的山水旅游城市特色，通过坚持精心规划、精品建设、精细管理，提升城市能级和品位。乡镇凸出东北部以桐琴为重心，泉溪、茭道、履坦为组团的绿色工业功能区；中部以王宅为重心，俞源、白姆为组团的生态农业与观光旅游功能区；西南部以柳城为重心，西联、大溪口为组团的生态休闲养生功能区。乡村以“古村落”“长寿村”“精品线”为主题，美丽乡村建设为契机，加强农村自然风光、人文风貌、农耕风情提炼与融合。城乡联动，政企协作，各界配合，把武义城乡建设成宜居宜游宜业、可永续发展的生态家园和养生胜地。

关于“绿色发展”若干问题的思考

——在《武义县培育“绿色产业”路径研究》课题论证会上的发言

《武义县培育“绿色产业”路径研究》是武义县人民政府和浙江大学非传统安全与和平发展研究中心共同完成的综合性课题，课题调研成员主要由浙江大学NTS-PD生态安全与生态文化研究所和武义县政府办公室的相关人员组成。由于是“绿色产业”综合性课题，其研究的视域范畴很广，涉及相关问题很多，所以调研的工作量很大。尽管课题组是由绿色发展研究专业人员和对武义县情充分了解的人员组成的，但由于涉及面太广，课题组成员整整用了3个月的时间耗费了大量的心血才完成了这个约8万字的课题报告。

一、武义距离“生态宜居城市”究竟有多远?

唐开元十七年(729年)，考场失意的孟浩然来到山清水秀武义旅住了三五天(一说15天)，才依依不舍辞别而去。被武义自然静美风光和古典淳朴民风所感动的孟浩然，临行前写下了《宿武阳川》:“川暗夕阳尽，孤舟泊岸初。岭猿相叫啸，潭影似空虚。就枕灭明烛，扣舷闻夜渔。鸡鸣问何处，风物是秦余。”在历史上，描写武义壶山春霁、熟水秋澄、武川古城、南湖烟月等诗词很多，特别是明清时期更是不胜枚举。但是，孟浩然的这首诗始终是描述武义生态家园最经典的代表作。

20世纪90年代末，时任县长金中梁发表专著《寻找新沸点》，首次提出利用武义自然生态禀赋和人文生态资源，发展以温泉为主要特色的旅游业。当时的武义县城，抬头可望蓝天白云，俯首可见青山碧水。就这么短短的十几年，武义的生态环境已不可与往日同语了。县城的四面七方工业园区比邻皆是，烟囱林立，黑烟滚滚。当然，工业文明有其历史的合理性，我们不能怪罪前人为经济社会发展而做出的努力，但我们必须反思和改变传统的生产方式和生活方式。以GDP论英雄的政绩制度使人们偏离了自然规律，忽视了生态环境的承载力，导致了严重的生态危机，从而也连锁产生了人的生存环境危机。

2013年以来，武义与许多工业发达县市无一幸免地陷入了“十面霾伏”的困境之中。雾霾已成了武义人生活中一道挥之不去的阴影,长此以往,游客就会因空气质量指标而形成负面共识:“武义——要说爱你不容易”。因为游客是冲着武义良好的生态环境来休闲养生的,而面对空气不良指数超标的温泉名城、养生胜地,只会避而远之。

武义距离“生态宜居城市”究竟有多远?说远较远,说近也近。关键就看武义对环境治理的力度,而环境治理的关键是对二产绿色转型和城区“退二进三”的力度,看武义县政府和企业能否承受历史性转型的阵痛,看能否拿出管用而低本的“退二进三”的政策。课题报告中提出“退二进三”的原则是“先城后郊,分段差价,储地降量,意向实施”,最关键的是规划先行,然后按照先有开发业主购地意向再行收购土地的办法实施,尽可能降低政府收储土地的财务成本。前些年,我曾发表过一篇题为《在熟溪河畔领略多瑙河的蓝》,旨在唤醒人们的生态良知,保护母亲河。现在的武义,生态涵养有了明显的改观,基本还原自然山水的本来面目了,但离宜居城市、养生胜地的要求还有很大的差距,保护生态环境任重道远。总之,什么时候绿色转型成功了、“退二进三”完成了,什么时候生态环境优良了,什么时候“生态宜居城市”的“武义梦”也就“圆”起来了。

二、武义构筑“生态高地”的“短板”可能会是什么?

武义县委、县政府针对区域经济社会发展优势和劣势、机遇和挑战,厘清了新一轮发展的思路,创造性地提出了“生态高地”的前沿概念,为武义的当代与未来提出了全新的发展理念。“生态高地”是本届县委县、政府按照绿色发展要求提出的新思路,是继 1998 年提出“洼地效应”以来又一个具有时代里程碑意义的新创举。本课题按照“生态高地”的构筑条件、内在要求和武义的基本县情,科学设置了构筑“生态高地”的十大战略指标、相关的绿色创新工程以及相配套的政策体系,这是本课题报告的最大创新点和亮点。武义县要着力从四个方面打造“十大国字号生态品牌”,率先赢得构筑浙中“生态高地”主动权和掌控权。这一方略起点很高、视域很远,任务很艰巨。

“生态高地”最主要的特征是和谐性,即表现在自然生态、经济生态、社会生态和文化生态 4 个方面的和谐发展状态。正因为,“生态高地”的和谐性特征,我们就更应关注武义显然的和潜在的“缺陷”。

大家知道，经济学上有个著名的“短板定律”：一只木桶能盛多少水，并不取决于最长的那块木板，而是取决于最短的那块木板。武义构筑“生态高地”，同样也不取决于优势，而在于着眼于自己的劣势，并规避或改变劣势。武义构筑生态高地的“短板”可能会是什么？在我看来，武义构筑“生态高地”影响最大的“短板”是绿色创新人才的奇缺。打造“生态高地”首先要有绿色发展的科学策略，其次要有绿色产业的领军人物（也即龙头企业领袖），再者需要有一大批能紧跟领军人创新的企业家，而后需要有更多的首席执行官、财务总监、技术总监、营运总监以及生产和市场一线操作人才等等。而实际如何？整个武义的绿色发展策划师、绿色产业领军人、企业家、CEO、CFO、首席技术官、工程师等高层次人才以及生产一线技术操作人才、终端市场营销人才等等都非常缺乏。就拿武义大大小小的董事长和总经理来说，绝大多数的董事长没有经过高等教育，是靠赶上改革开放的浪潮，凭着胆略用粗放型模式建厂和依靠银行鼓励性贷款而大面积圈地而发家的，他们缺少产业绿色转型的意识；而大多数的总经理是属于“富二代”接班式顶上来的，不是现代企业意义上的CEO，他们缺少发展新兴绿色产业的能力。所以，引进和培育绿色创新人才是解决武义“短板”问题的要义与关键。如何引进和培育绿色创新人才？

课题提出了“两个工程三个要素”。两个工程就是“武义骄子”回归工程和“武川精英”引进工程，前者是武义籍在外工作的各类人才（包括身体健康的退休者），政府用等同于引进外来人才的优惠政策吸引他们回来或者兼职，为家乡的绿色发展服务，“武义骄子”的回归相对于外来人才的引进更容易、更有效、更稳定；后者是县外的人才来武义工作或兼职，政府用优惠政策让他们自愿来武义、安心留武义，成为“武川精英”，为武义的绿色发展做贡献。三个要素就是人才引进与培育的三要素。第一个要素是生态环境。自然生态环境与社会人文生态环境明显优于大城市和周边城市，人才就会冲着赢得健康和安全来武义。第二个要素是事业平台。所谓人才，大多数人是愿意为事业而奋斗的，他们会把自身价值的体现看得很重，如果武义缺少让他们施展才华的平台，光靠环境和待遇是引不进留不住人才的。所以，本课题报告用重笔建议在“三江口科技城建立各类研发中心和孵化园”，为绿色创新人才提供成果转化的“绿色实验”平台。第三个要素是合理待遇。在解决引进人才的编制、住房、户籍、子女就学等生活常规性问题的基础上，着重要对回归和引进的人才实行“住房奖励”“技术参股”和“知本分红”三大制度，用比大城市和周边城市更优惠的政策保障人才扎根武义。大家别小看一套小小的住房，国人是很讲究“安居乐业”的，人才“安居”了就等于把根留在武义了，就等于把事业放置在武义了。

在这里，我再提一个引才育才的要素，这就是学习条件。社会上的人才千差万别，但都有一个共同的特征，这就是“凡是人才都首先是学习型的人”，尤其是创新型的人才更需要终身学习。他们十分看重一个地方的学习条件，他们很希望政府能为其提供“充电”条件。上海市静安区有个全国著名的“白领学院”，政府每年拿出几千万元经费给区域范围内的白领轮训，由复旦大学、上海交大以及全国名校的知名学者授课，课程有国学、国艺、业务知识、理财知识以及生活常识等等。大量的人才特别是年轻的人才就冲着这所“白领学院”聚集到静安区，静安的新型经济从全市第七位一下就跃居仅次于浦东的老二位置。武义县域内没有大学高校，这是影响引才育才的一个不容忽视的难题，如何破题？我建议武义县要充分利用与浙江大学全面合作的优势，在全国率先创办“浙江大学绿色经济学院”，开设总裁班、精英班、白领班以及与绿色经济相关的专业班，为武义的绿色发展培育创新型人才。浙江大学是全国名牌大学，其师资水平、学术力量和文凭资质，都是全国公认的，能吸引各类人才。鉴于武义财力相对薄弱的实际，学费可以由用人单位担负大部分，政府人才工程经费补贴小部分来解决，还可以创新办学模式，采用政府、大学、企业“联办”，还可以引进外来财团资本直接与浙江大学合办“浙江大学绿色经济学院”，政府建立学生“奖学金”制度和教师“政府津贴”制度。

三、哪些“绿色工程”是支撑武义“生态高地”不可缺失的基石？

武义县要构筑“生态高地”需要有一大批“绿色工程”的支撑，课题报告就绿色农业、绿色工业和绿色服务业设计了几十项创新工程。这些绿色工程哪些是支撑武义“生态高地”不可缺失的基石呢？在我看来，有12项绿色创新工程特别重要，我将其概括为“12333工程”。

“1”是指1座古城——武川古城。

一座城市有没有品位看两点：一是自然生态禀赋——山水元素，二是历史人文遗存——城市记忆。武义县城有“三山三水”特别是背靠壶山面朝武川(熟溪)的风水元素很谐和;在历史上,武义县城的历史人文也很丰厚,特别是颇有休闲文化韵味的“武川古城”(也称西溪古城)是武义城市的一本“线装古籍”,是武义最美好的城市记忆。武义要创建生态宜居城市和历史文化名城,着重要做好还原山水生态和复兴历史人文这两篇文章,而这两篇文章最美的片段就是“武川古城”。武义县要善于创新投融资体制,出台房地产捆绑经营等优惠政策引进有开发经验的财团,尽快实施“武川古城”这个大型的城市人文工程。充分彰显长安古堰、西溪环绕、小桥流水、长廊水榭、古街老宅、太极瑜伽、琴棋书画、茶道茶艺、昆曲婺剧、玉石根艺、香道花道、中医国药以及婺窑、竹编、棕编等生态人文元素,使其比丽江多一份文化内涵,比古子街多一份山水风貌。

“2”是指 2 个旅游重镇——温泉小镇和柳城畲乡风情古镇。

温泉小镇建设,是当今武义发展以养生旅游为核心的绿色服务业重中之重的绿色创新工程,武义要完成从观光旅游到养生旅游的历史转型,在很大程度上取决于温泉小镇建设的速度与品质。要以大思路、大手笔、大投入、大项目的理念重新修编温泉镇发展规划。要把温泉康复疗养中心、汽摩与航模运动综合体和世界风情浪漫岛作为温泉镇三大综合体项目来实施。特别是世界风情浪漫岛的建成,将成为温泉镇最靓丽、最具影响力和成长力的现代旅游项目。关于世界风情浪漫岛的规划,我在 5 年前曾有过建议:从溪里水库引水至鱼形角建大型人工湖,利用鱼形角众多的小山丘形成大小不一、形状各异、风情别致的“世界十大风情浪漫岛”,分别命名为希腊爱琴海的“圣托里尼岛”、法国的“普罗旺斯”半岛、法属波利尼西亚的“波拉岛”、意大利的“卡普里岛”、苏格兰的“爱丁堡”半岛、美国夏威夷的“毛伊岛”、马尔代夫的“蜜月群岛”、印度尼西亚的“巴厘岛”、菲律宾“长滩岛”、波多黎各的“别克斯岛”。建筑设计要十分注重江南山水、异国风情、私密空间、浪漫情调四大元素。在浪漫岛上,种植不同国家象征爱情的薰衣草、勿忘我、郁金香、玫瑰花、风信子、紫罗兰、百合花、向日葵、橄榄树、柳树等植物,错落有致地点缀着异国风格的小别墅、小木屋、咖啡屋、红酒坊、婚照楼、油画廊、礼品店、风味点心馆等等。这些环湖建筑,一半在岸上一半在水中,每户都有亲水露台、阳光摇椅,风铃纸鹤、烛光红酒座等显示浪漫情调的设施。其特色是青山碧水、风光秀丽、环境幽雅,具有很好的私密空间,情侣们可以在这里租用一个小木屋尽情地演绎一段浪漫人生，使其成为一生中最美好的记忆。力图把其构建成全国唯一以“世界风情”为主题的度蜜月胜地，以吸引年轻游客群的蜜月度假（包括中老年人结婚纪念日休闲度假）。用余潇枫老师的话来说，“武义·世界十大风情浪漫岛”是全国的“唯一”的创意，武义县只要“专一”做下去，把文化做深、把风情做足、把浪漫韵味做到极致，武义温泉镇的婚旅基地就可以成为中国的“第一”。

柳城是镶嵌在武义南部山区的一块未经雕琢的翡翠，是武义发展以原生态文化和寻古文化为主题的休闲养生旅游业最具潜力的资源优势。武义县要以“武松龙”高速公路建设为契机，制定武义南部生态养生旅游集散中心发展规划，通过区划调整将西联乡并入柳城镇，将祝村纳入镇区，着力实施柳城畲乡风情古镇历史风貌修复工程，充分彰显柳城的森林古树、高山流水、宣溪垂柳、小桥水榭、古街老宅、荷塘月色、双塔云烟、荷姑小舟、采莲对歌、莲池红鲤、休闲茶吧、昆曲演艺、荷韵书画、玉石古玩、郎中草药、农家旅居、畲乡小吃、畲族特产、西溪度假养老绿色小区等生态文化元素；凸出古镇、古街、古宅、古塔、古刹、古殿、古村落、古祠堂、古民居、古风俗、古农耕、古树林等“寻古文化”主题，主推牛头山国家森林公园、柳城畲乡古镇、祝村十里荷花观光园、山下鲍明清古村落、陶村世外桃源和延福寺、台山寺佛教圣地休闲养生产品，以及“三月三·畲乡对歌邀请赛”“六月六·荷花仙子评选秀”、潘絜兹艺术馆·美术创作基地等文化项目。武义人要站在培育武义绿色养生旅游业持久成长力和竞争力的战略高度来认识建设“柳城畲乡风情古镇”的历史意义和时代价值。我可以预言：未来的城市人虽然没有条件住在没有雾霾的地方，但休闲度假一定会选择拥有蓝天白云、青山碧水、没有雾霾的好去处，所以武义生态养生旅游业的希望之光在柳城。

第一个“3”是指 3 个古村落——俞源、郭洞、山下鲍

古村落是今人阅读乡村绿色文化最直观、最立体的古籍。武义拥有俞源太极星象村、郭洞古生态村和山下鲍婺派清民建筑群，这是祖先遗存给武义的宝贵财富。古村落在当代以生态与人文为主流的休闲旅游中，其价值地位会越来越明显。21 世纪初，我任武义外办主任，曾先后接待过慕名来郭洞、俞源旅居民宿的好几批国外游客，他们来自法国、意大利、西班牙、美国、韩国等国家和地

区，当然他们大多数是华侨，来的都是一家子三代人，时间一般安排在学生假期里，方式是租一幢老房子，旅居的期限一般是一个多月。旅居的目的是让老人回祖国重温孩提时的旧梦，让孩子融入村里的儿童群，学习汉语、感受民俗，让自己在自然生态和人文生态很优越的村落里放松心情、洗涤尘埃。这些华侨很看重村落的安宁、清洁的环境和邻里的和睦关系。10年前，我曾向县有关部门、乡镇提过建议，在郭洞、俞源各选一处环境、古建和户主素质良好的区域，建立“旅居村”，专门用于接待以旅居为目的的国外客人和国内游客，通过外办、侨联向国外侨联、侨领、同乡会联系，采用中外合作的方式开辟“武义旅居绿色通道”以培育武义的乡村旅居业，试点成功了再有序地向其他有条件的村落推广。可惜这个建议没有被采纳，郭洞、俞源也很快充满了商业气氛，古村落变得闹哄哄的，原先的那份安境与淳朴已慢慢消失了，那些以旅居为目的的客人也带着惋惜的心情不再来武义了。武义县要充分认识古村落对未来开发“旅居”休闲养生业的优势作用，着力实施古村落新建筑“仿古改造”工程，引进有开发经营经验的工商资本投资者，实施“投资者＋户主＋经营者”的合作模式，并与美丽乡村建设有机地结合起来，培育武义以古村落为主的乡村旅居休闲养生业。

第二个“3”是指3个生态文化主题公园——壶山书印公园、熟溪亲水公园和南湖烟月公园。

公园是展示地方生态禀赋与文化内涵的窗口，武义县构筑“生态高地”在注重建设牛头山国家森林公园、大红岩地质公园、温泉主题公园等旅游业态主题公园的同时，要尽快实施彰显城市生态和文化风貌的壶山、熟溪、南湖等生态文化主题公园。一是利用叶一苇的名人效应，2015年启动“壶山书印公园”工程，争取2018“壶山杯·全国篆刻艺术研讨会暨叶一苇先生诞辰100周年纪念会”期间，正式竣工开放；二是规划启动“熟溪亲水公园”建设工程，从白洋渡—溪里两岸十公里漫步堤、十个橡皮坝、十个亲水平台、十个历史名人主题公园；三是规划修复“南湖烟月”公园，把其打造成国家4A级景区，武义是一个缺水的地方，如果说“武川古城”是武义城市的一本“线装古籍”，那么颇有杭州西湖风味的“南湖烟月”是武义城市的一块“天然碧玉”，修复南湖有其特殊的意义。我建议大家抽点时间去看看古梁先生在“寻找武义古村落”文系中的一篇美文——《南湖：何德润的故乡》，你读后就会感觉到“南湖”的湮灭是武义历史的一个遗憾,"南湖"的修复是武义城市一个真要去"圆起来的生态文化梦",从而,你也就不难理解杭州为什么要斥巨资去修复西溪和湘湖,绍兴为什么要举全市之财力去修复鉴湖了。要想武义成为一个"养生胜地",武义首先必须是"生态家园",大家要以战略的眼光来看待武义城市的三个生态文化主题公园。

第三个"3"是指3个产业园区——武阳春雨茶博园、绿色科技孵化区、循环经济示范区。

园区是培育和发展绿色产业经济的承载体,如何实施3个生态产业园区,本课题报告提出了一些基本的思路与举措。这里我强调一点:绿色产业园区建设规划要十分注重"生态+科技+文化"三者的有机结合,生态是肌体、科技是血脉、文化是灵魂,三者缺一不可。这个理念同样适用于武义发展绿色产业的宏观决策。任何资源优势靠单挑独撑都无法承载绿色发展的历史重任。就拿"温泉"优势来说,在过去的十多年里,武义的旅游靠温泉单挑独撑,在生态环境危机日益严重、绿色发展和绿色消费渐成气候的新形势下,一个地方如果缺少优越的自然生态环境和丰厚的文化底蕴,其他资源优势都将无法成为新一轮发展的胜势。从理论上说,温泉是地热水,大多数区域都蕴藏着温泉资源,也就是说温泉并不是武义得天独厚的资源优势,温泉必将成为各地很普通的大众消费产品,大城市的消费者完全可以就近泡温泉,而真正吸引消费者的是整体生态环境和特色地方文化,人们向往的蓝天白云、青山碧水、净气净土、有机食品、文化艺术、民风民俗等整体生态元素。

最后,我提一点题外建议:凭借武义自然生态禀赋和人文环境,鉴于永康、义乌等周边发达地区人居环境较差的状况,选择温泉镇附近(大田乡古竹、徐村一带)和柳城镇规划开发以休闲度假和养老康健为主要功能的绿色房地产业,将成为武义绿色经济的一个新的增长点。有关调查表明,在房地产业普遍低迷的2011—2013三年中,以自然生态和人文环境为主题设计元素的房地产业,其销售业绩仍然保持稳步上升的良好态势。建议温泉度假区和柳城镇要率先制定绿色房地产业发展规划,引进品牌房地产商尽快实施休闲度假小区建设工程,为全县发展绿色房地产业作出示范。

上述的发言,未经课题组讨论和组长的审定,纯属个人的观点,有一些参数未经深入调研考量,有一些论点尚未经过严密论证,难免会存有以偏概全、数据偏差和过于激进等缺陷，但这些观点都是我的肺腑之言，浸染着我对家乡的挚爱情怀。真心希望我的发言特别是我们的课题报告能引起大家的关注。谢谢大家！

2014 年 6 月 30 日于武义县政府会议室

本章参考文献：

[1] 吴次芳. 中国土地管理深层次问题的表现、成因及治理路径[C]. 第三届中国城市发展与土地政策国际研讨会，2007-10-13.
[2] 黄寿祺. 周易译注[M]. 上海古籍出版社，1989.
[3] 程思远. 世代弘扬中华和合文化精神[J]. 光明日报. 1997-06-28.
[4] 布赖恩・巴克斯特. 生态主义导论[M]. 重庆出版社，2007.
[5] 陈柳钦. 和谐思想、和谐社会与和谐世界[J]. 学说连线，2008(03).
[6] 余潇枫. 非传统安全维护的"边界"、"语境"与"范式"[J]. 世界经济与政治，2006(11).
[7] 丁成日. 城市增长与对策——国际视角与中国发展[M]. 高等教育出版社，2009.
[8] 徐迅雷. 生态文明需要生态伦理[J]. 观察与思考，2007(21).
[9] 吴国盛. 科学的历程[M]. 北京大学出版社，2002.
[10] 陈一新. 生态文明理论与实践的八大问题[J]. 浙江日报，2011-04-22.
[11] 仇保兴. 生态文明时代的村镇规划与建设[J]. 小城镇建设，2009(04).
[12] 刘鸿志. 绿色发展的实证研究和探索[M]. 中国环境科学出版社，2012.
[13] 张智光. 绿色中国・绿色共生模式的运作[M]. 中国环境科学出版社，2011.
[14] 原华荣. "生态目的性"与环境伦理[M]. 中国环境出版社，2013.
[15] 冯之浚. 循环经济与绿色发展[M]. 浙江教育出版社，2013.

第五章　生态之本我

执政者应持守一份生态情怀

——2010年度个人述职报告

初冬季节，县政协组织赴桐庐、安吉、德清、临安等地进行“城市人居环境”考察。此行使我感触很深，所获教益匪浅。

走进桐庐，一座生态型、文化型、休闲型的宜居城市风貌，令人耳目一新，心旷神怡，顿觉自身漫步于古人留下的诗情画意之中。那时，我有感而发写下一首题为《桐庐》的小诗以赞美之：

富春江/幽幽古筝绝唱/大奇山/淡淡水墨风流/千年一瞬/当下，却/越走越悠远/

青花瓷碗/龙井前世烟云/得一江风月/只与桐君老人分/隐逸诗词/江山留存魏晋闲情/钓一竿清逸/忘年相伴严子陵/

几分怀旧/几分惜今/人在性分中/心栖云水间/行程几何/若得草庐三二间/不再走东西

事实上，历史上的武义也足可与桐庐媲美。不然，就不会有唐代著名山水诗人孟浩然“鸡鸣问何处？风物是秦余”的千古名句。

曾几何时，武义的自然环境出现了令人忧患的“国在山河破”的现象呢？

事到如今，我们已没有必要去批评20世纪50年代的“毁林炼钢”，六七十年代的“开山垦种”，80年代末90年代初的“村村点火，家家冒烟”的全民办工业等等的历史过错了。有道是“三十年河东，三十年河西”，历史事件，是也好，非也罢，当时也许都有其发生和存在的合理性。但是，反思历史、谋划未来、着眼处理好当下发展经济与保护生态的矛盾，却是当局执政者必须正视的一个重大课题。

2000 年秋季，我有幸徜徉在流经欧洲九国依然冰清玉洁的多瑙河，还有幸在维也纳金色音乐厅聆听过由奥地利皇家交响乐团演奏的约翰·施特劳斯的经典名曲《蓝色的多瑙河》。那时刻，眼前一遍遍浮现着“三日两天浑”的母亲河——熟溪的深重病态，实在让作为武义之子的我，愁肠百绕。后来，我在《武义报》上发表了题为《在熟溪河畔领略多瑙河的蓝》的小散文，以表达我家乡青山碧水的渴望之情。时下，经治理后的熟溪水已经比往年清澈了几分，据说到春节时候就可实现“在熟溪河畔领略多瑙河的蓝”了。诚如是，武义居民的幸福指数就可以提高好几个百分点。再度建议：熟溪治理后能有一个长效的管理机制，从此不再听到上海游客说“武义山清水不秀”“熟溪的温泉比黄浦江水还要黄”之类的讥讽话了。

生态文明是继游牧文明、农耕文明、工业文明后的新型文明，是人类历史最高级、最和谐、最理想的社会形态。建设生态文明，不仅仅是保护地球生物物种的生态要求，也是延续人类社会、保护人类生存条件的自身要求。我们姑且不去考究“霍金预言”(200 年内地球将彻底毁灭。当今，人类只剩两条路可走——要么从现在起彻底改变生产和生活方式，不再破坏地球；要么从现在起赶快制造宇宙飞船，准备逃离到其他星球)的可靠性，而地球已被工业文明下的人类糟蹋得千疮百孔，生态机理紊乱，极端天气空前，自然灾害频发，生物物种剧减、人类生存环境日益恶化，这些都是不争的事实。有道是“瑞雪兆丰年”，可今年入冬后的第一场雪就成灾，一个小小的武义县雪灾损失就高达 5 亿元(我们一年的地方财政收入也只不过十几个亿)，美国和欧洲诸国的大多机场至今还冰封瘫痪。人类在一次次咀嚼自身种下的苦果后，开始觉醒过来，反思经济发展的方向以及生产和生活方式。这一年，世界环境保护组织召开了两次国际生态会议讨论低碳经济问题，胡锦涛同志以一个具有五千年文明史的东方大国领袖应有的姿态向全世界作出庄严的“绿色承诺”，充分展示了中国是一个对自然生态负责任的和对保护生态环境有作为的国家。浙江省顺应历史潮流在全国率先提出建设生态文明，制订了生态文明建设规划，颁布了一系列相应的政策，这是具有深远历史意义和重大时代价值的明智之举。

我作为一名最基层的政协委员和最基础的生态哲学研究员，熬夜疾书为弘扬生态文化尽绵薄之力——在博士论文《从"返璞归真"到"天人合一"：老庄生态美学思想研究——兼论"天道"与"人性"同构哲学范式》的基础上写成生态美学专著《回乡之路——寻皈审美生存的家园意境》(该书已列为"博士文丛·哲学美学系列"由浙江大学出版社出版)。《回乡之路》通过诠释老庄"返璞归真"哲学思想，以"虚极"与"静笃"为生态审美进路的基点，对"自然而然"的天道精神与"无为而为"的人性本质两个审美维度进行思辨，从学理上厘清自然与人类的本真美、衍化美、终极美的内在关联，从而疏浚"和合共生"自然衍化之道与"诗意栖居"人类生存之境的审美通道，提出和构筑老庄生态美学"天道"与"人性"同构的哲学范式，最终通达"天人合一"，即人与自然和谐相处、永续衍化的终极境界。从形而上价值观与形而下方法论两个层面，为面对自然生态、社会人文生态和人的心性生态"三大危机"而"迷失自我"的当代人，指明一条寻皈审美生存家园的"回乡之路"。旨在倡导人们在老庄生态美学思想的观照下，用审美的眼光看待天人关系，自觉"返璞归真"到宇宙之道本初美与人性之德朴真美的优态境域，遵循自然生态衍化与人类生命流行的普遍法则，珍视与守护自然生态，内观与调适心性生态，以平和、淡定、宁静的心境，寻找和皈依于审美生存的美妙家园之中。

一篇论文也好，一本专著也好，其作用在于作者通过文字与读者交流沟通以达成共识共鸣、同心同德。然而，读者是有限的，尤其是学术文章读者范围更有限。要让更多的人珍视自然生态，更有效地保护好人与自然万物共同的家园，就必须依仗政府意志使之成为社会意识和全民行为。于是，我建议县政府咨询委拟将《浙中绿岛——武义生态文明建设之探索》作为近期的重大课题予以调研，以此引起当地政府和全社会对武义的生态文明建设有一个足够的认识，使之成为政府的重大决策和民众的自觉行为。照理说，我的建议在时下全球"绿色思潮"的大背景下并非是不识时务的"半夜鸡叫"，而应该是，以"浙中绿岛，生态武义"为载体的生态文明建设将会为实现"打造中国温泉名城，构建东方养生胜地"的总体目标提供坚实的生态基础和理论支撑。我为我的这个建议未能得到执政者的认可与支持而感到惋惜。一个调动了咨询委中坚力量将为引导和推动武义生态文明建设发挥积极作用的课题，犹如一只孤独的小船刚起锚就搁浅了。

当然，少了一个“浙中绿岛”也即少丁一堵绿色文化屏障，武义的经济会发展得更快。工业文明在功利主义的驱动下会有众多的能人在狂热地书写着金光闪闪的GDP，令人兴奋不已的1000亿元的年工业产值也有可能在武义成为现实。但是，令人担忧的是：攻下1000亿元大关需要付出多少土地、燃料、能源、空气、水等自然资源并将造成多少环境污染，有人预测过吗？同时新增的几十万打工队伍会浩浩荡荡涌进武义这个弹丸之地，而这需要耗费多少教育、卫生、交通、社保、治安等社会资源并造成多少社会问题，又有人去考虑过吗？当今武义工业，最要紧的是要通过技术创新改造传统产业，促进现有工业企业整体性的转型升级，而不是量的无休止扩张。2010年，节能降耗的硬任务已压得县政府无任何回旋余地，企业反响很大。今后的路还很长，环境保护的形势会更严峻，节能降耗的任务会更艰巨，我们切不可重蹈覆辙一味热衷于工业量的扩张而自找麻烦了。其实，GDP并不是万能的，一个地方的发展并不全依赖于GDP。龙游县的地方财力比武义县弱小，而他们的城市建设让我们望洋兴叹；桐庐县的人均GDP与我县相差无几，而他们的城市人居环境名列全国前列，被评为中国首批“国际花园城市”“中国最美的县”。近日，天台县“知联会”来武义考察，叶玲君会长介绍说：天台县的GDP在全省的排位相对靠后，可是老百姓的幸福指数比一些发达县市要高得多。这是因为天台人世代接受国清寺佛教文化和桐柏宫道教文化的熏陶，懂得做事适可而止、做人知足常乐、人与自然相和谐的处世哲学。2010年12月27日，在武义县2011年工作思路调研务虚会上，姚美芬副县长的发言引用了联合国秘书长潘基文的语录：“尽管经济增长非常重要，但最根本的还是要为人民提供更加长寿、更加健康、更加富有创造性的生活机会。”潘基文一语道出了经济社会发展意义的真谛所在，当局者真该静下心来反思一回了。退一步说，即便GDP是当今之第一要务，而实现GDP的模式、路径、方法是可以多元的，绝不是只有发展工业一条道路可走。这是欧美国家用惨重代价换来的历史经验，我们应引以为鉴。

2009年，浙江省三大产业的比重是5.1∶51.9∶43，而武义县的比重是9.5∶57.1∶33.4，武义县的三产比重低于全省平均水平9.6百分点，而二产的比重高于全省平均水平5.2百分点。这绝不是“温泉名城，养生胜地”所应有的产业比重。假如，我们从现在起创新经济发展思略，按照“主攻三产、提升二产、创新一产”的新型增长模式，将着力点放在发展以养生旅游业为龙头的服务业上，包括金融、保险、房地产、物流、零售业、批发业、中介、教育、文化、娱乐、体育赛事等业态；而对于二产着重通过技术革新对传统产业的改造实现质的提升和技术转移、人才培养、金融保障、排污设施、物流通关等配套健全，同时适度引进低碳高效的科技型生产力；对于一产则着重在有机、环保和农产品深加工上做文章，从而引导全县的经济往低碳环保、绿色生态、健康持续的方向发展。只有这样，才是具有武义特色的差异化发展之路，武义也才有望在“四面七方”烟囱林立的包围圈中走出来，脱颖而出成为名副其实的“温泉名城，养生胜地”。

“发展才是硬道理”。20 世纪 90 年代初，邓小平一个理论就改变了中国的命运，中国人从此摆脱了穷困走向了小康社会，这就是伟人的历史功绩。时隔 20 多年，中国的经济社会状况已发生了根本的变化，倘若邓小平还健在的话，他老人家一定会赞成“和谐发展观”，很有可能会对自己原先的理论进行完善，提出“和谐发展才是硬道理”的新理论。何为“和谐发展”？就是以人与自然生态、人与社会生态、人与自身心性生态和谐统一为基础和终极旨归的发展观，这是一种在真正意义上自然万物和合共生、人类社会永续演进的优态境域，也即生态文明社会。所以，我们从现在起就要在“和谐发展观”的理论框架下发展经济，切不可再以牺牲自然生态和人文生态为代价来换取 GDP 了，特别是工业经济应尽快从传统的“三高一低”(高能耗、高排放、高污染、低效益)扩量模式转变到新型的“三低一高”(低能耗、低排放、低污染、高效益)提质模式上来，工业“凤凰涅槃”求新生是武义二产经济发展的根本出路。同时，我们要切记这样一条原则：一个区域的工业经济发展总量的上限，必须以生态的承受力为根本依据。因为，自然生态和社会人文生态对区域经济发展的承受力是有限度的，超过了极限必然造成不可避免且不可预测的天灾人祸。正如恩格斯在《自然辩证法》一文中所言“我们不要过分陶醉于对自然界的胜利，对每一次这样的胜利，自然界都报复了我们。”到那时，武义人的生存环境将不可同日而语了，更没有资格标举“养生武义”的旗帜了。在残酷的现实面前，也许会有人怀念多年前搁浅并销声匿迹的那只孤独的小船……然而，正如看一场悲剧一样，除了伤痛、眼泪和悔恨之外，一切都已经无济于事，面对灰暗的天空、厚重的霾雾、怪味的空气、频发的酸雨、浑浊的江水……每况愈下的生存条件，你、我、他、大家都已无力去改变命运。要知道，被我们一代人破坏的自然生态是十几代人乃至几十代人都难以还原的啊！

武义人祖祖辈辈喝武义的水生存与衍生，武义的山等于武义人的父亲，武义的水等于武义人的母亲，眼看武义的自然环境在遭受破坏、不断恶化，做子女的应该感到心疼与愧疚。然而，当有人提出要把“生态立县”从武义发展战略中拿下来时，而领导们持反对意见的却寥寥无几，大多数则采取不闻不问的回避态度，甚至有的还附会赞成。真让人不可思议啊！我斗胆凭借政协“参政议政”的职能，在不同的渠道上发表意见：“生态立县”符合历史的潮流和武义的实际，不仅不可以拿下来，而且应该前移到第一位。从内涵上看，生态是基础，农业、工业、旅游、科技等发展都必须尊重、围绕和依赖这一基础；从语境上讲，“立”是第一位的，先立稳了才能强、才能富、才能兴。新近赴任的金华市政府的徐加爱（代）市长，初来武义作了半天的调研，而后在与武义县四套班子成员见面会上，给武义献了 3 个锦囊之计：（大致是这样说的）一是武义不要走永康式的工业发展道路，而应该着力抓好以旅游为龙头的第三产业，实现温泉名城、养生胜地的目标；二是要坚持“生态立县”发展战略，并把其放在第一位，保护好武义的青山碧水，使其成为浙中养生旅游和居住的最佳目的地；三是要关心山区农民的生活……促进社会稳定。新任市长慧眼看武义，定位如此之准确，思路如此之清晰，目标如此之明了。诚如是，武义之大幸矣。令人欣慰的是，在 2011 年工作思路调研务虚会上，徐向民副主任的发言和县主要领导的讲话都阐明要把“生态立县”放在武义发展战略的首位。这是我县经济社会发展和生态文明建设史上具有深远历史意义的里程碑。发展战略明确后，我们就要紧紧围绕“生态立县”这一立县之本和终极目标，谋划发展思路、调整产业结构、选择生产模式、理顺管理机制、创新工作方法，使经济的增长限于自然生态和社会人文生态所能承受的范围之内，有效地保护好人类的生存环境，促进人与自然和谐相处与永续演进。诸如，有的乡镇提出“要消灭来料加工空白村”之类的，应该立即喊停降降火了。经济发展要因地制宜，在不破坏生态环境的前提下宜农则农、宜工则工、宜旅则旅。对于山区农民来说，主要是引导和帮助他们适度发展绿色农业和旅游业使其安居乐业，同时通过落实生态补偿机制使其成为自然生态的守护者。

有道是“生来的性，钉过的秤”，说的就是人的本性难移。没办法，改不了，性格是遗传的。20世纪30年代，我的爷爷是一名深受学生爱戴的绍兴公立学堂先生，由于率真谏言几次被校监压制，后来索性辞职另寻门路，当个草药郎中而勉强养家糊口；20世纪60年代初，当小学教师的父亲，也因太率真谏言被打成右派下放到农村务农，由于体质虚弱一天劳动只得5个工分(一般劳动力每天可得10个工分)，生活过得穷困潦倒；20世纪90年代初，在教育局任教研员的我也因太率真提意见得罪了领导而被贬放到武阳小学，从而失却了教育管理研究和教育改革实验的良好平台。我这个家庭，祖孙三代人隔30年遭际一次挫折，缘由都是本性太率真，真的让我自己都啼笑皆非。自从1990年我考进机关工作，至今已有20个年头，每年谏言少则十几条，多则几十条，语言很直接，有时还很尖锐，被人称为“红辣椒”。幸运的是上帝很关照我——让我遇到的多是开明的领导，他们能理解我，宽容我，把我当作诤友平等对话、友善交流沟通，我的大多建议被采纳，成为政府决策的参考依据，特别是在政府出台和推行新政方面发挥了参谋作用。可以说，这既是好事，也是某种隐患。一方面，自我价值得到了体现，也不枉食国家的俸禄，心情很愉悦；另一方面，容易忘乎所以，久晴忘带伞的人总会遭遇几次被淋湿的经历。

以前，有位好友给我讲过一个令人深思的阿拉伯寓言故事：

从前，有一位左眼瞎、右腿瘸的国王。有一天，国王突然心血来潮要给自己画一张像挂在皇宫让大臣们朝拜，臣子们立马找来京城最有名的三位画师。国王约法三章：一要画得相似，二要画得快，三是画得不好要严惩。先由第一位画师进国王书房画像，其他两位画师与几个臣子在外间等候。第一位画师只用半个时辰就把又瞎又瘸的国王一模一样地画出来了，国王一看就咆哮如雷：“大胆奴才竟敢丑化本王，拉出去斩了！”第二位画师胆战心惊地想：原来国王不喜欢画得相似而喜欢画得美，于是他灵机一动用了半个时辰把国王画成英俊潇洒的美男子，国王一看完全不像自己就冷冷一笑说：“狡猾的奴才分明是在嘲讽本王，也该杀！”最后只剩下第三位画师虽战战兢兢却胸有成竹地完成了作品：国王在持枪瞄准，左眼眯着，右腿搁在岩石上，画得又像又遮蔽了缺点，同时还画出了国王爱打猎的喜好。国王顿时喜笑颜开：“奴才不错嘛，该重赏！”

我将这个故事转达给一位画家好友听，好友深有感触地说：“第一位画师以身成仁，可歌可泣；第二位画师卖仁失身，可恶可悲；第三位画师保身而不失仁且得名利，但需要敏捷的思维和高超的技艺，可望而不可即。假如我是其中的一位画师，在第一位画师被杀后就遂称旧病复发肚痛难熬，让臣子们把我赶出皇宫。从此，我就隐姓埋名隐居山水之中，画云画月、画山画水、画花画鸟，就是不再画人。”

时下，我任的不过是个闲职，不需要有很多担当，超脱得很。朋友好心相劝：闲点儿吧，你辛辛苦苦调研，认认真真谏言，到底能起多少作用呢？大多数领导是喜欢“西红柿”而不喜欢“红辣椒”的，谏言多了得罪了领导对自己总不利啊！朋友说得很真心、很在理、也很实际。可是，我已是“知命之年”，且都快退居二线了，干嘛还要去改变自己呢？我想：只要是开明的领导，想必会理解与包容我，因为我素来是中立的、公心的、善意的。其实，我近年来常常在想什么时候早点淡出仕途，回归自然，走进山水，以竹木花草为伴，与飞鸟走兽为友，任凭我如何率真，它们也不会介意，此等生活才叫惬意、才叫舒心、才叫闲情逸致。我是山里的孩子，是母亲用野草、野菜、野果和竹笋把我养大的，热爱自然生态是我一生的不了情怀。退下来，我可以去承包荒山植树种竹，不考虑任何经济效益，国家给的薪水待遇已足够我用于衣食住行，但愿能给大地添一份绿，在自然山水中寻找自由自在、见素抱朴、无为无争的人生乐趣。“有山有水乐在其中，无执无待游于方外。”我愿我有这样的人生归宿。

我在生态美学专著《回乡之路》中有这样一段文字：

老庄倡导人们“守静笃”，这就需要从容自若的淡定，需要宠辱不惊，去留无意，得失皆淡然的静美、恬美、幽美的心境。“静笃”即平和恬淡，不追名逐利，不心存杂念，时时凝神安适，处处坦荡泰然，是一种深藏于心底的澄明状态，也是一种至高无上的审美境界。“静笃”能抚慰、净化、平静人的灵魂，使人心无旁骛地去面对现实，使迷茫的人走出心性的困境，使浮躁的心抛弃一切世俗杂念的羁绊，回归自然的静美之境。如东晋著名田园诗人陶渊明，以静笃的心态辞官归田，以闲情逸致体验着那种与世无争的世外桃源，感受着物我一体的生态情怀，写下了“采菊东篱下，悠然见南山”的千古名句。在平和与静笃中偶然抬头见到南山，人与自然不期而遇、和谐交融，这达到了王国维所说的“不知何者为我，何者为物”的无我之境。这种平和超逸的境界，是一种生存哲学，是一种生存意义上的美学观，也是对“守静笃”最实际的注脚。

“守静笃”需要守得住孤独、耐得住寂寞。守住孤独就等于守住了本真之美，耐得住寂寞才有可能回归自然本原之美。法国作家让·季奥诺写过一篇《植树的人》，故事讲述了一位离群索居的牧羊人，置身于荒无人烟之地，每天和树相依为命。他为了实现自己的一生之愿：给大地添一份绿，而一辈子无怨无悔地在荒野之中辛勤耕耘。他寄情于树，用心灵与树木促膝谈心，在每棵树上都寄托着他的情感和希望，每当他种下一棵树，仿佛就感到自己在世间又多了一位亲人。这是一种物我一体大美境界上的“守静笃”，是一种建构主体间性意义上的生态审美情怀。只有安于淡泊，人才能与树木相依为命；只有心如止水，人才能与树木促膝谈心；只有长期持守静笃，人才能体悟自然界中那沉稳的山与灵动的水以及那些朴真的树木身上所显示出的勃勃生机和芊芊美姿。

谢谢了——我的领导、同事、朋友，你们能耐下性子读完我的述职报告——这些啰嗦的生态絮语：地球是自然万物共同的、唯一的、美妙的家园，而作为万物之灵的人类，特别是处于工业文明时期的、掌握着现代科技的当代人，有责任、有义务、也有能力保护好自然生态，让自然万物和平共处、和谐共存、和合共生、永续衍化……

我说话向来是对事不对人，我与大家生活在同一块土地上，沐浴着相同的阳光、呼吸着相同的空气、喝着相同的水，都是患难与共的兄弟姐妹，不会亲此薄彼，更不会有意褒贬某君，倘若言语上有冒犯之处，也纯属是无意的，还请诸君多多谅解。

最后，将以我的《回乡之路》的“后记”中的一段话作为本述职报告的结语，敬献给大家：

> 莫问“同予者何人”——当生态还原自然，当绿色成为时尚，当人性复归和美，那时候，你和我一同漫步在老庄生态美学思想朗照下的从返璞归真到诗意栖居的回乡之路上。
>
> 期待着……

淡出，一种别样的生活境界

——2011年度暨任职届终述职述廉报告

庄子曰："人生天地之间，如白驹过隙，忽然而已。"这些年，我偶尔会翻开九年前被列为县级班子考察时的述职述廉报告。期间，"居庙堂之高则忧其民；处江湖之远则忧其君"，那一份深沉的儒家忧患意识，已随心灵之川渐行渐远。岁月不管世态人事，云聚云散，花开花落，看一抹夕照渐渐蕴化成淡云清风消逝于茫茫天地间，虽没有几多悲情惆怅却不免有些许淡淡的秋意闲愁。

人生如梦，功与过，是与非，得与失，过往的都成行云流水。然而，"往事如烟"却并没那么简单，在一个时段内总会有一些事积成心结一时消解不了。因而，有宗教信仰的人，会自觉地做出虔诚的忏悔，以求得上帝明神的宽恕和指点，最终将灵魂引渡到和谐美妙的彼岸世界。质言之，忏悔是一种澄明本我的人生境界，是一种彻底解脱的心理活动，意味着消解心结，放下心理负担，轻轻松松走完剩余并不会很漫长的人生道路。

按照要求，本人从学习、履职、廉洁、存在问题四个方面进行回顾分析。

一、创新观念，认真学习"科学发展观"

确立和全面贯彻科学发展观，是一个国家、一个民族、一个政党走向成熟的标志，是人类社会发展史上一个重要的里程碑。这些年来，学界在研究科学发展观理论和方法上取得了显著的成绩，这对端正经济发展方略、加强社会文化建设和确立时代人文信仰是功不可没的。但是，令人费解的是政界、学界同时疏忽(或是回避)了一个很关键的问题，这就是科学发展观的终极境界问题，也即最高目标问题。这是作为一种系统理论所不可缺失的。

科学发展观的终极境界是什么？我粗浅的理解应该是和谐发展观——人与自身心灵和谐、人与社会和谐、人与自然和谐。也就是说，和谐是科学发展观的关键词。只有确立和谐发展观才能最终解决个人信仰、社会人文和人类世界观诸问题，发展才能真正成为人的终极关怀。工业文明创造了巨大的社会财富，同时也孪生了以工具理性为主要特征的绝对功利主义和极端科技主义，在短短的200多年时间就销蚀了5000多年的文化积淀——人的信仰。人类社会自诞生之日起,从没有像当代人这般困惑、纠结与浮躁,人性的异化已沦陷到了极点的境地。首当其冲遭遇现代性负面影响的是人与万物赖以生存的自然生态——在绝对功利主义和极端科技主义的破坏下,自然生态系统已濒临崩溃,地震、海啸、飓风、酸雨、涝灾、旱灾、冰灾、沙尘暴等极端天气与自然灾害频发,人类在摈弃诗意栖居的精神家园后,连安身立命的实体家园也已摇摇欲坠。自然生态、社会人文生态、人的心灵生态"三大危机"已成为全球的重大症结,当代人如再不对自己的思维和行为做出深刻的反思,再不尽快转变经济发展模式和生活方式,现已千疮百孔的地球将耗尽最后的承载力,那么"地球上的最后一滴水将是人类的眼泪!"这绝不是危言耸听,而是一句震聋发聩的惊世箴言。

基于上述认识,此任届以来,我通过建言献策、报送社情民意信息、研讨讲学、著书立说等途径,为诠释、传承和创新绿色的和谐发展观而竭尽全力,围绕"低碳经济""绿色生活""亲和自然"等主题,开展生态主题的各类讲学、讲座、报告20多场、完成生态课题5项、发表生态哲学与美学论文10多篇。同时,在博士论文的基础上撰写出版了30多万字的生态美学专著——《回乡之路:寻皈审美生存的家园意境》,该著对传统的天、地、人"三才说"理论提出质疑,首创性地提出了天、地、气"三元说"新观点。"三元说"把"三"理解成天、地、气"三元"即构成自然的三大元素,从而改变了"三才说"把人作为自然万物之父母的传统观,认为人与万物是平等的兄弟姐妹关系,同属于天、地、气生化而成的自然之子,人与万物是平等的关系而不是从属关系。"三元说"从本原上确立了人与自然万物平等的地位,这就把人重新放置在与万物平等的生态位置上,从宇宙生成的本原上避免陷入人类中心主义的理论陷阱。从而,为学界探讨人类未来的社会形态、人的核心价值观与终极境界——和谐发展观提供了新思路。

二、参政议政,一以贯之履行职能

作为一名无党派人士,也有自己的"三讲"——讲良心、讲职责、讲人格。我的人生信条就是做人做事要对得起天地良心、对得起岗位职责、不违背人性品格。这些年,幸蒙组织照顾调任政协,相对来说工作比较轻松,人际关系也比较单纯,工作环境很安宁、很平静,完全没有任何钩心斗角,这很适合我的性情特点和生活旨趣。在对待事业上,我虽不可能达到诸葛亮“鞠躬尽瘁,死而后已”的思想境界,但还是能按“三讲”人生准则尽职尽责做好职能工作。

首先,是履行参政议政职能。本任期内,就武义经济社会发展特别是针对产业结构调整、工业转型升级、发展养生旅游为龙头的第三产业、发展绿色工业和有机农业、优化城乡人居环境、保护水源与空气等有关生态问题,先后向县委、县政府建言献策100余条、呈交调研报告十多篇、上报社情民意几十份,围绕武义县“十二·五”规划纲要“旅游产业发展规划”“温泉旅游度假区控规”,以及“俞源旅游规划”“畲乡养生旅游模式”“温泉博物馆可行性报告”“道教养生概念设计”等发展策划和规划文本,提出一些具有自我见解的建设性意见。同时,就我县自然生态环境、城乡人居环境、产业协调发展诸多问题,履行政协职能开展民主监督。此外,牵头编辑了《汤恩伯传》(邹伟平著)、《武义古村落文化》(高济敖著)等武义文史资料,为拯救和保护非物质文化遗产而尽责。

其次,是发挥学长做好兼职工作。为抢占养生旅游文化的制高点,提升养生旅游产业品质,2009年武义县政府与浙江大学联合成立了“国际养生旅游文化研究院”。本人自担任常务副院长以来,为承办每年的“国际养生旅游高峰论坛”而竭尽全力。几年来,国际旅文院在中国生态学学会、中国道教协会、国际养生学会、国际旅游学会、浙江省休闲学会等单位的支持下,以“弘扬中华养生文化,倡导生态休闲生活”为目标,贯彻“百花齐放、百家争鸣”的思想方针,本着“绿色文化、学用结合、深化研究、广泛交流”的学术原则,认真承办每一届国际养生旅游高峰论坛,相应发布论坛思想共识《武义宣言》,出版发行论坛学术论文集,开办“中华养生旅游网”,国际旅文院和武义高峰论坛的社会知名度和美誉度不断提高。今年8月份,国际旅文院还与杭州西博办(世界休博办)建立了长期合作伙伴关系,为武义的养生旅游走进西博会、走向全世界,营造了良好的大平台。

此外,我还兼任县政府咨询委副主任、县“知联会”会长、浙江大学生态安全与生态文化研究所所长等职务。本人充分利用这些平台与渠道发挥学长作用,针对自然生态、社会人文生态和人的心灵生态等深层次问题,开展调查研究、学术交流、呈词建言、发表见解,以引起社会各界、广大民众、特别是当局执政者对生态问题的高度关注。

三、廉洁自律，洁身自好

廉洁自律、洁身自好，用现在的话说叫“干净办事”“干净做人”。廉洁自律、洁身自好，首先是一种人生信念，而后是一种生活细节。从政者就是古代的“仕”，而入仕者首先要有儒家“安贫乐道”的人生信念。在儒家典籍中流传着“原宪非病”的美谈：

孔子的弟子原宪（字子思），非常敬仰先生。孔子逝世后，原宪悲痛欲绝，孤身隐居到卫国的一个小山村里。

有一次，被新任命为卫国宰相的子贡（原宪的同学），赴任时路过原宪隐居之处，他得意扬扬地坐着驷连骑的马车去拜访原宪。原宪穿着破破烂烂的衣服出来迎接。子贡看到原宪穷困潦倒的样子，就讥讽说：“学兄，你这般难看是否害病了？”原宪淡淡地回答：“在我看来，无财者叫作贫，无德者叫作病。我贫而非病也。”子贡听了十分惭愧。

后来，子贡经常以“原宪非病”为鉴，持守儒家既建功立业又安贫乐道的人生信念，终成历史上的大儒雅士。

实际上，儒家并不一概否定财富，对正当的财富是持肯定态度的，强调的是“君子爱财取之有道”，即“取财”要合法度、合理合情，不取不义之财。孔子曰：“不义而富且贵，于我如浮云。”在孔子心目中，行义是人生的最高价值，在贫富与道义发生矛盾时，他宁可受穷也不会放弃道义。

其次，是注重生活细节，讲究防微杜渐。失误往往从某个毫不起眼的细节发端而酿成大祸。《三国志》里刘备有句戒子训——“勿以恶小而为之，勿以善小而不为”，讲的是为君与做人的道理：只要是善，即使是小善也要做；只要是恶，即使是小恶也不能做。质言之，就是做人做事要注重细节，防微杜渐。当然，实践起来并不容易，需要有恒心。刘禅没有做到，他忘了父王的训言，辜负了诸葛亮等父辈们的期望，最终丧失了蜀国江山。

人的生命是短暂且脆弱的，人的能力是很有限的。面对现实，我常常觉得很力不从心、很无奈、很有宿命感。那么，我只能顺天命以持守“洁身自好”的品行。“穷则独善其身，达则兼济天下”，这本就是儒家的人生观。我踏上仕途时也曾有“兼济天下”的抱负，却不懂官场规则，始终充当了一个“绍兴师爷”的角色，充其量只不过是一介参谋而已。不过，现在想起来，没有实权倒是一种莫大的福气，一辈子少了很多物欲考验与政治风险。当然，持守安贫乐道、洁身自好的信念，还得靠人的一份自觉。这些年，我先后兼任了几所大学的教授、研究员，偶尔还帮助一些公司策划企业文化，但我从不收取任何额外收入，即便有专著、论文的稿费收入，也按规定缴纳所得税，剩余的稿费大多用于捐赠慈善事业。长期以来，我在官场上始终保持中立，从不卷进帮派漩涡中；在交往中始终信奉“君子之交淡如水”的交友方式。与我共事过的领导和同事、与我交往中的朋友和同学，多是正人君子。他们是我的人生楷模，我长期得益于他们的熏陶与影响，修成了一颗淡泊平常之心。仕途生涯二十几年匆匆而过，能持守住“独善其身”的信念，也算是为自己保留了一份欣慰。

四、分析弊端，认识真实本然的自我

后人对历史伟人的评价往往是“七分功劳三分过”，更何况我等一介布衣书生乎。反省自我的弊端与缺点，肯定不可能很少，有的还可能是痼疾难返。但人多有一种劣根性——虚荣心，这就导致人很难认识真实本然的自我，特别是对自己的缺点会本能地遮蔽起来，且遮蔽得很深，不到宗教忏悔时刻，很难实现人的彻底自我反省与本真觉悟。这不是某个人有意识的预设回避，而是一种不知不觉的本能遮蔽。因而，平时的诸多形式的自检只能是相当肤浅的。

回顾自己本届任期间，其最明显的缺点或许在以下三个方面：其一，有深绿生态主义之嫌。标举绿色生态的旗帜，从本质意义上说是无可置疑的。但当某种理念与社会现实差距太大，而一味地将理想化的构思诉求当局实施，往往会沦陷于“半夜鸡叫”不被理喻的自我忧患之中。某领导评价我的许多构想是“蓝天白云，隔岸苇花”，意思是美好缥缈，不着边际，是理想主义的构思，是难以实现的“诗和远方”。这不仅很难使自己的构想成为现实，有时还会使自己陷于孤芳自赏的幻境中。其二，老百姓有句口头禅：“有话好好说”，这一再浅显不过的道理，我却一直都没有把握好。自以为，只要是出于公心、出于好心，就应理直气壮、实话实说、直截了当地陈述己见，即便言语有得罪的地方也会被人理解。

可事实并非如此，往往会由于自己的说话太直、语调太冲，而导致陷于事与愿违的尴尬境地中。其三，对“信访”的认识始终到不了位。认为群众有问题和困难，应按照属地管理、部门权属的原则解决，事关人权和冤情问题应引导当事人走司法救助的渠道解决。我们完全没有必要太在意上面设置的信访考核的成绩，当下，应该在理顺群众诉求机制、加强司法调解组织建设、疏通司法救助渠道、降低群众诉讼成本等根本性问题上下功夫，以逐步引导群众走法律化维权与解决问题的道路。鉴于此认识，我对接访工作一直缺乏信心与热情。

值此，我想借最后一次述职的机会，与多年来风雨同舟、携手配合的同事们说几句道别话。

在茫茫世界中，人只不过是一名匆匆过客。我知道，自己走出机关大门后很快就会被人们所淡忘。其实，这也没什么好伤感的。春去秋来，世态炎凉，本来就是这么一回事，我很能理解雁过秋凉、人去楼空的情景。人生重要的不是流连于过往的岁月，而是要快乐地走完今后的人生道路，最终平静地融入自然万物“周行不殆”的宇宙造化之中。淡出政界，在中国古代文人雅士那里本是一种人生境界。这对于我来说，是一种自觉的认识与顺应，是一种别样生活的开始。

“人生待足何时足，未老得闲始为闲。”按照有关规定，我还可以继续留任政协。可但我主动向有关领导表明卸却领导职务的意愿。其缘由有二：其一，让位于后人。康德有句名言：“后人的成功，才是你真正的成功。”虽然，我无能培养优秀的后人，但我可以为后人的成功早点让出位子、提供空间。有人说，空出一个县级的位子，可以调活十几个位子，也即能调动十几名干部的工作热情。我不懂组织人事工作，但略知一些下棋之道，有时候下活了一颗棋子就能转赢棋局。既如此，对政界本无多少流连之意的我又何乐而不为呢。其二，求闲于自己。海德格尔认为：“人生在闲逸时才会学着回归于本真的自我——本我。”这一论说，与中国庄禅的“返璞归真”思想有着天然的默契。我曾经在一篇讲“茶道”的论文中写道：“人生旅途从起点到终点只不过是一个圆，走一大圈总还是要回到原点。”在漫长的历史长河中，人的生命是很短暂的，有时是非常脆弱与无奈的。人只有用淡泊平和的心态将自己栖居于宁静的精神家园里。

至此，该与同事们提早说声“再见”，并顺便说句道别话了。

拜托了，我的同事们：在发展经济的同时，千万别忘了守护好你管辖的那一方山水，这才叫“守土有责”。特别是年轻的同事们，你们的仕途还很长，一切都得从长计议，切莫太看重眼下用片面的GDP考核出来的政绩。“和谐发展”才是你的功绩所在、家园的希望所在、民众的幸福所在！

也许，会有同事、朋友关心我卸职后何去何从。从教研学？办学育才？游历山川？归园田居？说实在的，我现在还真没有想好去处，一切顺其自然、随遇而安吧。庄子说：“何不树之于无何有之乡，广莫之野？”或许，这便是我日后散淡生活的去从……人生如旅行，总会有一些登不上的山峰，渡不过的河流，阅不尽的风景，须想开，要放下，莫强求。不过，我会用一段相当长的时间去寻找有着1600年历史的明招文化——感受东晋名士阮孚隐逸耕读、性命双修的生存境界，参悟五代高僧德谦庄禅合一、明心见性的精神，领会南宋鸿儒吕祖谦研教育才、经国济世的君子品行。“有山有水乐在其中，无执无待游于方外。”作为现实中的人，我离不开“人间烟火”，但作为有文化信仰的人，我也需要“诗和远方”。所以，我会出行去远方寻找唐诗宋词的踪迹，我会一如既往地阅读四书五经等典籍。

左思说：“非必丝与竹，山水有清音。”一句平平淡淡的招隐诗，为甘于淡泊的逸士开出了一条回归自然、返璞归真的人生之路。

淡出，是一种别样的生活境界……

后　记

“不忘初心，方得始终。”在渐行渐远的旅途中，在与世无争的岁月里，在夜半钟声的无眠时，难以忘怀的是乡愁，是归宿，是出发时曾经与亲友沉吟过“劝君更尽一杯酒，西出阳关无故人”的那个路口——春去秋来，月圆月缺，花开花谢，这世上总会一直有人惆怅、劳顿而欣然地走在“回乡之路”上……

谨以《淡出，一种别样的生活境界》作为《阡陌之思》的后记，以表达我的生态忧患意识和寄托对家乡的思念之情。期冀《阡陌之思》能为你、我、他寻回时代境遇下的些许生态良知……这便是笔者的即时及毕生之愿，或许也是诸多具有生态慧根的有识之士的共同心愿。

“君子素其位而行，不愿乎其外。素富贵行乎富贵，素贫贱行乎贫贱，素夷狄行乎夷狄，素患难行乎患难，君子无入而不自得焉。”此时的我，特别感谢我的导师余潇枫先生一如既往的指点，我的同门师兄弟姐妹、我的学生以及亲友们长久以来的帮衬，他们的关怀使我能坚持朝着“适然世界”这一终极境界，且思且行，渐自成蹊。

感谢严力蛟教授对我生态课题的认可与支持，此次在旅欧途中拨冗为鄙作写序。感谢张彦、张蔚文、王江丽、甘均先、李佳、刘永坤、周章贵、陈立影、程雅贤、张雅迪、王梦婷、孟子然、罗斯夫、陈先林、李向阳、廖仁土、邓旭莹等同事、同学、亲友，大家一同为浙江大学生态文化研究所的课题所付出的努力，从而成就了《阡陌之思》。

李德臻

丁酉年秋月于浙江大学生态文化研究所